献给为医疗建筑事业做出卓越贡献的华建人

疗愈空间营造
HEALTHCARE SPACE CREATION

华建集团医疗工程研究与设计实践
RESEARCH AND DESIGN PRACTICE OF ARCPLUS GROUP PLC HEALTHCARE PROJECTS

周静瑜 陈国亮 李 军 荀 巍 编著
Edited by ZHOU Jingyu, CHEN Guoliang, LI Jun, XUN Wei

同济大学出版社

序一 Foreword 1

文 钟南山 ZHONG Nanshan

在漫长的历史长河中，传染病一直是人类的敌人，给人类社会带来了巨大的创痛。即使在全球化和信息化高度发展的今天，每一次全球性疫情的爆发也对人类的生存和发展造成严重破坏。重症急性呼吸综合征（Severe Acute Respiratory Syndrome，SARS）在 2002 年年末爆发并扩散，直至 2003 年才被消灭；之后又相继出现了 H5N6 禽流感病毒、甲型 H1N1 病毒、H7N9 型禽流感、中东呼吸综合征（Middle East Respiratory Syndrome，MERS）等，以及近期席卷全球的 COVID-19。突发性传染病的出现，是我国公共卫生医疗体系建设所要面临的重大挑战，同时也凸显了呼吸系统疾病研究的重要地位。在此背景下，国家呼吸医学中心应运而生。

我与华建集团结缘于国家呼吸医学中心智能化门诊项目，通过与华建集团的交流，我感受到团队“专业敬业、精心设计”的匠人精神，他们以“建筑人”的身份为公共卫生事业的发展奋斗和助力。

建筑，是一座城市的风骨，见证城市的发展，记录城市的历史，也是城市的标志。本书记录了华建集团自新中国成立七十多年以来在医疗建筑板块的累累硕果，祝愿华建集团能够传承历史，不忘初心，为我们国家公共卫生医疗体系的建设添砖加瓦。

钟南山

“共和国勋章”获得者、中国工程院院士

序二 Foreword 2

文 郑时龄 ZHENG Shiling

建筑体现了人们的需求和理想，代表着一座城市的追求，也象征着文化信仰，建筑与人是不可分割的整体。“医院”这个名词来源于拉丁语的“客舍”一词，历史上最初的医院建筑是为了给外来的旅行者提供居所，隐喻着人生旅程从出生始于医院，到逝去终于医院，所以医院建筑和人有着非比寻常的紧密关系。

2035 年，上海将要基本建成卓越的全球城市，令人向往的创新之城、人文之城、生态之城，成为具有世界影响力的社会主义现代化国际大都市。因此，上海要创造优良的人居环境，统筹安排关系人民群众切身利益的医疗、养老等公共服务设施，打造具有全球影响力的国际医学中心，建成一批体现国际水准、具有优势学科群的现代化、国际化、研究型医院。医疗建筑的复杂性在于不仅要实现医疗功能与建筑功用的完美融合，同时还需承载厚重的生命与极致的人文关怀，最终实现“终极庇护”。

上海是中国现代医院的发源地，上海的医疗建筑始终守护着人民的健康和生活，医疗建筑在国家民用建筑中是较为复杂的存在 , 代表了一个国家社会文明的进步和科学技术的水平。华东建筑集团股份有限公司（以下简称华建集团）为上海医疗建设贡献了巨大的力量。其中令人感动的是，华建集团为华山医院（现复旦大学附属华山医院）提供设计服务已超过了半个世纪，该医院的每一次改建、加建都凝聚着华建人的智慧，体现了一代代设计师的传承。

伴随着社会的不断发展进步以及人民生活水平的不断提高 , 人们对医院的环境以及设施也提出了更高的要求。本书对华建集团在医疗建筑设计领域的优秀作品进行了梳理，收纳了 70 多个上海本地项目。华建集团坚持“以人为本，人性关怀”的设计理念，不仅改善了城乡居民就医条件，同时也为医疗事业发展注入新活力，让市民就医更有幸福感。希望在华建集团这样有担当的国有企业的助力下，城市能更具活力，城市的温度能体现在人最需要的地方。

郑时龄

中国科学院院士、同济大学教授

序三 Foreword 3

文 魏敦山 WEI Dunshan

建筑是时代的镜子，是时代的标志，任何时代总有一些非凡的建筑代表着城市向上崛起的力量。新中国成立以来，中国发生了翻天覆地的变化，医疗建筑设计领域也是如此。历史上的每一栋医疗建筑的建成与更新、每一项医疗技术的进步，以及医学人文的逐渐回归都见证着医疗建筑设计领域的发展。

华建集团是上海乃至全国历史最悠久的建筑设计企业之一，集团前身（华东工业部建筑设计公司、上海市建筑工程局生产技术处设计科）在 20 世纪 50 年代就开始投身于新中国第一批医疗建筑的设计工作，设计了上海公济医院（现上海市第一人民医院）、华东医院（现复旦大学附属华东医院）、中山医院（现复旦大学附属中山医院）、上海第九人民医院（现上海交通大学医学院附属第九人民医院）、瑞金医院（现上海交通大学医学院附属瑞金医院）等项目，为上海的医疗事业发展做出了重要贡献，但当时的医疗设施建设和整个社会的医疗需求还存在着较大的差距。

伴随着中国国民经济水平和中国医学科学技术水平的不断提升，以及医疗设备的持续更新换代，中国的医疗建筑设计水平也有了极大提升，并呈现出鲜明的多样性特点。近 20 年来，华建集团不断提高专业能力，完善人才梯队建设，完成了一大批高品质、高质量的医院设计，获得省级以上设计荣誉近百项。比如 2015 年获得中国勘察设计一等奖的上海市质子重离子医院，不仅是中国第一家质子重离子医院，更是国内后续质子重离子医院设计与建设的标杆。

本书对华建集团在医疗建筑设计领域的优秀作品进行了梳理，回首了华建集团服务于医疗事业的几十年，我深感华建集团的发展历史如同一面镜子，折射出了我国医疗建筑事业的实践历程。本书凝聚了华建集团几代设计师的智慧和经验，展现了华建人的使命和奉献精神。希望华建集团能进一步提高科研水平，进一步拓展医疗设计专项化产品线，进一步提升“华建医疗”专项品牌影响力，为医疗建筑设计行业进步做出更大的贡献！

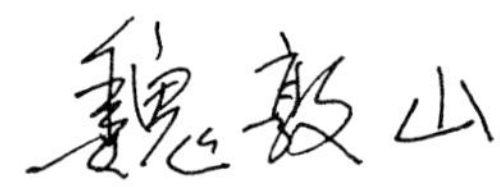

中国工程院院士、华建集团资深总建筑师

序四 Foreword 4

文 邬惊雷 WU Jinglei

在本书中，我看到了华建集团在其近 70 年的发展历程中，积累下来的丰富医疗建筑设计经验；看到了复旦大学附属华山医院、上海市质子重离子医院等行业内的标志性医疗设施；看到了在打赢 2020 年新冠肺炎疫情防控阻击战中发挥了重要作用的上海卫生中心；看到了 180 多个代表性医疗项目设计作品背后的心血和巧思；更看到了华建集团作为国内顶尖、国际领先建筑设计单位的深厚底蕴与社会责任感。

人民健康是民族昌盛和国家富强的重要标志，同时也是上海建设具有世界影响力的社会主义现代化国际大都市的重要内涵。医疗建筑作为国家大健康、医养结合产业发展的重要组成部分，是落实"健康中国"这一国家发展战略的重要载体。2019 年出台的《健康上海行动（2019—2030 年）》从宏观目标到近年来医疗设施大建设，都充分体现了国家对健康产业的重视，也逐步拉开了优化健康产业布局的序幕。华建集团作为国有企业，牢记初心和使命，深度参与国家公共卫生服务建设，助力打造高品质、高水平的医疗建筑，凭借多年以来在医疗领域积累的项目设计、咨询经验，培养了一大批有着丰富经验和影响力的技术专家。

"凡是过往，皆为序章。"在此，我殷切期望华建集团继续积极关注医疗行业的革新与发展趋势，以前瞻性的眼光思考医疗建筑的发展方向，加强与卫生健康行业从业人员的交流，进一步结合工业化、绿色节能、智能化等高新科技，打造符合新时期国家发展战略的、高效实用、创新集约、能满足使用者精神需求的高品质医疗建筑作品，为国家实现"人民健康"的奋斗目标奠定坚实基础。

邬惊雷

上海市卫生健康委员会主任

前言 Introduction

文 顾伟华 GU Weihua

习近平总书记提出，健康是促进人的全面发展的必然要求，是经济社会发展的基础条件，是民族昌盛和国家富强的重要标志，也是广大人民群众的共同追求。只有构建起强大的公共卫生体系，健全预警响应机制，全面提升防控和救治能力，织密防护网、筑牢筑实隔离墙，才能切实为维护人民健康提供有力保障。

在实现“两个一百年”奋斗目标的历史进程中，发展卫生健康事业始终处于基础性地位，同国家整体战略紧密衔接，发挥着重要的支撑作用。华建集团作为国有上市公司和城乡建设的主力军，为人民群众构筑一堵“健康卫生隔离墙”，始终是我们应尽的社会责任和应肩负的使命。从 1952 年以来，我们见证、亲历了我国医疗卫生事业的发展。华建集团承担了新中国第一批医疗建筑的设计工作，近 70 年来先后主持了 500 余项大型医疗建筑设计，近 20 年来所做的医疗建筑项目获得省部级以上设计荣誉近 100 项；主编了中国第一部医疗类专项建筑设计规范——《综合医院建筑设计规范》（JGJ 49—1988），主编、参编了《急救中心建设标准》（建标 177—2016）、《绿色医院建筑评价标准》（GB/T 51153—2015）、《养老设施建筑设计规范》（GB 50867—2013）等一系列国家、地方医疗、康养建筑设计标准近 10 项；2003 年“非典”期间，我们在 48 小时内拿出了两套国家应急性大型公共医疗中心设计方案，使上海市公共卫生临床中心快速落地建成；2014 年，转化应用“光源工程”的设计经验，我们设计的中国第一家质子重离子医院——上海市质子重离子医院投入使用，该医院成为国内后续质子重离子医院设计与建设的标杆。

2020 年伊始，新冠肺炎疫情席卷全球。华建集团调动一切资源，动员一切力量，在 10 天内主编了 3 项应对新冠病毒的建筑行业技术标准，为防疫抗疫实施“网格化、全覆盖”、构建“大防疫”体系提供了有力的技术支撑。仅 2020 年 2 月至 4 月，华建集团就有 7 家单位 17 支团队，参与了全国 14 家疾控和卫生应急设施的建设，包括武汉的 4 家方舱医院的设计工作，团队为防疫工作提供及时、优质、高效的设计咨询和建设服务。

习近平总书记多次指出，预防是最经济最有效的健康策略。历史烛照未来，光荣凝聚力量，使命催人奋进。在卫生健康应急设施设计领域，建筑设计者多往前跨一步，就能有效地帮助我们的公共卫生工作者们将预防关口前移，避免小病酿成大疫。当前，伴随着人工智能、大数据的普及，华建集团正致力于运用新理念、新技术、新材料、新产品提供一个全新的诊疗环境，让“有温度、有人文、有科技”成为卫生健康领域新的方向标。

习近平总书记指出，“人民城市人民建，人民城市为人民”。构建强大的公共卫生体系，事关人民健康、事关公共安全、事关国家繁荣发展、事关中华民族伟大复兴。华建集团将秉承“人民至上”的发展理念和“创意成就梦想、设计构筑未来”的企业精神，在医疗卫生建筑领域加快步伐，为构筑公共卫生体系贡献力量。

华东建筑集团股份有限公司党委书记、董事长

目 录
CONTENTS

214 质子医院 PROTON HOSPITAL

238 传染病及应急医院 INFECTIOUS DISEASE AND CONTINGENCY HOSPITAL

254 妇幼保健院

MATERNAL AND CHILD HEALTHCARE HOSPITAL / MCH HOSPITAL

286 中医医院

TRADITIONAL CHINESE MEDICINE HOSPITAL / TCM HOSPITAL

304 其他专科医院

OTHER SPECIALIZED HOSPITAL

330 康养医疗机构
REHABILITATION AND RECUPERATION INSTITUTION

362 医学园区
MEDICAL PARK

382 既有医院改建、扩建工程项目
RENOVATION AND EXPANSION OF EXISTING HEALTHCARE BUILDING

404 海外医疗机构
OVERSEAS MEDICAL INSTITUTION

技术论文
TECHNICAL ESSAY

附录
APPENDIX

以人为本，疗愈空间

中国医疗建筑发展历程及未来展望

Human-oriented Healthcare Space

Developments and Prospects of Medical Architecture in China

文 陈国亮 CHEN Guoliang

“医院（Hospital）”一词源于拉丁文，原意为“客舍”，最初指收容、招待的地方。中世纪修道院成为病人被安置和接受照料的主要场所，医疗服务具有宗教性质，着重于护理而非治疗。中国最早的医院可追溯到春秋时期，《管子·入国篇》中记载了收容聋哑人、盲人和其他残疾人的机构；唐朝的“病坊”多设置在庙宇内；宋朝开始出现有医有药的“门诊部”，称为“剂局”，明朝发展为“药局”；明清设立“太医院”，为皇室服务，其下属医院仍统称“病坊”。在不同的历史阶段，医疗建筑对应的建筑类型是不同的：旅馆、修道院、收容所、庙宇、药局……这些类型或多或少体现了医院的某种特征——给人以庇护、提供身体的照料或精神的抚慰。

随着西方宗教改革、文艺复兴及自然科学的发展，医学逐步向着系统化的科学体系迈进。19 世纪中期的南丁格尔式医院被认为是现代医院的雏形。与此同时，医疗技术也迅速革新，医疗建筑发展成为分科、分栋的分离式建筑群。鸦片战争后，西方传教士进入中国，创办了包括上海仁济医院、北京协和医院在内的多家现代医院。20 世纪初，中国人自己相继创办了诸如华山医院（现复旦大学附属华山医院）、北京中央医院等一批西医综合医院，多家省立医院、市立医院、县立卫生院、传染病医院等地方医院，以及野战医院、陆军医院、总医院等军队医院。虽然西医传入我国后对我国的医疗设施发展起到了一定的推动作用，但在当时与中国广大老百姓的就医需求相去甚远。

1 新中国医疗建筑发展历程

1949 年新中国成立，百废待兴，中国医疗设施建设也成为了其中的一项重要内容。新中国医疗建筑的发展大致可以分为三个时期，即初创期、探索期和发展期。

1.1 新中国成立之初至改革开放初期

这一时期是中国基本医疗体系的构建期，我们称之为新中国医疗建筑的初创期。这一时期中国几乎所有的医院都是由国家及地方财政投资建设。从新中国成立初期的医院建设恢复期，到发展城市医院建筑、建设工矿企业医院、农村县级医院及乡镇卫生院，三十年间中国建设了一大批医院。成立于 20 世纪 50 年代的华东建筑设计研究院、上海建筑设计研究院在建院伊始就投身于医疗设施的建设工作中，设计了大量的医疗建筑，如 20 世纪 50 年代的公济医院（现上海市第一人民医院）、上海第八人民医院、上海第二人民医院、上海第六人民医院、市立第七人民医院、上海肿瘤医院（现复旦大学附属肿瘤医院）、华东医院（现复旦大学附属华东医院）、广慈医院（现上海交通大学医学院附属瑞金医院）、上海第一妇婴保健院、上海市立伯特利医院；20 世纪 60 年代的中山医院（现复旦大学附属中山医院）、上海第九人民医院（现上海交通大学医学院附属第九人民医院）、上海第一结核病医院、上海第二结核病医院、上海第二劳工医院（现同济大学附属杨浦医院）、福建省立医院、哈尔滨综合医院；20 世纪 70 年代的东方红医院（现上海交通大学医学院附属瑞金医院）、静安区中心医院、上海第三人民医院、上海眼耳鼻喉医院（现复旦大学附属眼耳鼻喉科医院）、杨浦区中心医院、上海江湾医院、安亭医院、崇明县第二人民医院、上海海员医院等。华建集团为新中国的医疗事业发展做出了重要的贡献。

但无论总量还是单个医院建筑的规模，当时的医疗设施建设和整个社会的医疗需求还是存在着较大的差距。

1.2 改革开放初期至 21 世纪初

这一时期是中国医疗建筑发展的探索期，可以分成两个阶段。

1978—1989 年是第一阶段，即快速成长期。随着中国改革开放、经济发展，大量的老医院需要进行改、扩建，同时还要兴建许多新的医院，中国医院建设迎来了一个春天。但也出现了一些需要反思的问题，尤其是有的医院建筑为了片面追求建筑造型的标新立异，而忽视了医疗工艺和使用功能这些医院建筑中最本质的东西。

1989—1999 年是第二阶段，即回归理性的时期。我们开始走向自觉摸索的阶段，从历史的、哲学的高度重新审视医院建设的理念：从单纯的医疗到生命全过程的跟踪服务，从单一的建筑设计到完整的卫生工程体系，从不同需求层次的医院到各级各类的医疗卫生保健设施，从经验型转向科学、规范的标准化。

为适应新时期医院建设发展的需要，中华人民共和国国家计划委员会、卫生部于 1979 年颁布了中国第一部《综合医院设计标准》，中华人民共和国住房和城乡建设部、卫生部又于 1988 年颁布了由上海民用建筑设计院（现华建集团上海建筑设计研究院有限公司）主编的中国第一部《综合医院建筑设计规范》（JGJ 49—1988）。这些标准、规范的制定为医院建设、发展的科学性、合理性打下了坚实的基础。

一批具有医院建设专业造诣的建筑设计师、具有丰富知识的咨询团队纷纷涌现。在此基础上各类专业学会、协会应运而生。20 世纪 80 年代中期，中国卫生经济学会医疗卫生建筑专业委员会成立（2007 年转变为中国医院管理协会医院建筑系统研究分会）。1990 年 9 月，中国建筑学会医疗建筑专业学术委员会在南京成立，2000 年华建集团成为这一专业委员会的挂靠管理单位。从那时起，中国每年都会举行很多全国性的医院建筑设计研讨会、论坛等，这对提高中国整体的医院建筑设计水平起到极大的推进作用。

这一时期，我们完成了很多优秀的设计作品，包括海军军医大学第一附属医院 (上海长海医院) 病房楼、医技楼，上海市普陀区中心医院，上海交通大学医学院附属瑞金医院门急诊大楼、外宾病房楼，上海浦东新区中日友好瑞金医院，长宁区中心医院，上海交通大学医学院附属新华医院门诊病房综合大楼，仁济医院（现上海交通大学医学院附属仁济医院），上海第三人民医院，上海第四人民医院，华东医院（现复旦大学附属华东医院），浙江嘉兴市第一医院，上海市长宁区妇产科医院，烟台海港医院，上海市徐汇区精神病防治院，昆明市第一人民医院，上海市黄浦区中心医院病房楼，上海市第一人民医院扩建工程，复旦大学附属儿科医院医疗综合楼，无锡市第一人民医院改建，中国人民解放军第一四八医院病房楼等项目。

很多国外的医疗建筑设计师也开始进入中国设计市场，带来了国际先进的理念，对提升中国医院建筑设计水平是很重要的外在助力。

1.3 21 世纪初至今

进入 21 世纪以来，中国的医院建设真正进入到黄金发展期，相当多的医院建筑设计作品是理智与才华在当今社会条件下的完美结合。

医院建设规模有了显著扩大。反映医院建设总量的千人床位指标（医疗卫生机构床位数 / 常住人口数 X1 000）由 1987 年的 2.12 增长到了 2020 年的 6。社会办医的比重在迅速增加，民营医院和外资医院进入市场，促进了医疗行业的良性竞争，医疗服务产品呈现出更为丰富的层次，满足不同层次人群的医疗服务需求。

规范和标准在逐步建立并完善。2008 年住房和城乡建设部、国家发展和改革委员会颁布了上海院参编的《综合医院建设标准》（建标 110—2008）；2014 年住房和城乡建设部与国家质量监督检验检疫总局联合发布上海院参编的新版《综合医院建筑设计规范》（GB 51039—2014）；2015 年住房和城乡建设部又发布了上海院参编的《绿色医院建筑评价标准》（GB/T 51153—2015），以及各类专科医院的建设标准或设计规范；2016 年住房和城乡建设部、国家发展和改革委员会颁布了华东总院参编的《儿童医院建设标准》（建标 174—2016）、《精神专科医院建设标准》（建标 176—2016）；2018 年住房和城乡建设部发布了华东总院参编的《老年人照料设施建筑设计标准》（JGJ 450—2018）。

学会、协会不断发展壮大。2016 年 5 月，中国医学装备协会医院建筑与装备分会成立；2018 年，中国医院建筑设计师联盟正式宣告成立。学术交流活动更加频繁。为了总结经验、促进交流，更新医院建筑设计观念、设计思想，了解高科技医院建筑技术、建筑装备、建筑材料、建设管理，推动我国医院建设事业的进一步发展，2004 年由卫生部医院管理研究所主办、《中国医院建筑与装备》杂志社承办的“第一届全国医院建设大会暨中国国际医院建设、装备及管理展览会”，到 2020 年已举办了 21 届，规模日趋宏大。同时我们还不断加强与世界各国同行的交流，例如至今已连续举办了多届的“中、日、韩东亚医疗建筑论坛”“英中绿色医院建设高峰论坛”等。这些大会、论坛搭建了中国医院建设交流的平台，为中国医院建设水平的提高做出了极大的贡献。

医疗建筑设计趋向精细化、个性化。有一段时期，虽然我们对医疗工艺的规划、医疗流程的设置、医疗动线的组织有了许多关注和研究，设计出了一大批符合医疗功能要求的现代化医院建筑，但也逐渐形成了一种标准定式，全国各地的医院都似曾相识、大同小异，失去了医院的个性。进入 21 世纪，在娴熟掌握医疗建筑功能特征的同时，我们努力探索更具个性的丰富多彩的建筑形象和更具亲和力的空间环境，避免医疗建筑单纯强调工艺流程，片面追求标准化、模式化，而失去其个性魅力。在体现医院形象特征的同时，也更多地关注其对文化历史的传承、对自然气候的应对、对区域环境的适应等。此外，绿色建筑和信息化等新技术的发展，也为创造更为丰富的医院建筑提供了技术可能。这一时期，我们创作了一批不仅关注医院功能需求、具有实用性，还兼具个性特点和艺术美感的医院建筑设计作品，如获得 2015 年中国勘察设计一等奖的上海市质子重离子医院，获得 2017 年中国勘察设计一等奖的中国人民解放军第二军医大学第三附属医院（东方肝胆外科医院）安亭院区（图 1）、上海德达医院，获得 2019 年中国勘察设计一等奖的复旦大学附属中山医院厦门医院，海军军医大学第一附属医院（长海医院）门急诊楼，复旦大学附属中山医院门急诊医疗综合楼，复旦大学附属华山医院病房综合楼、门急诊综合楼、传染楼，上海市胸科医院，中国 - 东盟医疗保健合作中心，天津医科大学泰达中心医院，南京市南部新城医疗中心（南京市中医院），复旦大学附属眼耳鼻喉科医院门诊综合楼，中南大学湘雅三院外科病房楼等。

国内外的医疗交流与日俱增。外资进入中国市场，带来国外先进的医疗技术和医院管理理念，国际

图 1 中国人民解放军第二军医大学第三附属医院（东方肝胆外科医院）安亭院区门诊人视图

图 2 上海嘉会国际医院大厅开敞楼梯

图 3 上海嘉会国际医院门诊医技大厅看中庭

著名的医生也会来中国短期会诊，这对推动中国医疗事业的发展有着积极作用。跨国别的建筑师合作使得国内外医疗建筑设计理念在碰撞中不断前行。我们从合作中学到了很多国际先进理念，也结合中国实际做了很好的应用，完成了上海嘉会国际医院（图 2 和图 3）、慈林医院、上海德达医院、上海百汇医院、上海绿叶国际医院等项目。在做这些定位标准非常高的外资医院项目时，从设计伊始，我们就会和外方、医院方一起制定一套项目设计标准，同时符合国际标准和中国标准。

医院建设离不开国家大政方针的指引。对于我国“十三五”规划中医疗事业的发展，我们理解其中包含了两个重要内容，一个是“强基础”，即进一步加强社区医疗、培养更多的全科医生、进行规范化医疗服务、通过分级诊疗来疏散大医院的压力，提供更好、更多层次的医疗服务；另一个是“建高地”，即建设一批高水准的医疗机构，去解决一些疑难杂症。这既是国家全民基本医疗保障的责任和使命，也反映了中国在国际上的医疗水平。

2016 年中共中央、国务院发布的《“健康中国 2030”规划纲要》明确提出了健康中国“三步走”的目标，即“2020 年，主要健康指标居于中高收入国家前列”，“2030 年，主要健康指标进入高收入国家行列”，“2050 年建成与社会主义现代化国家相适应的健康国家”，为我们描绘了中国医院建设的宏伟蓝图。

2 中国医疗建筑未来发展趋势

2.1 医学科学的发展

医院的医疗空间首先需要满足医院的诊疗功能需求。随着国家医改政策的持续推进，医学学科设置的变化，加之医疗技术、医疗设备的不断发展更新，诊疗空间也在发生着巨大的变化，体现国家较高医疗水平的三级甲等医院的变化更是非常显著。主要表现如下。

1. 急救创伤中心

为了应对突发事件和重大灾害以及收治危急重症病人，医院的急救创伤中心越来越受到大家的关注和重视，急诊急救专科化的趋势日趋明显。高效的交通流线和抢救流程成为急救创伤中心建设的首要关注点，近年来医院直升飞机停机坪也在逐渐成为急救创伤中心的标配。以患者为中心的人性化急诊模式也越来越多地被采用。

2. 多学科中心

基于多学科中心、专科平台的建设，传统的门诊空间也在发生着革命性的转变：以诊疗中心为模块，专科门诊、专科检查、专科治疗一体化配置，形成一个整体，如脑科中心、心脏中心、胃肠中心等围绕人体器官设立的学科中心。空间布局方式也发生转变，例如在肿瘤治疗中心的设计上，以患者诊疗流程为主线，将过程中的门诊、影像、放疗等主要功能同层集约布置，在提升该学科中心整体认知度的同时，也大大提高了患者就医的便捷性，减少患者因就医流线往复而产生的不悦感。各诊疗中心可共享大型医技设备，门诊、病房区域也配置了多学科会诊中心、联合工作区等。

3. 研究型医院

随着基因科学、精准治疗、大数据分析等科学技术的发展，临床研究对临床治疗的支持愈加明显。经历了从传统的只注重医疗用房建设，到设立独立的科研单体建筑，再到研究与临床相互融合、便捷联系、有机整体化的发展过程。研究型医院成为重大疑难疾病的诊疗平台，将会引领技术创新和临床研究的发展。在功能上集合临床医疗、科研、教学的集约化设计，注重缩短医疗人员的行动路线，促进科教与临床的相互交流。

4. 新型医疗设备

医疗设施、设备的不断更新换代、推陈出新，对空间环境不断提出新的要求和挑战。例如，越来越多的术中核磁、术中计算机体层摄影（Computed Tomography，CT）的杂交手术室，直线加速器、质子、重离子等大型放射治疗设备对机房平面布局、结构沉降、微震动控制、机电精度控制、辐射防护屏蔽等都有着极其严格的要求。对于质子、重离子等大型设备，更是从设计之初就应考虑其布局对总体环境、平面功能的影响，合理规划运输路径、吊装方案。

2.2 现代科技的发展

数字化信息技术、人工智能（Artificial Intelligence，AI）、建筑信息模型（Building Information Modeling，BIM）和绿色能源等技术的发展对医疗建筑的影响也很大。未来医院的就诊空间、就诊流程、建造模式、运营模式都会随之变化。

1. 智慧医院

利用数字化信息技术、5G 和 AI 技术可以提高医院的运营效率，降低运行成本。网上预约挂号、电子病历、电子处方等可以有效缩短挂号、取药时间，减少排队等候的空间，释放出更多的功能空间给予公共服务。未来病人不用在挂号收费间来回穿梭，可以直接在家挂号，在诊室结算。预约就诊的方式也可改善三甲医院人满为患的问题。候诊空间的分散化、多样化，给患者和家属带来了更佳的就医体验。

借由物流系统的帮助，医院的支持型空间（诸如检验中心、静脉配置中心、物资配送中心等）的布置可以更加灵活，丰富了医疗功能和公共服务空间设计的可能性。结合数字化和自动物流运输系统，把一些原来需要和病人频繁接触的空间另置他处，例如在检验科的设计中，传统的平面布置往往是采样与检验中心紧邻布置，位于患者方便到达的区域；而引入了气送管或轨道小车等物流系统后，平面空间被极大地解放，检验中心可以被布置于其他楼层相对次要的位置上，为营造更宽敞、更多服务功能的公共空间提供了可能。

数字化技术还可以帮助改善医患关系，各科医生通过电脑终端、图像展示讲解病情，病人和医生的信息是对称的。此外，还可以实现远程会诊、远程医疗。

2. 绿色医院

医院是一个能源消耗的大户，所以医院的节能越来越受到大家的关注和重视。2012 年，中国建筑科学研究院、中国住房和城乡建设部科技发展促进中心正式牵头启动国标《绿色医院建筑评价标准》的编制工作，历时 4 年，《绿色医院建筑评价标准》（GB/T 51153—2015）终于诞生，并于 2016 年 8 月 1 日起正式实施，这标志着中国绿色医院建设又进入了一个新的历史阶段。各地政府、主管部门也提出将绿色二星作为医院建设的强制执行要求。

2010 年，华建集团设立了“绿色医院核心技术研究”专项课题，上海院课题组以历年积累的丰富的设计经验和科研成果为基础，围绕“安全、高效、节能”三大核心内容，历时三年多完成了近三十万字的科研课题报告，并在此基础上以前期策划、方案设计、初步设计三阶段为脉络，归纳梳理这些专项技术研究成果，形成了“绿色医院设计指南”。

首先，绿色医院应是一个安全可靠、无害化的医院，应从选址、感染控制、辐射防护、结构安全、供电系统等方面全方位保障其安全。其次，医院的高效运营是绿色医院又一重要的组成部分，应在前期进行充分的科学规划，制订科学、合理的设计任务书、医疗流程；预留医院未来发展空间，满足医院的可生长性和可变性，保证医院的动态发展；并运用数字化技术支持医院的高效运营。最后，降低医院能耗无疑对降低医院运行成本、保护全球环境和自然资源都极具价值。在总体规划、建筑设计中需要充分运用被动式节能的理念和手法，同时选择合理的机电系统、设计参数和标准，既保证医院的安全，又有利于能源的节约。BIM 技术和数字化能源管理系统也被越来越多地运用于医院建筑设计、建设和运营管理之中，如引入医院用能监测、能耗分析和诊断的能源管理系统，未来也将有越来越多的绿色技术、绿色产品被运用于医院建设中，包括可再生能源。

绿色医院建设是一项长期的、复杂的工作，它既需要我们有绿色的理念、绿色的技术、绿色的产品，更需要我们不断地实践、探索，并在实践中不断地总结、提升。

2.3 对人性化设计的关注

在医疗建筑设计中，越来越重视根据患者类型及使用方式，对不同的医疗功能用房进行特质化设计。不仅在面向老年人、儿童、残障人士等不同人群的医疗功能空间采用特质化的设计方式，在针对不同类型疾病的诊疗空间中也应考虑引入特质化的设计方式，以提升患者的使用体验。例如在超重病人病房的设计中，病房的空间尺度应根据患者的特质进行特殊处理，不仅扩大病房及病房卫生间的空间尺寸，还可在病房顶部安设吊载轨道，为患者的活动及康复提供便利。

3 对疫情后中国医疗建筑发展的再思考

近期，面对新型冠状病毒肺炎疫情，全社会再次聚焦中国公共卫生服务体系。这也再度引发我们对中国医疗卫生服务设施如何更好地应对突发大规模烈性传染病的思考。在这个非常时期，面对疫情，能够保持冷静，理性地思考极其不易，过度的消极和过度的反应都不是一种科学的态度。虽然改革开放以来，中国的社会经济、科学技术水平、医疗设施建设水平都得到持续、高速的发展，但在全国性突发公共卫生事件的应对能力方面还存在不尽如人意的地方。单就医疗设施建设而言，可以从以下三个方面进行进一步的改进和完善。

3.1 规范及标准

此次新冠肺炎疫情可以看作是对目前中国医疗设施建设（尤其是传染病医院建设）的一次全面检验，帮助我们对现有的医疗建筑设计规范、建设标准进行系统评估、及时修订，科学指导接下来大量的医疗建筑设计和建设。

3.2 城市规划

为应对大规模突发性的传染病疫情，每座城市至少应配置一家高标准的传染病医院。正如 2003 年由上海院负责设计的“上海市公共卫生临床中心”，它是集临床诊疗（平时 500 床，战时可快速搭建 600 床临时病床）、临床研究（2 间 P3 实验室）、教育培训三大功能于一体的现代化、多功能医疗中心。这次疫情发生后，它成为上海市最重要的确诊病人指定收治点。它不仅诊疗环境安全、设施先进、治愈率高，而且集结了全市最优秀的专家团体，他们进行公共研究、制定各类技术导则和指导意见，从而确保这座城市拥有强大的抵御能力。

在经济条件许可的前提下，规划建设若干可全部或部分转换的传染病医院。这类医院平时用作综合医院或其他专科类医院，疫情发生时，可在第一时间完成快速转换。当然，在项目选择时要结合医院自身的学科特点、技术能力，同时考虑到建设规模、投资及日常能耗要比普通医院高的特点，在设计上须根据这种全新的运营模式，引入完全不同的设计理念、设计技术和设计方法。

预留城市灾备空间，配套齐全的市政设计。可以在非常时期（比如传染病疫情、核泄漏、恐怖袭击、地震、洪水等重大城市公共事件发生时期）快速建设灾备设施（类似于战地医院），灾害过后可以快速拆除，重复利用，这也是性价比最高的应急方式，对此，应开展更多的相关技术研究。

3.3 建筑设计

疫情过后，要对中国现有的传染病医院，尤其是近期新投入使用的传染病医院进行系统评估、及时总结，为我国传染病医院建设标准、设计规范的修订提供重要的依据和参考，从而进一步提高我国传染病医院的设计、建设水平。

从建设面积标准、机电设施配置、投资控制等方面来看，常规的综合医院无法满足保障收治传染病人安全、隔离的严格要求。但是在发生重大疫情时，它可以履行极其重要、量大面广的筛查职能。2003年“非典”疫情发生后，政府在建设综合医院时都强制配备了发热、肝炎、肠道门诊，以及具备隔离病房等功能的感染中心。2020 年的今天，面对新的疫情，感染中心的建设规模、接诊能力是否依然能满足要求，流线是否合理，均应重新进行评估，以决定是否需要调整。

同时，我们今后在设计综合医院时，可在发热门诊外预留一定的室外空间，平时作为停车等功能使用，疫情发生时，可以搭建临时用房，对其进行快速且符合标准的扩容，扩大发热门诊接诊量，降低人员的密集程度和被感染的可能性。通过建立“发热门诊—转换医院—公共卫生中心”的多层级防御体系，城市就有了从筛查到疑似隔离，再到确诊救治完整机制的保证。

另外，我们也要更关注医疗工艺的流程设计，尽量减少患者的交通流线长度，缩短就医时间，减少患者与患者之间的接触。这不仅仅在疫情期间，在春秋流感季，也可降低感染的风险。

每一次疫情的发生，都会给医疗设施建设带来新的挑战和机遇，建设水平也一定会有新的提高。

4 后记

在不断的设计实践中，我们对医疗建筑的本质和特点的认识一直在更新。医院建筑空间的本质就是医护工作者为公众、为患者提供健康咨询、诊疗服务的特定空间场所，我们称之为“疗愈环境”。让每一位患者在这特定的环境中感受到被尊重、被关怀、被呵护，是医院建设的宗旨和目标。

作为医疗建筑设计师，我们所追求的价值和目标也是一脉相承、始终如一的，即适宜和提升。设计师应使设计适用于医院自身的学科设置、管理模式、运营方式，运用专业知识，对医院未来的发展做前瞻性规划和预判，提升其使用价值。

正是为了追求这样的目标，医疗建筑设计师更需要关注医院建设的发展趋势、社会经济发展趋势和国家大政方针，需要研究所设计医院的特点，做更为精细化的设计。在有限的建设规模、投资控制的条件下，不断运用新理念、新技术、新材料、新产品，为患者提供一个全新的诊疗环境、最佳的就医体验，为医护人员创造一个更为温馨、更为便捷的工作环境。这既是我们每一位医疗建筑设计师的职责和使命，也是我们社会价值的重要体现。

（作者：陈国亮，华建集团上海建筑设计研究院 首席总建筑师，医疗建筑设计研究院 院长）

基于大健康理念推进建筑设计的发展

Promote Healthcare Architecture Design Based on the Concept of Comprehensive Wellness

文 周静瑜 ZHOU Jingyu

1 引言

2016 年，习近平总书记在全国卫生与健康大会上对“健康中国”建设做出了全面部署，预示着我国医疗与养老设施建设新发展时机的到来。2020 年，面对新冠肺炎疫情，人民对基本健康诉求的认识有所增强，也对医疗建筑资源的匮乏产生焦虑和担忧。在此背景下，大健康的理念将进一步推动建筑设计的发展。提升医疗建筑和医养建筑板块的综合设计能力，对行业和企业的发展具有一定意义。

2 大健康的理念与建筑设计

2.1 背景

健康是人生最宝贵的财富，健康是人民最基本的追求，大健康因时代发展、社会需求与疾病谱的改变而升级。2016 年 10 月，中共中央、国务院颁布了《“健康中国 2030”规划纲要》；2019 年 7 月，国务院出台了《国务院关于实施健康中国行动的意见》《健康中国行动（2019 — 2030 年）》和《健康中国行动组织实施和考核方案》。从宏观目标到中观策略，再到微观落实，真正地将人民健康放在优先发展的战略地位，充分表明了国家对大健康的重视，也逐步拉开了全国健康产业布局的序幕。

当今社会对医疗的认知已经从狭义医疗走向了广义的大健康，这个“大健康”概念也已经远远超越了狭义的医学范畴，它以人的健康为中心，扩展到衣食住行、环境卫生等诸多领域，促进产业向纵深拓展。2020 年，新冠肺炎疫情的出现使人类明白没有什么能比健康更重要。

2.2 理念

大健康提倡以预防为中心，以健康为目标，如《黄帝内经》所云“治未病”，生命健康是个全程呵护的过程。大健康提出一种全局的理念，围绕人们期望的核心，让人们“生得优、活得长、不得病、少得病、病得晚、提高生命质量、走得安”。它倡导健康的生活方式，不仅是“治病”，更是“治未病”；消除亚健康、提高身体素质、减少痛苦，做好健康保障、健康管理和健康维护；帮助民众从透支健康、对抗疾病的生活方式转向呵护健康、预防疾病的新健康模式。

从健康消费需求和服务提供模式角度出发，健康产业可分为医疗类和非医疗类两大类健康服务，并形成医疗产业、医药产业、传统保健品产业和健康管理服务产业群体。医疗产业、医药产业对于消费者而言多是被动消费，偏重于治疗；健康管理服务产业则是主动消费，偏重于预防；保健品产业则介于二者之间。

在不同历史阶段，人们对健康的认知、疾病预防的重点也有所不同。从医疗时代、医药时代到医养时代，医学重点转移到预防领域，以应对生活方式变化带来的挑战；当下，健康理念也融入社会经济发展中，成为建设小康社会的有机组成部分。

2.3 大健康与建筑设计的关联

大健康带来了大健康产业，也给建筑设计带来了发展机遇。在国家推进大健康战略的背景下，医疗行业作为一个不可或缺的基础行业，拥有巨大的发展空间。大健康产业与建筑设计有着密切的关联，从传统的医疗建筑，到全生命周期的医养（适老性）建筑，这些都与大健康产业直接关联。

大健康产业链，涉及健康生产和健康服务。核心层为医药、保健品和医疗器械，衍生出康复、疗养、健身和休闲等。对建筑设计而言，涉及各类建筑业态的组合，这些是间接的关联。

医养建筑需要与大健康的产业链相结合，未来的发展潜力和空间巨大。大健康产业提供的不是一种产品，而是一种健康生活的解决方案，它围绕人的衣食住行、生老病死，对生命实施全过程、全方面、全要素的科技化、智慧化呵护，这种全产业链的拓展，将会在建筑设计中得到具体体现。

3 建筑设计企业的竞争态势分析

大健康理念引发建筑设计相关板块的变化，对建筑设计企业而言，既是机遇也是挑战。华建集团面对新的变化，寻求新的发展。SWOT 分析法是一种企业竞争态势分析方法，是市场营销的基础分析方法之一，可用于在制订发展战略前对自身进行深入全面的分析以及竞争优势的定位。通过评价自身的优势（Strengths）、劣势（Weaknesses）和外部的竞争机会（Opportunities）与威胁（Threats），可以看到在大健康领域华建集团的内外部现状（图 1），从中找出对己有利的、值得发扬的因素，以及对己不利的、需要避开的障碍，发现存在的问题，找出解决办法，并明确以后的发展方向。

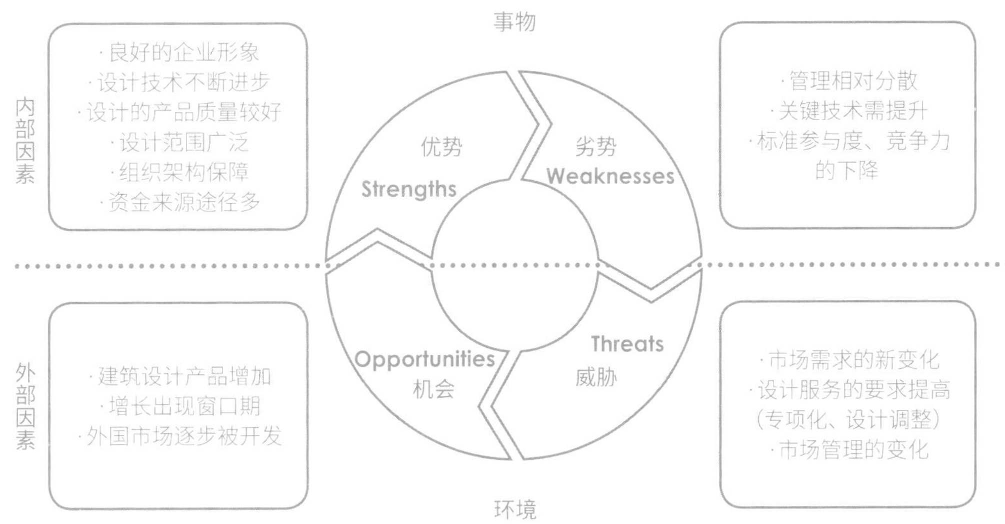

图 1 大健康推动下华建集团的 SWOT 分析

图 2 重庆市妇幼保健院迁建工程

3.1 内部的优势与劣势

从华建集团的内部因素看，有良好的企业形象，而且医疗专项和集成服务优势显著。从 20 世纪 50 年代起，华建集团前身就参与了医疗建筑的设计，经历了中国医疗建筑发展历程的各个阶段，并从上海走向全国和海外，过程中也推动了设计技术的不断进步，具体优势如下所列：

（1）承担国家标准《综合医院建筑设计规范》（JGJ 49—1988）第一版的主编工作；

（2）参与《急救中心建设标准》（建标 177—2016）、《绿色医院建筑评价标准》（GB/T 51153—2015）、《养老设施建筑设计规范》（GB 50867—2013）、《医院室内装饰装修技术规程》的制定；

（3）编制中国建筑学会医院建筑专业学术委员会相关的国家建筑标准设计图集；

（4）具备质量管理体系进行持续管控；

（5）设计的作品质量较好且设计范围广泛，其中医院设计包括综合性医院和专科医院（图 2）等，例如两个“中国首个”：上海市质子重离子医院、上海市第一妇婴保健院；

（6）在组织架构上，主要的分（子）公司都设立了医养建筑设计专项化板块，总承包板块已有诸如彩虹湾医院等的医院建筑工程总承包项目；

（7）华建集团作为上市公司，在资金的来源上拥有较多途径。

内部的劣势如下：管理相对分散，需要进一步整合集团内部资源；关键技术有待进一步提升，特别是医疗工艺及其新技术；内地的经营力度还不够；在品牌和品质管控上尚需发挥优势；标准编制参与度与核心竞争力尚需提高。

3.2 外部的机会与竞争

大健康促进了该领域及相关产业链的建筑设计产品类型和份额的增加；由于处于增长初期的“窗口期”，大健康带来的建筑设计市场前景宽广；“一带一路”“构建人类命运共同体”得到各国的认同和响应，外国市场壁垒逐步解除。这些对建筑设计企业来说均是很好的机遇。

同时，外部的威胁也在加剧：市场需求发生新的变化，如对医疗、适老性的专项化要求更高，对设计服务的要求提高；市场管理的变化；境外设计机构参与竞争，对手增多；建筑设计市场相对成熟，客户偏好改变；等等。

3.3 分析与规划

通过 SWOT 分析，可以看到华建集团在医养建筑设计上的优势，迎接大健康背景下的机遇，正视集团在该设计板块的劣势与威胁，以便华建集团在领导和管理工作中理清思路，有的放矢，正确决策和规划。

华建集团是一个整体，其竞争优势具有全面性，开展优劣势分析涉及整个价值链的每个环节，还需要根据具体竞争对手做横向详细比对。

不同发展趋势下所采用的战略规划会有所不同，现阶段华建集团的发展趋势处于 SO 区域（图 3）。采取的战略是最大限度地发展这一增长型战略。在大健康理念、疫情出现的背景下，发挥华建集团作为国企的责任与社会担当，可以用自身内部优势撬起外部机会，使机会与优势充分结合，发挥杠杆效应，敏锐地捕捉机会、把握时机，以寻求更大的发展。

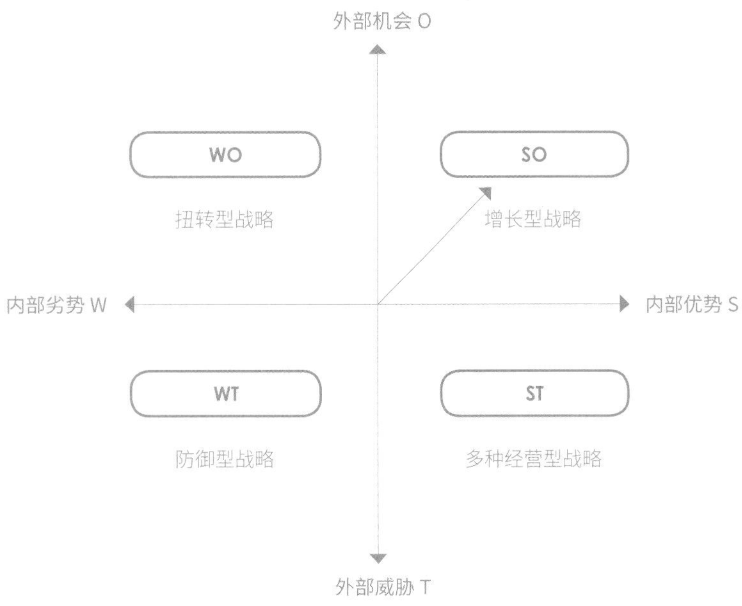

图 3 SWOT 分析不同发展组合区域的战略

为此，华建集团可以集合医疗专项优势，推动医疗设计产品专项化、专业化发展，形成独特的技术、人才和品牌优势。立足“产、学、研”三位一体的发展定位，聚焦“医疗+”发展方向（医疗+养老+大健康），加大前沿技术研发投入，进一步拓展医疗养老设计专项化产品线，提升医疗和养老产品的设计、咨询和研发能力。华建集团将集成服务优势，提供最为完备的“全过程工程咨询”业务链，整合前端策划和后端运营，提供标准化、模块化、定制化兼具的业态产品，为医疗与康养产业发展提供全方位支撑。华建集团可以进一步借助资本优势，拓展全过程业务领域；以技术和创新研发为导向，与政府和战略合作企业共同进行标准和产品研发，进入高端市场；在条件合适的开发项目中，可以考虑以知识产权参股等方式。华建集团可以积极探索“医养结合”的新型养老模式，发挥集团在医疗领域的经验与资源，集生活照料和康复关怀于一体，把“医”“护”“养”三元合一。

大健康产业中的三分之一为养老产业，根据国家统计局数据，2018 年年末，我国 60 岁及以上人口为 2.49 亿人，而养老服务机构床位总数仅 746.3 万张，以此计算，仅 3% 的高龄人口能够获得与之匹配的配套养老机构服务，到 2023 年我国养老产业规模预计将达到 12.8 万亿元。国有企业发展养老产业具有一定的政策优势。一是作为一家具有社会责任感的国有企业，华建集团通过借鉴国内外先进养老理念，积极探索符合中国国情、适合中国老年人养老的多层次、全方位养老服务模式（图 4）。二是国有企业必须要有社会责任担当。上海国企参与养老服务业的发展，正好可以填补政府公办养老事业退出后留下的空白，既通过市场化为老年人提供更好的多层次的养老服务，又可以承担一部分政府部门原来承担的社会职能，提供低收费、低营利的养老服务，避免过度市场化给老年人带来的养老压力。更重要的一点，同等条件和价格下，老年人更倾向于选择或购买觉得更可靠的国有企业背书的养老机构或养老服务产品。华建集团可以发挥品牌优势，瞄准占大健康产业三分之一的养老产业，融合老年住宅方面的专项研究，形成适老化的建筑设计产品。

图 4 溧阳富尔达养老社区内院

4 大健康产业的展望和医养建筑设计的举措

4.1 大健康产业的展望

根据《“健康中国 2030”规划纲要》中确定的目标，2020 年，我国健康服务业总规模将超过 8 万亿元，2030 年将达到 16 万亿元。人们健康意识提升刺激消费，健康服务成为关系到国计民生、未来社会整体幸福指数的国家级重大事业。大健康产业是一个新兴产业，目前还处于发展的初级阶段，正在酝酿和形成超过十万亿的巨大蓝海市场。

正如美国著名经济学家保罗·皮尔泽（Paul Zane Pilzer）所预言，健康产业将成为继 IT 产业之后的“全球第五波财富”，美国在未来几年健康产业的年产值将达 1 万亿美元。而在中国，健康产业的规模也正在逐步扩大。大健康产业的发展必将为建筑设计提供广阔的舞台。

在认准发展趋势的前提下，华建集团有必要抓住机遇扩大规模。设计需关注由高速增长阶段向高质量发展阶段转变的发展新动能，加快转型升级，开拓新市场、新业务。

4.2 医养建筑设计的举措

1. 重视医养建筑专项人力资源的管理

在新时代的背景下，建筑设计企业更应重视人才的管理。在现今的市场环境下，设计人员的流动已经成为了常态。一定量的人员流动，可以适应市场机制的变化，也有利于人力资源的内部整合、吸引外部资源。而医养建筑的设计带有一定的专项性，除了一定的专业知识外，医疗建筑、养老建筑需要认识和知识技术的密集融合，专业人才是我们企业的宝贵资源和资本，重视医养建筑专项设计人才的培养和引进，有利于提高华建集团在医养专项设计的核心竞争力和持续发展能力。

对于建筑设计人才，企业需要真正做到尊重人才、尊重知识。在对待优秀的建筑设计创作人才上，不仅仅要开出“优厚”的条件，更要关注员工自身的一些追求或目标，信任人才。在经营机制、用人机制、激励机制、管理方式等方面，将追求效率和产值的导向与调动人才的积极性相结合，关心员工个人内心的发展诉求和方向，让设计人员有机会为值得的事情而努力，发挥企业对员工成长的支撑，促进员工资源、价值观、技能的提升，形成华建集团企业与员工的双赢。

2. 整合医养建筑设计的优势

针对华建集团在医养建筑方面的优势和劣势展开分析，可以得出结论，应优化建筑设计资源的配置，整合集团内部的专项设计资源，提高医养建筑设计的综合实力，建立华建集团的特色品牌。

在技术上，引入创作设计人员与医养建筑专项设计人员相融合的创作模式，将建筑设计专业化与现代医学技术、医疗设备的专项化结合，研究适老性建筑与养老模式的关系，最大限度地满足功能与美学的需求。在管理上，降本增效、激发活力、优化设计组织架构、创新业务模式等多举措并行。同时，通过多年深耕医养建筑板块积累的经验，突破单一行业思维的局限性，主动整合优质外部资源，如商业策划、医养服务、特种设备、智能化设施等，完善和加强医养建筑全产业链工程咨询与设计能力，以高度整合、高效输出的一站式全过程服务供应商姿态，参与新一轮的医养建筑建设热潮。

将建筑设计产品与市场需求结合，在业务上实现多元化、规模化，在管理上实现人性化、专业化。利用华建集团各分（子）公司的优势，形成医养建筑板块互利共赢、协同发展的聚合力。对于医疗工程技术不足之处，可聘请相关的医疗建筑专业流程专家，优化资源配置，补齐业务短板，从而强化集团全过程工程咨询服务商的品牌。

3. 研究医养建筑的特点与发展趋势

（1）医养建筑设计的特点。

随着中国国民经济水平和中国医学科学技术水平的不断提升，医疗建筑与医养建筑的融合，以及医疗设备的持续更新换代，医养建筑的设计也需要不断创新，满足其多样化、个性化的需求。

在医养建筑设计中，要强调专项化与专业化的结合。常规医养建设工程按建筑设计（土建和安装）、装修工程、医疗专业工程进行分类，现代医养建筑设计可以划分为医养建筑的规划、建筑设计、环境设计（室内与景观）、专项设计（医疗工艺流程、医疗净化、医用气体、污染物处理等），并注重医养建筑的材料选择设计和院内交叉感染问题（空气隔断、水质卫生），特别是从手术室到手术部，由分散式、集中式到洁净手术室、数字一体化手术室的转型升级。

当下，我们所处的互联网时代有着跨界融合、创新驱动、重塑结构、快速迭代、开放生态、连接一切、尊重人性等特点，医院建筑设计需要围绕“人”来设计，一切以人为中心。医疗建筑和医养建筑的环境（外部环境和内部环境）是建筑设计创作更富有亲和力、人性化、个性化的组成部分。而建筑的智能化、医疗的数字化、服务的人文化、环境的生态化、施工的装配化，必将成为行业发展的趋势。

面对近期新冠肺炎疫情，聚焦中国公共卫生服务体系变化，应总结医疗卫生服务设施应对突发大规模烈性传染病的能力，研究应急医疗建筑、拼装式建筑以及不同类型医院快速转换为传染病医院的设计方法。

以生态绿色为指引、以患者为中心，引入完全不同的设计理念、设计技术和设计方法，使医疗建筑向智慧化、生态化、特质化方向发展，使医养建筑向人性化、智能化方向发展，充分利用物联网，采用大数据分析、人工智能技术，构建与众不同的疗愈空间环境，提升人类生存空间的舒适性，形成华建集团在医养建筑设计领域的核心竞争力。

（2）医养建筑的发展趋势。

自 2017 年开始，我国医疗卫生机构数量重新恢复增长。据统计，截至 2018 年 9 月底，我国医疗卫生机构数量已超过 100 万个，同比增长 1.1%。2018 年医疗卫生房屋建筑面积达到约 7.8 亿平方米。此外，还有超过半数以上的医院建于 20 世纪 80 年代以前，接近 80% 的医院需要更新和改、扩建。目前，医疗机构数量恢复增长，新建医疗建筑工程需求上升。

医养市场潜力巨大，吸引了各方资本不断投入。从过去单纯的政府投资到鼓励社会资本的介入，投资呈现出越来越多元化的趋势。从综合医院到各类专科医院以及中医医院，不同类别的医疗机构都得到了资本的广泛关注。医疗建筑的规模也出现了变化，几十万平方米的超大规模医学中心、医疗园区不断涌现，医疗建筑的功能也更加丰富，形成了医疗与养老服务相结合的多层次、全方位的医疗诊疗和健康保健服务。

公立医院向大型化、集团化的方向发展，医疗卫生建筑的投入越来越大；民营医院逐步放开、发展迅速，患者对就医环境的要求越来越高，出现了会员制、预约制，实现个性化、定制化的服务，医疗服务模式一定程度上改变了就医流程。因此，应通过建筑设计的功能分区来适应医疗流程和医疗服务的改变，实现医护人员围着患者转。

同时，医养建筑在诊疗技术、建造技术、满足使用者精神需求等多个维度上纵深化发展，这也使得医养建筑进入了一个更为集约、高效、人性化的发展时期。

① 新的诊疗技术对医养建筑发展的影响：随着质子、重离子等大型放射性诊疗设施的推广和普及，为了更好地提升空间和人力资源的使用效率，此类大型设施未来将从单独设立的专科医院整合进综合性

医学园区，这将对综合性医养建筑的功能布局、空间组合、流线组织等方面产生重大影响。同时，互联网技术、大数据产业等相关学科的研究逐渐成熟，使无接触诊疗、智慧医疗和远程医疗具有可实施性和现实意义，可以预见其对传统医养建筑空间的影响将是颠覆性的，对建设规模、单床指标、诊疗流线乃至工程投资的侧重点都会产生重大影响。

② 新的建筑技术对医养建筑的影响：装配式建筑技术使建筑快速营造成为可能，在突发疫情中的作用尤为明显。同时随着装配式技术的发展，可以进一步满足对于卫生洁净度、设备精度和稳定性的技术要求（图 5），标准化、模块化的医养建筑空间及单体将成为可能，这对建筑设计企业的集成能力和技术研发能力提出了更高的要求。

③ 使用者的需求对医养建筑的影响：近年来被广泛使用的“医养综合体”概念，究其本质就是通过整合医疗周边产业，如健身、美容、疗养、休闲以及居住等，改善传统医养建筑冰冷、程序化的面貌，使其更为人性化、生活化、日常化，真正处理好“医”与“养”之间相对独立又紧密联系的空间关系，形成具有高度灵活性的医养建筑。

针对上述发展前景，医养建筑需要抓住行业发展周期中的“窗口期”，解决土地利用与医养建筑规模、城市大型综合性医院布局、高层医养建筑的防火和适宜性等问题。参与医养建筑的前期设计策划，形成设计策略和空间创意，让建筑设计更具有科学性、可行性。开展医养建筑设计的后评估，对不同规模、类型的建筑进行调研，通过实践经验总结提升建筑设计的水平。

5 结语

在“大健康”理念引领下，华建集团积极迎接医疗建筑和医养建筑等疗愈空间营造所带来的设计新挑战，充分把握、提前布局，奋起直追、抢占医养建筑市场，助力设计创新。

华建集团希望利用自身的品牌、技术、市场、团队、业绩、研发等优势，抓住机遇，通过设计去营造健康生活方式，提高居住环境健康品质，创建富有诗意的健康空间，拥抱大健康！人民建筑为人民服务，建筑设计让生活更美好！

（作者：周静瑜，华东建筑集团股份有限公司 副总裁）

图 5 盐城公共卫生中心

传承历史，筑造未来

华建医疗的诞生与愿景

Inherit the Past, Build the Future

Birth and Vision of Arcplus Healthcare

文 王亚峰 WANG Yafeng

生命是一场未知的旅行，而从生命衍生出的健康行业就如人体血管，看似无声无形，却暗流涌动。2020 年伊始，新型冠状病毒的全球蔓延给人类社会带来了严重的威胁，对世界经济政治形势产生了深远的影响，也引起了全世界人民对医疗健康问题的关注与反思。

人民健康是民族昌盛和国家富强的重要标志。在我国工业化、信息化快速发展的时代，人们对医疗健康问题日益关注。2018 年，国家新组建国家卫生健康委员会，将卫生健康、医养结合、老龄健康事业产业发展以及中医药管理等职能进行了整合，制定了“健康中国 2030”战略规划，将健康产业发展提升为国家战略，明确了医疗健康产业的发展目标——到 2030 年健康产业规模将达到 16 万亿元。随着顶层设计的持续深化、医疗改革的深化推进，我国正迎来医疗健康产业发展的黄金时代。

伴随着我国医疗改革的深化推进，全国各地综合医院、专科医院的建设正在加速推进，医疗健康保健的配套设施和服务水平得到了持续的提高与完善。中国的医疗建筑设计师经历了改革开放、经济高速增长，以及大量医院建设实践的锻炼，已经改变了早期仰望国外同行的状况，拥有了国际视野，成为中国医疗健康事业的重要参与者和建设者。作为其中一员，华建集团数十年耕耘医疗建筑专项化发展，完成了数百个医疗建筑精品（图 1），培养了一支医疗建筑设计人才团队。在这样的背景下，为更好地聚焦医疗、提升服务，“华建医疗”孕育而生，它凝聚着华建设计人卓越的品质追求、严谨的工匠精神和大胆的创新意识。“华建医疗”将携手国内外同行，投身中国的健康卫生事业。

1 广泛的医疗卫生建筑设计经验

华建集团是一家以前沿科技为依托的高新技术上市企业，集团定位为以工程设计咨询为核心，为城镇建设提供高品质综合解决方案的集成服务供应商。华建集团拥有丰富的工程实践经验，是中国最顶尖的工程设计企业之一，同时拥有中国工程院院士 2 人，国家勘察设计大师 9 人，享受国务院政府特殊津贴专家 15 人，上海领军人才 9 人，教授级高级工程师 202 余人，国家注册执业人员 1 700 余人。

成立以来的 70 年间，华建集团致力于医疗建筑的设计与实施，与中国的医疗健康事业并肩同行。新中国建立伊始，我们就承担了新中国第一批医疗建筑的设计工作，先后主持完成了 500 余项大型医疗建筑的设计工作；近二十年来医疗建筑项目获得省级以上设计荣誉近百项。2003 年“非典”疫情期间，我们快速完成上海公共卫生临床中心的设计工作，该项目是第一批国家应急性大型公共医疗卫生设施。2014 年，我们设计的中国第一家质子重离子医院——上海市质子重离子医院投入使用，该医院成为国内后续质子重离子医院设计与建设的标杆。2017 年，我们以建筑师负责制的方式承担了浦东新加坡莱佛士医院项目设计与管理工作，该项目作为上海市第一批试点项目，将设计师的服务从设计品质管控延伸到项目品质管控。2020 年，新冠肺炎疫情爆发，我们主动参与上海、江苏、云南等多地医院或临床中心防

图 1 合肥质子治疗中心主入口实景图

疫项目的相关工作。每一次国家和人民面临重大健康卫生危机的时刻，华建集团勇挑重担，不负使命地完成政府和人民交付的任务。

2 拥有专业化的设计团队

医疗建筑设计是一项内容广泛、难度极高的系统工程，需要不断地探索和创新。在大量医疗建筑项目的实践基础上，华建集团逐步培养了医疗建筑专项化人才队伍，逐步建立起“华建医疗”的专项化品牌。

华建集团在旗下三大公司设有医疗建筑专项化团队，在此基础上叠加室内设计和信息化技术，在医疗建筑专项化领域建立起“3 + 2”的专项化组织模式，即由华建集团主力建筑设计单位华东建筑设计研究总院（简称华东总院）、上海建筑设计研究院（简称上海院）和华东都市建筑设计研究总院（简称都市总院）提供医疗建筑设计服务，由上海现代建筑装饰环境设计研究院提供医疗建筑室内设计服务以及

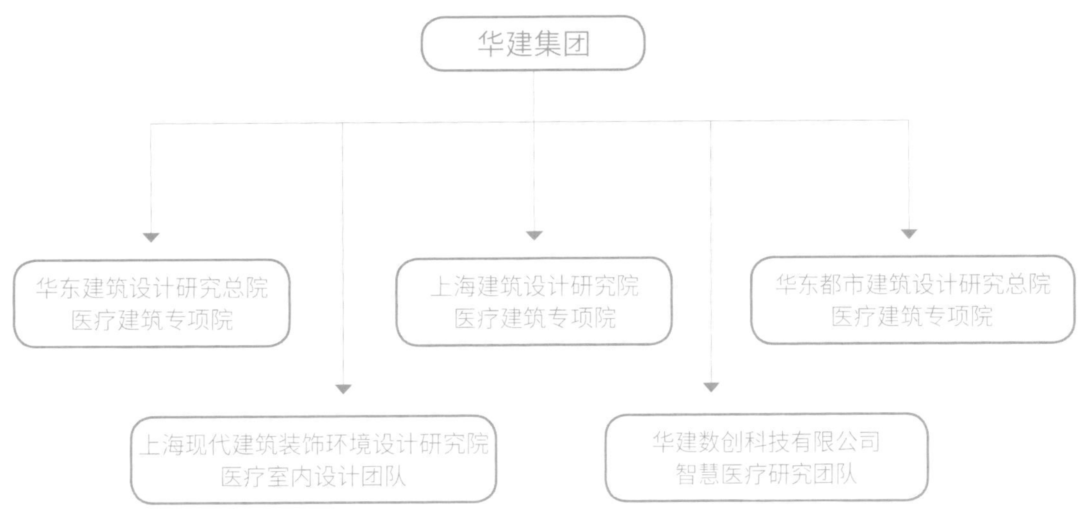

“华建医疗 3 + 2” 组织模式

图 2 萨摩亚国家医院

华建数创科技有限公司提供智慧医疗建筑专项化服务，从而为客户提供一站式的综合服务。同时，医疗建筑具有极强的专业性及工艺性要求，“3+2”的细分模式，能更好地在细分领域响应客户的需求，对接医学技术和医疗设备不断更新的各项要求，专注于细分领域的科学研究与技术创新，提升医疗空间的运营效率与用户体验。

3 专业的医疗卫生工程研究中心

医疗健康领域的技术发展日新月异、快速迭代，这就需要医疗建筑在设计之初充分考虑和满足技术、功能的快速发展，具备先进性与前瞻性。华建集团专注于医疗建筑的技术研发与创新，为中国医疗设施的设计技术发展倾心投入，努力推动行业技术发展。

20 世纪 80 年代，我们主编了中国第一部医疗类专项建筑设计规范——《综合医院建筑设计规范》（JGJ 49—1988），并参与了该规范的后续修订与更新。之后，我们在承接了中国大批重大医疗设施项目的同时，主编、参编了《急救中心建设标准》（建标 177—2016）、《绿色医院建筑评价标准》（GB/T 51153—2015）、《养老设施建筑设计规范》（GB 50867—2013）、《医院室内装饰装修技术规程》等一系列国家、上海市的医疗、康养建筑设计标准。我们翻译完成 2006 年版美国《医疗卫生设施设计导则》、2010 年版美国《医疗保健设施设计与建设指南》。我们正在编写《精神卫生设计规范》，在我国医疗卫生建筑的策划、规划、设计、建造、装修、调试、培训等方面掌握了先进的核心技术与经验。2004 年，我们组建医疗卫生工程研究中心，研发出高效体系化设计论，将医院建筑设计体系化并形成专项成果。我们建立了医疗专项内部知识库，包含《医疗建筑设计导则》《医疗建筑功能模块库》等科研成果，并结合绿色建筑、智慧医疗、装配式等新的发展趋势，研发、实践新的成果。我们对标国际、国内最新、最优的建筑设计技术，持之以恒地进行实践与研究，以实践支撑研究，以研究促进实践。

4 医疗卫生建筑领域全方位服务

华建集团聚焦于医疗建筑的专项领域，为客户提供全方位、专业化的一站式服务。我们承接的医院项目类型涵盖了医学园区、综合医院，以及质子医院、传染病及应急医院、妇幼保健院、中医院、康养医院、五官科医院等各类专科医院，并延伸到养老、养生、保健等健康医养产业。业务市场覆盖国内二十七个省级行政区及海外十余个国家（图 2）。我们为业主提供一站式医疗专项服务，即由前期策划、可行性研究、医疗项目设计任务书编制、园区规划设计、建筑设计、室内设计、景观设计以及医疗专项数字化等组成的全方位、集成化服务。

5 传承历史，弘扬品牌

华建集团伴随着中国医疗健康事业的蓬勃发展，走过了 70 个春秋。回首我们完成的五百多个作品，每一个都凝聚着“华建医疗”设计者的倾心付出。我们在医疗建筑专项设计领域人才济济，拥有近 400 名专业的建筑师、结构和设备专业工程师及其他专项设计师、工程师，已搭建了由总建筑师领衔各专业设计人才的医疗专项化设计服务模式。我们拥有国内知名的医疗建筑专家，并引进在海外顶级医疗事务所工作多年的成熟国际化医疗建筑人才。我们的医疗建筑师专长于功能复杂的特大型、大型综合医院的规划和设计，特色专科医院的维护与再造，老医院总体功能的整合与改造。我们的结构、机电工程师专长于智能医院设计、医院空调和洁净设计、综合能源中心、医用供电系统设计、综合防辐射设计、建筑节能、技术经济等。我们的国际化设计团队熟悉发达国家医疗管理流程与境外设计规范，了解尖端医疗设备和前沿医疗技术，拥有发达国家医疗系统与设计认证专业证书，设计结合流行的循证设计方式。依托雄厚的工程设计基础，以及多年来与国际顶尖医疗机构、医疗建筑设计机构的紧密合作，华建集团已成为国内最具创新精神和实践经验的医疗建筑专业化设计机构之一。

春华秋实，砥砺奋进。“华建医疗”是几代华建人栉风沐雨塑造的专项优势，我们将继续在医疗建筑领域秉承“创新引领发展，卓越筑造精品，合作共享价值”的原则，精心设计，锐意创新，将“华建医疗”的品牌擦亮并传承。华建集团将通过更有效的管理机制，有效整合集团旗下各医疗专项化团队，为客户提供更加综合性、多元化、集成化的服务，将人性化与服务相结合、生态化与节能相结合、技术化与艺术相结合、建造成本与运营成本相结合。我们将用信息化手段为传统的医疗建筑设计赋能，提供智慧医院的解决方案，并尊重绿色设计原则，全面提升最终的建筑使用体验。我们将大力加强医疗建筑领域的研发创新，与国内外同仁携手合作，推动行业技术发展，筑造更多、更新、更优、更精的医疗建筑设计作品，为创造人类美好的生存环境而不懈努力。

“华建医疗”为行业贡献智慧，为客户创造价值，为用户提升服务。

（作者：王亚峰，华东建筑集团股份有限公司 经营部主任）

十年磨一剑，精心雕琢高端精品

访华建集团上海院医疗建筑设计研究院设计团队

Create Boutique with Great Care

Interview with the Medical Building Design Team of Arcplus AISA

华建集团上海院医疗建筑设计研究院多年来集聚了多位医疗建筑设计专家，专门从事医院建筑类项目的设计及咨询工作，虽然上海院医疗建筑设计研究院成立于2018年，但其历史可以追溯到上海院建院初期。半个多世纪以来，我们精心设计，锐意创新，设计建造了一大批具有社会影响力的医疗建筑。其中，既有新医院的总体规划和单体建筑设计，又有老医院的改、扩建设计；既有功能齐全的综合性医院设计，又有功能各异的专科类医院设计，项目遍及全国甚至海外。

多个项目获得优秀设计奖，尤其是近五年来，上海市质子重离子医院、东方肝胆外科医院安亭院区、德达医院、复旦大学附属中山医院厦门医院获得全国勘察设计优秀设计一等奖，复旦大学附属华山医院宝山分院、慈林医院获得全国勘察设计优秀设计二等奖。

通过设计和研究，华建集团上海院医疗建筑设计研究院不仅为医疗建筑的发展做出了社会贡献，还培养了一大批既有扎实理论知识又有丰富工程经验的专业技术人才，形成了老、中、青梯次结构的人才队伍，为创作优秀的医疗建筑作品提供了强有力的人力资源保障。

上海院医疗建筑设计研究院始终坚持工程设计与研究相结合，参与了多项规范以及课题研究：

1. 20世纪80年代初就作为主编单位编写了《综合医院建筑设计规范》（JGJ 49—1988）；
2. 2014年又再次参编完成《综合性医院建筑设计规范》（GB 51039—2014）；
3. 主持编写了《急救中心建筑设计规范》（GB/T 50939—2013）和《急救中心建设标准》（建标 177—2016）；
4. 参与《绿色医院建筑评价标准》（GB/T 51153—2015）等国家标准的编制；
5. 以历年积累的设计经验和科研成果为基础，2018出版专著《综合医院绿色设计》。

请您介绍一下您带领的医疗建筑设计团队？

陈国亮（以下简称“陈”）我们团队的历史，可以从 2008 年汶川大地震说起。当时要重建一批灾后社区卫生中心，项目规模不大但数量多，为了指导设计，上海院组织我们几位在医疗建筑方面比较有经验的同志成立了导则编制组。在汶川援建结束后，导则编制组没有解散，门口的牌子由“导则编制组”换成了“医疗建筑设计事业部”。当时只有 10 个人，而且都是做建筑的，对这个部门的定位就是“市场、设计、科研”三位一体、协同发展，也就是要同步推进工程项目设计、科研课题研究和市场营销。今天来看，这个定位是非常有远见和前瞻性的，一直支撑、引领着我们部门一步步往前发展。

陈国亮

华建集团上海建筑设计研究院 首席总建筑师
医疗建筑设计研究院 院长

2018 年，在集团的大力支持下，由集团唯一授牌的“华建集团上海院医疗建筑设计研究院”正式挂牌成立。自此我们又登上了一个新的发展平台。目前医疗建筑设计研究院员工 61 位。鉴于医疗建筑的特殊性，以及开展科研和项目服务的需要，我们成为上海院唯一特批自带机电专业的专项设计研究院。

事业部成立之初，我们就有一个梦想——十年磨一剑。因为十年是一个医疗建筑项目的周期，从前期跟踪，到设计、建成，再到投入使用，少则四五年，多则十余年；而且，十年也是一名人才的培养周期，从刚毕业的学生，到项目负责人，再到所长，都需要时间的积累。现在我们建筑所、机电所的所长大多都是与医疗事业部共同成长起来的。他们都是我们业界的精英翘楚，也是我们团队最宝贵的中坚力量。我们十分注重梯队的建设，每年都会引进一些优秀的毕业生，由专人带教。团队中年龄稍长一些的，工作经验非常丰富，由他们承担技术总控和技术培训的工作。我们希望为年轻人搭建一个优质的发展平台，使其可以直接面对业主、面对市场，更好、更快地成长。

请您结合中国医疗建筑设计发展趋势，谈一下团队的发展方向？

陈 我认为，中国医疗建筑主要有两个发展趋势。第一，更强调专科特色。不管是专科医院，还是综合医院，专科特色一定是医院未来发展的一个方向，也是医院核心竞争力、市场影响力最重要的一个载体。妇科、儿科、肿瘤等专科医院的发展是毋庸置疑的，综合医院也在重点发展某些或某一类专科，如复旦大学附属华山医院由神经内科、神经外科等组成的脑科，复旦大学附属中山医院由心内、心外、介入治疗等组成的心脏专科等。第二，更关注患者的就医体验。就医体验，既与医院的医疗水平、运营管理能力有关，也与建筑师提供的空间环境密不可分，这就和我们建筑师的能力息息相关。总之，医院要发展，核心竞争力就是高超的医技和怡人的环境。

针对这些发展趋势，我们团队的发展主要着重以下几个方面。

从个人发展来看，第一，每个人要术有专攻。医疗建筑有很多细的分类，我们希望团队中的每个人都能成为某个细分领域的专家。比如我们有一位从清华大学毕业的青年建筑师，她聚焦核医学专项，梳理了质子重离子的发展脉络，在归纳、整理的基础上做了细致的分析研究，还在内部做了分享。团队的每位成员都像她这样有自己的专项研究。通过经验、成果的共享，团队的整体能力得以同步提升。由此，个体和团队的共同进步促进了团队的良性发展。第二，提升对项目的总控能力。现在政府积极推进建筑师负责制、全过程设计咨询服务，建筑师扮演非常重要的总指挥角色，这就需要我们的建筑师具备相应的能力。对于医疗建筑来说，设计总控尤其重要。医疗建筑项目分包的数量是十分庞大的，如何整合这些承包商、专业顾问，最终呈现一个完美的工程，离不开建筑师负责制或者全过程建筑设计咨询这样的机制，但更需要建筑师有非常强的总控能力，并且需要不断地学习，提高自己的能力。第三，建筑师自身素养的提高。医疗建筑虽然是一个功能性强、相对理性的建筑类型，但它还是公共建筑，还有建筑艺术的属性。如果一名医疗建筑设计师没有艺术素养，没有对建筑空间的艺术追求，那他只是一名平庸的医疗工艺设计师，而不是建筑师。医疗建筑设计不是简单地解决工艺要求和技术问题，它是一种建筑创作。所以医疗建筑设计师同样需要关注建筑的空间创作，努力提升自身的艺术素养。我相信，一位建筑师如果能具有很强的专项能力、总体把控力和较高的建筑素养，无论将来走到哪里，都将终身受用。

从团队发展来看，要注重技术集成。作为较早涉足医疗建筑领域的团队，我们更要有前瞻性，才能更具有竞争力。比如，质子医院。十多年前，我们在上海光源项目中首次接触到了加速器类的大科学装置，这些装置应用到医疗上面，就是质子重离子。因为我们具备技术集成，不仅了解科学装置（如核辐射屏蔽、振动控制、公用设施等），还熟悉医院设计，我们就占有了质子医院的先机，既培养了人才，又占领市场。再比如，科研和临床相结合的研究型医院。因为临床研究是医院的核心竞争力和发展后劲，只有研究才能保证医疗技术保持在一个比较高的水准。过去的医疗楼、科研楼都是独立的，现在的临床医生极有可能就是科研学科的带头人，所以越来越多的医院希望二者的功能相互融合。因为我们有做国家级实验室（如生物安全防护三级实验室，简称 P3 实验室）的经验，了解实验室的净化、安全和流程的各种需求，也承接了多个这样的项目，同时又对医院设计非常熟悉，所以也占得了一份先机。像我们正在设计中的上海国际和平妇幼保健院奉贤院区、上海六院骨科临床医学中心等都是这一类研究型的专科或综合医院，这种类型的医疗建筑设计会对建筑师的技术集成提出更高的要求。

请您谈一下团队核心的设计理念和创作思想是什么？

陈 我们的核心理念很简单，就是适合。当然这个适合不是仅仅简单地满足医院当下的运作要求，而是在对医院充分了解的基础上，既满足现在的需求，又能助力未来的发展。最优秀的设计师，不是简单地照抄、照搬一家国内或者国际最好的医院，而是认真了解每家医院的特殊性、各自的需求，把握度，给医院提供最合适的设计。合适的医院就是最好的医院。

我们的建筑创作也很简单，即私人定制。医院是一个高定产品，不是一个可以套用的东西。有些明星建筑师，有自己独特的建筑风格，所有的建筑都是同样的风格。我们不是这样，我们会针对特定的项目做很多改变。在海边，我们会采用非常自由、优美的曲线；在北方，我们的建筑可能更多采用矩形等规整的形体。我们从医院的学科特点、运营模式、文化传承、地域环境等方面入手，寻求它与众不同的个性，挖掘它的亮点，通过梳理、整合，用我们医院设计的专业知识和能力，去创作每一家独特的医院。

此次新冠肺炎疫情对医疗建筑设计行业带来什么影响？

陈 这次新冠肺炎疫情将对医疗建筑设计带来巨大的影响。

第一，医疗建筑设计规范和建设标准的体系将会重新修订，进行较大调整。疫情让我们发现了现有标准体系的不足，如《急救中心建设标准》（建标 177—2016），2019 年讨论过原则上不做调整，但新冠肺炎疫情之后，我们已经接到通知，今年要对其做修订。当然，这些都是对医疗建筑的建设有指导意

复旦大学附属肿瘤医院医学中心门诊部实景

义的纲领性文件，修订应该是冷静和客观的，要避免为了刷存在感、博眼球而片面夸大，因为有些要求，一旦超出了投资和未来长期运营的成本，就会变成一个负担。第二，城市要建立一个完善的防御体系，以快速应对突发性的传染疫情。首先，城市需要有一个类似于上海公共卫生临床中心的健康堡垒，配备最现代的设施、设备，集中最好的医生团队，提供最高水平的医疗救治。其次，设置转换医院。比如上海，准备在城市的东、南、西、北、中选择 5 家医院作为转换医院，疫情发生的时候，整个医院或者其中的一栋楼能快速地改造为封闭的传染病医院，收治传染病例或者疑似病例。再次，增强发热门诊的筛查能力。如果每个综合医院都变成传染病医院，投资运营的成本会很高，但可以提升发热门诊的筛查能力。在非典之后，综合医院都有了发热门诊，但面积都不大，建设标准、设施设备也比较简单。功能升级时可在发热门诊外预留一定的室外空间，平时用于停车等，疫情发生的时候，则搭建临时用房，扩大发热门诊接诊量，降低人员的密集程度和被感染的可能性。通过建立“发热门诊—转换医院—公共卫生中心”的层级防御体系，城市就有了从筛查，到疑似隔离，再到确诊救治的完整机制保证。最后，城市要留有战备空间，要么空地，要么是展览馆、体育馆等大型建筑，在突发疫情的时候，可以较快地转换为类似的方舱医院。当疫情大规模爆发的时候，可以把所有病人集中起来，进行集中救治，避免更大规模的传染。第三，医院建筑设计的提升。一方面，要更关注医疗工艺的流程设计，尽量减少患者的交通流线长度，缩短就医时间，减少患者与患者之间的接触。另一方面，把人员密集的空间做适度划分，减少聚集人数，降低感染风险，如门诊大厅、候诊区等，这不仅仅在疫情期间，在春秋流感季，也可降低感染的风险。

Q 国内目前医疗建筑设计水平如何？与国际相比，有何区别？国外有哪些可借鉴的先进经验？

唐茜嵘
华建集团上海建筑设计研究院 总建筑师助理
医疗建筑设计研究院 常务副院长

唐茜嵘（以下简称“唐”）国内医疗建筑的设计水平比十年前已有了非常大的提升，但医疗建筑的建造和设计水平参差不齐仍是目前国内的普遍现状。沿海大城市和二线城市的医院建设与三、四线城市，以及县级市的医院建设水平存在差异；大医院、国际医院和中、小型低投入的医院存在差异。医院投资方、建设资金、运营方式等都影响医院的设计和建造。专项化设计团队在同等条件下的设计水平优势明显，但国内专注于医疗建筑专项设计的团队不多，大多数设计师只是在设计其他类别建筑的同时夹杂了医疗建筑。高水平的优秀医院设计作品层出不穷的同时，拥有现代漂亮的建筑外观，但内部医疗流程不合理、运行费用大、可持续改造不易的项目还是多有存在。

近年众多国际知名医疗建筑设计团队参与中国医院的建设，在给我们带来新的设计理念与方法的同时，也让我们认识到差距。国际专项设计团队的构成及工作流程更细致专业。团队成员不仅限于建筑师、机电工程师等，还有医疗工艺规划师、医疗设备规划师等。设计工作不仅限于通常的建筑设计，前端延伸到医疗工艺、空间配置规划、医疗设备配置规划，后端扩展到专项医疗空间的室内、灯光、艺术品等细节设计。

当然，我们需要不断关注和借鉴国际先进的医院设计理念与方法、最新诊疗方法、医疗设备发展趋势等。但国内医院运行模式和国外存在较大的差异，国内数字支付等新技术发展超过国外，这些都需要我们结合东、西方各自的优势，最终设计出符合中国特色的医疗建筑。

Q 对于大型的医疗园区，您如何看待？

唐 近年来医院建设存在两种发展趋势：超大规模的医院或医疗园区，以及中小型大专科小综合医院或专科医院。这些都是适应当前医疗发展需求的趋势。大型医疗园区有多种建设方式：其一是由一家医院管理的医疗园区，是超大规模的综合医院，如湖南中南大学湘雅医院；其二是由多家各类别医院组成、各自管理的医疗园区，如新虹桥国际医学中心、上海国际医学园区；其三是综合了医院、医药研发、医疗产品研发、健康养生等的多元复合园区，如成都天府国际生物城。这些园区的设计、建设方式不同，需要根据当地医疗发展和周边情况设置，不能简单地生搬硬套。设计中要关注资源共享、交通组织、功能布局、降低日常运行费用、减少对周边区域影响等多方面内容。

医院作为人流密集、交通流量大的场所，其周边多有交通通行不便、易堵车，商户和商贩众多，喧闹杂乱的现象。特别是达到一定规模的医院，这些状况更是难以避免。大型医疗园区具有功能多、规模大、区域广的特点，最初的选址、功能布局、交通组织的合理设计尤为重要。在医院常规设计内容的基础上，建议增加城市设计、区域交通设计、共享设计等，打造弹性开放的环境、安全舒适的就医功能、公平包容的公共服务系统、方便快捷的综合交通体系。规划设计合理的医疗园区必将带动周边区域的发展，同时避免成为区域混乱的源头。

绿色节能对于医院建筑的重要性体现在哪里?

唐 医院是自身能耗很大的建筑类型，同时自身也存在污染源。低能耗绿色医院可以带来极大的经济效益，感染和有害排放控制有效的医院将减少对环境造成的负面影响，因此绿色节能是医院建筑设计的关键之一。

2003 年，美国发布了世界上第一个医疗建筑绿色评价体系——医疗建筑绿色指南（Green Guide for Health Care，GGHC）。世界卫生组织从 2010 年开始将绿色医院推广作为重点工作之一，从国际大背景来看，推动绿色医院建设是顺应世界发展潮流的必然趋势。中国建筑节能协会于 2016 年 7 月成立了绿色医院专业委员会，从国家和政策层面推动我国绿色医院的建设步伐。华建集团上海院参与编制的国家标准《绿色医院建筑评价标准》（GB/T 5153—2015）于 2016 年开始实施，从设计和评价上制定了中国绿色医院的建设标准。

能否请您展望一下医疗建筑的发展趋势?

唐 医疗建筑是非常特殊的建筑类别。除了建筑新技术、新材料、新方法对建筑建造有影响外，医疗设备的发展、治疗方法的更新、主要疾病类型的变化对医疗建筑建造也有很大影响。当前医疗建筑具有多元化、复合化、智能化、可持续化、疗愈化的发展趋势。

德达医院建筑立面细部

第二军医大学第三附属医院安亭院区住院楼南侧实景

复旦大学附属华山医院浦东分院入口广场

医院建设更趋多元化。国际和国内调查显示，医院建设存在以下几种趋势：①大型医院、医疗集团、医疗园区的建设越来越多；②各类专科医院的建设增长明显；③微型医院或诊所将成散点布局，数量猛增；④门急诊服务需求大幅增加，相应的场所建设相应增加；⑤改造更新项目将超过新建项目。

医院建设更趋复合化。未来医院不仅仅专注于治疗本身，还将延伸到医学研究、治疗产品研发、康复预防、养老保健等多方面。治疗作为核心功能之一，医学研究和临床治疗的联系将更加紧密，将诊疗功能和研究功能结合设置的模式已经出现。3D 技术、人工制造等逐步在医学治疗中应用，多学科诊疗模式已成为趋势。依据治疗方式，结合研发、制造、诊疗的各类综合功能空间将成为医院的重要组成项。

医院建设更趋可持续化。新冠肺炎疫情给医疗建筑设计带来思考和挑战，未来医院应具备安全弹性和快速转换的能力，以应对不可知的医疗事件和治疗需求。除了医疗技术的发展，建筑技术也在快速发展。国家大力推广装配式工业化建设、节能环保材料的运用、可再生能源的利用等，在降低能耗的同时，也减少排放。随着节能减排新技术、新方法的不断出现，医院建筑将朝绿色可持续化方向发展。

医院建筑更趋智能化。随着社会的不断进步，医疗建筑的精细化程度会越来越高、造价也会越来越高。“绿色 + 智能”是未来医院建设的重要特征。主动性节能措施作为绿色医院技术的重要内容，配置相应的智能化管理系统，使其更智能、易操作，运行服务更科学有效。

医院建筑更趋疗愈化。疗愈的环境给医护、病患、陪护者全方位的关注，创造舒适宜人的室内外环境、赏心悦目的色彩变化、结合生活及地域特色的空间，从而改善病患的心情、缓解医护工作的压力，为治疗助力。未来的医院会结合所在地的特点，设置各种多样性空间，展览、商业、互动、休息等功能和医疗适度有机融合，医院不再是压抑冰冷的场所，而成为温暖关爱的地方。

您做哪一类的医疗项目比较多，谈谈您对这一领域的认识?

邵宇卓（以下简称“邵”）我接触的专科医院比较多，近年以肿瘤类专科医院为主。一方面，国家十分重视公民的身体健康，从此次新冠肺炎疫情就能看出国家对公民身体健康的重视。另一方面，随着医疗诊断及治疗技术的全面发展，对肿瘤的早期筛查及各阶段的肿瘤治疗有了比以前更科学的方法。特别是国际上比较流行的质子及重离子的治疗装置，它们以对人体器官组织的损伤小、对肿瘤精确治疗效果明显而著称，国内很多城市都引进了这种先进的肿瘤治疗设备。这些都促进了国内肿瘤治疗水平的提高和肿瘤专科医院的发展。

医生的治疗手段及服务属于软件，肿瘤专科医院的设计、建设及医疗设备属于硬件，好的硬件可以使软件发挥最大的作用。我们在肿瘤医院的设计上会给使用者增加健康的心理暗示，希望医院能自带“环境治愈”属性，因此阳光、明亮、通透、绿色成为设计的关键。每个项目，我们从设计之初都会充分利用基地内及周边的条件，营造绿色、阳光的环境，消除医疗建筑内的封闭感，缓解压抑、紧张的空间感受，让医生、患者和家属在此场景下放松心情，轻松交流，进一步提高肿瘤病的治愈率。

设置中心庭院和下沉式花园，能为此类建筑增色。建筑围绕中心庭院布置，庭院成为建筑视线的焦点，为室内带来阳光、绿色，同时改善局部环境气候。下沉式花园和采光天井也是很好的选择，可以为地下室提供更明亮的环境，同时也可作为地下室大型医技设备将来更新换代的临时吊装口。

邵宇卓

华建集团上海建筑设计研究院
医疗建筑设计研究院 副总建筑师

从这几年肿瘤专科医院的发展来看，复旦大学附属肿瘤医院 + 上海质子重离子医院的模式很值得借鉴，两家医院毗邻而建，优势互补，相辅相成。复旦大学附属肿瘤医院提供肿瘤治疗的各类基础治疗，掌握大量的临床数据，培养大量专业优秀人才，拥有各重点学科领军人物。上海质子重离子医院提供高端肿瘤治疗设备的运用操作经验及人员培训。两家医院涵盖了几乎所有的肿瘤治疗手段，奠定了医院在全国乃至国际肿瘤诊疗及科研的优势地位，同时也将提升上海及全国的医疗服务水平。

Q 对于一个医疗建筑设计项目，您认为什么是最重要的?

邵 可持续发展对医院来讲是最为需要的。医疗科技发展迅猛，推动医疗行为的改变，医疗学科的发展推动科室规模的扩大。社会发展使人们生活方式改变，会有一些新型疾病发生，这就要增加新的科室或者功能空间。一般医疗建筑的建设期在 3 年左右，设计上预留一些空间或者很容易转化的空间是十分必要的，这需要医疗建筑设计师在最初设计时就予以考虑。

尤其是新建项目，在方案之初，就要规划好远期发展用地，发展用地尽可能方正；同时，厘清该用地与本项目的各种组织关联，包括地上、地下的交通组织及机电设备系统的兼顾等。

另外，绿色节能对于医院的可持续发展也十分重要。除了一些传统的节能措施外，太阳能是取之不尽的，医院的正常运行对于电能十分依赖，因此光伏发电对医院建筑来说是一个很好的选择，可结合建筑外装饰及场地上的人行遮阳雨篷来设置，既美观，又降低了运行成本。

郑亚丰
华建集团上海建筑设计研究院
医疗建筑设计研究院 一所所长

Q 您做哪一类的医疗项目比较多，谈谈您对这一领域的认识?

郑亚丰（以下简称“郑”）随着医疗卫生建设事业的不断推进，我国的医疗建设逐步向“高、精、尖”发展，越来越多的专科中心成为建设的热点，大范围综合医院的建设转变为重点支持三级医院创新与引进临床核心医疗技术，以提高对重大疾病的诊疗能力。我们院承担了不少专科医院项目的设计工作，我有幸参与其中。我想以骨科专科中心为例谈谈专科医院在设计上的一些特别之处。

首先，骨科专科中心对医技诊断功能的需求与普通综合医院有较大的区别，尤其是对放射诊断设备的依赖性较强，直接数字化 X 射线摄影（Digital Radiography，DR）、计算机断层扫描（Computed Tomography，CT）、核磁等大型医疗设备在骨科疾病诊断过程中有较高的使用率，因此，其配置的比例远高于普通综合医院。特别是核磁，由于平均诊断时间较长，其数量在医疗工艺规划时应慎重研究。

在对病人进行诊断后，除用药、理疗等治疗手段外，手术治疗是骨科的重要治疗手段。按照《综合医院建筑设计规范》（GB 51039—2014），综合医院可以按每 50 床配置一间手术室，其中外科每 25~30 床设置一间手术室。骨科专科中心手术室的配置比例远高于普通综合医院。以最近设计的上海市第六人民医院骨科临床诊疗中心为例，其床位数为 601 床，配置的手术室为 38 间，平均约每 16 床配置一间手术室，比例非常高。此外，骨科专科中心需要配置一定数量的杂交手术室，用于术中检查。且由于骨科手术的特殊性，大部分手术对净化级别的要求较高，因此，千级及百级手术室所占的比例也较综合医院更高。大部分手术室需设置屏蔽墙体，以满足术中移动检查设备的检查要求。

骨科专科中心对人性化及无障碍设计提出更高的要求。很多骨科病人行动不便，将医技科室适当分散布置的一站式诊疗能够有效缩短病人就诊流线，尤其是垂直楼层方向的流线，减少行动不便者的痛苦。更全面的无障碍设计，需要从进入医院到垂直交通、水平交通，全面考虑，适当提高无障碍电梯、无障碍病房的比例。较宽的门、较宽的走道也是针对骨科病人特点的回应，能够方便轮椅使用者以及需要家属搀扶的病人行动。

医疗建筑设计本身是一项专项设计，具有特殊性，而各类专科中心均有其独特的科室需求与设计特点，是专项中的专项，这对我们医疗建筑设计师提出了更高的挑战。

您参与过很多项目，请分享一个印象深刻的案例?

郑 我参与过的项目中，印象最深刻的就是海南省中医院，这个项目位于海南省江东新区，是省重点工程，也是一个原创项目。

设计之初，我们希望设计一家独特的医院。海南省拥有丰茂的植被和多样的植物种类，我们希望利用其植物资源打造一家绿色生态的花园式医院。总体布局时，构建一个大型的内部景观庭院，成为花园式医院的核心。建筑形体疏密有致，建筑体量和绿化景观互相渗透，绿化景观给室内的人员带来愉悦感受。

我们也希望打造个性化的中医院。建筑造型融入中国传统建筑元素，采用四坡顶和双坡顶相结合的方式。坡顶采用较薄的檐口，局部打破镂空，并与结构楼板之间适当脱离，显得精巧轻盈，更符合传统南方坡顶建筑的特点。

流线设计是医疗建筑设计的重中之重。设计将主体医疗功能中的门诊、医技、住院作为一个整体紧密联系在一起，有效缩短病人的就诊距离。主体医疗建筑与各栋辅助建筑采用连廊联系，可以确保在海口的多雨季节，病患、医生能在建筑之间便捷通行。

短捷的流线解决了实用性问题，政府投资项目还应当体现经济性，因此在方案创意的基础上我们也采取严格的造价控制措施。为满足装配式要求，采用多种装配式策略达到装配式得分，避免采用昂贵的钢结构主体。其次，有效控制建筑层高尤其是地下室的高度，降低土建及基坑围护的造价，对基坑进行精细化设计，采用放坡结合围护桩的方式，减少围护桩数量。利用地形放坡，适当抬高建筑首层地面高度，减少土方开挖量。

作为一家 20 万平方米的大型综合医院，在这个项目的设计过程中我们实现了很多设计愿景，也遇到了不少难题，但难题也是我们进一步创造亮点的契机。我们希望凭借我们在医疗建筑设计上的经验以及不断的开拓创新，最终呈现一个理想的作品。

海南省中医院新院区全景鸟瞰图

复旦大学附属中山医院厦门医院门诊大厅

陆行舟

华建集团上海建筑设计研究院
医疗建筑设计研究院 二所所长

Q 您参与过很多项目，请分享一个印象深刻的案例？

陆行舟（以下简称“陆”）参与过的项目中，有很多令人印象深刻的人和事，最近印象深刻的项目是复旦大学附属中山医院厦门医院。这个项目是我们院与方案创作所于2015年初合作通过方案竞标所获得的，也是一个从方案至施工图全过程控制的原创项目。

复旦大学附属中山医院厦门医院是一个重大项目，它是厦门市市政府1号工程、“金砖”会晤保障项目，也是厦门市与上海市、复旦大学三方战略合作的重点民生工程。项目建设地点位于厦门本岛东部的五缘湾片区，建设用地6.2万平方米，是一家总建筑面积17万平方米、800床的大型综合性医院。由于目前厦门市优质医疗资源分布尚不均衡，全市岛内6家三级甲等医院中，湖里区仅一家，该门医院的建立，对于改变岛内东北部地区医疗资源匮乏的局面、优化厦门医疗资源配置具有重要意义。

由于项目本身的特殊性与紧迫性，业主对于项目推进的时间要求极为苛刻，项目于2014年年底立项，要求1年完成设计，1年完成施工，在2017年年初医院正式投入运营。从2014年11月的投标，到2015年2月的中标，直至11月底结束施工图阶段的设计，实际留给我们设计工作并推动项目全面开展的时间不到10个月。由于医疗建筑特有的专业性与复杂性，在如此之短的时间内完成如此大规模的医疗建筑设计，对于任何一个团队无疑都是一个前所未有的挑战。

Q 您参与过的项目，有哪些印象深刻的经验和体会？

陆 在物质生活不断丰富的今天，人们对于生活品质的追求不断提升，对于医院也经历着由低层次向高层次需求的转变，由单纯的“看病”“治病”，转为在医疗服务、环境品质等方面有更好就医体验的要求，所以在一个项目开始之初，如何提升使用者的感受是首先需要考虑的问题。

在此基础之上，如何平衡医院的功能要求与建筑师的情怀，如何平衡严谨的医疗功能与空间形态、地域特征之间的关系，也是医疗建筑设计的重中之重与难点所在。

就以复旦大学附属中山医院厦门医院为例，基地位于海湾的尽端，是城市绿化带、湿地公园、环湾道路等诸多城市核心要素的汇集点，一方面需要考虑地处城市重要地理位置的建筑形象，另一方面又需要考虑医疗建筑特有的复杂内在逻辑，如何寻找二者之间的平衡点并将他们有机地结合在一起，我们下了很大的功夫。

一方面，我们希望形成简洁流畅的建筑体型，表达滨海建筑的外在特征。面对五缘湾一侧，以开放的建筑形象，作为终止符号的外延；面对城市一侧，通过建筑与道路之间不同尺度、不同形状的建筑空间，将不同人流自然引入相应的功能区域。另一方面，我们将最为复杂和必需的医技部分布置在规则清晰的柱网下，经济适用，而柱网系统之间的不规则部分成为公共空间及连廊、绿化、景观平台等。

最终，当建筑设计师的愿景都能实现的时候，我们可以认为在总体设计上是合理和客观的，它既没有被功能束缚了外延，也没有因追求形式而失去了医疗建筑的功能性和可行性。

Q 您做哪一类的医疗项目比较多，谈谈您对这一领域的认识？

成卓（以下简称“成”）随着中国城镇化的迅速发展和经济繁荣，人们越来越注重健康和幸福的综合体验，以前以公立医院为主体的医疗模式逐步向多元化的医疗模式转变。我从 2008 年入职以来，参与的中外合作项目比较多，如慈林国际医院、上海嘉会国际医院、上海企华国际医院、成都京东方医院等多个民营资本投资的国际医院设计，在与美国、新加坡建筑师合作共同创建高品质医院的过程中，有以下三点体会。

成卓

华建集团上海建筑设计研究院
医疗建筑设计研究院 三所所长

第一，疗愈空间与身心体验。医疗的效果不仅仅取决于医学手段，设计师也要营造缓解病痛及压力的“疗愈空间”，这也是我们在项目实践中为之不懈努力的核心医疗设计理念。建筑师要从患者的心理感受入手，充分利用自然，塑造舒适优雅的就医环境，关注病人全过程的就医体验，包括收费、挂号、检验、等候、诊疗、休憩、就餐等空间的环境品质，让病人感受亲切、温馨、自然的医疗空间，缓释其就诊时的紧张情绪。除了关注病人，我们也开始关注医护人员工作的效率及心理状态，为他们塑造更佳的环境，让这些最可爱的人舒缓工作压力，以更好的状态面对病人，更好地服务帮助病人康复。

第二，接纳、融合与创新。与我们合作的外方设计师，医疗建筑设计理念更为先进，对于建筑各设计阶段的把控力也比较高，而国内医院管理规程、设计规范与国外的情况存在很大的差异，如何使项目在体现国际医院理念的同时，又满足现行的中国法规和地方规范和条例，是我们的工作核心。

建筑设计过程中，在不断接纳新理念和新思想的同时，我们将中国实践经验和外方设计师、业主、政府主管部门沟通，融合中西方的精髓，不断创新，形成每个项目独特的医疗空间组织及设计标准。例如在嘉会医院的设计过程中，为实现建筑独特的造型，在设计前期，我们与消防主管部门及专家多轮研讨，通过全专业消防设计措施，形成安全疏散区域，结合独特的穿孔板吊顶造型、屋顶及幕墙排烟窗等，设计营造了宽敞、明亮、温馨、舒适的大厅空间，为患者塑造了舒心的入院感官体验。

第三，实现的能力与高完成度。完成一个优秀的医疗建筑设计作品，考验的是建筑师“实现”的能力。医院建筑设计既需要建筑师全方位的专业技术素养，也需要建筑师多思考、多努力、多积累！建筑师不能理所应当地认为有专项设计负责（幕墙、景观、净化等），后期就不用管控了，如果不能深入各个专项领域学习和了解，就无从谈项目的总体控制和品质。这也是政府目前推“建筑师负责制”的目的之一，因为不论业主、监理还是施工单位，没有哪方比建筑师更了解，这栋建筑各个部分应该如何完美呈现。例如上海前滩的企华国际医院项目，作为全国首个“建筑师负责制”试点项目，我们和政府部门、业主、施工单位、监理等共同探索具有中国特色的“负责制”新模式，目标就是让建筑师在项目全过程中发挥更大的作用，提升项目完成度，创建高品质医疗建筑。

上海嘉会国际医院大厅

成都京东方医院屋顶花园

 请您分享一个印象深刻的案例？

成 我想谈一下嘉会国际医院项目，该项目位于上海漕河泾开发区，遵循美国 FGI 和 JCI 标准，并符合美国 LEED 金奖以及国内绿色二星建设标准。这家医院是我们与美国 NBBJ 建筑设计公司合作完成的，“身心照料”就医体验是嘉会国际医院的设计重点。它综合考量包括患者、医生、其他工作人员与访客在内的个人体验，通过环境设计来支持体验，促进医患之间、医生之间的积极互动。

设计团队从概念设计阶段即与美方设计团队、医院运营方组成工作小组，集各方所长，使嘉会国际医院成为西方医疗先进理念在中国的最佳实践。我想，作为本地设计院，我们要做的不仅仅是在设计过程中规避风险，更是要通过丰富的国内外医院设计经验及自身的技术实力，帮助业主在符合中国国情的情况下适当引入西方先进的运营管理理念，也为国内医院建设和发展做一些切实的探索和尝试。

此外，在 2015 年嘉会国际医院施工图设计过程中，团队成功实践了设计全过程、全专业 BIM 技术的应用及出图，实现了近 80% 的施工图图纸是由 Revit 直接三维出图，打破了以二维出图为基础的传统模式，这较同类项目 BIM 技术的应用有了更深入和彻底的实践，使 BIM 模型成为各阶段可视化的信息交互载体，在设计、施工乃至运维阶段确保各专项的协调一致，有力地指导施工，缩短了建设工期。

本项目 BIM 技术的应用深入至医疗三级流程的设计及控制，在整体设计的完成度上更进了一步，设计团队在施工图阶段完成了 30 多个典型医疗空间的三级流程设计及 BIM 模型的配合，通过精准化的设计，提升施工效率。本项目会 BIM 技术的深入应用考验了我们整个团队的技术应用能力、新的软件平台下的工作能力及进度把控能力。

我认为施工阶段设计控制的深度是成就项目品质的关键。本项目参照美国建筑师负责制，在施工配合阶段提供每周三次的驻场服务。建筑师会关注到一个入口雨篷的灯具选型、铝板划分，甚至是雨篷照明线路通过什么路径在钢结构上连接至灯具最美观，这些看似细枝末节的内容，恰恰对项目完成度的把控起到关键作用。

黄慧

华建集团上海建筑设计研究院
医疗建筑设计研究院 三所副所长

Q 您参与过很多项目，请您分享一个您印象深刻的案例？

黄慧（以下简称“黄”）中国福利会国际和平妇幼保健院奉贤院区（简称国妇婴）是一个让我印象深刻的案例。这个项目方案设计是我们与法国 BLP 事务所合作完成的。如何在方案招投标限定的时间内，将设计概念与场地环境及医院工艺需求完美结合起来是我们遇到的一个重大挑战。经过双方团队的积极配合与努力，最终呈现的效果还是比较令人满意的。

设计采用了“生命之舟”的设计理念和围合式的建筑形式，用建筑的语言和手法创造了一个在造型、布局上都与常规医院有较大区别的医院建筑。同时，由于该医院为一家研究型的医院，承担了很多教学和科研的工作，在功能和空间组合上也让我们有机会展开了一些新的尝试。

Q 您参与过很多项目，有哪些印象深刻的经验和体会？

黄 最初接触医疗项目以综合医院为主，如上海长庚医院、泉州市第一医院新院、无锡市医疗中心二期、上海长征医院新院等。这些综合医院的体量都比较大，尤其是上海长征医院新院第一轮设计的时候总建筑面积达 30 多万平米，单门诊医技楼就有 10 万平方米。当时认为这种类型的医院建筑可能是最复杂、设计难度最大的。

随着社会的不断发展，医疗建筑的设计也在发生改变，从简单的规模扩展转变为更人性化的分中心化、专科化，从单纯的医疗功能增长转变为医疗、教学、科研同步发展。在这个过程中，我接触到了越来越多的专科医院，其中妇幼专科医院更具代表性，如上海市儿童医院普陀分院、上海万科儿童医院、中国福利会国际和平妇幼保健院奉贤院区项目等。

之前我们认为妇幼专科医院相对功能比较单一，对工艺的要求也较低，但实际接触下来发现，专科医院由于在专业深度方向的延伸，也有一些我们从未接触过的新工艺，如国妇婴生殖遗传配建的 8 间 / 套的 PCR。同时妇幼等需要特殊照顾的群体，如产妇、新生儿等，大部分为健康人群，也给医院建筑设计带来了新的挑战。我们从人性化设计角度出发，关注的点大到出入口，采用机场的分层设计方法，实现主入口完全人车分流；小到每一个公共区卫生间，均要考虑到孕产妇或小朋友的实际需要，配置适宜儿童的马桶、洗手台等，甚至是栏杆的防护高度也需要相应调整。

医疗、教学、科研同步发展的医疗建筑带来新的挑战，教学和科研的布局离不开相应的配套设施建设，如实验室、各种规模的教室，特别是实验室有一套自己的设计体系和要求，与常规医院也有较大的区别。如何处理这三者之间的相互关系，为使用者创造更为便捷、舒适的环境也是我们关注的重点。

Q 医疗建筑的机电设计主要从哪几个方面考虑?

陈尹

华建集团上海建筑设计研究院
医疗建筑设计研究院 机电所 所长

陈尹（以下简称“陈”）第一，肯定是安全。对于医院，治疗方案的安全可靠是放在首位的，相对于人的生命安全，机电系统的投入和运行都是次要的。多个机电方案作比较，医院的管理者首先会问哪个运行更安全。比如手术室的净化系统，必须要保证温、湿度和洁净度，因为这直接影响生命安全。再比如电气，医院要两路供电，还要备柴油发电机，有些重要的地方还要加不间断电源，就是要确保不断电。医院的机电系统都要以安全为中心，离开安全，一切都没法谈。

第二，要满足工艺要求。医疗技术不断革新，机电设计必须要满足医院的工艺要求，医疗设备变了，医疗工艺变了，机电的设计也要随之改变。比如，现在的术中核磁、术中 CT 能够精准地定位病灶，若干年前是没有的，这样就需要机电设计采取相应的措施，配合工艺的要求。还比如原来的 3 排 CT，现在改为 6 排 CT，CT 的精度高了，空调配的风量、冷量不一样，电量也不一样。对于医院建筑，还是工艺为先，机电设计要跟上工艺的发展，满足它的使用需求。

第三，绿色和节能，这是机电设计永恒的主题。医院建筑的能耗较大，通过机电设计可以减少资源浪费的情况。首先，系统设计要高效，空调系统的电冷源综合制冷性能系数达到节能规范要求的值；其次，选择效率高的设备，如制冷系数（Coefficient of Performance，COP）值比较高的主机、真空锅炉等，降低能耗；另外，可以采用蓄能技术，调整用电高峰，通过削峰填谷，利用晚上的低电价，节约电费；还可以采用一些绿色技术，如水源热泵、地源热泵等，既节约能源，又减少投资。当然，机电系统的节能设计还是要在保证整体安全的前提下进行。

总之，一个好的系统，不能脱离安全性、医疗工艺和绿色节能，不管是现在还是将来，这都是必须的，

上海万科儿童医院鸟瞰图

上海市儿童医院普陀新院与上海市普陀区妇婴保健院

也是永远的。此外，机电设计需要从医院所处的地域、所需的医疗工艺、工程投资等很多方面综合考虑，对于每家医院来说，机电系统没有最优，只有最合适。

Q BIM 技术对于医疗建筑机电设计的重要性体现在哪里？

陈 医疗建筑中的机电设备和系统较多，如果 BIM 应用到机电设计中，我们能够及早发现管道的交叉和碰撞，避免安装时发生类似的问题。但目前阶段，BIM 还主要应用在建筑设计和安装方面，机电图纸还没有直接用 Revit 作图，BIM 在机电设计中还没有发挥最大的作用。但如果业主有这方面的需求，上海院有专门的 BIM 团队，可以在 CAD 基础上用 Revit 进行校核，有效地避免管线碰撞。

Q 请您谈谈对原创医疗建筑设计的理解？

倪正颖 医疗建筑不仅仅是卫生体系及医疗设施的承载体、城市的生命支持系统，同时也是人们生理和心理的驿站。几十年来，在中国经济大发展、科技大进步的时代背景下，中国的医疗建筑需求巨大、市场广阔，机遇与挑战并存，国际与国内设计师在这广阔的舞台上同台竞技。通过大量的实战锤炼，国内设计师们的眼界变得更宽，设计水平也有了长足的提高。中国好的设计师完全能够胜任各类医疗建筑的设计和工程建设的挑战。

倪正颖

华建集团上海建筑设计研究院
建筑二院 总建筑师

我把一个好的医疗建筑设计必须关注的点简略浓缩为以下六个方面：

第一，关注前期、规划先行。要关注政策对项目的限制及影响，特别是投资方面的信息。不仅要了解上位城市规划条件，也要了解卫生规划内容。契合项目进程，做好设计的总体时间规划；契合用地，做好总平规划；契合需求，做好设计总控规划。

第二，做适合的设计。做适合地域的设计：中国幅员辽阔，各地经济条件不同、需求不同，适合你的不一定适合他，要做出最适合当地的方案选择。做适合医疗需求的设计：不同的医院类型要求不同，量身定制。做适合目标人群的设计：中国的医疗体系内容正愈来愈多样和丰富，不同的目标人群经济条件不同、习惯不同、要求不同，从而也产生了不同的医疗空间需求。

第三，关注有引导性的有效沟通。在上海的医疗项目中，业主大部分是有较多医疗基建经验的，如公立的市级医院或中高端的民营医院。但在外地尤其是较小的城镇中，特别需要向业主和项目的决策者介绍医疗建设的相关经验、可能的处理办法，从而提供更好的医疗建筑体验。

第四，有前瞻性的理念。不仅要重点考虑在现阶段项目实施中优化就医体验、提高空间环境的舒适度，也要关注将来进一步提高就医体验的可能性，强化人性化服务的提升。同时，关注如何为将来医疗服务水平的提高提供空间可能性。

第五，做最终成品的关注方。医疗建筑是个极复杂的建筑类型，专项内容繁多，医疗设计的总控有难度、有挑战，但必须做好。设计师要不断学习，用自己的专业技能提供最好的技术服务。

第六，原创是设计的灵魂和生命。创意是设计真正的灵魂和生命。多年以来，我们团队一直致力于医疗建筑设计的原创工作，在实践中学习、成长，并取得了不错的成绩：以 2000 年作为时间起点，从海南到东北，从社区卫生服务中心到“一带一路”中亚最大医院，都留下了我们的足迹。

从空间设计入手、契合不同的需求、提供专业化服务、打造最适合的医疗建筑设计产品，正是我们的追求目标。

请您谈谈对中医医院建筑设计的体会？

赵永华（以下简称“赵”） 我有幸参与设计了重庆市璧山区中医院和哈尔滨市中医医院异地新建工程项目的设计，对中医医院设计有了较深的体会。首先，从文化的角度上分析，中医文化与传统建筑虽为不同领域，但在根本上却不谋而合，都重视“天人合一、以人为本”。在中国传统文化中，中医不仅仅是一种医学方法，更是一种哲学文化。中医哲学理论的特点主要为整体观与辨证论治。整体观主要指“天人合一”，即人与自然统一。而中国传统建筑不仅指建筑本身，还涉及环境；不仅重自然的山林风水，还注重营造意境，使人产生心旷神怡之感，充分体现“天人合一”的思想。所以，中式园林意境成为我们传递中医精神的媒介。设计应充分运用中国传统园林的空间营造手法，采用分散式的园林式布局，形成园林式空间，进一步形成园林式建筑。园林式景观与建筑穿插映衬，彰显出中医医院的独特性。

其次，在建筑造型及立面设计上，追寻传统中医文化、传统地域文化，立足现代，将传统的文化元素进行提炼概括，创造出既具有现代感又散发中式古典美的中医医院建筑。建筑色彩上整体采用褐色，局部辅以现代感材质，稳重大气而又亲切温暖。建筑设计手法具体为在现代造型的基础上采用简洁的坡屋顶，与传统建筑风格形成呼应；在局部适量采用大比例窗，增强现代建筑感。

在中医医院设计中，应充分注意中医医院与综合医院的不同之处。首先，药剂科室是中医医院的独有功能，也是其与综合医院的最大区别，药剂是中药治疗的载体。其次，中医更注重疾病的预防与调养，所以中医医院和综合医院相比，中医医院住院部比例较高、医技科室比例较低。中医传统科室，如针灸、推拿等，就诊模式为一医多患，诊治一体化，诊室与治疗室合一，诊室面积较大，一间诊室以布置 3~6 床为宜，这与综合医院的一医一患诊治模式有很大的差别。

我们要弘扬中医文化的精髓，在建筑设计中体现中医文化。

赵永华

华建集团上海建筑设计研究院
建筑三院 副总建筑师

您对这几年的哪个医院设计印象最深刻？

赵 我于 2005 年参与设计了天津医科大学空港国际医院，该医院总床位数 1 500 床，因业主对医院的定位较高，请德国 SBA 设计事务所合作设计。该项目运用了德国医疗建筑设计的理念，其中有两点我印象很深刻。

第一，注重医院的整体环境设计。整体设计采用了“泛公园”的概念。医技楼整体设计为一层，屋顶为大面积种植绿化，可以从住院部由二层直接到达屋顶的绿化公园，为病人的康复、休憩、疗养营造了很好的环境。屋顶绿化和地面绿化连成一个整体，仿佛一个大的绿化公园，绿化率约为 40%。

第二，水平的医疗流线优于设置电梯的垂直流线。急诊、DSA、CCU、手术室均设置在一层，通过廊道把各个功能区域串联连接。德国的医疗设计理念认为这样的水平流线设置优于垂直电梯的流线设计，水平流线最有利于高风险病人的平稳过渡，并且可以节约辗转于电梯的等候时间，为病人的及时医治赢得了宝贵时间。

唐海

华建集团上海建筑设计研究院
贵阳分院 副总建筑师

Q 您参与过很多项目，请您分享一个您印象深刻的案例？

唐海（以下简称“唐”）诸暨市妇幼保健院是让我印象比较深的一个案例。这是一个原创项目，该医院是总床位数为 700 床的现代化妇幼专科医院，总建筑面积 13 万平方米。

当下，医院发展越来越趋向专业化和精细化，专科医院与综合医院的设计方法还是有些不同的，需要我们不停地摸索、学习、熟悉专业特色。诸暨市妇幼保健院就是一个很好的实践案例。

设计采用了与传统医院完全不一样的方法。在设计之初就将妇幼专科医院的特色作为切入点。我们从国家规定的妇幼保健院四大服务群体（妇女、儿童、围产和计划生育）入手，按服务群体的不同、院感要求的不同、保健和临床的不同、成人与婴幼儿的不同等，确定最终的平面布局。

空间形式的选择上，我们不仅兼顾建设成本，还考虑了医院今后的运营成本。例如，妇幼医院的新生儿重症监护病房医生是最稀缺的，但是这个科室也是患者最多的，我们为了解决这个问题，就做了一个复式的空间，这样既可以解决床位短缺的问题，又可以解决医生短缺的问题。病房设置在门诊、医技楼之上，保证其与手术中心或产房的高效互通，使医院的运作更高效，但对设计的要求也更复杂。

希望建成后的诸暨市妇幼保健院不仅可以改善当地患者的就医环境，也能给广大医务工作者提供更好的工作环境。

Q 您参与过众多项目，有哪些经验和体会？

唐 我最早参与的项目就是上海儿童医学中心，该项目最早是美国援建中国的儿童医院，当时是亚洲儿童疾病研究中心，现随着浦东经济的腾飞，该中心也成了国家儿童医学中心，是国内数一数二的儿童医院。当年该项目由我的师傅周秋琴主持设计，我从她那里学到了很多。例如儿童医院的病房设计，在传统理念中，儿童的病床应该比成人的小，病房也应该小些；但实际上，儿童更需要家长的陪护，病房一定要比成人的更宽敞。又如，在病房的护士站附近有很多移动检测设备，这就需要配备更多的充电端口，有些是为医疗设备预留，有些是为手机或智能终端预留。此外，还有早上病患的体液回收存放点、医疗气体的安全检测等。这些都是在配合医院装修阶段发现的细节问题，也提醒我们设计师只有不断地向医务工作者学习，才能让我们设计的医院更方便、更好用。

秉持原创，融合多元，永葆创新活力

访华建集团华东总院医疗与养老建筑设计研究院设计团队

Originality, Diversity and Vitality

Interview with the Medical and Senior Building Design Team of Arcplus ECADI

华建集团华东总院医疗建筑设计专项化团队组建于 2000 年，是华建集团华东总院组建最早的专项化团队之一。2019 年，华东总院通过院内板块整合，组建医疗与养老建筑设计研究院。成立至今，该院共参与了 200 多所医疗建筑的设计，完成近百项在行业内有影响力的项目，获得国家级奖项 20 余项，省部级奖项 30 余项。

在非典、汶川地震、新冠肺炎等公共卫生突发事件中，团队积极参与灾后重建和疫情防控项目的设计，表现突出。特别是在 2020 年的新冠肺炎疫情防控中，团队积极响应上级要求，在春节假期，迅速组织近 30 名各专业设计师，加班加点，共参与 5 个紧急项目的设计工作，确保与疫情防控有关的项目顺利推进。

华建集团华东总院医疗与养老建筑设计研究院坚持以品质为导向，立足原创，广泛合作，希望成为立足上海、服务全国的大健康设计领域的引领者。

在工程实践之余，团队还致力于医疗建筑设计理论和技术的深入研究，广泛参与国家相关规范、标准的制定：

1. 《精神专科医院建筑设计规范》（GB 51058—2014）
2. 《老年人照料设施建筑设计标准》（JGJ 450—2018）

翻译国外相关标准：

3. 美国医院设施指南协会的《医院设计和建设指南》
4. 《医疗卫生设施设计导则》

编译完成：

5. 美国 ASHRAE/ASHE 标准《医疗保健设施通风》

Q 中国医疗建筑的建设与使用现状如何?

荀巍（以下简称“荀”）近 20 年，中国是全球医院建设最活跃的国家，中国医院的建设规模和质量也有了长足的进步。但是总体来说，相比欧美亚等发达国家，我们还有一定的差距，医院建设无论是“量”还是“质”都有提升的空间。

荀巍

华建集团华东建筑设计研究总院
医疗与养老建筑设计研究院 院长

首先，“量”层面呈不足。①医疗建筑的总量不足：近些年，随着国家新型城镇化建设的提速、医保新政策覆盖人群的扩大以及“健康中国”顶层规划的稳步推进，就医人数激增，现有医疗设施的数量无法满足这一增长的要求。②优质医疗机构不足，分布不均匀：优质医疗机构总量少，且聚集在大城市的城市中心区域，布点相对集中，医疗机构忙闲不均。为了缓解这一问题，近年来，很多大医院选择在新城、新区或者其他城市建设异地新院，使得优质医疗资源向更大的空间辐射。③医疗机构业务用房的面积不足：医院的建设标准与临床使用需求始终存在脱节的问题，50% 以上新建医院从建设到使用不超过 10 年，医院的建筑面积就会出现缺口，尤其是医院的重点学科建设趋向于“以治疗效果为导向”，专业细化，多学科融合，面积不足的问题尤为突出，而医院建设标准的更新修订周期基本都在 10 年以上，医院建设标准的修订周期滞后于实际的临床使用需求。④应对公共卫生突发事件的医疗机构和医疗功能配置不足：2020 年的新冠肺炎疫情初期，武汉各大医院均出现“一床难求”的情况，导致大量病人散布在医院外部，一传十，十传百，疫情迅速扩散，这说明了应对公共卫生突发事件的医疗机构和医疗功能配置不足，需要进一步改善。

其次，从“质”的角度，医疗建筑的品质有待提升。医疗建筑功能复杂，使用人群特殊且人流量大，使用者对于医院品质和使用体验的要求实际上是很高的。但目前，客观来看，医院各类使用者对于设计的满意度并不高，大到医疗动线的来回往复、使用能耗的居高不下，小到房间的无法使用、设备设施的使用不便，几乎所有医院在使用后都会暴露出各种各样类似的问题。医疗建筑的建设现状整体比较粗放，满足基本的就医需求问题不大，但医疗空间的品质距离欧美亚发达国家的确有比较大的差距。

Q 如何顺应时代发展和城市发展，建设满足民生需求的现代化医院?

荀　特殊的医疗工艺与就医流程决定了医疗建筑具有功能复杂的特点，以使用需求为导向，通过设计与使用需求的契合提升建筑品质，成为医疗建筑设计的必由之路。

随着时代和城市的发展，医疗建筑会出现很多变化，涉及建设规模、医疗设备、服务和管理模式、建筑技术、医务人员和患者的需求、应对公共卫生事件的措施等，这些变化会使医疗建筑的使用需求更加细化并不断更新，进而也影响了医疗建筑设计的发展趋势。

首先，功能体系将更加高效。效率是医院设计的核心。随着时代的发展，医院将更加关注效率的提升，回归医院的根本功能。医院设计需要全方位构建高效的功能体系，从宏观的交通组织、总体布局，到中观的科室布局，再到微观的房间布置，都要坚持“效率优先”的原则，不断尝试新的设计思路，通过设计缩短医务人员和病人的步行距离来改善体验。

其次，医疗空间将更有弹性。医学科学和建筑学的技术发展，使得医疗建筑的更新改造越来越频繁，这一趋势对于建筑空间灵活性和适应性的要求越来越高。弹性化的医疗空间，不仅仅要满足现有医疗功能的使用要求，还要面向未来，适应功能升级拓展的使用要求；同时，在医院更新改造的过程中，要减少对其他使用功能的影响。

再次，医疗环境将突出使用者体验。医院建设的终极目标是以人为中心，不断改善患者的就医体验和医务人员的工作体验。医院设计在关注功能的同时，将会引入更好的环境，并且细分不同类型的使用者，针对使用者的特点和需求，定制配套的功能用房和医疗环境，让医务人员和患者专注于治疗本身，真正实现“以人为中心”的设计目标。

总之，医疗建筑设计师需要坚持以使用者需求为导向，抛弃单一的设计角度，学会站在使用者的角度，发现问题，总结经验，通过改进或创新设计提升医院的品质。只有这样，才能顺应时代发展和城市发展，设计出满足民生需求的好的医院作品。

结合中国医疗建筑（设计）的发展趋势，谈一下团队的发展方向？

荀 中国医疗建筑的发展趋势是一个大的命题，很难简单预测，但从大的方向来看，医疗建筑的品质会越来越高，医疗建筑设计将重点聚焦新的医学技术和建筑技术，以病人的治疗效果以及使用者的体验为导向，结合每一个项目的实际建设条件，向高效、智慧、绿色和精细化方向发展。

我们团队始建于 2000 年，是我们国家最早的医疗建筑专业化设计团队，在 2019 年，又与华东总院养老板块合并，组建医疗与养老建筑设计研究院。经过 20 年的发展，我们不仅完成了大量在行业里有影响力的医院，包括复旦大学附属中山医院、长海医院（第二军医大学第一附属医院）、山东省立医院、

南京市中医院

湖北省人民医院、南京市中医院等，还培养了一大批医疗建筑设计经验丰富的建筑师、工程师，我们可以为客户提供全过程的医疗建筑设计服务，包括前期策划、建筑设计、使用后评估等阶段。

我们团队定位于研究型的医疗建筑设计团队，通过设计与研究、经验与创新、设计与服务的多重结合，深入探究不同类型医疗建筑的内涵，通过实践积累数据，为各种不同类型的医疗建筑定制解决方案，提升医疗建筑的品质和使用者的使用体验。

请您谈谈大型综合医院的发展方向？

荀 大型综合医院规模大、科室齐全、功能复杂、人流量大，是城市医疗功能的主要载体，发展将聚焦以下方向。

第一，升级诊疗服务模式。按照国家分级诊疗政策，大型三级甲等综合医院的定位是提供急危重症和疑难杂症的诊疗服务，诊疗服务模式的升级影响了医院的功能模式和设计模式。近年来，医院出现了一些新的功能模式，如按照人体器官组织功能的诊疗中心、急诊三大中心、转化医学、多学科诊疗模式、日间手术等，围绕这些新的功能模式，大型综合医院的功能设计将聚焦于三个方面。①重点学科的建设：以重点学科为中心，配齐相关的医疗功能，形成诊、查、治一体化的诊疗中心，改善患者的就医体验；同时，通过多学科融合，提升疾病的治愈率。②医、教、研结合：毗邻临床功能引入教学和科研，把实验室搬到病床旁边，实现医、教、研的紧密结合，促进基础研究成果向临床治疗方案的迅速转化。③提高急诊、手术和重症加强护理病房（Intensive Care Unit，ICU）的建设标准，急诊、手术和 ICU 是大型综合医院实现其急危重症和疑难杂症诊疗服务的核心功能，这三大科室的功能配置、建筑面积等标准将会大幅提高。

第二，提升医务人员和患者的使用体验。大型综合医院人流量大，使用者的体验是衡量医院品质的核心。大型医院将提升智能化、环境景观、病人流线、建筑细部、室内软装等方面的设计，为使用者营造轻松、舒适的就医环境，推动医疗建筑品质的不断提升。

第三，强化应急功能的配置。应急功能的强化是后疫情时代大型综合医院的一个发展趋势。烈性传染病患者通常最早出现在综合医院，但是目前绝大多数综合医院都不太重视感染性疾病科的建设，感染性疾病科似乎是为了应对检查而存在，定位不清晰、规模小、功能配置不全、流线也马马虎虎。一旦遇到突发状况，感染性疾病科的天然缺陷，使其没有足够空间来实施对病人的筛查、隔离、治疗，更无法承担重症病人的救治，还有可能造成严重的院内感染，危及医务人员和其他病人的安全。大型综合医院将强化感染性疾病科的建设。

此次新冠肺炎疫情对医疗建筑设计行业带来什么影响？

荀 今年的新冠肺炎疫情爆发后，无数医院投入抗击疫情的战斗中。我们也看到在极端突发事件中，不少医院设施存在不足之处，如医院的床位数无法满足病人收治要求，普通病房不符合传染病病房标准，院内容易产生交叉感染等。中国共产党中央全面深化改革委员会（简称“中央深改委”）第十二次会议上强调：“针对这次疫情暴露出来的短板和不足，要抓紧补短板、堵漏洞、强弱项，完善重大疫情防控体制机制，健全国家公共卫生应急管理体系。”强化传染科设置、强化医院平疫结合的措施、增加公共卫生中心是目前医院建设的重要任务。

这段时间，我们也接到了很多类似项目，主要分为三类：第一类是已建成医院需要改造传染科；第二类是正在设计的医院需要我们修改设计，强化传染科；第三类是新建公共卫生临床中心（传染病医院）。针对今年的疫情，我们觉得在医疗建筑设计中应该引入并强化针对烈性传染病的防灾减灾设计。

第一，综合医院需强化感染性疾病科的建设。以前，传染科在综合医院中并不受重视，存在为了应对检查而设的现象。今后，综合医院的感染性疾病科的建设需要重点关注三个方面：①感染性疾病科的建设标准需要提高，根据整个城市的区域卫生规划，结合医院的实际情况，合理确定感染性疾病科的规模、床位数和功能配置。②感染性疾病科的分区、流线也需要进一步规范。③感染性疾病科应该结合就诊人群的特点，提供不同类型的病房，灵活收治不同类型的病人，应对不同响应级别的突发公共卫生事件。

第二，强化医院其他区域卫生防疫措施。在疫情期间，医院的其他区域也是感染的高风险区域。我们建议医疗建筑防灾减灾设计的范围需要扩大到整个医院，如院区门诊大厅、急诊大厅等大空间区域的空调采用全空气系统。疫情期间为了避免回风形成的交叉感染，系统设计应考虑在应急工况切换成全新风直流运行模式。空调回风口设置过滤器，增加空气净化、杀菌措施等。

第三，强化医院平疫结合的措施。医疗建筑设计需要考虑防灾减灾功能的灵活性，既能在突发公共卫生事件时发挥作用，又能满足平时相关功能的使用要求。例如在急诊大厅预留医用气体点位，在急诊入口外面的广场设置急救广场，雨篷和墙面都预留急救设备点位和分隔空间的自动卷帘，一旦群死群伤事件发生，急诊大厅及急救广场都可以迅速转化为急救场所。平疫结合区域的机电系统可设置成两套系统，在疫情突发时可灵活切换。

第四，提升医务人员的工作条件。在疫情中，不少医务人员在院内交叉感染。一个好的工作条件，不仅有助于提升医务人员对病人的服务质量，还事关医务人员的自身安全。我们在最近的医院设计中，强调了医生工作区的设计。例如，在医疗区域设医生专用区，有独立的出入口和垂直交通，整合医生生活、休息、工作空间。医生的流线与病人流线分离，实现医患分离、洁污分离，为医生提供安全、完整的工作、学习、休息场所，营建良好的空间环境。

Q 请介绍一下您带领的医疗建筑设计团队的发展历程和基本情况？

王馥（以下简称“王”） 华建集团华东总院的医疗建筑设计团队是华东总院最早成立的专项化团队之一，到现在历经 20 年，可分为四个发展阶段：

1.0 版：创建专业团队。2000 年，依靠建设部、卫生部的支持，华东总院培养了一批医疗卫生建筑设计的专业人才，涉及建筑、结构、给排水、暖通、动力、电气、智慧化、技术经济等领域，在华东总院各专业总师的直接领导下，成立了医疗卫生专业化设计团队，参与了我们国家最大的一轮医院建设浪潮。

2.0 版：优化团队结构。2004 年，组建了医疗卫生工程研究中心，在设计实践的基础上，开展专项工程研究与理论研究，瞄准国内外最新、最优的建筑设计技术和各类医院建筑设计特征，不断地学习与研究，以研究的成果促进设计水平的提高。

3.0 版：升级拓展服务。2012 年，在新常态环境下，升级团队专业化定位，实现从医疗到健康的专业化升级，拓展以健康为中心，涵盖医疗、文教、科研、养老等新兴产业的健康设计产业链。

4.0 版：搭建大健康核心平台。2019 年，顺应市场需求，整合华东总院内医疗建筑

王馥

华建集团华东建筑设计研究总院
医疗卫生建筑设计研究所 副所长

设计资源与养老建筑设计资源，成立医疗与养老建筑设计研究院，搭建“医养”大健康核心平台。

目前，医疗与养老建筑设计研究院下设医疗卫生建筑设计研究所和宜居与养老规划与建筑设计研究中心 2 个部门，由 50 名医院建筑师、17 名宜养建筑设计师组成。我们参与和设计了数百家医院，获得国家级奖项 16 项，省部级奖项 25 项。我们的项目以原创为主，大量有影响力的项目都是全过程设计，覆盖了几乎全部类型的医疗项目。在设计实践的同时，我们也致力于医疗建筑设计理论和技术的深入研究，广泛参与国家相关规范、标准的制定，如《精神专科医院建筑设计规范》（GB 51058—2014）《老年人照料设施建筑设计标准》（JGJ 450—2018）等；翻译国外相关标准，如美国医院设施指南协会的《医院设计和建设指南》《医疗卫生设施设计导则》；编译完成美国 ASHRAE/ASHE 标准《医疗保健设施通风》等。设计咨询与科研形成互动，促进设计成果核心技术价值的提升。

Q 请介绍一下团队的发展特色？

王 华东总院医疗与养老建筑设计研究院团队特色可以从医院类型和设计类型两个方面体现，并可以概括为“四多”，即大型三甲医院项目多、高端私立医院项目多、专科医院类型多、原创设计项目多。

第一，有影响力的大型三甲医院项目数量多。自 2001 年起，团队参与设计并建成的医疗项目共计近百个，其中大型三甲医院的新建项目数量在国内同行中属前列，既有一、二线城市及省会城市的三甲医院，也有地级市最有影响力、规模最大的医院建设项目，获得了上海市优秀勘察设计一等奖、上海满意度最高医院奖等多个奖项。近年来，医院建设项目规模日趋增大，规模在 1 200 床以上的特大型医院在我们的项目中占比超过了三分之一，如南通医学中心（39 万平方米，2 000 床）、江北新区生物医药谷医疗

海门市人民医院门诊大厅

综合体（50 万平方米，2 500 床）等。对于功能复杂的特大型、大型综合医院，效率是首位，我们致力于对功能、流程、设施、空间和体系的研究和创新，以建立高效的功能体系，提高大型综合医院功能的使用效率、运营效率和管理效率。

第二，高端私立医院经验丰富。近年来，随着国家密集出台鼓励社会办医的各项政策，民营私立医院发展势头迅猛。私立医院通过与公立医院的差异化经营来竞争市场，比如高端定位、特需服务、海外医疗团队等，因此在建筑设计上与公立医院有一定差别。在参与高端私立医院的设计中，我们积累了丰富的经验，在设计中会更加注重空间尺度亲切化、医疗流程私人化等。如虹桥医学园区的百汇医院，是由亚洲运营最大的综合私人医疗集团之一——百汇医疗集团投资建设，是一期园区内唯一的境外投资综合性高端医院。高端私立医院与公立医院比较，存在就诊模式不同、服务程度不同、人流组织不同、感染控制不同等差异。

第三，专科医院类型多样。专科医院的发展是医学科学发展、分工越来越细的必然趋势。我们参与了大量各种类型专科医院的设计，覆盖了几乎所有的专科医院类型，包括儿科、妇产科、五官科、脑科、胸科、中医科、康复科、肿瘤科、骨科、精神科等。专科医院的特征就是“专”——专病专治，专业化程度高。在设计中，我们的重点也是强调专科医院特色的维护与再造。妇幼类专科医院是我们设计数量最多的专科医院类型。2017 年建成的重庆市妇幼保健院新院区是我们的代表作品之一，建筑面积 10 4695 平方米，床位数 800 床。设计从妇女和儿童需求出发，将高效功能体系和绿色环境景观结合，在满足医疗功能要求的基础上，提升使用者体验。南京市中医院是我们设计的规模最大的专科医院，建筑面积 30 万平方米，床位数 1 500 床。设计通过外方内圆的围合布局，在有限的用地上构建高效的流程

上海交通大学医学院附属第九人民医院

体系，同时留出中央景观花园，项目获得了 2019 年度上海市建筑学会建筑创作佳作奖。

第四，从设计类型来看，团队具有高原创率。原创是我们团队发展的动力源泉，也是我们项目的主要类型，每年占比在 90% 以上。2019 年，我们以原创中标 6 个有影响力的医养项目，如我们以技术分第一、总分第一的名次成功拿下绍兴市人民医院项目。深圳市儿童医院项目是国际竞标，该竞赛分成两轮，第一轮我们独立原创完成，以“秘密花园”的设计理念赢得了专家组的高度评价，成为 21 家国内外知名设计公司中 5 家入围公司之一；第二轮我们和贝加艾奇（上海）建筑设计咨询有限公司（B+H）合作，延续第一轮设计理念，最终成功中标该项目。今后我们将继续立足原创，深化专业化发展，提升自己在医卫领域的影响力，在新一轮的市场竞争中，获得领先位置。

您认为医院建筑设计最核心的要点是什么？

王　对于以救死扶伤为首要任务的医院，我认为其建筑设计最核心的是功能与流程的效率。医院的类型、经营策略、运营模式都会对功能与流程有影响，没有一成不变的功能模式，因而医院建筑也没有固有的设计模式。需要针对不同的医院，采取相应的设计策略，以达到提升功能效率的目的。

功能与流程的效率跟医疗工艺流程以及使用者的行为方式相关。针对医疗工艺流程，我们分析医院各个功能之间因为临床诊断、治疗的需求形成的内在关联，如“抢救—治疗—观察—护理”“诊—察—化验”“麻醉—手术—苏醒—ICU—护理”等。同时，医院功能关系存在多个流程与环节叠加在一起的现象，进而形成多维度的复杂关系。例如手术中心，与之相关的科室包括 ICU、血库、病理科、中心供应、急救、数字减影技术（Digital Subtraction Angiography，DSA）等，这些相关科室往往在纵向及横向上设置在一起，形成立体的功能流程。合理、科学地布局关联科室，针对每一个环节分类计算和评估相应的效率，以实现医院高效运营，从而更好地服务于患者。

医院服务的核心对象是人，提高功能与流程效率离不开对使用者行为方式的研究。研究医护人员、病人、探视或陪诊家属、管理、服务、维修人员的活动方式与规律，是制订流程设计的关键，距离、宽度、高度、体积、人工、机械、气体、电子技术等，都为流程效率的计算提供了依据。例如由于人力资源的限制，一些医院通常希望把相关科室集中，以达到人力共享的目的。比如急诊药房和门诊药房的合并共享；手术室麻醉医生和产科、DSA 、日间手术麻醉医生的共享，这些相关部门往往临近设置，是为了麻醉医生能方便地到达各个区域。

功能与流程的效率不仅仅要从医院运营、医护工作的角度出发，在目前“以病人为中心”的医院设计理念的影响下，也需要从病患使用体验的角度出发。现代医院功能复杂，往往布局也复杂，病人进去很容易晕头转向，找不到路，从而浪费就诊时间。因此设置结构清晰、可读性强的布局结构是流程高效的关键，也体现对病人的关怀。最近流行的诊疗中心概念，就是从病人角度出发的创新功能模式，采用以病种为中心的疾病中心模式，设置集诊、查、治于一体的各学科中心，为患者提供一站式服务。

总之，医院建筑被一致认为功能性强、工艺性强，不仅涉及一般公共建筑的技术，还涉及化学、物理、生物、电子技术领域，以及卫生防疫、卫生安全。同时，现代临床医学不断进步，为医院增添了新的功能形式、空间形式。新的功能对建筑空间、构造技术、设计、施工提出新要求，挑战各专业现有的知识、技术储备。为应对新的要求，我们需要不断地更新自己的知识储备，让医院建筑形态的发展跟上医疗技术、医疗设备的发展速度。

王冠中

华建集团华东建筑设计研究总院
医疗与养老建筑设计研究院 副总建筑师

您做哪一类医疗项目比较多，谈谈您对这一领域的认识?

王冠中（以下简称“王”）我做大型综合医院比较多。大型综合医院是中国城市最常见的医院类型，和这个时代的许多产物一样，充满了鲜明的中国特色。大型综合医院一般包含两个特点，一是建设规模大、床位多，二是科室多、部门多。

当前中国的大型综合医院还面临一个特殊的问题：医院的实际需求往往超出其设计的服务能力。这背后的时代背景是中国目前医疗资源分布不均衡的现状，优势医疗资源均集中于公立高等级医院，全市、全省乃至全国的病人也随之向这些医院集中。面对不断增长的社会需求，有限的医疗资源逐渐应接不暇。

具有当今时代特色的问题，需要具有时代特色的解决之道。效率优先成为大型综合医院设计的出发点，应尽可能合理地配置资源，满足更多的社会需求。在大型综合医院设计中，效率优先主要体现为用地效率、交通效率、流程效率和运营效率：注重用地效率，促进城市框架中的各部分和谐化发展；提升交通效率，减少医疗环节前的时间消耗；整合流程效率，将医疗功能的服务能力最大化；关注运营效率，提供对其经济化发展的有力支持。

请您分享一个您印象深刻的案例?

王 印象最深刻的就是 2020 年新冠肺炎疫情期间的项目——盐城市公共卫生临床中心。当时疫情十分紧急，项目既要确保新冠治疗的安全需要，又要加速、加速再加速。

2月2日(正月初九)中午11时30分，我接到赶赴盐城参与当地应急医院设计的任务，立刻从家中出发，与同事一起驱车前往盐城，历经业主安排变化及局部高速拥堵等情况，历时将近 12 小时，于当日 23 时才到达盐城。

2 月 3 日一早，我们参加由盐城市规划局组织的紧急防疫项目启动会，会议传达了 2 月 2 日下午市政府会议的决策内容，将于城市郊区新建一座应急加常设双重功能的公共卫生临床中心。会后，我们赴项目现场实地踏勘，了解周边具体情况。2 月 3 日中午 12 时，我们立刻开始进行设计，根据现场具体限制条件，给出 2 套一期应急设施的总体布局设计，并向规划部门提出修改用地范围的建议。到 20 时，形成了 2 套完整的规划方案及场地建设方案，供主管领导决策。我们于当晚驱车赶回，4 日凌晨到达上海。

盐城市公共卫生临床中心效果图

2月4日上午，我开始在家中隔离办公，与设计团队紧密远程协作，共同讨论商议，确定技术方案。至24时，历经36小时的工作，设计团队完成了与200床应急医疗设施施工相关的第一批图纸，确保了2月5日凌晨现场施工顺利开始。

设计结束也是现场施工的开始，为了项目尽早落成，施工是24小时连续进行的。从2月5日起，我们每天配合施工提供相关图纸，协调各种现场问题。与此同时，设计团队又开展了二期医疗设施的方案设计工作，多项工作穿插，连续战斗，每天都工作至深夜。

应急项目设计周期短，边设计边施工，而且设计人员分散，只能远程办公，协同难度很大，又适逢春节假期，设计团队真的是克服了非比寻常的困难，完成了看似不可能完成的任务。

张海燕

华建集团华东建筑设计研究总院
医疗与养老建筑设计研究院 设计总监

您做哪一类的医疗项目比较多，谈谈您对这一领域的认识？

张海燕（以下简称“张”）我做的康养类项目相对多一些，主要是康复医院和养老社区。目前政府正在大力推动“健康中国”计划，这类项目比较受关注。对于此类项目，我认为需要关注四点。第一，要明确项目的设计定位，制定与设计要求相匹配的设计标准。第二，此类项目的核心关键是运营，前端的设计需要和后端的运营紧密结合，才能减少设计反复，使设计功能和使用需求相一致，达到效益最大化。第三，设计要营造良好的康养环境，良好的环境品质和惬意的环境氛围是这类项目的最大卖点，打造一个别具一格的、吸引客户的环境氛围是设计重点考虑的因素。第四，要强调个性化设计，每个项目都有自身的特殊性，要为每一个项目量身打造不同的特色，这样才能打动业主，吸引客户。

请您分享一个您印象深刻的案例？

张 我讲一个康复医院的案例——上海市第一康复医院（以下简称“一康院”），这个项目条件苛刻、过程曲折，但最终获得了一致肯定。2015年，我们接到了一康院要在老院区中新建门诊住院综合楼的任务需求。一康院老院区情况十分复杂，也比较特殊。首先，院区内一半以上的建筑都是历史保护建筑，在设计和施工过程中都需要整体保护，它们主要分布在院区北侧，其中最重要的是1932年建造的圣心教堂。其次，院区内空地较少，需要拆除院区内现有建筑才能建设新的综合楼。再次，新建建筑需要满足一康院作为三级康复医院500床的建设标准，限高80米，而院区内现有建筑以2~3层的多层建筑为主。因此，新建高层建筑如何与小尺度的历史建筑协调，是方案需要解决的重要问题。

面对这样复杂的地块，我们一共给医院提供了十几个策划方案，从最初考虑在北侧建设新大楼，到后来在南侧建，再到后面为了满足医院发展需求，结合地块条件，建议拆除现有8号楼，在原址上建设新大楼。这完全是从地块的资源整合、功能定位和配置要求上提出的方案。经过多次论证，该方案最终获得了专家和院方的同意。

地点确定之后，方案设计成为难点。在方案落实的过程中，我们仔细研究了院区中圣心教堂的历史文献、比例尺度和经典空间，在延续历史中轴线的前提下，用最纯粹的建筑语言，巧妙地呼应了经典空间和教堂立面，在有限的环境中打造了康复医院独特的疗愈景观。在与业主沟通的环节中，我们还创作

上海市第一康复医院院区鸟瞰

第二军医大学附属长海医院夜景鸟瞰

了三维动画，从不同角度展示新建筑的设计和特色，最终获得了院方和规划局的一致肯定。

这个项目遇到的困难很多，过程也比较曲折，但是我们也积累了宝贵的经验：在基地的限制条件下求发展，在医院的发展需求中求落实，在历史的文脉空间中求延续。

Q 您做哪一类的医疗项目比较多，谈谈您对这一领域的认识？

魏飞（以下简称“魏”）我参与的医疗项目以综合医院为主，主要是一些公立医院的更新建设。与择地新建的项目不同，在已有院区内部或周边进行改、扩建，需要更多地考虑已有院区的限定条件，如何在限定的建设条件内，最大化地为医院的使用者创造更优的使用体验，为城市和医院提供更优的形象。在设计过程中，需要与医院的管理者、使用者进行充分沟通，了解医院的使用特点和需求，从设计的专业角度给出建议和意见，而不仅仅是作为医院意见的“记录者”或者简单套用其他项目的一些设计思路。

Q 您参与过很多项目，请您分享一个您印象深刻的案例？

魏 印象最深的是第二军医大学附属长海医院门急诊综合楼，这个项目属于典型的医院内的改、扩建项目。原有的门急诊楼已经不能满足医院的使用需求，医院在现有的门急诊楼西侧新征一块用地建设新的门急诊综合楼及地下车库，待建设完成后拆除原来的门急诊楼，与已有院区形成完整的功能区。这个地块位于上海市杨浦区江湾历史文化风貌保护区的范围内，院内影像楼为原上海市博物馆楼，原中国航空协会的飞机楼，院区北侧上海体育学院内有旧上海市市政府楼，西侧同济中学内有原上海市图书馆楼，它们均已被列入上海市文物保护建筑范围。设计在考虑与医院现有建筑的功能联系外，还需要兼顾对周边地块历史建筑的尊重和保护。

第二军医大学附属长海医院的医疗建筑大多是由华东总院在不同时期完成的，这种良好的持续性合作使我们对医院的总体发展规划有深入的了解。在门急诊综合楼项目中，我们从前期策划开始就与医院进行了深入的沟通，从院区周边的城市交通条件分析、门急诊综合楼的功能定位、建筑形象界面的处理建议，到院区内部关联建筑的功能设置与调整、分期建设步骤以及建设对周边区域的影响，我们都做了分析。在项目中标后，就建筑内部各楼层的功能设置、内部交通分布及流线组织、患者的配套服务设施等问题，我们对国内外类似项目进行参观调研，吸取了其他项目的成功经验，有效控制了后期对内部功能的调改。在与院方的沟通过程中，充分发挥各方所长，融合了医院对管理、医疗的独特理念及设计对建筑宏观流程及微观细节的专业意见。在该项目设计中我们还首次提出功能模块化、流程体系化的医院设计理念，为医院提供了高效、绿色、灵活且能适应未来发展的医疗环境。项目完成后，尽管实际门急诊量较设计预期有较大增加，但依然保证了项目使用过程中的品质，该医院建成后连续 7 年成为“上海市病人满意度最高的医院”。

张春洋

华建集团华东建筑设计研究总院
医疗与养老建筑设计研究院 设计总监

Q 您做哪一类的医疗项目比较多，谈谈您对这一领域的认识？

张春洋（以下简称“张”） 在我做过的医疗项目中，比较多的是高端医院。高端医院的设计往往有以下几个特点：

第一，建筑品质的要求高。为保证设计的高完成度，建筑师除了要有高端先进的理论水平作为支撑外，还必须对建筑技术和建筑细部有明确的追求和深刻理解，并在设计全过程中保持高度敏感，才能使项目在一个统一的目标和要求下工作，把方案的设计理念体现在每一处细节中，使细节在过程中充分细化。

第二，造价与品质的平衡难。目前的高端医院以民营医院为主，民营医院更注重投资的效益，因此建筑师需要充分理解业主的商业投资目标，以业主需求为导向，提供专业化设计服务，不断平衡造价控制与品质实现的关系，实现业主利益和建筑品质的最大化。

第三，需要协调的公司多。高端医院的设计会汇集多家专业设计公司和顾问公司，一般多达二三十家，这些公司还可能来自不同国家。因此，如何管理、协调这些公司，保证项目有条不紊地推进，对主体设计单位来说是非常大的挑战。

第四，设计进度的要求高。民营企业由于资金的压力，往往对高端医院项目提出的设计进度要求也非常高。为了保证项目进度，需要主体设计单位具备很高的设计管理水平，做好进度管控。

中国 - 东盟医疗保健合作中心（广西）

您参与过很多项目，请您分享一个您印象深刻的案例？

张 在做过的项目里，印象最深刻的是中国 - 东盟医疗保健合作中心（广西）这个项目。这个项目的最大难点在于如何在用地严重不足的条件下，建设功能、流线极其复杂的国际化医疗保健中心。在仅仅 8 000 多平方米的用地范围内，需要建设 11.6 万平方米的高规格医疗保健中心，不仅需要集医疗、保健、康复、医学交流培训于一体，还需要接待东盟国家元首、领导人、重要人士及外国客商。这对设计而言既是限制，也是巨大的挑战。

设计团队在设计过程中，经过反复的研究、论证，确定出最优的解决方案，通过合理的规划布局、创新的建筑形象、高效的交通组织，最终不仅合理化普通人群不同的功能流程，同时也实现了一些特殊人群对安全性和私密性的特殊要求。

机电设计对于医疗建筑的重要性和特殊性体现在哪里？与普通的民用建筑有哪些区别？

陆琼文（以下简称“陆”）机电系统的设计目标是追求舒适、安全、节能和高效的统一，换而言之，一个好的机电系统带给使用者的体验一定是舒适、安全、经济和便捷的。不同类型建筑对于舒适、安全、节能、高效的侧重点是有所区别的。由于医疗建筑面向的主要是医务人员及病患，承担了同时保障医务人员和病患安全及舒适的重任，医疗建筑的机电设计首要关注的是安全性。

与普通的民用建筑相比，医疗建筑的功能非常复杂，具体的要求也各不相同。首先医院的种类多，既有专科医院，又有综合医院，具体到每家医院需求都不一样。其次，医院的科室多，各个科室的要求

海门市人民医院

陆琼文

华建集团华东建筑设计研究总院
机电一院 设计总监

也有很大的不同，比如急诊科需满足 24 小时不间断运行；手术科需保证足够安全的手术环境，供电不间断；传染科应保证医护人员在护理高风险传染病患者时的安全；等等。而且，随着现代医疗水平的提高，医疗设备的种类也越来越多，不同医疗设备的运行要求也不一样，比如磁共振在拥有大发热量的同时对运行环境有着较为严苛的要求，实验室检验危险性较高的样本时需同时考虑实验环境的安全性及废品处理的安全性……这些复杂性都给机电设计带来了一定的挑战。在进行医疗建筑的机电设计时，需要与建筑专业、医院使用方充分沟通，在了解各方需求的基础上确定安全高效的机电系统设计方案。

绿色设计对于医疗建筑的实际意义？

陆 医院面向的最大群体，就是病人。医疗建筑由于其复杂性及安全性需求，能耗较高，这些成本最终都会转嫁到病人身上，所以采用适合医疗建筑的节能技术，体现出一种从病人角度出发的人文关怀。绿色医疗建筑与一般的绿色建筑最大的不同点在于其需求特殊性和安全可靠性，如由于病房需要，医疗建筑一般存在较大的全年热水需求；医院接收的病人患病类型较多，在保障绿色节能的时候，应充分考虑医院的安全性，防止交叉感染等问题。机电设计应在保证安全性的前提下考虑绿色设计。

目前运用比较多的节能措施如冷热源热回收、太阳能热水，可以通过热回收或吸收太阳能的方式提供生活热水。由于医疗建筑需要合理的气流组织保证建筑内部不同区域的压力梯度，其送、排风量较大，产生了较大的冷热源需求，对排风热回收措施可降低冷热源需求，但常规公建采用的转轮热回收等回收措施极易引起病菌滋生及院内交叉感染，故一般建议采用热管热回收来保证院内空气安全。

Q 科学技术的飞速发展将给医疗建筑机电设计带来哪些影响？

陆 随着科学技术的飞速发展，医院的行医方式和人们的就医方式都在快速地发生一些变化。

一方面，医疗技术的发展更新越来越快，医院引进的新医疗设备和医疗方式越来越多，这对医疗建筑及其机电系统会提出新的要求。如微型机器人的出现，大幅减小了手术创口，缩短了手术时间，使得病人住院需求发生改变，医疗建筑的功能随之变化，机电系统也要根据相关科室的使用时间、室内环境要求等重新调整。

另一方面，网络预约挂号的普及，使得门诊的就诊模式发生了根本性的改变。以前需要到医院现场排队挂号，现在可以按照预约时间直接就诊，挂号大厅及候诊厅对机电系统的要求，如新风量需求、智能化系统个性需求等也随之发生改变。

当下信息大爆发，机电设计师应时刻保持对时代的敏感性和好奇心，以提供更优质的设计服务。5G 是当前的热门词汇，而 5G 与物联网技术的融合也进入了人们的生活。无论是智能家居的升级，还是车联网、远程医疗的运用等，都显示传统机电技术将会有重大变革。随着核心芯片、智能传感器、智能传输、智能信息处理、操作系统等关键技术的提升，机电技术的软件平台、设计方式、机电设备的运用、设备的控制逻辑和后期的维保方式等，都会产生极大的变化，而这些无疑将是设计师面临的挑战。如何迎接并且克服挑战，运用好这些新技术，让这些挑战变成真正的机遇，正是设计师当下需关注的事项。

主建主战，发挥综合实力

访华建集团都市总院医疗康养与教育建筑设计院设计团队

Integrated Strength with Practice and Research

Interview with the Healthcare and Education Building Design Team of Arcplus UDADI

华建集团都市总院多年来一直深耕医疗建筑，目前设计医疗项目百余项，建筑面积超过 600 万平方米，床位数超过了 25 000 张，特别是三级甲等医院已经超过了 30 项。目前都市总院中从事医疗卫生建筑设计的建筑师和工程师是本院专项化设计中人数最多的。

2019 年 4 月 11 日，华建集团都市总院医疗康养与教育建筑设计院挂牌成立，共设有三个事业部，各具特色。

1. 事业一部侧重专项是大型综合医院与康养建筑；
2. 事业二部以质子类医院为专项，也有大型综合医院的设计能力；
3. 事业三部侧重于既有医院建筑改造项目。

三个事业部包含建筑、结构、机电等全套专业，总体来讲是点多面广，称之为“主战”。

除此之外，本院成立了医疗专业委员会，起到引领专项化技术的作用，称之为“主建”。可以说，整个组织框架形成“军种主建，军区主战”的模式，极大提升了团队的整体能力以及综合实力。

Q 与过去相比，当前的医疗建筑有了哪些发展和变化？

姚激（以下简称“姚”）华建集团都市总院多年来一直深耕医疗卫生建筑，对当前医疗建筑的最新发展有自己的一些认识。今天比以往任何一个时代，发展都更加迅猛，医疗建筑同样也经历着有史以来最深刻的变化。首先，伴随着医疗科学技术的深入探索和发展，医疗卫生建筑的分类更加精细，以前的医疗建筑往往是指综合性医院，或为某些特定人群服务的医院，现在的医疗建筑各科室功能更加复杂、医技手段更加专业，医疗的学科门类细化，出现了很多与新医技手段相关的特定医院，小综合、大专科成为很多医院的发展方向。同时，伴随着非公有经济的发展、国内投资环境的不断改善，医院的投资主体从以前单一的国家、地方投资建设，到现在的百花齐放，民营投资占医疗机构投资主体的比例越来越大，外商独资、中外合资的医疗机构的规模也不断扩大。另外，随着经济发展，人们对身体健康更加重视，加上老龄化趋势严重，医院的概念不断扩延，养老与康养近年来成为医疗扩延发展的重要方向，与养老、养生相关的“轻”医疗机构，越来越受市场的青睐。最后，随着医疗卫生事业的发展，医院老院区的改、扩建、其他功能的既有建筑改造成为医疗功能建筑的项目越来越多，其中不乏大量的历史保留建筑甚至文物保护建筑，结合保护性修缮的功能改造项目，正成为城市更新发展的有机组成。

姚激

华建集团华东都市建筑设计研究总院 党委书记

医疗建筑的发展离不开整体医疗技术的进步，医疗技术的发展大大推动了医疗建筑设计的不断演变。比如说我们设计的质子医院，如何使建筑设计满足大型医疗设备使用要求，特别是如何解决基础微变形、微振动、辐射安全防护、恒温恒湿环境控制等技术问题，对设计来说都是挑战。随着设备的提升和研究技术的不断进步，质子装置越来越先进，体积也趋小型化。瑞金医院肿瘤质子中心与先前的上海质子重离子医院的设备就有极大的不同，其中最显著的差异是，前者采用了旋转机架，让束流转动，极大地减少了病人摆位治疗的困难，科技的进步为人性化治疗提供了前提。随着超导技术的应用，进一步缩小了束流发射所需要的物理空间，为质子装置的小型化提供了重要的条件，我们目前着手设计的华中科技大学同济医学院附属协和医院质子医学中心就采用了首台国产超导回旋加速器。可以说，当今医疗技术的迭代是突飞猛进的，对我们医疗建筑设计的从业者来说，只有不断地学习、不断地充实，才能在医疗建筑设计行业保持领先的地位。

团队的特色或者发展的专项是什么？有哪些重要的业绩？

姚激 目前都市总院设计的医疗项目超过 100 项，建筑面积超过 600 万平方米，床位数超过了 25 000 张，这样的成绩单是来之不易的。特别要强调的是，我们做过的三级甲等医院已经超过了 30 项。可以自豪地说，上海的三级甲等医院，至少有三分之一是都市总院的业主。

医疗建筑设计项目技术复杂、工艺繁多，这就要求我们运用创新的思维，及时对工程进行总结提炼。我们先后出版了《质子治疗中心工程策划、设计与施工管理》《医院建设工程项目管理指南》《绿色医院节能实用手册》等三本医疗建筑设计专著，与广大的业内同行以及医疗建筑工程领域的同侪一起分享都市总院的技术成果。同时，我们积极探索、吸收和引进各种新技术、新理念、新材料，使建筑更加低碳绿色，功能更加人性化，实现可持续发展。

在都市总院中，从事医疗建筑设计的建筑师和工程师是诸多专项化设计中人数最多的。2019 年 4 月 11 日，都市总院医疗康养与教育建筑设计院挂牌成立，设有三个事业部，都非常有战斗力，而且各具特色，身怀绝技。事业一部侧重专项是大型综合医院、康养建筑；事业二部以质子类医院为专项，又具备大型综合医院的设计能力；事业三部侧重于既有医院建筑改造项目。总体来讲，我们的特点是点多面广。三个事业部都是综合所，也就是除了建筑专业，还有结构和机电专业。因为现在的医院建筑越来越复杂，机电专业在医疗建筑设计中的作用愈加重要。所以说，综合所在医疗建筑设计中有更明显的特点与优势。

我们都市总院还成立了医疗专业委员会，起到引领专项化技术的作用，我们称之为“主建”，而三个事业部，我们称之为“主战”。可以说，整个组织框架形成“军种主建，军区主战”的模式，极大提升了我们的整体能力以及综合实力。

Q 此次新冠肺炎疫情对医疗建筑设计行业带来哪些影响？

姚 此次疫情爆发速度之快、传播范围之广、带来创伤之深，必将给中国乃至世界的经济、社会带

瑞金医院肿瘤质子中心主入口

瑞金医院肿瘤质子中心鸟瞰图

来深刻的影响。仅春节期间，都市总院就承接了上海、云南等地 8 个抗击疫情的项目，目前还陆续不断跟踪、接洽新的项目。在此，我特别想提一下此次疫情期间都市总院设计的上海第六人民医院东院发热门诊留观病房项目。设计团队仅用了 20 多天，就完成了从零开始方案设计、施工、竣工到投入使用的奇迹。这正是源于都市总院长期深耕医疗专项业务领域的积淀与底气。除参与具体的抗疫项目外，我们还组织专家团队进行技术攻关及科普宣传。过去，大家对于公共卫生建筑领域的研究相对而言不够充分，类似“如何健康地使用空调”等话题在疫情爆发后迅速成为大家讨论的热点。基于我们的专业知识，都市总院技术委员会、专业委员会组织专家撰写了《应对新冠肺炎疫情暖通空调资料汇编》《公共建筑暖通动力系统设计与运行——应对公共卫生突发疫情篇》等专业论著，并向全行业开放，供有需要的机构参考。同时，组织线上讲座、论坛 6 场，从不同的专业角度，深度解析、探讨相关的技术要点和工程案例。这也是在实践中践行了我们华建人的初心和使命，承担国有企业的社会责任。

这次疫情后，各层面均在反思我们公共卫生体系的规划与建设，这也是我们医疗建筑设计从业者必须要深入思考的，我认为今后必须进一步把公共卫生体系的建设纳入城市规划当中，以应对突发的公共卫生事件。具体来讲，未来医疗建筑的设计将会呈现出以下三个新的变化和趋势。一是分级分区诊疗的医院规划设计理念将进一步深入人心。更合理的中小型医院分区规划布局，将有序分流大型医院的诊治压力。同时，分级建立完整的发热门诊体系，也将大大缓解城市公共卫生中心在特殊时期的救治压力。二是平疫结合将成为更多医院新建、改造的方向。建筑在平时为正常医疗使用，同时预留相关通道和设施，在疫情发生时，能够迅速转换，安全使用，节约运行成本。三是装配式的快速建造将成为医疗建筑设计的重要手段。我院在此次疫情期间，采用了多种装配式的建造设计方法，帮助医院实现疫情期间的快速搭建，迅速提供必要的分流诊治空间。

基于城市更新的大背景，既有医院需要扩建与改建，城市更新和医疗建筑发展如何结合？

姚　随着城市化进程的加速，城市空间更趋密集，城市的土地价值越发提升。而国内医疗资源分布不均衡，导致大型城市的医院就诊人数不断攀升，现有的医疗空间已无法解决就诊人数不断攀升与医疗环境不断被挤兑的问题。为了在有限的土地空间里实现更好的就医环境，需要对既有医院进行改、扩建，精细化设计、改造现有医疗环境成为必然趋势。

老城区的医院改、扩建通常包含两大类，一类俗称为“插蜡烛”，顾名思义，就是见缝插针，在密集的建筑群中增建新楼。另一类是老建筑的改造。老城区的医院历史悠久，在建院初期，都有一个相对完整的规划。但是，随着城市的发展以及医疗学科和技术的发展，旧有空间无法满足功能发展的要求，会对老建筑提出二次更新改造的要求，特别是那些历史保留建筑甚至是文物保护建筑，还必须在保护的基础上进行功能的调整和优化。

我们设计过上海交通大学医学院附属仁济医院东楼的老病房楼项目，属于上海市优秀历史建筑的修缮，既必须保留原建筑的风貌，要修旧如旧，同时又要把现代医疗理念植入进去，满足现代医疗需求，这对我们来说是一次有难度的挑战。我们的团队还做过医疗类文物建筑的保护设计，这些文物保护建筑都具有很高的历史价值和科学价值，对其进行修缮和加固的难度非常高。

总之，在密集建筑群中增建，如何保证其周边建筑的安全；对既有建筑的改造，如何合理修缮、提高其抗震性能，这些都是对设计团队的考验。

Q 我国进入老龄人口持续高速增长时期，能否请您谈一谈养老设施的设计趋势？

李军

华建集团华东都市建筑设计研究总院
首席总建筑师

李军（以下简称“李”） 上海已逐渐步入深度老龄化阶段，随着人民生活与经济水平的提高、对健康的关注及消费观念和消费结构的丰富，健康养老项目的设计市场会得到更大发展。都市总院在康复养老方面的研究设计比较早。如 2004 年设计、2007 年竣工的位于松江大学城的上海市阳光康复中心，总面积约有 6 万平方米，主要功能分为老年康复和特殊群体（残疾人）康复。当时都市总院的团队花了很大精力去研究这个上海较大的康复中心，中心建成后，备受瞩目，承办过 2008 年特殊奥林匹克运动会部分项目。这是都市总院第一代养老康复项目代表作品。

2014 年，都市总院参与了新东苑快乐家园的项目设计，项目总建筑面积约为 14 万平方米，按照持续照料退休社区（Continuing Care Retirement Community，CCRC）理念，医养结合，为老年人提供了自理、介助、介护各阶段的一体化和全方位康复治疗服务，总体布局与建筑单体都做到功能分区明确、流线清晰、配置齐全、使用合理，整个项目的标准和品质非常高。这是都市总院第二代养老康复项目代表作品。

2016 年，都市总院参与了常州茅山江南医院的项目设计，这个项目坐落在常州金坛茅山风景区，属于长三角地区高标准园林式医养小镇，总建筑面积约 8.8 万平方米，总床位数为 800 张。设计团队把多年的设计研究经验运用到项目中，考虑更加全面细致，设计更加创新。这是都市总院第三代养老康复项目代表作品。

目前在院领导、院医疗专业委员会和专业总师的带领下，都市总院正在开展上海老年医学中心项目

宁波市第一医院异地建设一期工程项目

的设计。项目位于闵行，总建筑面积约为 10 万平方米，设计将重点围绕老年人的医学治疗、康复、教学、科研等内容展开。同时在进行上海市养志康复医院（上海市阳光康复中心二期）的设计，该项目是上海市目前规模最大的综合性康复机构，总建筑面积约有 10 万平方米，设计将重点围绕康复的对象、康复的领域、康复的措施、康复的目的、康复的提供等内容展开。

这些年我院专注国内外行业最新动态、医疗专项技术研发、创意规划设计、人才队伍建设、资源整合、数据库建设，保证了我院设计服务的规模、效率和高品质。

Q 与过去相比，当前的医疗建筑有了哪些发展和变化？

李 从医疗建筑的发展与变化趋势看，医院的物理空间会有很大的变化，部分用房的规模面积会减少；在医疗资源的配置上也会有很大的变化，日间治疗、微型医院、数字化医院等会逐步增多；在医疗流程上会更注重高效与精准；随着医院和医疗分工越来越细，特色专科医院的增加成为必然趋势。

Q 未来医院会高度集中，请问该如何理解其优势？

李 以上海新虹桥国际医学中心为例，园区设 1 个后勤保障中心、8 家高端医院，各医院之间具有非常强的差异性和互补性。就拿园区中的妇产医院为例，其西面是儿科医院，东面是康复医院，可以看出这几家由我院设计的医院形成了一个相互配套的系统，这就是高度集中的医学园区的优势。

上海新虹桥国际医学中心

苏州大学附属第一医院总院二期工程项目

能否简洁地总结一下未来医院的特点？

李 今后的医院，在流程上更加简洁、便捷，在环境上更宜人有特色，在空间布局上更加灵活多元，在功能上更精准、更模块化。随着医院绿色生态、环保节能、BIM 技术、预应力混凝土结构等技术的成熟运用，以及云计算、物联网、视联网、移动互联网、智能卡等新技术的迅速发展和广泛应用，信息化、标准化、集成化、智能化、移动化、区域化将成为发展趋势。

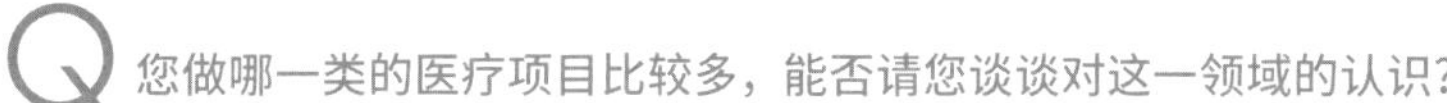

您做哪一类的医疗项目比较多，能否请您谈谈对这一领域的认识？

鲍亚仙（以下简称“鲍”）我们部门做过很多各种功能类型的医疗建筑，其中以综合医院居多。

综合医院顾名思义是综合性很强，设置各种门诊、医技科室等用房，为病患提供一站式诊疗服务的医院类型。在医院的设计中，建筑师应把“人”置于设计的首要位置，给患者、医生、护士等所有医院使用者以更多的关怀，让建筑温暖每一位使用者。

在医疗项目设计全过程中，建筑师需要保持日常的专业积累和创新探索精神，抱着“医患至上”的理念去进行设计和研究，把“专业知识”与“医患需求”相结合，找到最好的平衡点。在综合医院的七项基本建设内容中，医技是最复杂的一项，每家医院有自身的特色学科，这使得不同医院相同的医技科室要求又存在着差别，这是建筑师需要思考和研究的重点。在项目设计过程中要与医院科室密切对接，了解临床科室的医疗流程及使用习惯等，传承地域文化精髓，结合时代发展要求，设计以人为本，建设一个充满人性关怀的、与周边城市环境高度融合的、功能布局合理、设施完善、求实创新、整体高效、国内领先的绿色智能型医疗综合体。

鲍亚仙

华建集团华东都市建筑设计研究总院
医疗康养与教育建筑设计院事业一部总监

Q 您参与过很多项目，能否请您分享一个您印象深刻的案例？

鲍 医疗专项设计生涯中，每一个项目对我及团队来说都意义非凡，在众多参与过的项目中，复旦大学附属华山医院（以下简称“华山医院”）“系列项目”给我印象深刻。

华山医院作为历史悠久的百年老院，院内很多建筑需要内部功能提升及改、扩建。在这个过程中，我们参与了多个项目，从“1 号门急诊综合楼”“6 号病房综合楼”等室内改造项目，到“百年华山花园内部原有水泵房”改为“病理楼”、原有学生宿舍改为“512 号国家老年病临床医学研究中心”、原仓储功能的教堂改为“体检中心”等既有建筑改造项目，再到“病房综合楼”的改、扩建，以我们医疗专项设计团队的专业服务，打造出一个拥有尊重历史、面向未来、延续记忆、蜕变创新理念的现代化综合医院。

2018 年 4 月 11 日，李克强总理考察了病理楼改造项目并给予指导，使项目团队备受鼓舞。

新建病房综合楼项目总建筑面积约 3.2 万平方米，地上 19 层（含设备层），地下 3 层，位于华山医院本部南面长乐路一侧，地处“衡复风貌区”。建筑师需要尊重场域的历史脉络，通过合适且温和的建筑语言，使新建大楼融入环境之中，做到具有自身特色的同时，还与风貌区和谐统一。本项目是一栋集医技、住院于一体的综合性诊疗大楼，包括病房、手术室、ICU、病理科、输血科、DSA、内镜中心等医疗功能，在有限的场地及空间条件下，需要合理规划功能区块，把这些功能优化整合其中。新大楼与 6 号病房综合楼既有建筑贴邻建设，局部楼层与 6 号楼相互连通，做到两幢建筑医疗资源的“集约共享”；同时，为了确保“紧密”贴邻的两幢建筑结构安全性及中震不相碰的技术要求，设置了“滑动平台构造节点”。

下沉花园的设置是本项目的亮点。华山医院地处上海市中心地段，院区场地较小，建筑密度大，用一句上海老话 “螺蛳壳里做道场”来形容是非常贴切的。医院原有食堂在新建病房综合楼项目位置，医护就餐环境较为简陋，项目启动后拆除了原有食堂，如何把螺蛳壳里的道场做好是对我们的一个挑战。本项目地上建筑的医疗功能空间已经非常紧张，只能把员工餐厅设在地下一层、二层，但如何让医护工作者感受到关怀及温暖，让他们在工作之余就餐时有个温馨舒适的环境？经过多方案论证，我们将原有华山花园的部分景观通过台地的形式引入下沉花园，让新建的下沉花园与原有的华山花园自然融合，自然采光和通风渗透就餐空间，做到形式与功能的完美融合，为医护工作者创造出一个舒适、温馨且景观丰富的就餐、休闲环境。庭院上空的架空天桥——彩虹桥，是一座连通地面、下沉花园及华山花园的休

瑞金医院肿瘤质子中心实景

闲空间，让医护工作者可以在茶余饭后游走在这座架空的“彩虹桥”上，让繁重的工作压力得到一定程度的舒缓，让心灵放松。庭院中的植被经过精心的筛选布置，将根据四季的更替产生不同的色彩效果，在春、夏、秋、冬四个不同的季节“讲述”不同的故事。

2020 年的春天，一场特殊的疫情突袭而来，举国上下团结一致对抗疫情，我们医疗建筑专项设计团队与医护工作者并肩前行，医疗专项团队姚启远所长带领陈佳等建筑师积极参与了华山医院“发热门诊改造”、华山医院“5 号感染楼改造”、华山医院（西院）“感染科门诊改造”和“华山医院福建医院感染楼”设计咨询等项目。在疫情最严重的时期，团队建筑师多次逆行而上，亲赴现场与感染科医生并肩作战、讨论方案，梳理功能及医疗流程，严格做到感染科管控标准 3 区 2 通道，提出平疫结合的设计理念，在对平时使用影响最小的情况下，预留改造空间，设置墙体、医疗气体点位、设备用房等。同时，团队还积极配合华山医院总院、虹桥分院、浦东分院的公共卫生应急能力提升项目，为后疫情时代保驾护航，为将来可能再次出现的疫情做好准备。

您如何理解医疗建筑项目？您做哪一类的医疗建筑项目比较多？能否请您谈谈对这一领域的认识？

陈炜力（以下简称“陈”）医疗项目关系民生，是非常重要的公共建筑，因此要有充分的论证和准备。项目的设计建设周期都较长，设计过程中，需要和投资方、使用方、设备供应方等不同部门沟通讨论，并最终达成一致，形成较为成熟的成果。同时，这些年来医疗技术的发展相当快速，很多设备、理念或者技术也不断地迭代，如何在前期设计中预留好发展的空间，预估到未来的发展，成为很多医疗设计策划的最大难点。

在我从事医疗设计的这些年中，有幸承担了两个国产质子装置的治疗中心设计，可以分享一下质子治疗设备发展对质子治疗中心建筑设计的影响。

大家都知道质子治疗是一种较为先进的精准放射治疗特定肿瘤病人的手段，通过精准治疗可减少病患的痛苦。但是质子装备往往体型巨大，需要很复杂的建筑空间以保证它的精准运行，这带来了投资成本和建设周期的增加，让很多医疗投资机构望而却步。质子装置的小型化越来越成为很多装备制造研究者共同努力的方向，并取得了一定的成果。较有代表性的是对加速器和旋转机架的优化和压缩。

质子加速器根据方案的不同，分为直线加速器、同步加速器和回旋加速器，目前能达到治疗肿瘤能量的主流加速器主要有回旋和同步两种方式。回旋加速器虽然单体重量大，但是总体占用空间小，是空间小型化的一个重要方向。尤其后来发展的超导回旋加速器更是让加速器的直径压缩到了 3 米左右，给有限空间内新建质子治疗装置提供了更为灵活的可能。我们设计的华中科技大学同济医学院附属协和医院质子医学中心就是采用国产超导回旋加速器，极大地缩小了加速器大厅的空间尺寸。

旋转机架是质子治疗设备的一个重要装置，它能配合治疗床的转动，让质子束流以不同的方向对肿瘤部位进行照射，以减少病人的摆位困难，同时不同方向的照射还能避免同一方向对正常组织的伤害。

陈炜力

华建集团华东都市建筑设计研究总院
医疗康养与教育建筑设计院事业二部总监

旋转机架因为要带上许多磁体旋转，总质量超过百吨，体型往往较大，在质子中心占用了最为高大的空间。因此许多生产商都不断地优化旋转机架设计，减少其

华中科技大学医学质子加速器研究与应用大楼室内

华中科技大学医学质子加速器研究与应用大楼

重量和占用的空间。从空间角度对其优化的就有 180°旋转机架，与普遍采用的 360°旋转机架不同，利用固定病人的治疗床的转动，减少笨重的大型机架的旋转角度，同样可以方便地解决对绝大部分肿瘤病灶的照射。我们设计的瑞金医院肿瘤质子中心采用国内第一台 180°旋转机架，偏心的转动给我们的建筑和装置带来更大的挑战——对重型旋转机架连接部位的结构稳定性、变形控制等提出了更高的要求。

能否请您分享一个您印象深刻的案例?

陈 印象最深的案例是瑞金医院肿瘤质子中心项目，这个项目是中国人自主设计的质子治疗中心，运行的是第一台国产质子治疗装置，希望通过它的运行能够实现质子装置的国产量化，培育更多质子治疗医师，从而降低治疗费用，更好地服务于广大的国内肿瘤患者，因此非常有意义。

因为该项目运行的是第一台国产质子治疗装置，也碰到了很多意想不到的困难，整个项目从立项到初步建成，经历了 8 年的时间。这期间我们同中国科学院上海应用物理研究所的科学家们边研究、边讨论、边设计，真正体会到了科学研究的严谨和不易。

质子治疗的原理应该在 20 世纪初就已经被科学家提出，但是要实现质子发射、加速并准确地打靶到肿瘤病人的病灶，需要集成制造技术、信息技术、控制技术、建筑施工等许多领域的科技发展成果，并系统地给予整合，因此需要多学科的跨界合作，才能获得最终的效果。

比如质子旋转治疗仓大型装置的吊装孔设计，就是各工程专业反复讨论的结晶。旋转治疗仓是利用旋转机架，将束流转动，实现不同角度的质子照射治疗。通过旋转束的转动可以让病人不动，极大地方便病人，实现人性化的治疗。但是旋转机架要带着笨重的、用于加速质子束流的磁铁转动，并实现中心点毫米级别的误差，需要一套非常牢固的旋转机架来实现这一目标。国外起步阶段的很多旋转机架都非常巨大且非常重，给建筑施工带来很大的困难。

上海应用物理研究所的科学家们在吸取相关经验的基础上，提出要将机架的重量降低到 100 吨左右的目标，并和国内的装备制造商联合攻关，最终将提出的机架成果提交给我们设计团队。为了确保机架的重要部件能够顺利地吊入治疗仓进行安装，我们在治疗仓顶预留 3 米 × 13 米的吊装孔。为了后期设备的维修方便，吊装孔还要可以拆卸，同时必须满足厚体积混凝土的辐射防护要求。

设计采用化整为零、减轻单块尺寸重量的方式，将盖板分两层上下错缝搭接，总厚度达到辐射防护要求。上下两层采用两种预制板外形，方便加工，每块预制板两端预留吊环，方便吊装操作。

您做哪一类的医疗建筑项目比较多，能否谈谈您对这一领域的认识？

李明（以下简称“李”）我们设计团队近年来接触的医疗项目中，除了一些新建综合医院的设计项目，更多的是建筑改、扩建以及室内装修设计项目，如上海存济妇幼医院、通策浙大眼科医院等专科医院，还有复旦大学附属中山医院青浦分院等综合医院。在此类项目的设计过程中，遇到的问题与挑战往往比新建医院更多。

李明
华建集团华东都市建筑设计研究总院
医疗康养与教育建筑设计院事业三部总监

医疗建筑改、扩建项目主要分为两类：一类是在原有医院基础上的改、扩建，另一类是将其他功能建筑转换为医疗功能建筑的改、扩建。

其中，政府公立医院的改、扩建模式通常是在原有基础上的改、扩建，此类医院承担了人民群众医疗卫生服务的社会责任，在改造工程进行时，医院各科室需要保持正常运营，以免给民众带来不便，因此综合性、复杂性较强。比如复旦大学附属中山医院青浦分院的改造与更新，项目改造总面积为 51 040 平方米，总体一次性规划，分期建设。我们除提供了具体的改、扩建方案之外，还进行多次设计，并提供完善的搬迁方案：改造区域考虑分区封闭施工，所有进出口都独立使用，不与社会车辆交叉混行，免除安全隐患。项目改造期间，需要不断将改建中的功能空间临时置换到其他空间中继续运行。

民营、外资医院则通常是既有建筑功能更新的改、扩建项目，最大的技术挑战是空间利用率、结构安全性、建筑垂直交通组织以及机电系统的全面更新。同时，需要探寻经济成本的最优，以获得投资的平衡。比如上海存济妇幼医院与通策浙大眼科医院，均是由商办建筑通过功能转化改建为医疗建筑的项目。我们通过与各专业及时、频繁的沟通，实现了一体化改造设计：为了实现空间利用最大化，我们将手术室等对层高要求高的功能区域放置于顶层；由于医院的专用设备会对原商办建筑的结构产生影响，需要进行加固才能适应向医疗功能的转化；商办建筑原有交通系统与医疗功能不相匹配，我们经过对各部分交通核的深入研究，在门诊区域增加自动扶梯，解决大客流量，增设手术专用病床梯与专用污梯，最终实现医患分流，洁污分流；由于医疗建筑对于水、暖、电等设备配置的需求比商办建筑高，内部功能的改造也涉及原室内空间及水暖电全专业的改造升级。

存济妇幼医院外景效果图

常州茅山江南医院门诊主入口

您参与过众多项目，有哪些经验和体会可以分享一下？

李 上海存济妇幼医院是我们与德国夏里特（Charite）医院合作策划的项目，总建筑面积为 40 886 平方米。夏里特医院拥有 300 年的悠久历史，连续多年被德国权威杂志 *Focus* 评为德国排名第一的医院，并且这家医院有 7 位诺贝尔医学和生理学奖获得者，科研、医疗与教学均属于国际顶尖水平。前期策划时期，夏里特医院一直在寻找合适的中国合作团队，经过相当长时间的斟酌与对比，最终确定与我们团队合作。存济妇幼医院的功能组织模式与诊疗流程均由夏里特医院的专家团队负责制订，经过与德方的多次沟通与交流，我们有选择性地保留并优化德方的建议。

在诊疗流程方面，我们引入德方建议中最具特色的一点便是导诊系统，与国内其他医院不同，存济妇幼医院每层都有一个咨询室，经验丰富的全科医生会在这里与每一位前来问诊的患者交谈，了解他们的需求，推荐最合适的医生，从而成为患者与医疗资源之间的桥梁，提高患者的就诊效率与医生的工作效率，减少失误隐患，提高运营效率。

在医护人员的工作环境方面，德方要求较高，每层都需为医护人员设置独立的更衣空间，宽敞舒适的办公空间，讨论治疗方案的独立诊室空间，以及人性化的休息、就餐空间。

在诊疗空间营造方面，我们根据医院中德两国的文化背景，提炼出有标志性的城市元素与温暖的色彩背景作为室内装修与标识系统的设计理念，丰富各个空间环境，增强医疗家具排布的灵活性与交互感，削弱患者就诊时的紧张感。

在一些功能排布的细节方面，中德两国因文化差异也有些许不同：德国的告别室设置在医院中，而我国则设置在殡仪馆；德国的医院往往不设置药房，但我国每家医院都有药房区域。德方也听取了我们的建议，适应中国本土需求，取消了告别室，并增加了一个小药房。此外，由于检验科完全可以充分利用社会资源，因此缩减了相应的科室面积，以平衡其他医疗面积。

您做哪一类的医疗建筑项目比较多，能否谈谈您对这一领域的认识？

姚启远

华建集团华东都市建筑设计研究总院
副总建筑师

姚启远（以下简称“姚”）我们部门做过的康复医疗类项目比较多，这类医疗项目常常是结合康复和养老的综合性项目。从我们所涉及的项目来看，在所有医养结合模式提供的医疗服务中，对康复医疗的需求日益显现。

康复医学属于现代医疗四大板块之一，过去基本只重视急性期的临床医学，而包括康复医学在内的其他医疗服务发展滞后。随着老龄人口的不断增加，慢病患者逐步增多，老年人对康复护理医疗需求的占比超过 50%，但目前国内最为薄弱的环节就是康复护理医疗服务。

康复医学是以功能障碍为中心，通过非药物治疗、患者主动参与的方式，强调改善、代偿、替代的途径恢复功能，提高生活质量，回归社会，这些特征也正好符合老年人对医疗服务的主要需求。例如老年人中发病率比较高的脑卒中的患者，在接受康复治疗后能够重新行走并自理生活的比例占到 90%，而不接受康复治疗能恢复这些功能的比例仅为 6%。老年人在传统的医疗模式下，当经过急性期手术治疗后，多遵从医嘱回家修养，实际上回家疗养大部分属于“低品质生活”，而康复治疗的首要目标就是要恢复老年人的机能，让他们尽量回归到原本家庭和社区的“高质量、幸福的生活”中去。

在以康复为特色的医疗空间设计中，我们更加强调医疗空间环境的塑造，强调空间景观对患者的治愈效果。由于康复医疗和普通综合医疗在住院周期上差别较大，普通综合医疗 7 天左右，康复医疗长达 30 天以上，因此在室内、外环境的空间塑造上必须要给患者家的温馨感，周边良好的景观空间环境对老年患者的康复起到非常重要的促进作用，为患者提供从物理到心理的全方位康复治愈空间。

通过对医养结合模式下医疗服务的研究，我们发现在这些针对养老的医疗机构的设计中，越来越强调对医疗服务空间品质的追求，实现去医疗化、家庭化、景观化、共享化、生态化，强调以人为本，为老年人创造更加优美的养老和疗愈空间，包括对户外环境的打造，从室内到室外实现全面无障碍设计，更加适合老年人的活动，创造更多的户外康复运动空间、交流空间、手作花园空间等。医养结合项目中医疗建筑和养老设施应作为相互的支撑与补充，对于医疗建筑既要注重医疗流程和三级医疗工艺的顶层设计和研究，又要兼顾养老模式下医疗服务的特殊性，处处体现对老年人的关爱，减少老年人对传统医疗的恐惧，将医疗空间、生活空间、活动空间、商业空间等有机地融合在一起。

您参与过很多项目，能否请您分享一个您印象深刻的案例?

姚 以常州茅山江南医院为例，这是一家具有医养结合特色的医院。该项目地处风景优美的常州金坛茅山风景区，是长三角地区顶级园林式医养小镇——茅山颐园的重要组成部分，整个医养小镇占地 100 公顷，提供一站式“颐养 + 医养”服务。围绕一个核心——大健康，两大驱动——医疗、养生，六大功能——医疗中心、健康管理中心、疗养度假、文化娱乐、养老养生、健康商务，形成完整的健康医养小镇模式。

其医疗中心和解放军 301 医院、北京协和医院、北京医院、原南京军区医院、上海长海医院等全国知名医院建立战略合作，命名为江南医院。

江南医院占地约 6.67 公顷，总建筑面积约 8.8 万平方米，总床位数为 800 张，采用多中心布局模式，综合门急诊诊疗中心、康复护理中心、国际肿瘤中心、健康管理中心等围绕中央共享医技中心展开，打造高端中式园林式医院，为整个颐园和周边地区提供全面优质的医疗服务。

您做哪一类的医疗建筑项目比较多，能否谈谈您对这一领域的认识?

陈佳（以下简称“陈”）在我参与设计过的众多医疗项目中，专科医院项目较多，比如复旦大学附属眼耳鼻喉科医院异地扩建项目、复旦大学附属眼耳鼻喉科医院宝庆路分部装修改造项目、绿叶爱丽美医疗美容医院项目、常州市钟楼新区新建三级医院（妇幼保健）等。

专科医院有别于综合医院，指的是在某方面非常突出，专门从事某一病种诊疗的医院，相比综合医院在医疗功能的种类上做减法，科室设置方面注重专科、专项、专研。在医疗流程上，是综合医院的浓缩版，它有和综合医院相同的一级流程，病患就诊流线、医生工作流线、洁污流线及货物流线均需要区分，垂直交通的设置也大相径庭；但在二级流程阶段，专科医院就会有自己不同的布局方式，根据不同病种的诊疗需要，对医疗流程、

陈佳

华建集团华东都市建筑设计研究总院
医疗康养与教育建筑设计院事业一部主创建筑师

空间规划、室内装饰都有着不同的要求。建筑师在对相关规范、医疗流程熟知的前提下，需要与医院多沟通，了解不同专科的不同功能，结合关爱医护、方便病患的理念，创造以人为本、温暖人心、助力康复的新时代专科医疗建筑。

您参与过很多项目，能否请您分享一个您印象深刻的案例？

陈 感谢公司为我们提供了平台，使我们年轻建筑师能够有机会参与众多医疗项目的设计工作，每个项目的设计过程，都是一次经验的积累及对自己的磨练，通过项目我们了解了最新的医疗工艺流程，熟悉了临床第一线的工作模式，熟练掌握了各种类型医院的设计要点。在参与的众多项目中，我觉得复旦大学附属眼耳鼻喉科异地扩建项目给我印象最深。

复旦大学附属眼耳鼻喉科医院异地扩建项目工程是上海市“5+3+1”项目中闵行浦江镇区域的重大工程，是为改善上海医院医疗服务条件、补充提升市郊医疗服务能级新建的医院。项目由门急诊、病房、医技、教学、科研、行政、后勤辅助等七部分组成。医院全面建成后将满足日门诊量 6 000~8 000 人次，500 张床位的功能需求。医院总占地 100 余亩（约 6.67 公顷），总建筑面积按照容积率 1.6 控制，全部建成后建筑密度为 0.30，绿化率达 35%，开放床位 500 余张。考虑到各期的有机联系，以及日后建设中的不确定性，项目一次规划分期实施，综合考虑地理环境，并充分利用原有地形，保证每期建成后都能独立使用。

在设计团队的精心设计下，各期分区明确，功能要素包括医疗康复、教学科研、生活后勤。分区合理使得各个区在分期建设过程中具有独立的运作能力，最终建成后也能满足医疗资源的合理整合需求。一期建设完成后，5 个院区出入口同时开放，浦瑞路南侧的出入口作为门急诊的出入口，江月路的出入口服务住院部的人流，浦瑞路北侧的出入口作为污物及辅助出入口开放使用。门诊入口广场尺度宜人，并结合绿化、水体创造出亲切的环境景观，和建筑物融为一体。住院部大楼后退江月路道路红线达 65 米，旨在创造一个相对私密并与浦业路的绿化带有所呼应的疗养花园，同时使得住院部病房拥有良好的日照及通风条件。后勤综合楼位于地块西侧中部，并尽量靠近院区的中心。高压氧舱位于地块南侧，其他配套设施将在一期的地下室建设，解决地块狭长带来的布置局限问题，更好地缩短管线长度，一期建设，服务全院。宿舍楼位于地块北侧，独立运转，医生的生活区与工作区尽可能地分隔，医务人员的生活区相对私密，并且与病人的活动区域分离。一层架空用于人员自行车停放及其他后勤用房。

复旦大学附属眼耳鼻喉科医院作为一家眼耳鼻喉科专科医院，科室设置上也有许多需要注意的地方：口腔牙椅区域需要做降板，管线通过降板区域铺设连接至牙椅专用地箱，还需要配备专用的气体及水泵设备并与大系统分开；眼科检查区域区别于以往普通科室的设置，很多房间不需要采光，暗室环境更有利于专业设备对眼部病变的检查；耳鼻喉科检查区则需要设置专用测听室，声场听性脑干反应（Auditory Brainstem Response，ABR）、前庭功能等特殊检查用房。根据不同科室的设置要求，我们与临床医生进行密切交流并顺利完成了本项目。

通过复旦大学附属眼耳鼻喉科医院项目的锻炼，年轻的团队对专科医院的设计要求有了新的认识，增加了自己的知识积累及储备，我们将始终从“以人为本”的原点出发，在设计中增强对病患、医护及其他医院使用者的关怀，让未来医疗专项设计之路越走越宽。

综合医院
GENERAL HOSPITAL

新冠肺炎疫情的爆发，引起了大家对综合医院的进一步思考。在区域统筹布局的大框架下，今后的综合医院设计可适当引入“综合医院建筑抗疫设计”内容，做到平疫功能的灵活转化设计。

相比于其他类型的民用建筑，大型综合医院作为救死扶伤的集中场所，具有高度的复杂性和特殊性。建筑规模大、床位数多；人、车、货物流量大、种类多样；大型综合医院也具有完整的系统性，医疗流程复杂、设备多样；运行管理难度高。

“高效、安全、灵活、舒适、绿色、智慧”是综合医院设计的核心要点。围绕这些设计要点，全面体现“以人为本”的设计理念，是综合医院设计的出发点和落脚点。

高效 交通高效、流程高效。建立高效便捷的立体交通体系，优化大体量综合医院的交通，为各类使用人员提供短捷的流线；从医院总体布局出发，合理统筹一级流程科室布局，优化二级流程流线设计，打造高效、便捷的医疗流程，是医院设计的核心技术特征。

安全 医疗流程的安全性与建筑技术的可靠性。平面布局遵循医疗操作流程的要求，做好洁污流线设计、气流组织，控制院内感染的发生，保障人们的生命安全；通过防火、防水措施，防护、无障碍措施，辐射屏蔽、抗震措施、污水处理、空气调节、配电保护等技术措施，保障医院运营的可靠性、安全性。

灵活 医疗功能的灵活性体现在医疗功能的模块化、标准化，可适应医院动态发展的要求，满足医疗设备、医疗手段给医疗空间带来的更新要求。

舒适 医院建筑设计必须从人性化角度出发，以患者为中心，同时兼顾医务人员、工作人员及探视人员的使用感受。

绿色 基于可持续发展的理念，综合采用被动式与主动式节能技术，使医疗建筑成为环境友好型建筑。通过对建筑体型、朝向、通风、采光、外围护结构上的处理达到被动式节能的目的；通过雨水回收、太阳能热水、次级能源回收、分布式功能等设备技术手段主动控制医院能耗，建设绿色低碳的医院建筑。

智慧 充分利用成熟的技术手段（物流、信息化等），提升运营管理效率。

项目：同济大学附属上海市第四人民医院

借天不借地

项目位于上海市虹口区江湾社区 A01B-04 地块，西临江杨北路，南临三门路。项目存在面积严重不足，北侧、东侧皆为高密度住宅区等问题。

在用地极其有限的条件下，本设计采用“借天不借地”的策略，即在四层以上挑出部分功能用房的做法，使每层的使用面积得到增加，且不影响底层的场地设计。方案提出“聚合”的设计构思，旨在通过院落与廊道，使医院不同功能有序地聚合为一个整体。整组建筑群突出功能模块的穿插组合，以外在的形式直接体现内在的功能关系，理性地表达了内外逻辑的一致性。

项目更多信息请翻阅本书 **P142**

复旦大学附属中山医院厦门医院

复旦大学附属中山医院厦门医院项目系厦门市市政府 1 号工程、“金砖”会晤保障项目，是厦门市与上海市、复旦大学三方战略合作的重点民生工程，也是先行先试的首批国家区域医疗中心建设单位。

现代环境的营造

基地所在的五缘湾区是厦门市新兴的城市复合中心之一，是厦门岛上唯一集温泉、植被、湿地、海湾等多种自然资源于一身的风水宝地。地块位于海湾尽头，东侧为环湾步行道及沿海景观区，隔望五缘湾大桥。建筑的形体因借环境而来，流线型的建筑走势遵从海湾地区的城市肌理，充分利用当地特有的景观资源和环境资源。三栋高层建筑张开双臂拥抱五缘湾海面，犹如双手捧起明珠，有力地标示了海湾的尽头。环湾步行道在此交汇，简洁流畅的建筑表皮与碧海蓝天映入眼帘。这座立于海滨的建筑不仅是一座观景的建筑，也是一座景观的建筑，融入并成为五缘湾卓越景观的一部分。

建设单位：厦门市土地开发总公司、厦门国贸控股建设开发有限公司
建设地点：福建省厦门市湖里区
总建筑面积：170 267 平方米
建筑高度 / 层数：73.30 米 / 16 层
床位数：800 床
设计时间：2015 年
竣工时间：2016 年
设计单位：华建集团上海建筑设计研究院（建筑设计），华建集团建筑装饰环境设计研究院（室内设计、景观设计）
项目团队：陈国亮、竺晨捷、陆行舟、钟璐、张坚、路岗、虞炜、朱学锦、朱文、徐雪芳等
获奖情况：2019 年全国优秀工程勘察设计行业建筑工程一等奖；2019 年上海市优秀工程设计一等奖；2018—2019 年国家优质工程奖；2017 年上海市建筑学会建筑创作佳作奖；2016 年“十二五”全国十佳医院建筑设计方案·群体

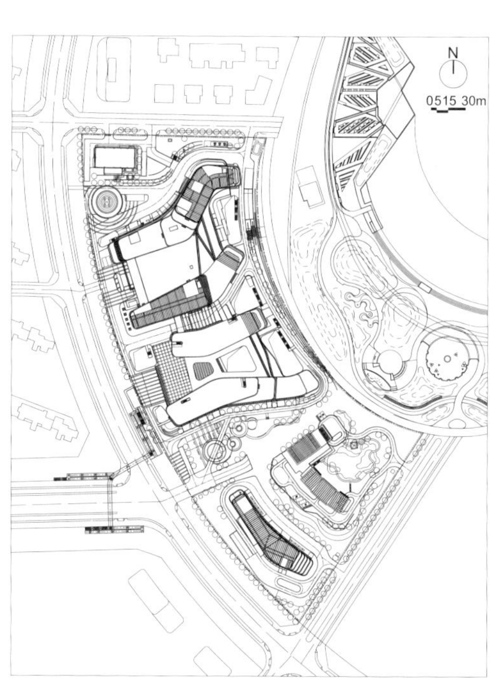

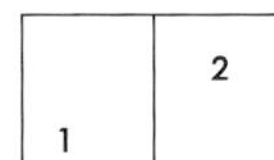

1. 总平面图
2. 沿湾建筑形象

现代医学流程的优化

在不规则体型的约束下，建筑师设计了高效的医疗功能布局和立体的交通系统，实现人车分流和分类立体交通。在功能流线合理高效的同时，医院配备了一批业界最先进的医疗仪器设备，并且在设计中采用了最先进的全覆盖物流系统，将气动管道传输系统和自动导引车（Automated Guided Vehicle，AGV）输送系统进行有机整合，将检验标本、术中病理、临时处方、急救药品等的平均传输时间控制在 2 分钟之内，效率相对于人工运输实现了数倍的提升，实时保障各类临床需求。

现代就医体验的提升

室内设计遵循“以病人为中心”的根本原则，选用生态、环保、物美价廉的材料——石材、铝板等，运用色彩、材质的变化，既营造出了健康、节能、人性化的室内空间，又经济实用。游走于建筑

中，精心设计的内部空间给人以变化丰富、意趣迥然的空间感受，打破了传统医院空间给人的平淡乏味印象。楼宇间设置了多层次、错落有致的绿化庭院，有效地解决了医院大体量建筑中的自然采光与通风问题，令人就医时宛如身处花园之中。

建筑设计的高完成度

为了保证建筑建成后的品质，项目采用建筑设计总包的工程设计管理模式。建筑师对工程项目的室内设计、景观设计、泛光照明等分项设计均进行全过程的参与以及品质控制，为最终实现方案之初的设计理念与想法提供了有力的支撑。同时，项目采用了多项新材料、新技术，如 BIM 技术，保证了建筑设计及施工能够精细、完美地呈现这座形体较为复杂的项目。

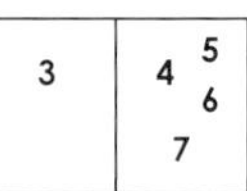

3. 鸟瞰实景图
4. 一层平面图
5. 住院楼建筑形象
6. 错落的建筑形体
7. 立面图

N
0 5 15 30m

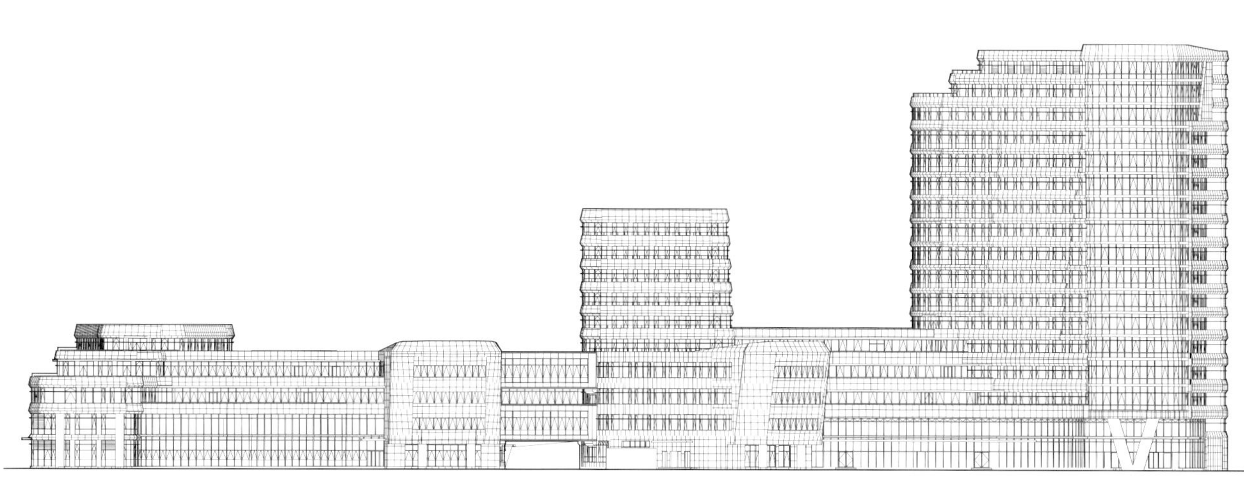

嘉会国际医院

嘉会国际医院是华建集团与美国麻省总院联合打造的“国内顶尖、亚洲一流、国际水准”的综合性国际医院。项目以高端医疗服务为主，在满足国内规范的前提下遵循美国 FGI 和 JCI 标准，并符合美国 LEED 金奖以及国内绿色二星建设标准。

人文关怀——细致入微，适病患之所需

人性化设计理念贯穿整个项目设计。病房设计中采用温馨的木色饰面作为主色彩，床头设置自然肌理装饰墙面，创造温馨如家的室内环境，给病患提供良好的康复空间；住院部在每个楼层设置了超重病人专门病房，并扩大了卫生间的空间和病房室内空间；设置通用祷告室，对病人和家属在精神上的需求予以关注，为不同宗教信仰的人提供了一个祈祷的空间。

1	2 3

1. 医院主体人视图
2. 总平面图
3. 建筑外景

建设单位：上海嘉会国际医院有限公司
建设地点：上海漕河泾开发区
总建筑面积：180 000平方米（一期148 000平方米）
建筑高度 / 层数：78.80 米 / 15 层
床位数：246 床（一期）
设计时间：2013—2015 年
竣工时间：2017 年 10 月
设计单位：华建集团上海建筑设计研究院（建筑设计）、华建集团建筑装饰环境设计研究院（景观设计）、华建集团申元岩土工程公司（基坑围护）
合作设计单位：美国 NBBJ 建筑设计公司
合作设计工作内容：建筑方案设计
项目团队：陈国亮、唐茜嵘、成卓、钱正云、周宇庆、朱建荣、朱学锦、朱文、贺江波、刘兰等
获奖情况：美国 LEED 金奖

庭中之院——自然与光之艺术

公园式中央庭院，不仅是自然绿化景观，还是建筑内部重要的导向核心。中央庭院位于项目的中心，从较低楼层的大部分位置都可以直接观赏到。步入主大厅，绿茵环绕，沐浴阳光，自然绿色的庭院和清新雅致的环境给人以“芳草春深满绿园”的舒心感受。

科技至上——超五星的入住体验

项目希望给病患提供高品质的空间感受，标准层病房采用全单间的设计，病房温馨舒适，走道宽敞明亮，卫生间设施完备。此外，室内智能灯光控制为病患提供多种模式的切换，如诊疗、会客、阅读、休息等，满足病患不同的照明需求；病患可以在病房直接点餐，获得个性化的营养餐；病房配置 40 寸液晶显示器、输液支架、专用家属陪护沙发、体重仪等设施，给病人以高品质的入住体验。

效率优先——高效、便捷、舒适的工作空间

标准层病房的设计与国内常规相邻病房对称布局不同，每一间病房的布局完全一致，包括医疗设备带、工作台、灯光控制等。医护人员无需思考病房的布局差异带来的操作差异，能够更加迅速准确地执行相关操作，避免错误。

门诊设置标准化医护工作站，包括前区直接对病人服务的接待收费区和后区的工作站，为医护人员提供集中高效的工作空间。重症监护室采用全透明玻璃自动门，并在监护室之间设置工作台及转角式观察窗，便于医护人员观察与及时进行记录。一系列设计上的细致考虑和舒适明亮的工作环境让医护工作者能精力充沛、心情愉悦地服务每一位患者。

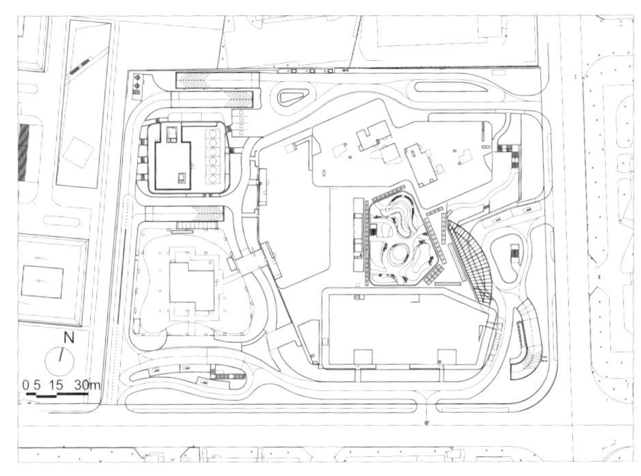

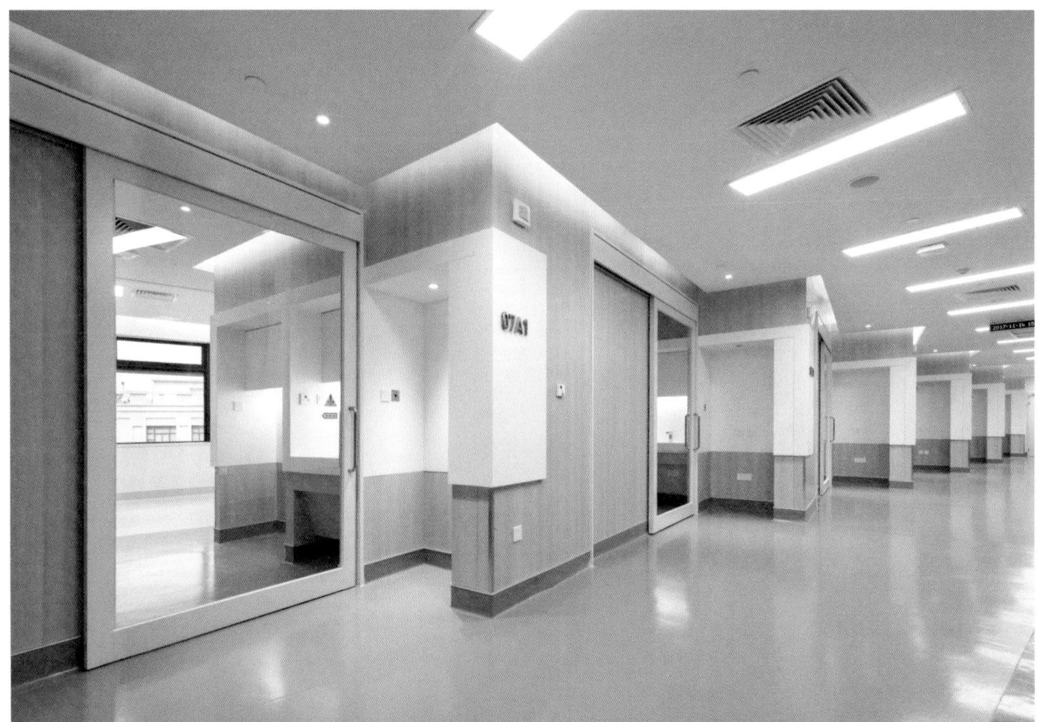

4	6
5	7

4. 门诊医技大厅入口夜景
5. 标准层病房走道
6. 门诊医技大厅
7. 剖面图

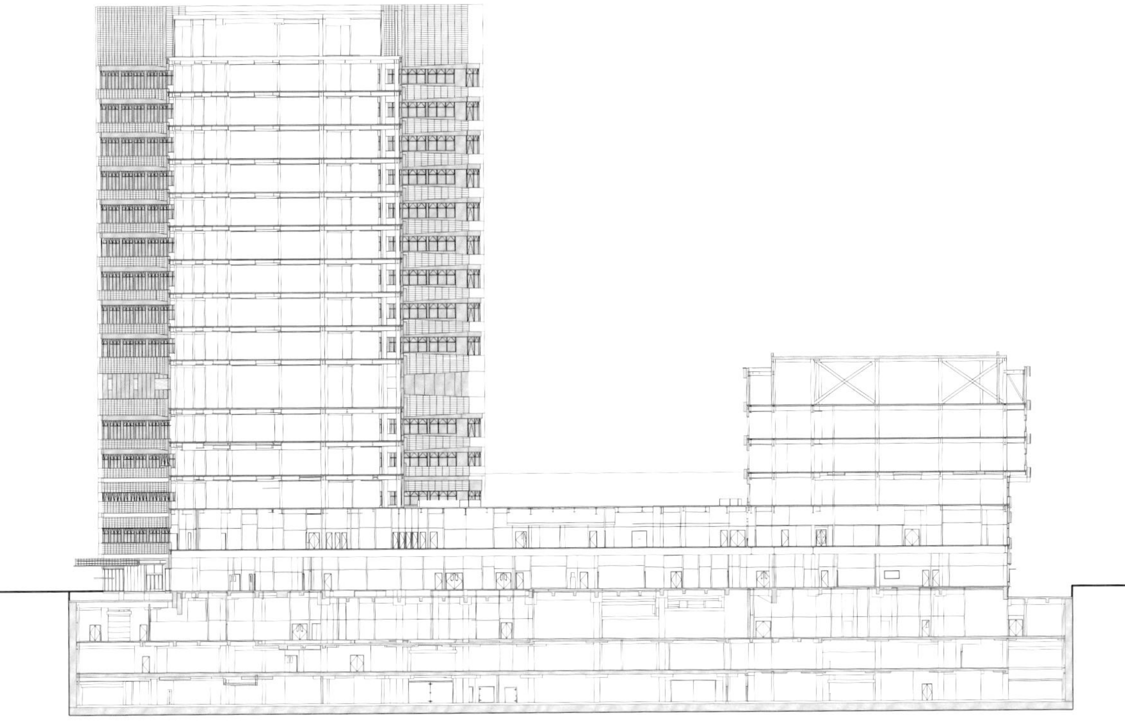

中国人民解放军第二军医大学第三附属医院安亭院区

中国人民解放军第二军医大学第三附属医院（东方肝胆外科医院）是全国第一家在肝胆外科专科医院基础上发展起来的以肝胆外科为特色的三级甲等综合医院，它既是军队医院中首个绿色建筑三星级认证项目，也是继《上海市绿色建筑发展三年行动计划（2014—2016）》颁布后首个获评中国绿色建筑三星级认证的沪上医院建筑。在 2020 年本项目又获得绿色三星运行标识。

功能合理，交通便捷

总体规划为门急诊区、医技区、住院区、行政区四个部分。医技区布置在基地的中部，有利于为门急诊和住院楼提供技术支持，为保证各功能区之间的便捷联系，医技区的周边设置回廊式空间，与其他各功能区有机衔接。

绿色生态

巧妙布置庭院及屋顶花园，构建层次丰富的立体绿化，让每一个功能模块都能有自然的采光和通风，屋顶绿化还可以降低外部的热负荷。此外，医院还采用了地源热泵、能耗监测管理平台、太阳能热水系统、排风余热回收系统、可调节遮阳系统、光导照明系统、雨水收集回收系统等绿色技术。

1	2 3

1. 门诊楼与医技楼共享中庭
2. 门诊楼东侧鸟瞰
3. 总平面图

建设单位：东方肝胆外科医院

建设地点：上海市嘉定区安亭镇

总建筑面积：180 576.2 平方米

建筑高度 / 层数：57.90 米 /13 层

总床位数：1 102 床

设计时间：2009—2013 年

竣工时间：2015 年 10 月

设计单位：华建集团上海建筑设计研究院（建筑设计）、华建集团建筑装饰环境设计研究院（景观设计）、华建集团申元岩土工程公司（基坑围护）

合作设计单位：日本山下株式会社

合作设计工作内容：概念方案设计

项目团队：陈国亮、唐茜嵘、邵宇卓、周雪雁、周宇庆、朱建荣、朱学锦、朱文

获奖情况：2017 年全国优秀工程勘察设计行业建筑工程一等奖；2017 年上海市优秀工程设计一等奖；上海绿色建筑贡献奖；绿色三星设计，运行双认证

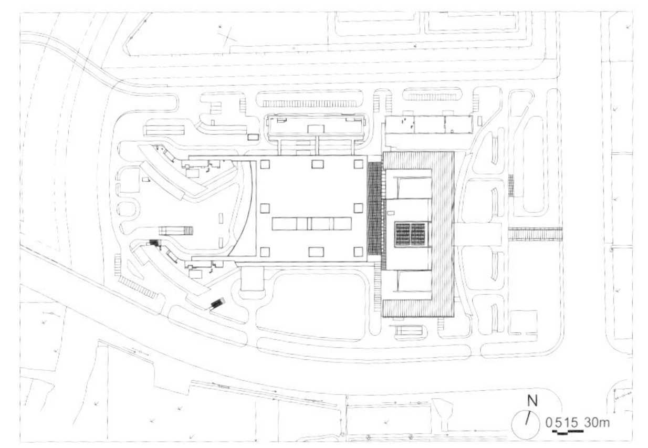

4	6
5	7

4. 住院楼沿河夜景
5. 剖面图
6. 医技楼与住院楼共享中庭
7. 一层平面图

人文关怀

所有病房都面向有充足日照的南侧，并且设置了室外的遮阳板，可以有效地遮挡夏日强烈的阳光，又不影响冬日病人享受到温暖的阳光。巧妙的形体构成及总体布局，使得前后的病房楼不相互遮挡，保证了医生和病人视线的开阔。

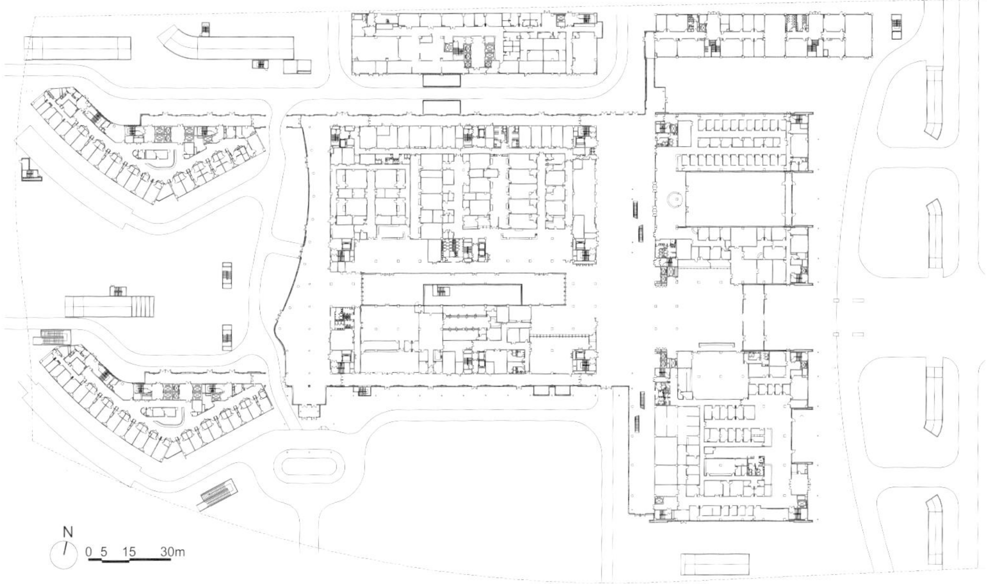

上海德达医院

上海德达医院位于上海市青浦区徐泾镇，北侧为二期发展用地。医院是以治疗心血管为最大特色的外资综合性医院。主要包括医疗主楼、行政楼两组建筑。项目以美国建筑师协会（American Institute of Architects，AIA）建筑设计标准规范为指导，且符合中国现行设计规范。

有机的建筑布局

项目运用单体组合的设计手法，通过一条东西向的轴线把不同功能的建筑单体联系起来。轴线由东向西延伸，功能从室外停车场、行政楼等辅助性功能，向医院主体建筑功能过渡，与此同时整个建筑群体的高度逐步上升，建筑单体间的关联性也逐步紧密，强化了中轴线的视觉感受，从而构筑了一个完整、统一的建筑群体。

温馨的空间营造

空间的大小、形状、尺寸以符合医疗流线的导向性需求为标准，比例合理、尺度宜人，具有综合性、多样性和舒适性的特点。主体建筑入口大厅营造出充满艺术感和立体化的空间，通过落地玻璃可直接观赏到中心庭院景色。入口大厅两侧横向回廊缩短了门诊、急诊、医技间的流线，便于医疗资源共享。回廊

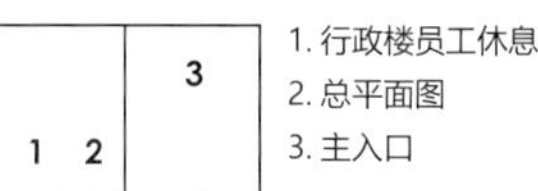

1. 行政楼员工休息区
2. 总平面图
3. 主入口

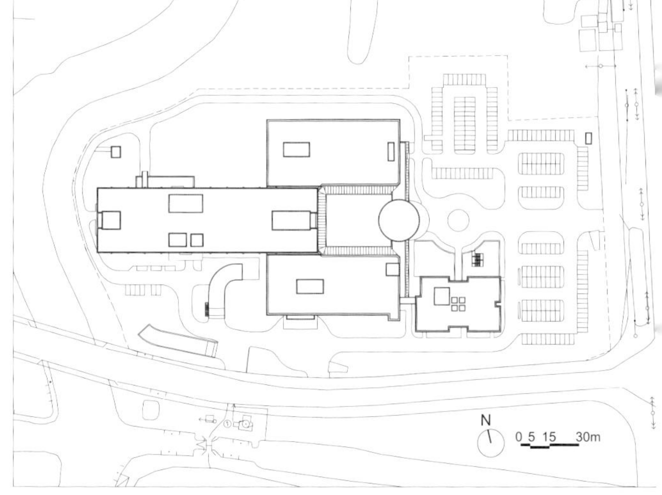

建设单位：上海德达医院
建设地点：上海市青浦区徐泾镇
总建筑面积：55 656 平方米
建筑高度 / 层数：24.00 米 /5 层
床位数：201 床
设计时间：2009—2014 年
竣工时间：2015 年 12 月
设计单位：华建集团上海建筑设计研究院
项目团队：张行健 、唐茜嵘、邵宇卓、杜清、徐晓明、张士昌、葛春申、万洪、邓俊峰、张协
获奖情况：2017 年全国优秀工程勘察设计行业建筑工程一等奖；2017 年上海市优秀工程设计一等奖

空间局部放大，形成等候、休憩的场所，同时又具有很强的识别性，使患者能在功能复杂的综合楼内迅速找到目标科室，完成医疗活动。中心庭院四周的回廊空间采用大面积透明玻璃，在保证采光的同时，也增加了室内与外部环境的融合。

生态的景观体系

景观体系从立体空间上可划分为下沉式景观广场、地面景观庭院和屋顶花园三个层次。

下沉式景观广场与院区前景广场相连，使人们在行走时能够体会到不同高度视角的景观空间。地面景观庭院位于东西轴线上的中心区域，不仅为其周边的建筑引入了自然通风和采光，同时增强了其在整个医院建筑群中的核心地位。德达医院有多个屋顶花园，分布在医院建筑的各个屋顶和平台，可供四、五层住院患者使用。置身院区，从不同的视角都能欣赏到不同的景观，立体的景观体系营造出自然的宜居环境。

4	6 7
5	8

4. 中心庭院
5. 可看中心庭院的入口门厅
6. 一层平面图
7. 剖面图
8. 单人病房

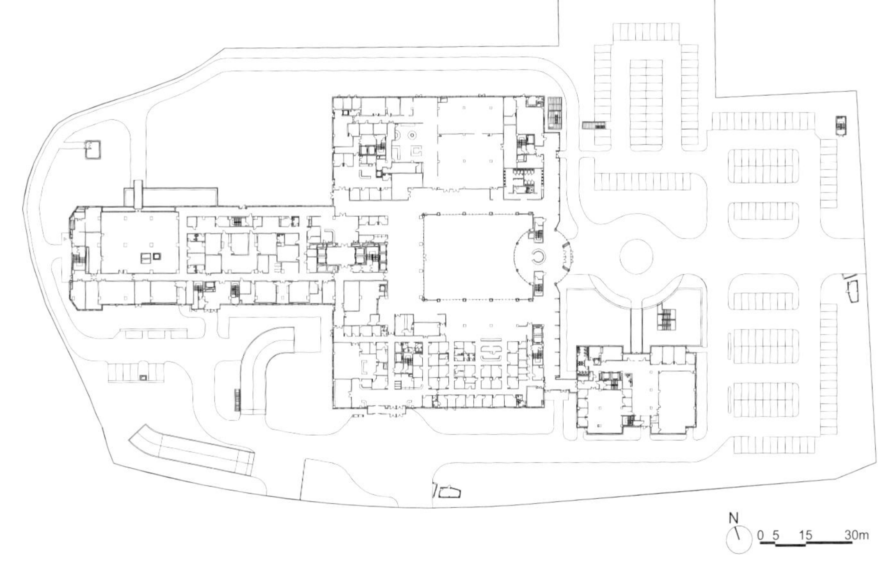

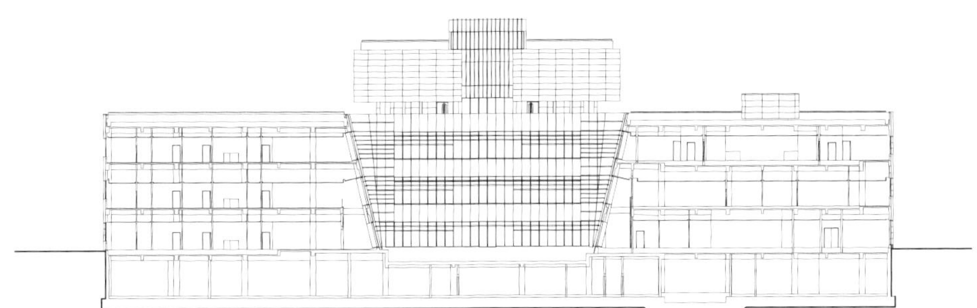

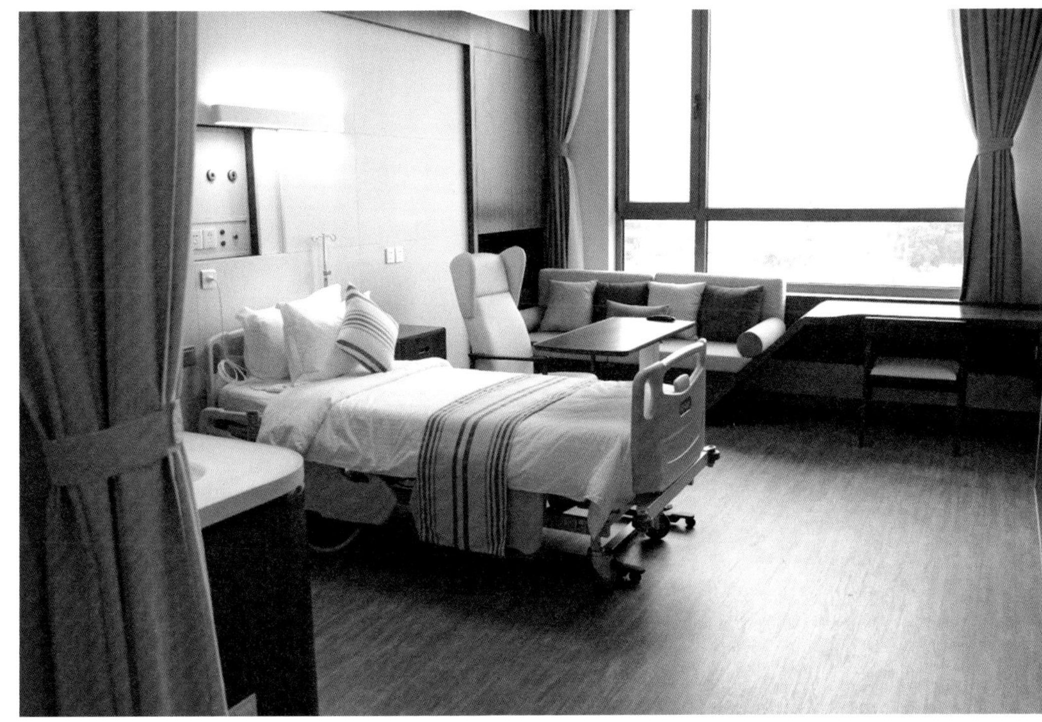

复旦大学附属中山医院门急诊医疗综合楼

复旦大学附属中山医院，始建于 1936 年，是一家由中国人自己创办的大型综合性教学医院，也是上海市首批国家三级甲等医院之一，并被国家卫生部列为三级特等医院的试点单位。本项目在原院区北侧，由法国 SCAU 公司建筑师莫尼先生提供设计构思，希望创造新的医院建筑视觉形象，创造一个反映现代医院建筑理念、与城市环境和睦相处的形象。

打破常规建筑形象的特色创意

方案看似由三幢建筑组成，由深色的花岗岩、明快的玻璃幕墙和方格网状窗格组成的蚌壳状建筑外形，如同翻开的书籍，矗立在城市中。个性鲜明的外型设计并非从感性出发，它的建设条件以及它的建设目标决定了它的功能形式，也引导了它的建筑形式。为实现这个建筑的功能完整性、逻辑性和效率性，团队付出了极大努力。

建设单位： 复旦大学附属中山医院
建设地点： 上海市徐汇区
总建筑面积： 82 738 平方米
建筑高度 / 层数： 81.00 米 /22 层
床位数： 417 床
设计时间： 2001 年
竣工时间： 2004 年
设计单位： 华建集团华东建筑设计研究总院
合作设计单位： 法国思构国际建筑设计公司（SCAU）
合作设计工作内容： 方案设计
项目团队： 邱茂新 、王丹芗、 魏飞
获奖情况： 2005 年度上海市优秀勘察设计一等奖

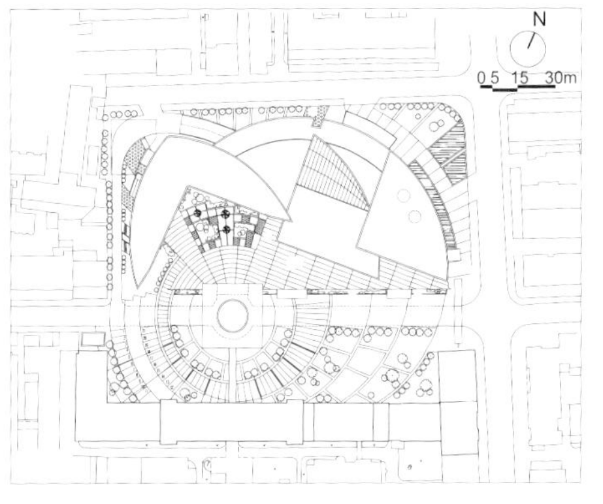

1. 建筑外观
2. 总平面图

实现高效流程设计与创新的医院建筑形式融合

功能的结构性或体系化是本项目努力探索的方向，构建的医疗流程和使用功能体系，是对复杂建筑形态的适应，也是对建筑形态再创作的补充。本项目创造了多中心的竖向交通系统；通过横向交通系统连接多个功能尽端；创建了立体树形结构，以满足门急诊、住院部、医技科室在同一幢建筑中的功能分区需求。

在打破常规的思考中整合设计

由于项目位于城市中心区，存在高密度的老旧小区等现实制约，设计克服与城市规划条件冲突的困难。我们重新评价了原方案的体量、退界、消防、结构等设计，适当地缩小建筑体量，多次进行方案比选。最终确定的方案在消防作业、道路交通的组织等方面均符合有关技术规定，并将建筑日照阴影对北侧建筑的不良影响减少到最小，为总体设计方案的整合打下了坚实的基础，使方案的可操作性大大增强。

设计中结合建筑功能的分区、柱网的尺寸、比例的协调、构造的实施、技术规范的执行，综合地进行了调整。同时将各相关专业的工作提前引入方案修改阶段，并建议各专业根据专业特点进行技术再创作。

3. 一层平面图
4. 剖面图
5. 全景图
6. 局部图
7. 公共通道

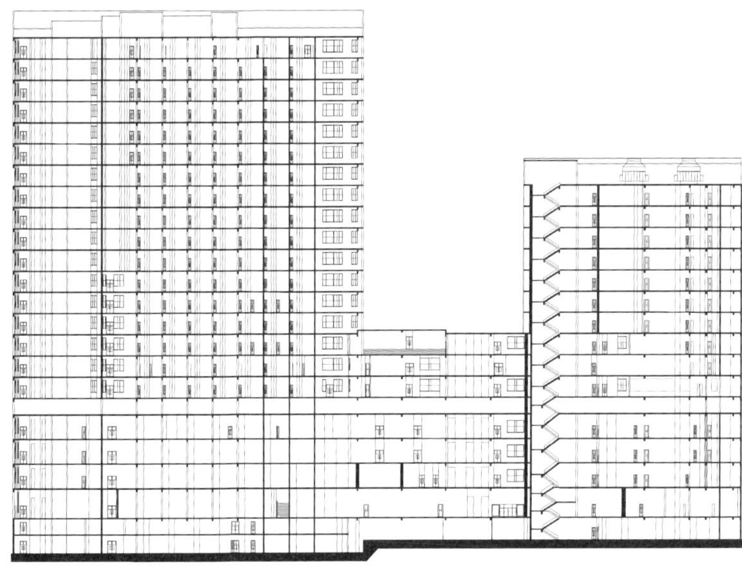

慈林医院

慈林医院是 CHC（Chinaco Healthcare Corporation）医疗集团在中国投资建造的第一家合资的大型国际综合性医院。中美双方设计团队合作编制了融合两国医院建造规范及标准的慈林医院建造标准，建造了一所符合美国医院运营管理要求和建造标准，又融合中国医院特色，同时满足中、低、高端客户治疗需求的新型医院。

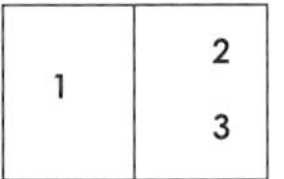

1. 夜景鸟瞰
2. 总平面图
3. 自然层绿色中庭

有机生长的可变医院

分期建设，有机生长。设计从医院使用的最大可能性和扩展性出发，将一期建筑布置于基地的南侧，园区内门诊、医技、病房楼、能源中心均可在二、三期向北侧有机扩展，并在设计中充分考虑一、二、三期发展的空间布局方式与联系，充分体现可持续发展的概念。病房采用模块设计，实现单人、三人套间的灵活转换。医院底部设置 2.2 米高管线夹层，方便一、二期机电设施的共享以及管线接驳。

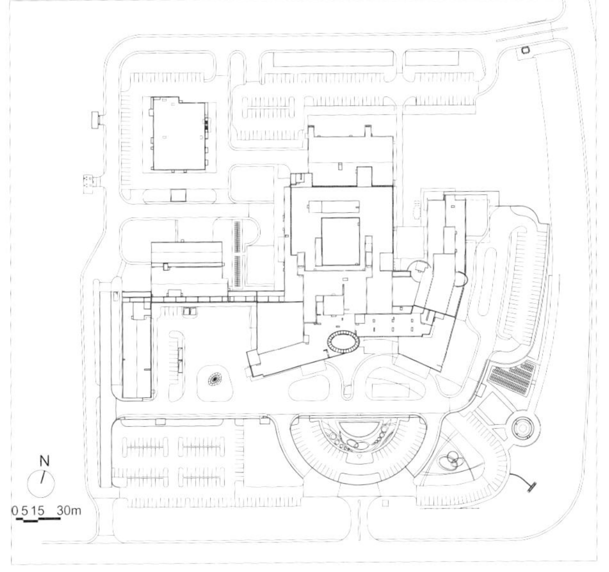

建设单位：慈林医院有限公司
建设地点：浙江省慈溪市观海卫镇
总建筑面积：81 747 平方米
建筑高度／层数：54.90 米／11 层
床位数：500 床
设计时间：2009—2014 年
竣工时间：2014 年 6 月
设计单位：华建集团上海建筑设计研究院（建筑设计）、华建集团工程建设咨询公司（室内设计）
合作设计单位：美国 GSP 设计公司
合作设计工作内容：建筑方案设计
项目团队：陈国亮、唐茜嵘、成卓、钟璐、钱正云、周宇庆、史炜洲、赵俊、万阳、孙刚等
获奖情况：2019 年全国优秀工程勘察设计行业建筑工程二等奖；2017 年上海市优秀工程设计一等奖

绿色的疗愈空间

室内引入自然元素，绿色、动感，如采光天窗引入的自然光线，中庭花坛给室内带来绿色自然的气息，主大厅大理石弧形拼花的溪流指引各科室的候诊区，还有挂号口、护士站的水波纹木装饰背景墙。室外环境通过立体化庭院的塑造，呼应“绿色疗愈空间”的主旨。流水、喷泉，及以生命为主题的动态抽象雕塑作为室外环境的视觉焦点，吸引使用者视线，增添趣味性。

地形重塑

充分利用南侧规划道路与基地 1.6 米的高差，通过弧形坡道的设置，将住院、门诊主入口抬升至二层平台处，不仅减少回填的土方量，还创造了富于变化的景观环境。不同标高的出入口设计也巧妙地解决了医生与病患、清洁与污物等的流线设置。

高完成度

从设计到施工配合，建筑总控室内、标识、景观、幕墙、智能灯光照明、专项设计(包括手术、中心供应、重症监护、中心供应、产房、静脉配置、厨房、洗衣房等)，确保满足建筑整体设计要求，实现了高完成度。

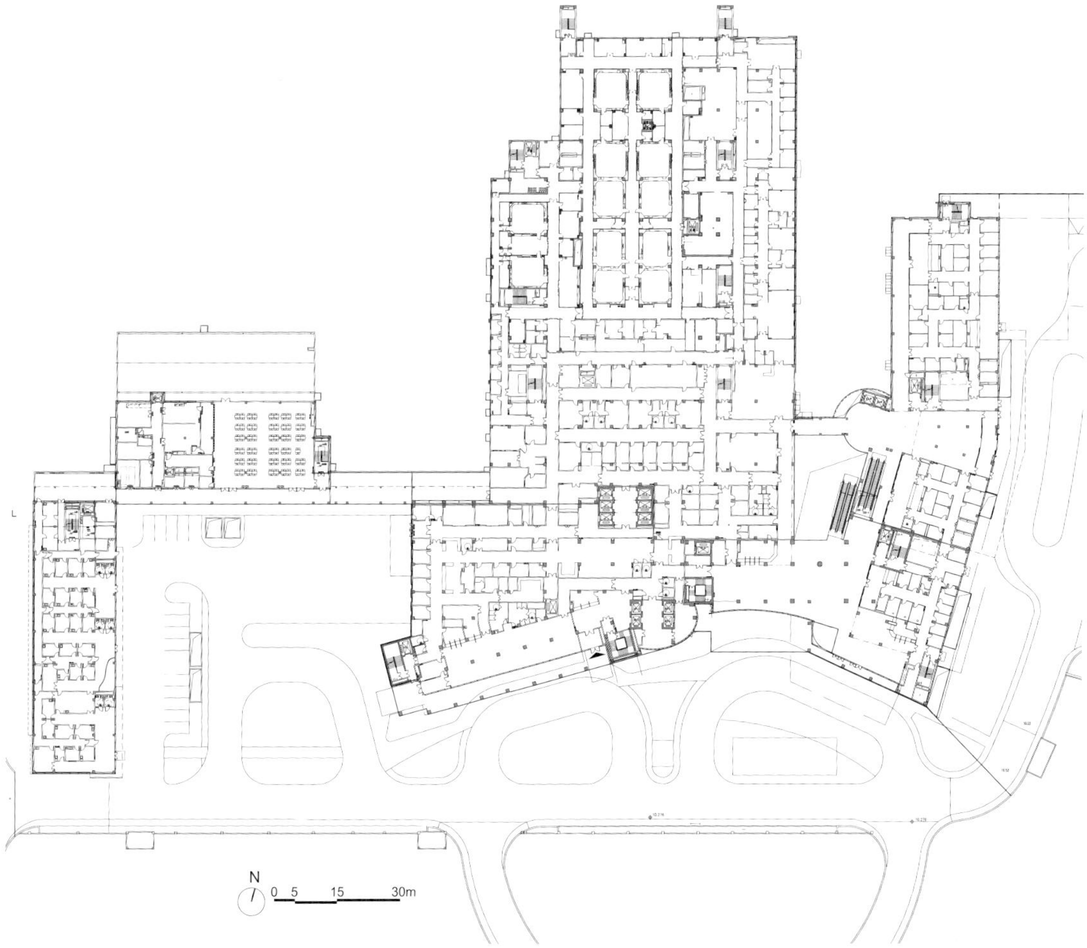

N
0 5 15 30m

4	6
5	7

4. 住院登记
5. 主立面
6. 一层平面图
7. 剖面图

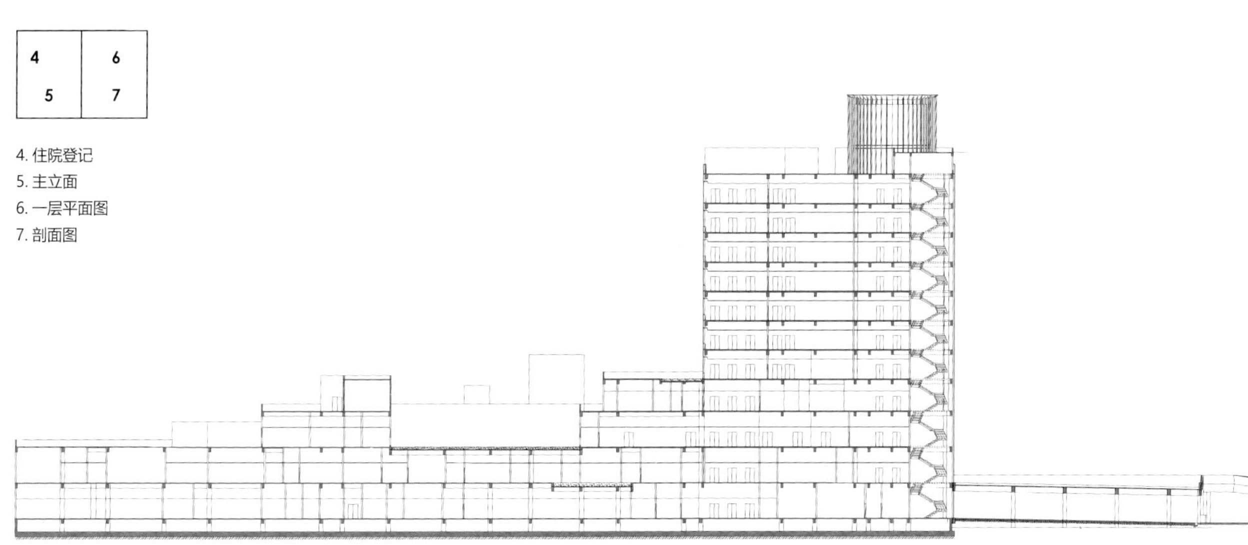

复旦大学附属华山医院浦东分院

项目是由住院部、门急诊部、医技、手术中心等部门组成的国际化医疗中心。设计内容除新建建筑外，还包含原有建筑的功能调整和局部加建。在总体布局上充分考虑医院原有建筑的功能布局和建筑特色，使其从内部功能到外部形态都呈现整体性。

先进的医疗流程

以美国哈佛医学研究中心提供的医疗流程和医疗工艺要求为依据，力求通过国际医疗认证机构的认证，加入国际医保体系。

门诊、急诊、住院入口设置在医院主入口处，路线明显。按照国际先进流程，设置通用诊室、预检床位，取消输液留观室。

手术中心布置在二层，以 8 间手术室为中心，同时配备了心导管室、内窥镜室、小手术室，各区既相对独立，又可资源共享。中心手术区配备了术前和术后区，提高了手术室的周转率和利用率。

在建筑布局上采用模块化设计，使医院具有最佳的灵活性和扩展性。各功能区设置全新医疗工作站，取消分散在各功能分区内的办公用房，将其另外集中设置。缩小药房面积，不设门急诊化验，采用物流传输和专职人员运输的方式解决医院物品运输，资源整合，提高医院运转效率。

人性化的环境

在占地面积较大的集中式布局平面中采用“减、引、透”的手法，在不同楼层、不同位置布置采光中庭、采光廊、屋顶花园，将自然光引入建筑，使每个楼层都

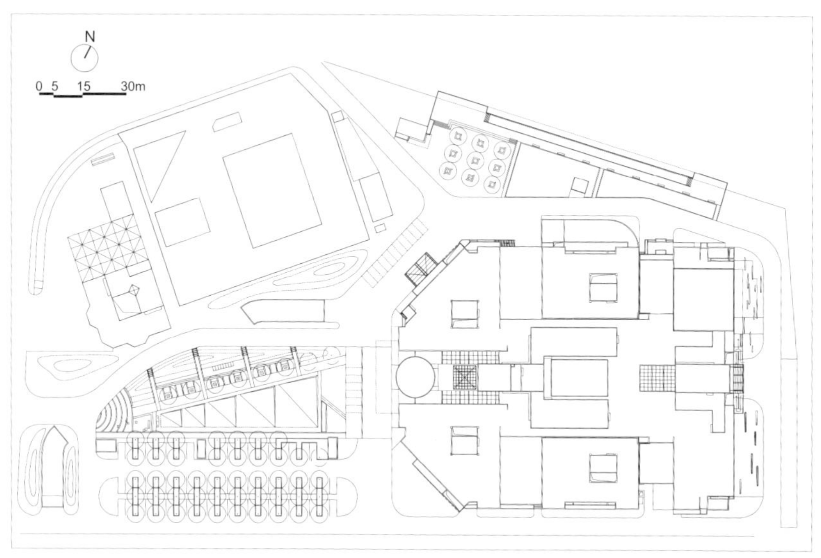

建设单位： 复旦大学附属华山医院
建设地点： 上海市浦东新区
总建筑面积： 44 200 平方米
建筑高度 / 层数： 22.70 米 /4 层
床位数： 300 床
设计时间： 2003—2004 年
竣工时间： 2006 年
设计单位： 华建集团上海建筑设计研究院（建筑设计）、华建集团建筑装饰环境设计研究院（景观设计）
项目团队： 陈国亮、唐茜嵘、钟璐、宣景伟、熊业峰、陈尹、孙刚、施辛建、沈佩华

1. 总平面图
2. 医院外观

环境宜人，不仅为病患和家属提供了温馨舒适的就医环境，还为医护人员提供了良好的工作条件。同时，在色彩、灯光、装饰及音响等方面采用相应的措施来改变传统医院形象，创造温馨和谐、轻松愉快的多样化空间。

延续历史、对话环境

复旦大学附属华山医院拥有悠久的历史，建筑造型以具有历史意义的红砖实墙体为主，通过块体穿插变化、细部装饰处理，以及不同质感、色彩的建筑材料对比，力争体现医疗建筑的性格，从而创造出亲切舒适、安谐宁静的室内外环境和空间氛围，赋予建筑现代感，又传承复旦大学附属华山医院的历史文脉。

节能环保

根据上海的地域特点，同时兼顾保温和隔热，外墙体及屋顶均有保温措施，外窗采用断热铝合金中空双层玻璃，且所有设备用房均做防噪、吸声处理。

3	5
4	6

3. 入口大厅
4. 入口广场
5. 一层平面图
6. 立面图

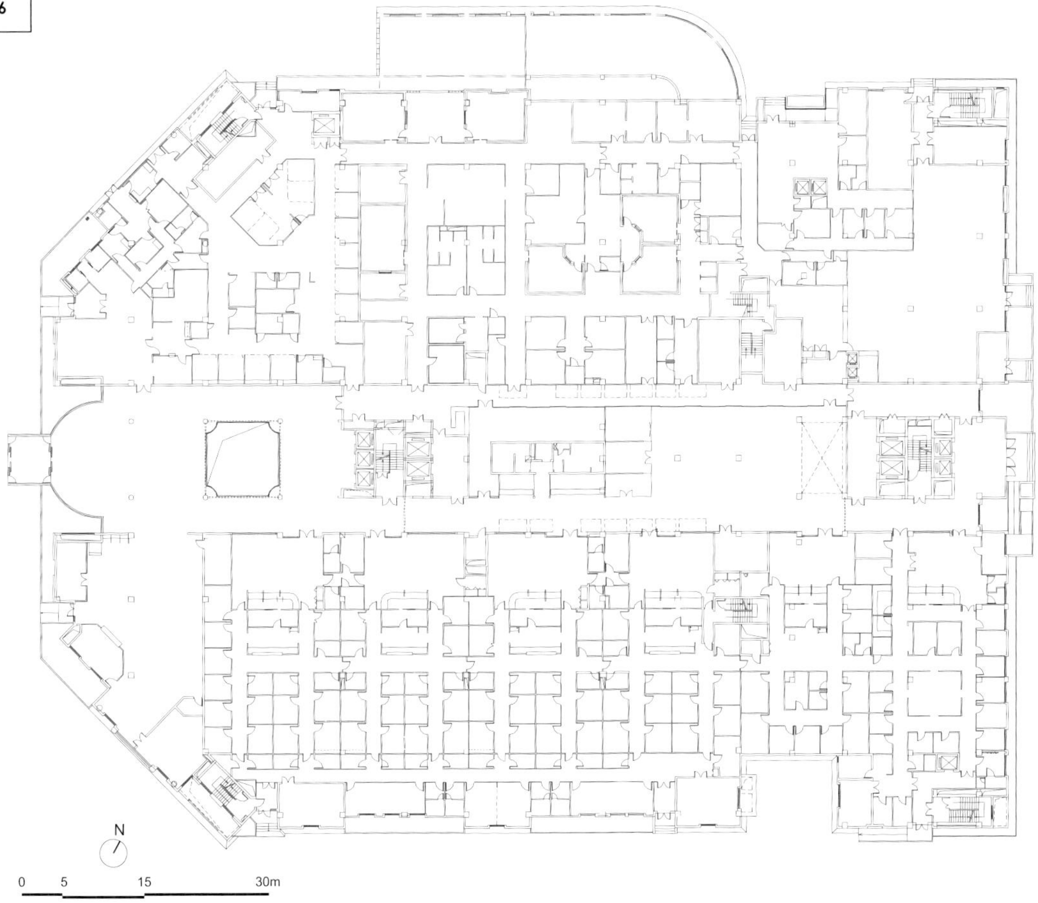

N

0 5 15 30m

山东省立医院东院区一期
修建性详细规划和单体建筑设计

山东省立医院是具有百年历史的大型三级甲等综合医院，集医疗、科研、教学、预防于一体，新建东院区位于济南东部奥体政务中心，床位数 1 500 床，日门诊量 6 000 人次。总用地面积 9.86 公顷，矩形用地，东西 200 米，南北 500 米。总建筑面积 16.89 万平方米。

图片说明：项目夜晚全景

急诊
山东省骨科医院

“一轴多核”的总体规划结构

总体规划采用“一轴多核”的线形规划结构，既匹配城市规划的要求，又实现了总体规划与医疗功能的一体化。3 条南北向医疗街，串联全院的 8 幢建筑，打通全院流程，各幢建筑独立运营。充分利用长约 450 米的西入口广场，均匀分散并组织流线，根据医疗功能相互间的逻辑关系及使用特点，对全院进行水平和垂直分区。

功能模块化，流程体系化

分区设计采用尽端式功能模块，以病种为中心，以管理为标尺，将诊、查、治功能设置为尽端式功能模块，配套齐全，提高患者就诊的目标性，缩短就诊路线；减少不同病种的流线穿越，避免交叉感染。

流程设计采用体系化医疗流程，严格区分内外、洁污、探视、医患、普通与感染、病患与易感、健康人群等，通过贯通东西的一条医疗主街、一条功能联系廊、一条内部作业廊，串联模块及功能区域，分区分流，服务于不同使用对象。

横纵体量穿插，细节与体块呼应

裙房采用弧形体量，从南至北，一气呵成，塔楼山墙嵌入玻璃体块，刚柔并济，虚实结合，实现技术与艺术的完美结合，寓意“荷花满塘，医海绽放”的地域文化特色。建筑立面采用石材、铝板、玻璃和金属百叶等高品质材料，为不同功能设施提供统一的视觉组织元素，形成一种秩序感。建筑高低错落，在泛光环境中创造变幻无穷的效果。

建设单位：山东省立医院
建设地点：山东省济南市
总建筑面积：168 799 平方米
建筑高度 / 层数：69.10 米 /14 层
床位数：1 500 床
设计时间：2006 年
竣工时间：2010 年
设计单位：华建集团华东建筑设计研究总院
合作设计单位：斯构莫尼建筑设计咨询（上海）有限公司
合作设计工作内容：立面方案
项目团队：邱茂新、荀巍、李晟、李明、陆琼文、韩倩雯、袁璐、余杰
获奖情况：2013 年全国优秀工程勘察设计行业奖建筑工程设计项目二等奖；2013 年上海市优秀工程勘察设计项目二等奖；2012 年济南市优秀工程勘察设计一等奖

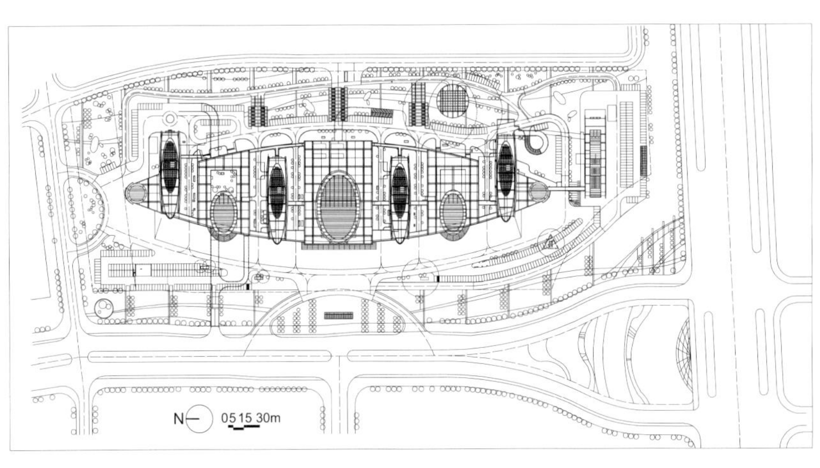

1. 总平面图
2. 大厅中庭仰视
3. 日景全景
4. 一层平面图
5.A~G 楼东西立面
6. 剖面图

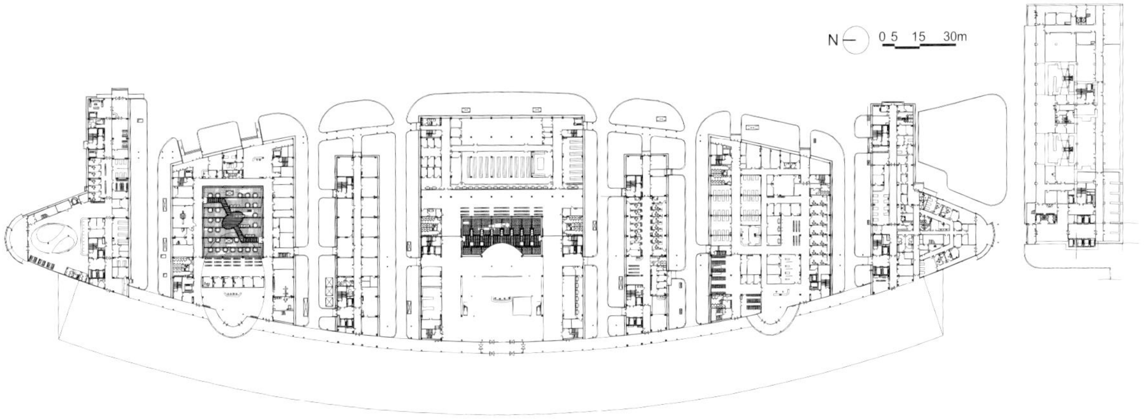

N
0 5 15 30m

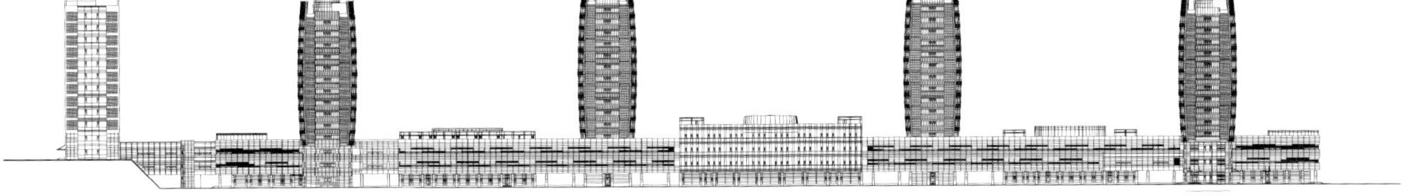

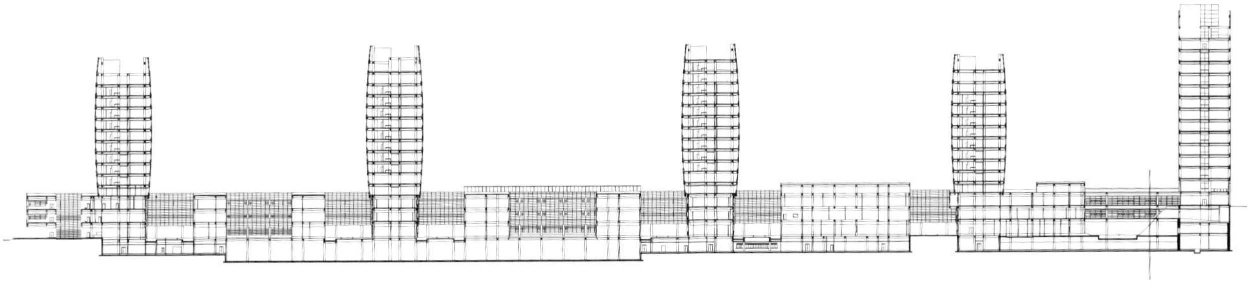

成都京东方医院

成都京东方医院一期工程项目

成都京东方医院一期工程项目为西南地区最大的数字医院，也是一次性建设的超大型医院项目，从方案到竣工开业两年内完成。考虑未来发展，一期建设医院主体，二期为预留的质子中心治疗用地和专科医院发展用地，希望塑造一个国际化、数字化、平台化、生态化的医院建筑标杆。

“卓越中心 + 大综合”的医疗布局

本项目设计依托综合医院，并按照妇儿中心、老年康复中心、肿瘤中心和神经心血管中心的“卓越中心”模式，以独栋楼为单元设置相关门诊科室、小型医技和住院，实现一站式诊疗服务。此外，医院还设有综合门诊部，提供综合医疗服务。在医院中心位置集中设置医技部门，并与综合门诊部和各卓越中心通过一层至三层的空中连廊便捷联系，实现大型医技设施的资源共享。全院采用箱式物流系统，在三层设水平转换层，串联各卓越中心和综合住院部分，打造一体化的后勤物资供应平台。

新一代数字化智慧医院

设计团队与运营团队共同协作，致力于打造智能建筑支撑的医院数字化平台，对接国际医疗卫生信息与管理系统协会 HIMSS 7 级标准和中华人民共和国国家卫生健康委员会医院互联互通“四甲”标准。利用互联网、物联网、云计算、大数据、人工智能技术，完善网络覆盖、闭环应用、临床支持、决策应用手段，建立血糖监控平台、呼吸监控平台、影像检测平台、病理诊断平台，实现以患者为中心的诊断、治疗过程和医院业务管理的数字化，为客户提供涵盖疾病预防、健康管理、诊疗服务、术后康复的全生命周期智慧健康服务。

设计总控创建高品质医院

本项目是医院设计总承包项目，项目团队传承技术优势与丰富经验，坚持先行先试，聚焦创新，

1	
2	3

1. 总体鸟瞰
2. 人视角度
3. 总平面图

建设单位： 成都京东方医院有限公司
建设地点： 四川成都天府国际生物城启动区
总建筑面积： 374 940 平米
建筑高度 / 层数： 62.50 米 /12 层
床位数： 2 000 床
设计时间： 2018—2019 年
竣工时间： 2020 年
设计单位： 华建集团上海建筑设计研究院
合作设计单位： 美国 GSP 设计公司
合作设计工作内容： 建筑方案设计
项目团队： 陈国亮、唐茜嵘、成卓、郑亚峰、周宇庆、黄怡、陆振华、朱学锦 汤福南、孙瑜等

安全高质。工作不局限于设计本身，而是延伸到医院运营、工程报建、施工招标、质量监督等项目建设全方位。分阶段、分层质量把控，参与医院运营模式研讨，从设计的角度谏言献策；全员全过程把关，定期组织技术例会，依托总师技术力量，按需开展单专业、专项技术研究，对各项设计质量实时监控。实现“设计—招标—施工—运维”项目全生命周期的把控，保证项目的完成度和高品质。

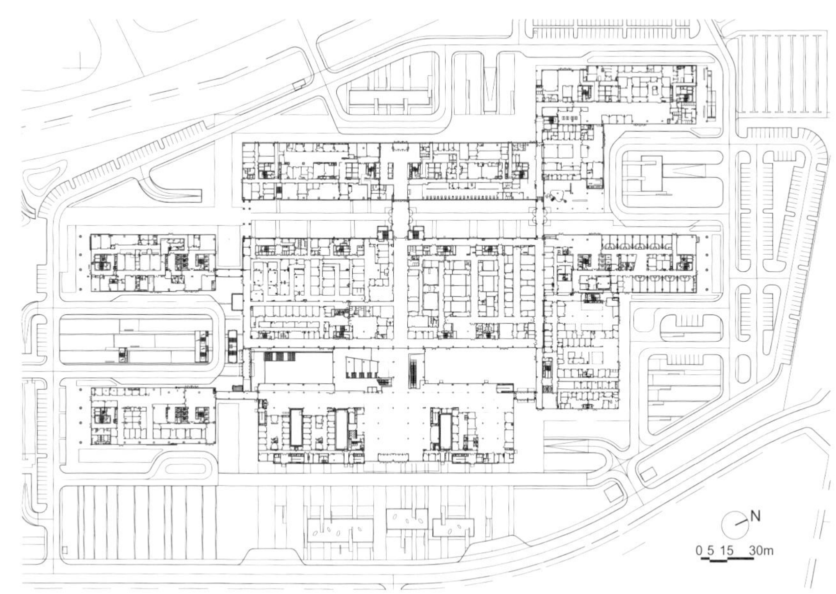

4	6
5	7

4. 一层平面图
5. 科研中心效果
6. 室内效果
7. 剖面图

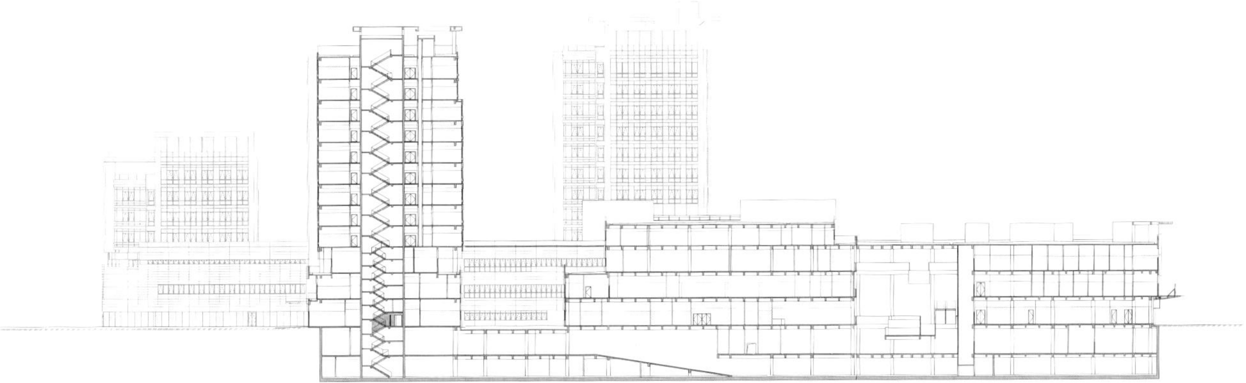

绍兴市人民医院镜湖总院

绍兴市人民医院是绍兴市最大的医院，是集医疗、教学、科研、预防、保健于一体的现代化综合性三级甲等医院。老院区位于绍兴市中兴路，现拟在镜湖新区新建的绍兴市人民医院镜湖总院。该医院是绍兴市打造城市核心和地标性新城区的重大项目，也是镜湖核心区的新地标。华建集团华东总院在激烈的竞标中脱颖而出，原创中标。

建设单位：绍兴市人民医院
建设地点：浙江省绍兴市
总建筑面积：260 108 平方米
建筑高度 / 层数：60.00 米 /14 层
床位数：1 500 床
设计时间：2019 年
设计单位：华建集团华东建筑设计研究总院
项目团队：荀巍、王馥、张海燕、徐续航、王润栋、薛铭华、史凌薇、李晟、陈宇轩、于宜、王婷婷、张明辉、韩倩雯、陈光远

水乡环境下的难点与特点

镜湖新区具有浓郁的江南水乡特色，河道密布、湖泊众多，该项目依水而建，既是亮点，也是挑战。项目用地被画龙延江自然地分成东、西两块，因此，结合水乡特色，在两个地块合理布置各类功能，并形成现代化医院高效的功能流程体系，同时建立两个地块间方便而通畅的联系纽带。

“生命纽带”的设计理念

针对特殊的用地情况，本方案提出“生命纽带”的设计理念，设计了一条环境宜人的绿色长廊，犹如一条灵动的纽带，将河两岸不同功能高效地串连在一起，使两个地块成为有机的整体。绿色长廊通向东、西地块的主入口，方便病人和医务人员穿越两个地块。

绿色长廊借鉴绍兴乌篷船的意向，以曲线的造型打造院区中的视觉焦点。在绿廊上布置景观绿化、庭院绿化、立体水景及休憩座椅，营造医院核心绿化景观轴，通过丰富的体验减少入院患者步行的距离感。

“多首层”的立体交通体系

医院用地的出入口条件非常苛刻，仅可以从西侧开口，且开口范围很小。于是在西侧道路靠基地一侧设计了一条辅道，通过辅道设置医院的出入口，成功地解决城市交通问题。

交通设计借鉴航站楼模式，引入“多首层”的立体交通体系，实现人车分流、不同人群分流以及出入院机动车分流。医疗区在地下一层和一层分别设置入口门厅，与病人的多种入院方式实现无缝对接。

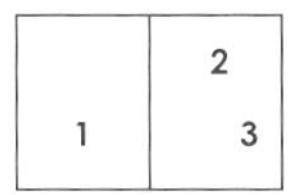

1. 鸟瞰图
2. 主入口透视
3. 总平面图

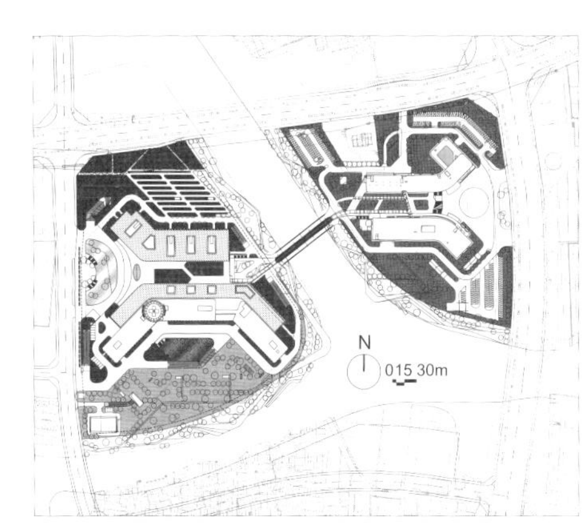

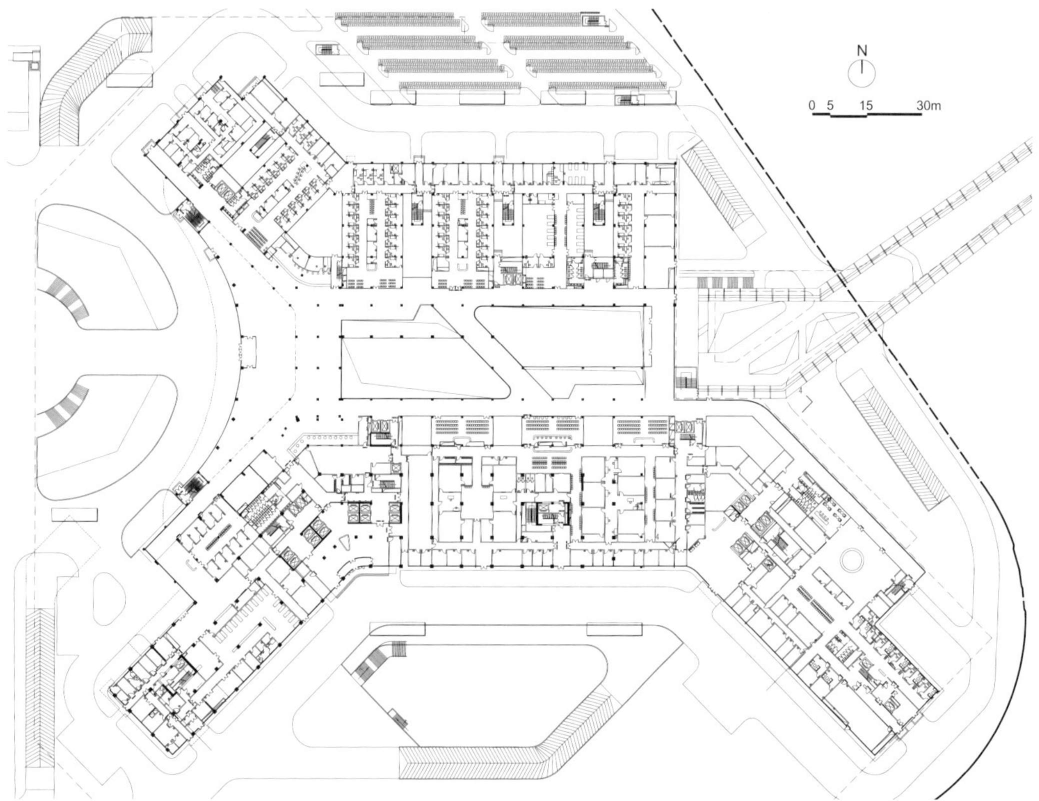

4	6 7
5	8

4. 科研楼入口透视
5. 一层平面图
6. 立面图
7. 剖面图
8. 沿河透视

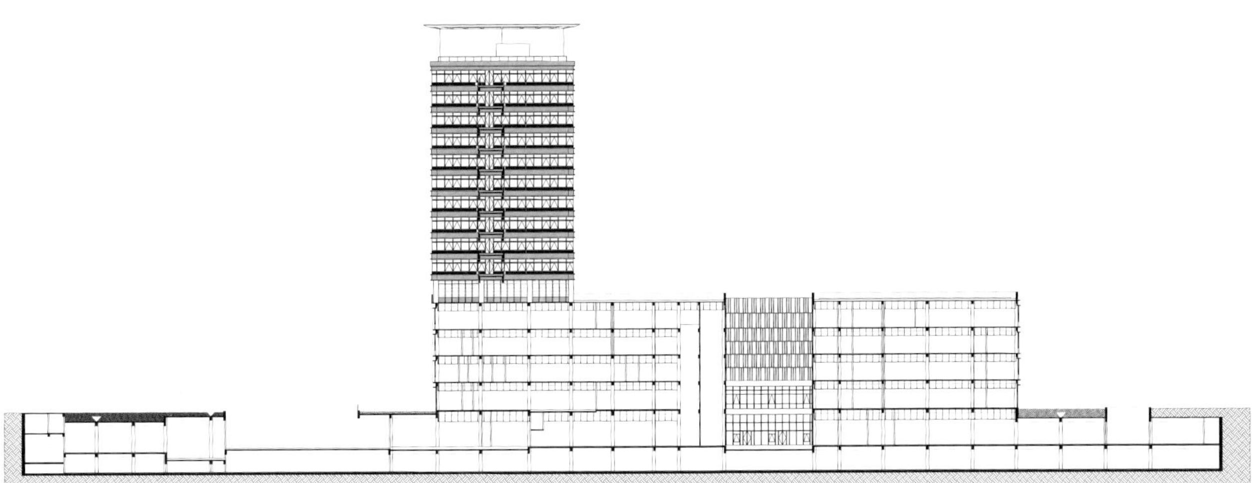

绍兴市人民医院镜湖总院

三亚崖州湾科技城综合医院

三亚崖州湾科技城综合医院位于海南省重点推进的自由贸易试验区 12 个先导项目之一——三亚崖州湾科技城，是该地区首家集医疗、教学、科研、预防、保健于一体的现代化综合性三级甲等医院，建成以后将形成中心集中、左右对称的三亚市整体医疗布局框架。依托科技城与三亚新机场，引入大量客流，保证对高端医疗服务的需求，成为一家彰显海南特色的现代化医疗中心，一家运营高效的国际化绿色医院，一家体验舒适、面向未来的智慧医院。

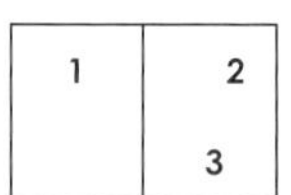

1. 主入口
2. 总平面图
3. 鸟瞰日景

“一轴两核”的医疗环境

三亚崖州湾科技城综合医院的门急诊医技综合楼设置于基地北侧，科研教学楼设置于基地西侧，行政后勤楼设置于基地南侧。一条折线形景观主轴将场地分成两部分，串联起所有建筑。景观主轴从急诊部开始，穿过门急诊医技综合楼的下沉庭院，自然地形成了一条层次丰富的“医疗街”，主轴至科研教学楼与行政后勤楼之间后形成一个开放空间，这个空间向科技城景观大道打开，形成了第一个景观核心，另一个景观中心位于东侧的门急诊楼广场，这个广场向城市打开，从而形成了“一轴两核”的布局，富有热带风情。

建设单位：三亚崖州湾科技城开发建设有限公司
建设地点：海南省三亚市崖州区
总建筑面积：169 139 平方米
建筑高度 / 层数：65.95 米 /14 层
床位数：800 床
设计时间：2019—2020 年
设计单位：华建集团华东建筑设计研究总院
项目团队：荀巍、王馥、王冠中、薛铭华、王灿宇、周程垣、叶俊、路海臣

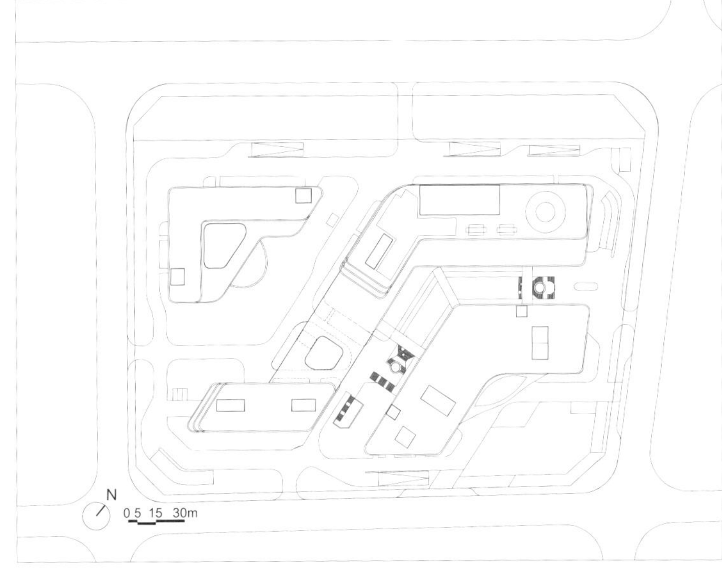

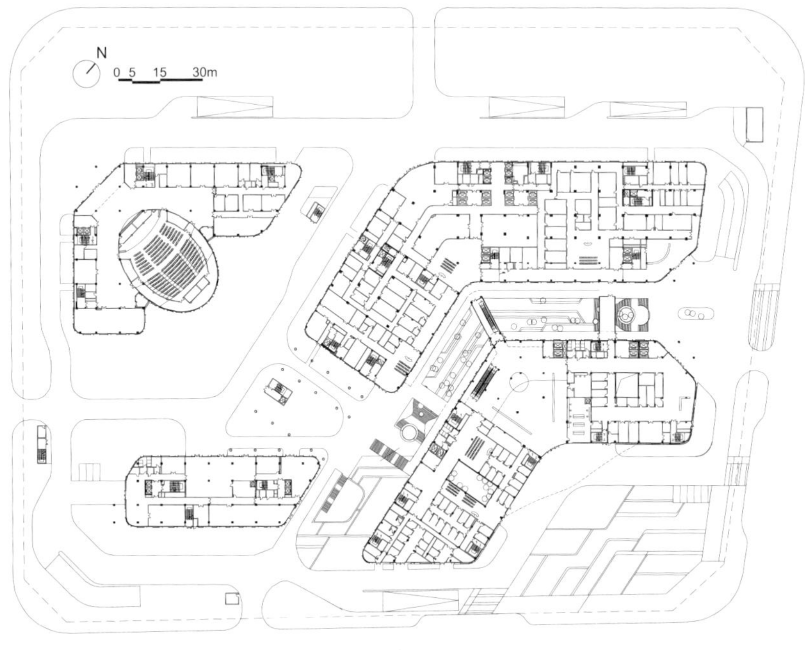

4	6 7
5	8

4. 医疗街效果
5. 一层平面图
6. 西立面图
7. 南立面图
8. 急诊入口

多样化的立体景观设计

根据用地紧邻科技城景观大道的特点，设置多样化的立体景观，最大程度实现绿色医院的目标，引入外部景观并与院区内部景观相融，让医院的景观一步可达，实现利用自然景观疗愈的目的。多样化景观包括集中式绿化景观轴、地面景观、下沉绿化广场、屋面绿化，为医护人员和病患提供舒适优美的环境。

海岛气候的地域性思考

设计中采用了多种建筑形式来适应三亚的海岛气候。各个建筑之间采用连廊连接，丰富了医院外部的空间体验，同时医护人员不出室外就能到达建筑的各个部分。挑空部分入口，形成灰空间，作为室内外环境的过渡。设置了横向与竖向相结合的遮阳措施，在保证自然采光的条件下最大程度地避免太阳直射，有效地减少建筑能耗。

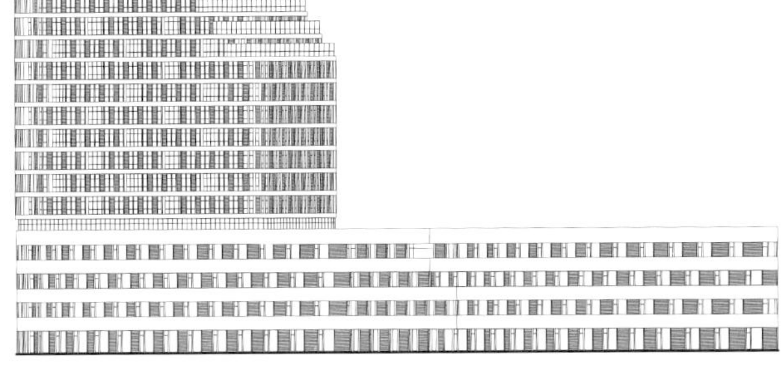

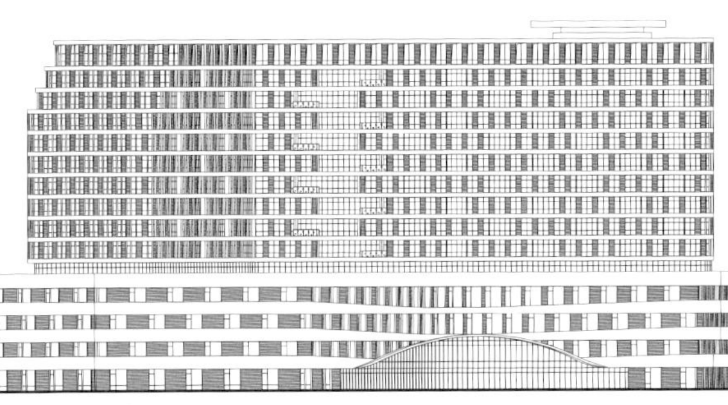

复旦大学附属华山医院北院新建工程项目

复旦大学附属华山医院北院是上海市卫生发展规划“5+3+1”项目中的5家市级三级甲等医院之一。在满足统一需求外，设计力求构建集功能性和灵活性于一体的生态式花园医院。

	2
1	3

1. 建筑外景
2. 主入口广场
3. 总平面图

可持续的灵活配置同时体现专业性特色

建筑采用生长式布局方式，设一纵两横轴线，纵向医疗主轴串联各医疗主要功能；门诊和医技间的横向交通主轴形成建筑水平、立体交通骨架，医技部作为核心，为各功能区提供有利的技术支持；这样集中式的建筑布局使各医疗功能块紧凑合理，又为各区域建筑扩建提供可能性。基地设置类环形

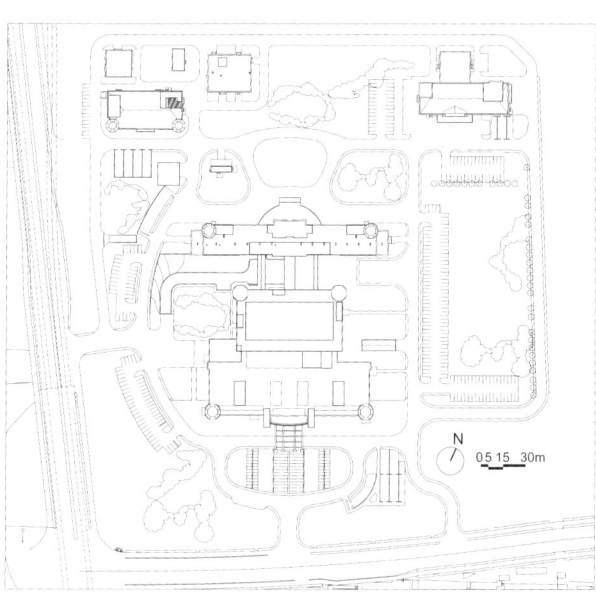

建设单位：复旦大学附属华山医院

建设地点：上海市宝山区

总建筑面积：72 200 平方米

建筑高度 / 层数：44.90 米 /10 层

床位数：600 床

设计时间：2009—2010 年

竣工时间：2012 年

设计单位：华建集团上海建筑设计研究院

项目团队：唐茜嵘、钟璐、周宇庆、施辛建、孙刚、沈佩华、葛春申

获奖情况：2017 年全国优秀工程勘察设计行业建筑工程二等奖；2013 年上海市优秀勘察奖一等奖

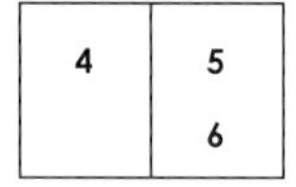

4. 住院部入口广场
5. 一层平面图
6. 立面图

道路，各功能出入口广场置于纵、横轴节点处，自然形成功能和景观相融的景致。

门诊每两组单元之间设置景观与通风走廊，大部分诊疗用房有直接的采光和通风；分层模块化布局，全科性单人诊室，可根据需要灵活分配；急诊区域通过绿色通道及电梯与四层手术室便捷相通；日间手术与中心手术部同层布置，达到最大限度的资源共享。

引入自然，促进康复治疗

设计充分利用基地特色、周边环境，加强景观和环境空间的打造，将自然引入治疗中。总体上设置横向景观绿轴，让绿色、日光渗透进入医院；在门诊设置 3 个绿色室外庭院；在其他节点或交通轴线沿线点缀室内休息小环境，病患和医护工作者随时可以感受室内外的绿色，享受舒适的环境。此外，尽量减少地面层的车流干扰，将其限制在可控区域内，利用景观设置明确导向和限定，并设置下沉式物流广场，隐蔽室外卸货区。

外观特色设计和色彩模型体系

建筑立面采用一些古典建筑的元素，色彩取用与复旦大学附属华山医院现有总院、东院同色系的暖红砖色，秉承百年历史医院的特色，和周边环境有机融合。室内设计在一定程度上和室外建筑呼应。室内主色系和医院外部的暖红色形成近色系的呼应。引入色彩模型体系，按功能在整个建筑内设立了 5 个主色彩模型，增加空间的识别性和趣味性。

设计者在尊重样板化设计的基础上，努力体现医院的特性，塑造促进康复、治疗的医院空间。

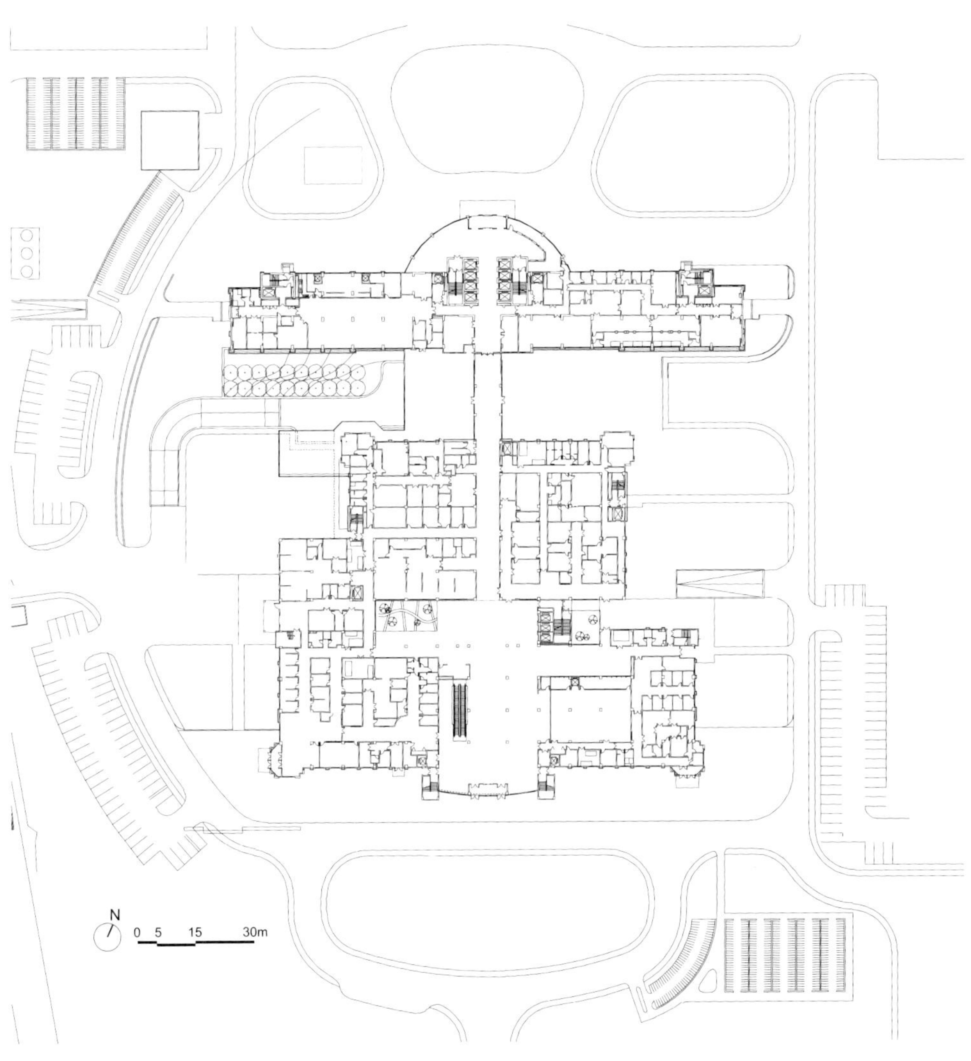
N
0 5 15 30m

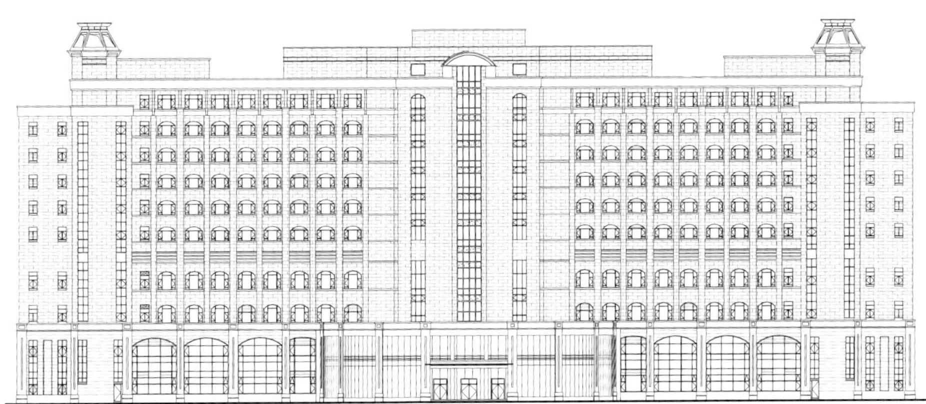

三明市第一医院生态新城分院

三明市第一医院生态新城分院，是一家集慢性病治疗、康复、老年护理、健康管理、医养服务等于一体的综合性医院。项目结合生态新城的发展定位和创新理念及以人为本、天人合一的文化理念，采用灵动流畅的建筑流线形态，力图打造一个充满人性关怀、与城市环境高度融合的生态型、共享型、节能型城市疗愈花园空间。

建设单位： 三明市第一医院
建设地点： 福建省三明市生态新城
总建筑面积： 317 000 平方米
建筑高度 / 层数： 73.30 米 /17 层
床位数： 1 500 床
设计时间： 2019—2020 年
竣工时间： 2022 年
设计单位： 华建集团华东都市建筑设计研究总院
项目团队： 魏敦山、鲍亚仙、刘缨、姚启远、刘智伟、李云波、蔡龙飞、宋方朴、徐辛恺、陈佳、曹贤林、胡雨晨、李时、谢啸威、周利锋、王卫风、唐志飞、刘赟治、王晓东

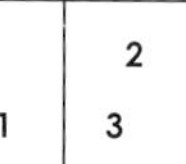

1. 主入口透视
2. 日景鸟瞰
3. 总平面图

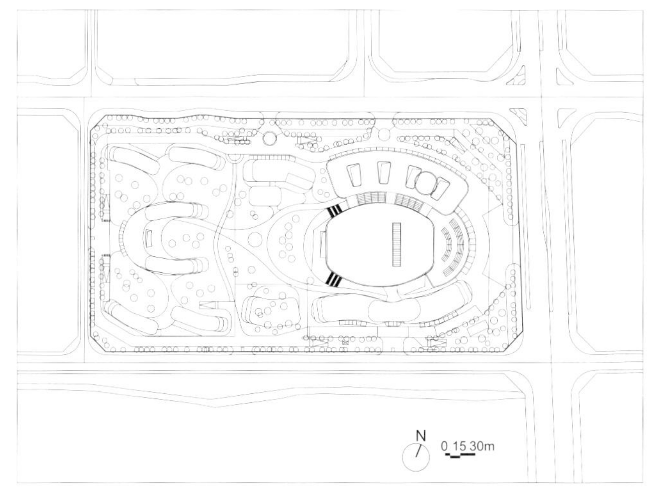

整体有机的功能布局

综合考虑城市的空间肌理、交通的可达性、外部景观资源的利用以及医疗流程的合理性，设计将医疗主体功能布置在地块东侧，主要包含门急诊、医技、住院楼及行政后勤综合楼，并相应设置两层地下室；将医养服务中心、护理楼、人才公寓设置在地块西侧，有独立的出入口并设置一层地下室，交通可达性较好。东侧和西侧建筑通过地上公共连廊连接，地块中心腹地规划设有共享景观花园，景观与建筑相融合，形成了较好的治愈环境。

层次丰富的景观规划

通过提取三明市山清水秀的自然精髓，并结合古典园林叠山理水及现代景观的设计手法，充分利用下沉庭院、地面景观、屋顶花园和垂直绿化，打造层次丰富的立体景观环境。在地块核心区域设计“天明”“地明”“人明”三园，实现移步换景的花园式医疗景观。医生和病患可通过共享连廊到达，共同享受一个优雅美观、自由放松的治愈环境。

绿色生态的节能措施

项目按照绿色二星级设计。设计结合三明当地气候特征以及建筑总体布局，通过中庭、采光庭院、下沉广场等空间处理，最大限度利用自然采光和通风，并积极利用太阳能、地下室导光管等成熟的节能技术改善地下室等位置的空间环境。同时，利用屋顶花园、垂直绿化、局部景观水体及不同层次的植物搭配改善区域微气候。另外，在建筑材料的选择上也尽量选用高性能环保的保温材料；在设备选型上尽量选择节水节电型，最大限度降低运营成本。

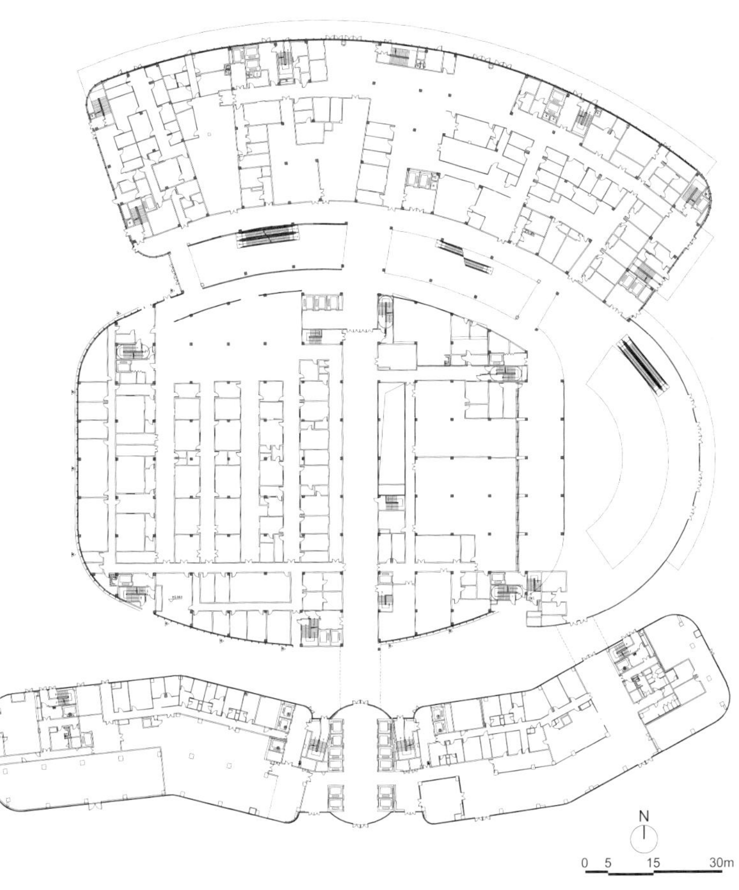

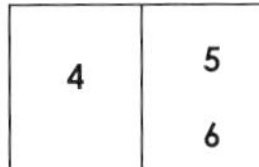

4. 夜景鸟瞰
5. 一层平面图
6. 立面图

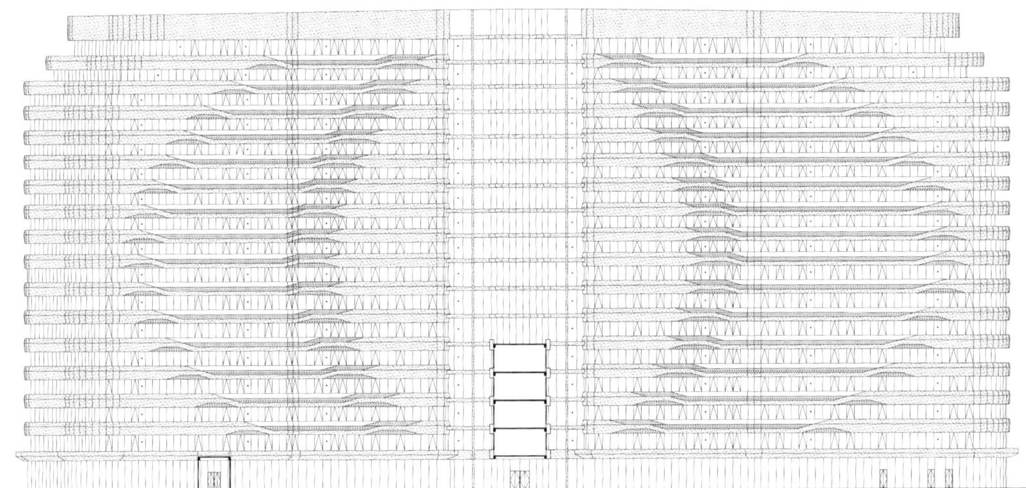

杭州华润国际医疗中心

杭州华润国际医疗中心项目位于杭州市余杭区，是华润集团投资建设的第一家高端国际医院。项目基地位于杭州市区以北，良渚新城以东，东侧为京杭大运河及滨河绿化带，景色优美，景观资源丰富。本项目以倡导健康生活为目标，贯穿疾病预防、诊治、康复，以国际诊疗为引擎、以科研教学为支撑、以生态健康为导向、以运河文化为依托、以良渚文化为灵魂，将建设成为集高端医疗、康复、特色专科等功能于一体的医疗产业示范区，成为长江中下游的大健康标杆。

打造全过程医疗体系

本项目的总体规划延续并体现了系统性的医疗理念，在规划结构上结合未来地块，在南侧主场地设置综合医院，中央区设置拥有社区属性的健康产业中心（Health Industry Center），为社区提供交流场所，并提供相关健康管理服务，规划设计体现前瞻性、生态性、可持续性，形成全过程的医疗体系。

建设单位：杭州润地健康投资管理有限公司
建设地点：浙江省杭州市余杭区
总建筑面积：178 812 平方米
建筑高度 / 层数：80.00 米 /14 层
床位数：800 床
设计时间：2019 年
设计单位：华建集团华东建筑设计研究总院
合作设计单位：美国 Perkins&Will 公司
合作设计工作内容：建筑方案及初步设计
项目团队：荀巍、张海燕、张春洋、王润栋、汤轶茹、陆琼文、盛峰

1	2
	3 4

1. 西南角鸟瞰图
2. 总平面图
3. 一层平面图
4. 剖面图

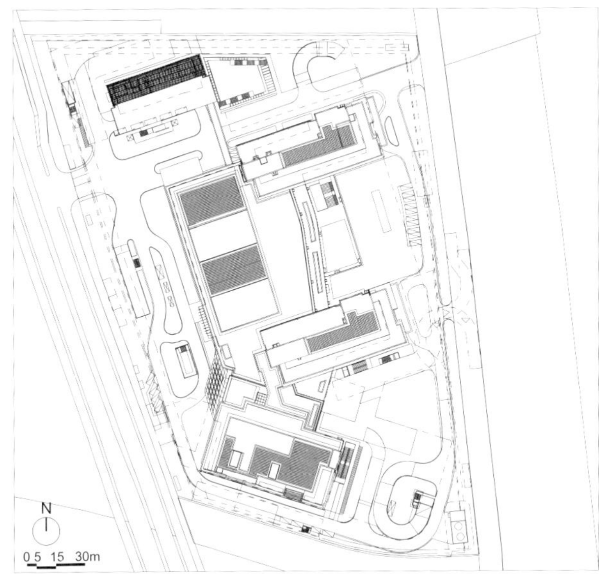

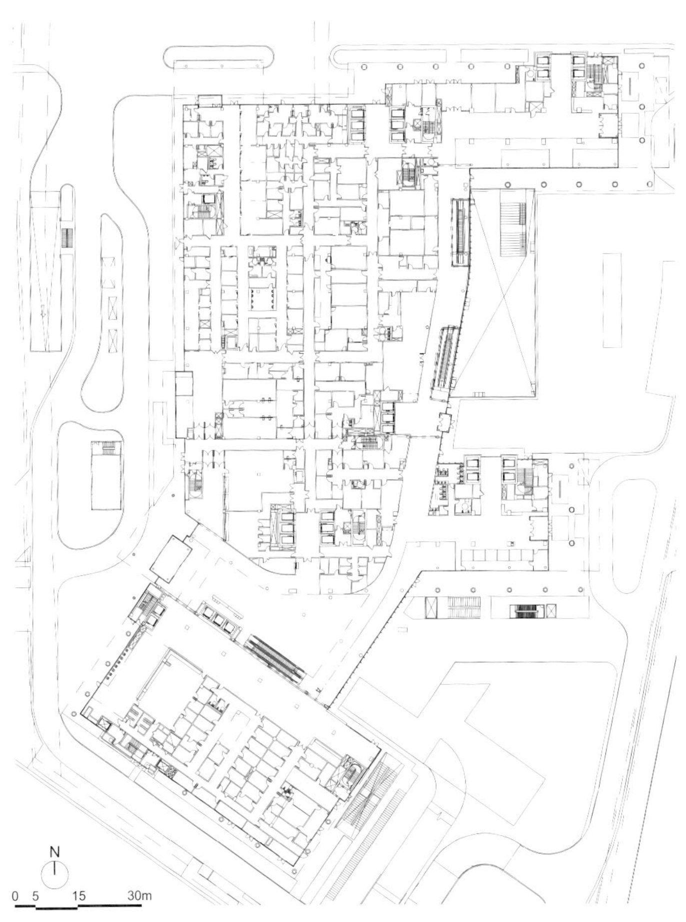

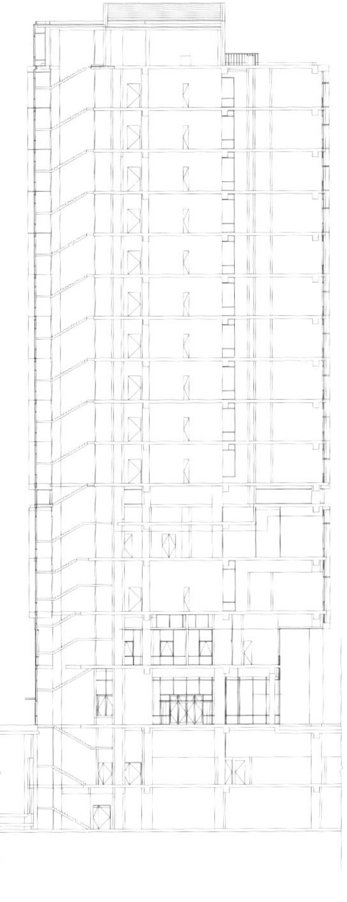

营造积极的城市空间及滨水的疗愈环境

在建筑的尺度及公共空间的设计上，充分考虑了沿大运河的景观因素及与周边规划的关系，使本项目在整体布局上既与城市相融合，又体现现代先进理念。整个场地通过一条主要轴线相互联系，上下对位，轴线两侧布置景观、医疗功能、下层庭院及中央下沉广场，移步易景，有利于缓解病患及家属情绪，优化就医体验。

创造丰富的建筑空间

本项目整体尺度舒适，空间丰富，充分利用运河资源，沿河立面错落有致，打造退台、露台、屋顶花园等场所，丰富患者、家属及医护人员的体验。

整体立面风格鲜明，采用温暖的色调，减少医疗的机构感，通过地面景观、下沉庭院，营造出多层次的立体活动空间和医疗环境，实现了花园式医院的建设目标。

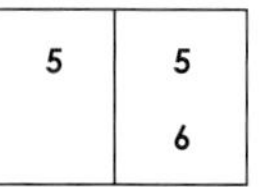

5. 医院东侧沿大运河透视图
6. 医院西侧储运路全景透视图

杭州华润国际医疗中心

上海交通大学医学院附属瑞金医院门诊医技楼改、扩建工程项目

上海交通大学医学院附属瑞金医院（以下简称“瑞金医院”）门诊医技楼是上海在“十五”期间的市重点工程项目，也是瑞金医院“十一五”整体规划建设的重要组成部分。项目地处瑞金二路（近淮海路）市中心繁华地段，原门诊楼南侧，基地地形呈东西长向，紧贴城市干道。

总平面设计充分利用地形条件，采用综合一体化集中布局，紧凑合理，妥善处理人流、交通、出入口的关系。由于扩建建筑容量大，可用地范围非常小，在狭长的地形条件下，主楼、裙房呈 L 形沿瑞金二路展开布置，将人流、交通、出入口分别沿不同方向布置，洁污分流，尽量减少人流、车流混杂，减少交叉感染。

主楼裙房结合基地地形采取了 L 形平面。功能分区合理，水平与垂直交通有机组合，采用灵活互换的功能单元，有利于各单元的可持续发展。单人诊室、医患分流的门诊单元改善医疗环境，提高医务工作效率。在主入口大堂一、二层连通空间设置健康咨询以及各类商业服务设施，为病人创造舒适、温馨、宽敞的问诊、治疗环境。

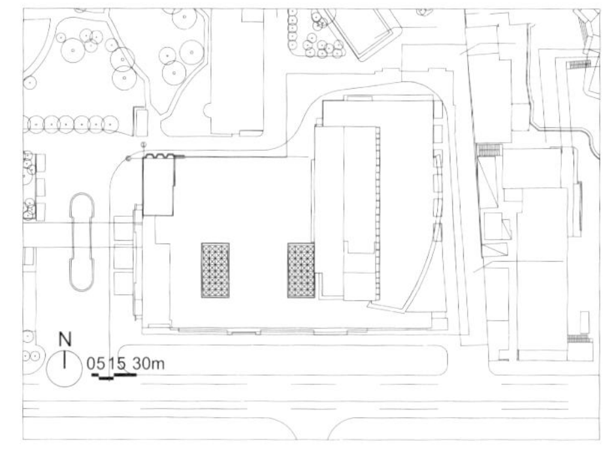

建设单位：瑞金医院，上海申康投资有限公司
建设地点：上海市瑞金二路 197 号
总建筑面积： 72 738 平方米
建筑高度 / 层数： 100.00 米 /22 层
床位数：日间病房约 500 床
设计时间：2003—2006 年
竣工时间：2007 年
设计单位：华建集团上海建筑设计研究院
合作设计单位：上海励翔建筑设计事务所
合作设计工作内容：建筑方案设计、建筑专业初步设计
项目团队：周秋琴、倪正颖、朱宝麟、张伟程、陆振华、汤福南、梁赛男、唐亚红

1. 总平面图
2. 大厅实景
3. 北侧实景

出口
急诊

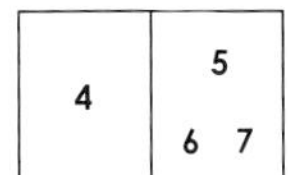

4. 效果图
5. 一层平面图
6. 南侧沿街实景
7. 剖面图

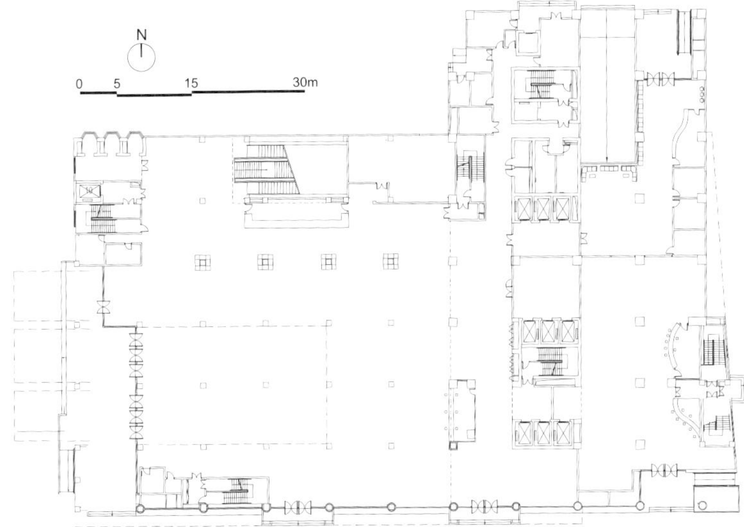

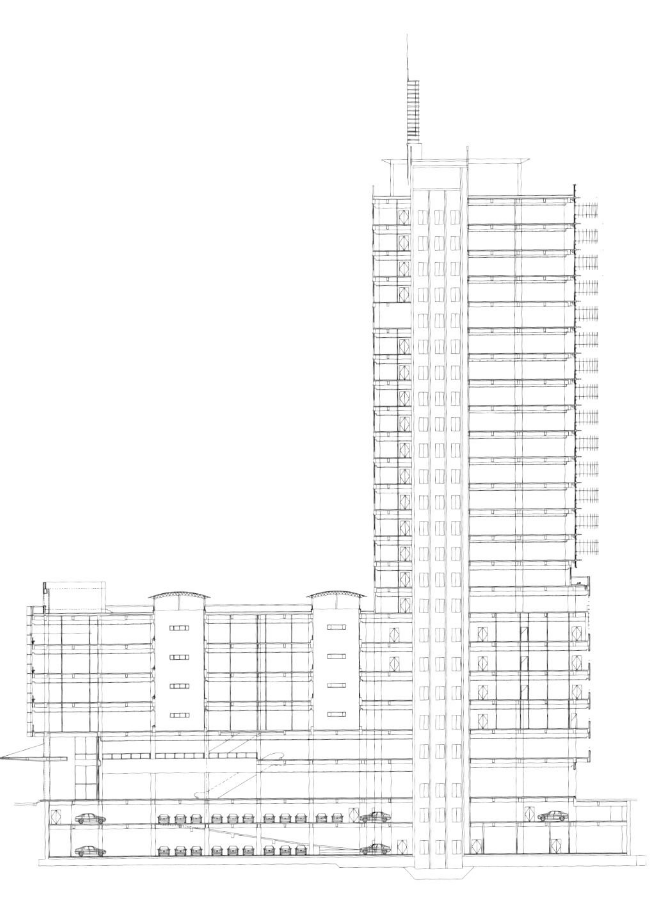

同济大学附属上海市第四人民医院

本项目位于上海市虹口区江湾社区 A01B-04 地块，西临江杨北路，南临三门路。建设用地面积 20 663 平方米，总建筑面积 139 540 平方米，容积率 3.87。医疗用房建成后，医院整体搬迁至新址，以改善医疗用房紧张、发展空间受限等现状。设计床位 900 床，日门诊量可达 5 000~7 000 人次。

“借天不借地”

本项目用地面积严重不足，北侧、东侧皆为高密度住宅区，在用地极其有限的情况下，本设计采用“借天不借地”的策略，即在四层以上挑出部分功能用房，增加每层的使用面积，且不影响底层的场地设计。

院区地上主体建筑分为两栋，基地南侧为门急诊医技住院综合楼，北侧为感染楼。门急诊医技住院综合楼为建筑综合体，包含门诊、急诊、医技、体检、住院、办公、科研等功能。院区地下空间统一开发，共三层，设置医技、后勤保障、停车等功能。

建设单位： 上海市虹口区卫生健康委员会
建设地点： 上海市虹口区
总建筑面积： 139 540 平方米
建筑高度 / 层数： 98.00 米 /23 层
床位数： 900 床
设计时间： 2016—2019 年
设计单位： 华建集团华东建筑设计研究总院（建筑设计）、华建集团建筑装饰环境设计研究院（室内设计）
项目团队： 荀巍、王冠中、徐续航、薛铭华、蔡漪雯、殷鹏程、陆琼文、叶俊、韩倩雯、吕宁（华东总院），马凌颖、曹兰（环境院）

1. 主入口鸟瞰
2. 主入口人视
3. 总平面图

建筑对周边环境的回应

鉴于本项目用地极其紧张，场地绿化严重不足，本设计着重将绿化引进建筑内部：设置核心内院，各功能模块及医疗街沿核心内院设置，使医疗街明亮、透气；设置小型呼吸庭园，减少暗房间数量；设置屋顶花园，将绿色带到屋顶，为患者、医护人员营造自然、舒适的就医与工作环境。考虑到周边的居民，特意将夜间运营的急诊部和住院部放置在院区的西侧，临江杨南路设置，为周边居民营造安静舒适的环境。

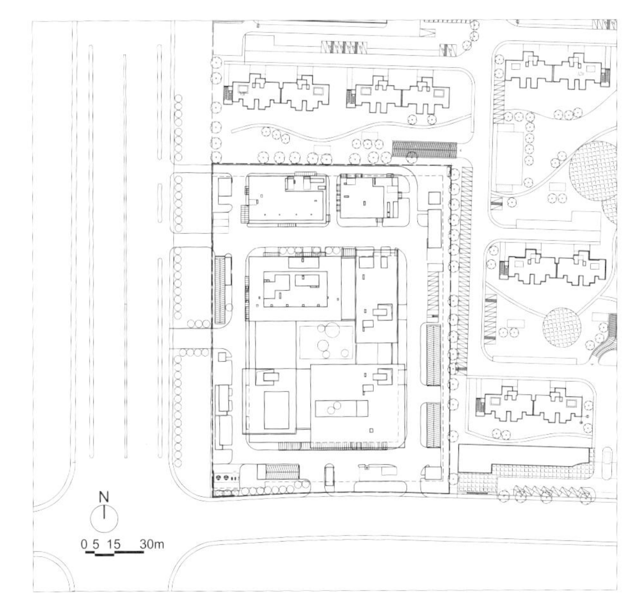

形态与立面设计

方案提出“聚合”的设计构思，旨在通过院落与廊道，使医院不同功能有序地聚合为一个整体，同时营造人、建筑与环境之间的和谐，呈现一个大气、亲切、宜人的医院新形象。整组建筑群突出功能模块的穿插组合，以外在的形式直接体现内在功能关系，理性地表达了内外的逻辑一致性。

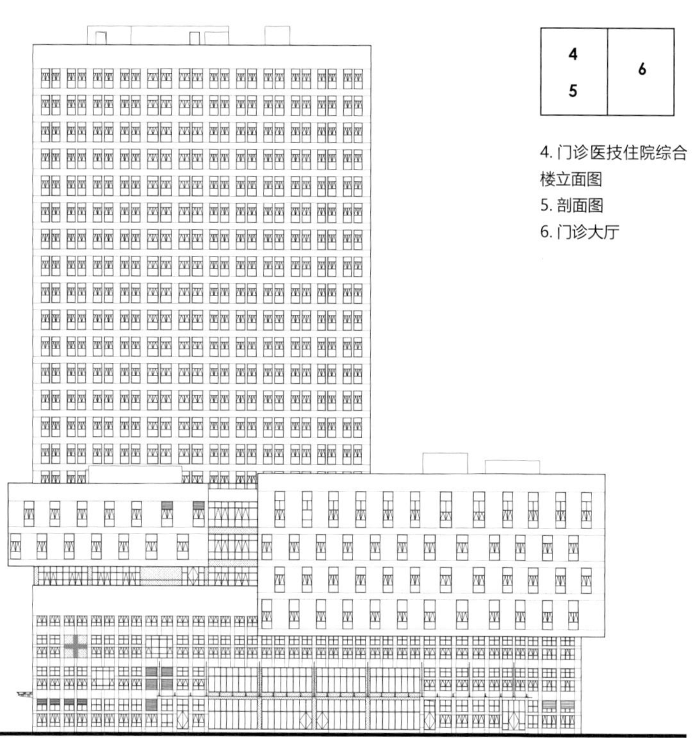

4 5	6

4. 门诊医技住院综合楼立面图
5. 剖面图
6. 门诊大厅

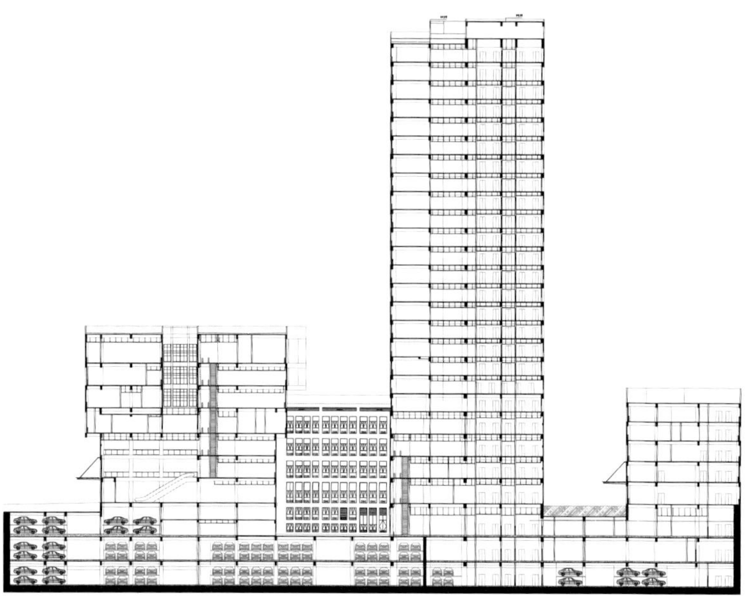

溧阳市人民医院规划及建筑设计工程项目

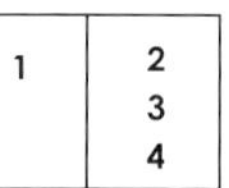

1. 西侧鸟瞰
2. 总平图
3. 门急诊综合楼一层平面图
4. 住院楼平面图

溧阳市人民医院位于溧阳市西片新城开发区，是一家集医疗、教学、科研、预防、保健于一体的二级综合性医院。医院用地面积为 10.2 万平方米，总建筑面积 19.15 万平方米，总床位数为 1 200 床。该项目从宏观布局到空间环境，充分利用自然气候和自然环境系统，采取适宜的被动节能技术，营造健康、舒适、安全的疗愈环境，获三星级绿色建筑设计评价标识。

建立高效的功能体系

该项目将地块分为两大功能区，一是综合医疗区，此区为全院功能的核心，包括了门诊、急诊、医技、病房、综合办公、能源供应以及地下停车库；二是感染医学区，位于地块西北侧，依据疾病控制的要求，按照出入相对便捷等准则配置。

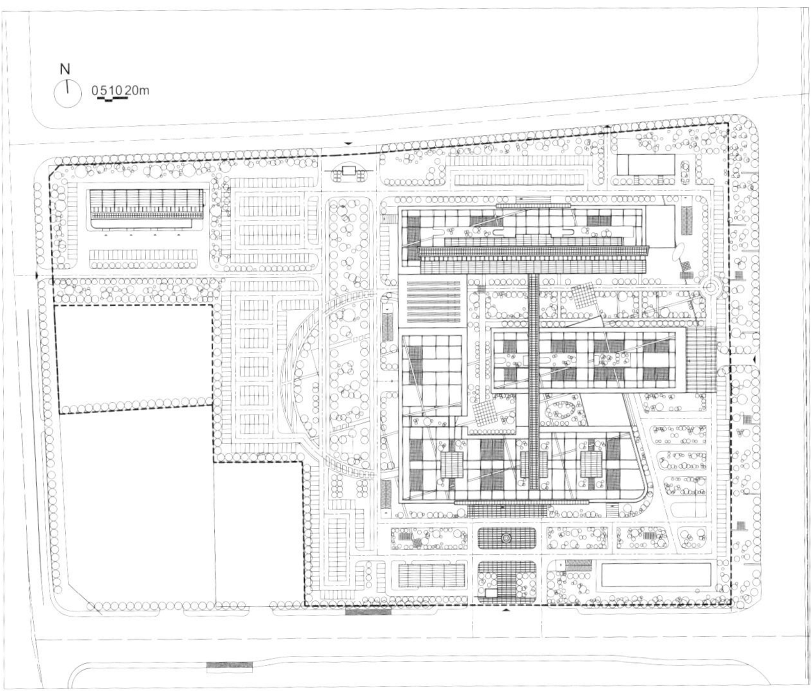

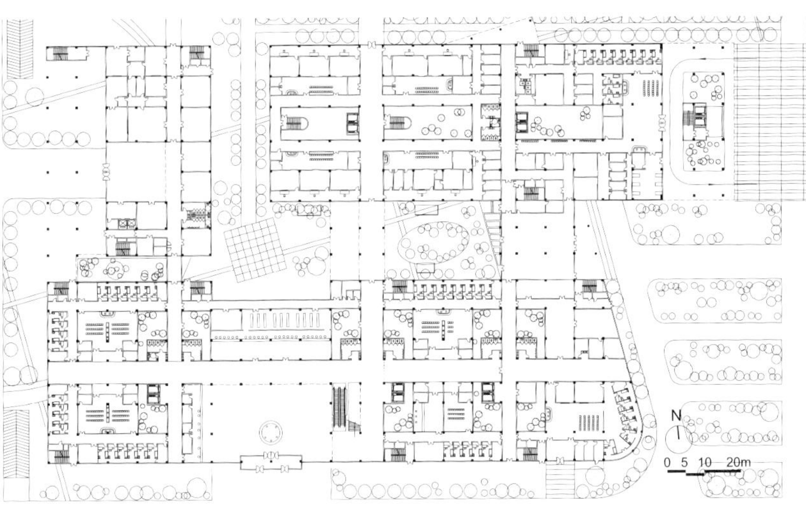

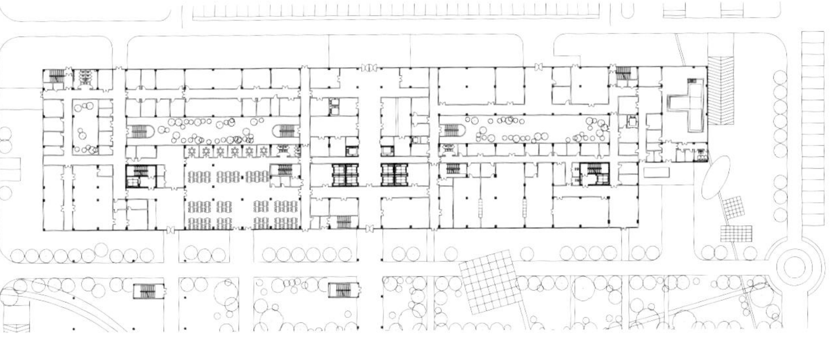

建设单位：溧阳市人民医院

建设地点：江苏溧阳

总建筑面积：191 500 平方米

建筑高度 / 层数：90.60 米 /22 层

床位数：1 200 床

设计时间：2011 年

竣工时间：2016 年

设计单位：华建集团华东建筑设计研究总院

项目团队：邱茂新、荀巍、张海燕、许飞、钱蓉、张聿

获奖情况：2017 年度上海市优秀勘察设计一等奖；2017 年上海建筑学会建筑创作奖

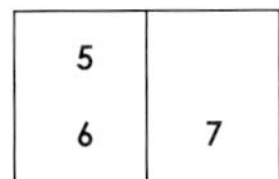

5. 夜景
6. 门诊大厅
7. 剖面图

医疗区布置以环形的公共服务资源为核心，编织“四横二纵”网格状医疗流程体系。围绕环形庭院，设置垂直交通、分层挂号、助残、咨询、厕所、等候等公共服务资源，辐射门急诊各功能单元。南北纵向“医疗街”串接一期门诊、急诊、医技、病房主要功能模块，东西横向医疗街串接门诊、医技、病房、后勤保障等功能内部流程。“四横二纵”的网格状功能流程体系建立起强大的“生命健康系统工程”。

简洁明了的现代主义风格

医院的建筑造型摒弃过度装饰，追求简洁明了的现代主义建筑风格。通过墙面、玻璃颜色的深浅变化，体现韵律、质感、节奏、持续、理性与浪漫的结合。

“可呼吸式”的庭院

建筑引入“可呼吸式”庭院，丰富了空间，带来了自然采光和通风，降低了医院运营过程中的能耗，同时提高了医院环境品质，降低医院感染发生的几率，促进患者的治疗和康复。利用裙房屋顶设置屋顶花园，既为住院病人提供了良好的景观环境，又利用屋顶绿化、雨水收集、太阳能措施达到低碳、绿色、节能的目的。不仅如此，该项目以被动节能技术为主，采用冰蓄冷、地源热泵、热管回收和雨水回收利用技术，达到绿色节能的效果。

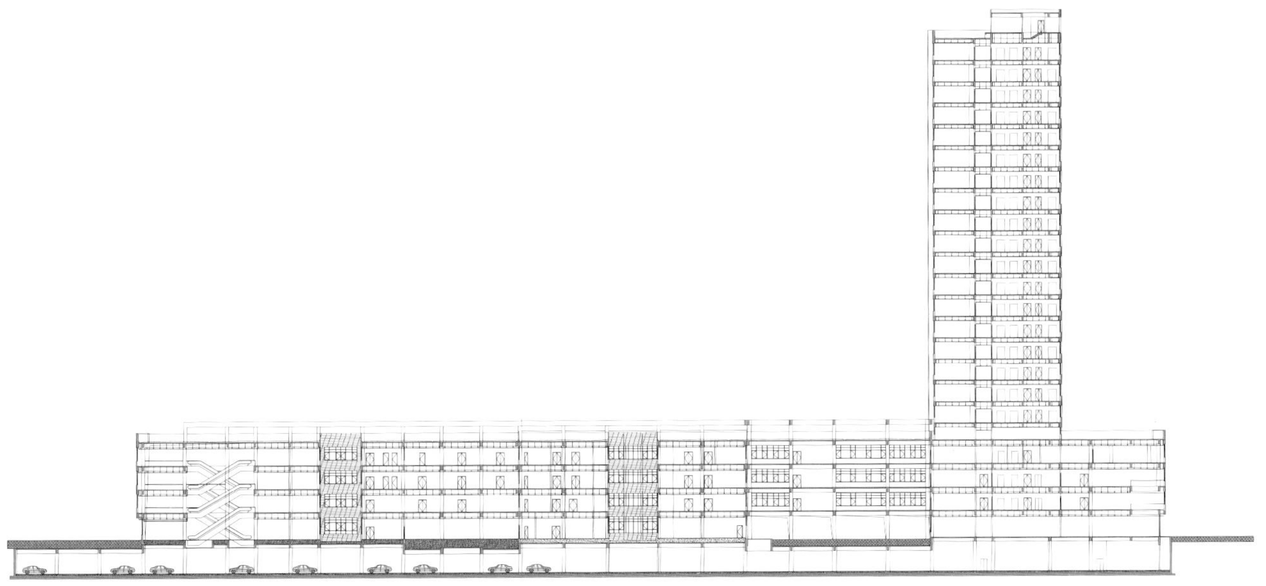

临沂金锣医院一期、二期工程项目

临沂金锣医院是一家集医疗、教学、科研、预防、保健、康复、急救于一体的高标准、平民化的三级医院。总体布置上，向东、向北由重医疗的建筑功能向轻医疗的功能做过渡，并与远期基地北侧康养相关产业做自然衔接，兼顾医院对周边产业的辐射影响。

一期项目中门急诊与医技南北紧邻布置，住院部分叠置于医技部分之上，水平与垂直两个维度的立体交通，形成紧凑集约的功能布局。在建筑中植入多层次的绿化庭院及屋顶花园，为大体量建筑内部引入了绿色与阳光，从而创造了安逸的康复环境。设置灵活可变的单元模块。一期在一至三层开设门诊，四层作为行政办公及实训用房，待门诊量逐步增加后，再扩大门诊部。办公室与教室功能对平面的限制较小，采用门诊单元的模块有利于后期改造转换。这些设计策略使医院不仅满足当下的实际使用需求，还为日后的新陈代谢、有机生长提供可能，使之成为富有生命力的医疗建筑。

1	2 3 4 5

1. 沿水库人视
2. 一期住院楼
3. 总平面图
4. 一层平面图
5. 剖面图

建设单位： 金锣集团

建设地点： 山东省临沂市半程镇

总建筑面积： 418 000 平方米（其中一期 188 400 平方米，二期约 229 600 平方米）

建筑高度 / 层数： 71.30 米 / 15 层

床位数： 2 721 床

设计时间： 2017—2018 年（一期），2019 至今（二期）

竣工时间： 2019 年（一期）

设计单位： 华建集团上海建筑设计研究院

合作设计单位： 临沂市建筑设计研究院有限责任公司

合作设计工作内容： 一期施工图设计

项目团队： 陈国亮、陆行舟、严嘉伟、蒋媄璐、应亚、丁耀、糜建国、陈尹、吴建斌、徐杰等

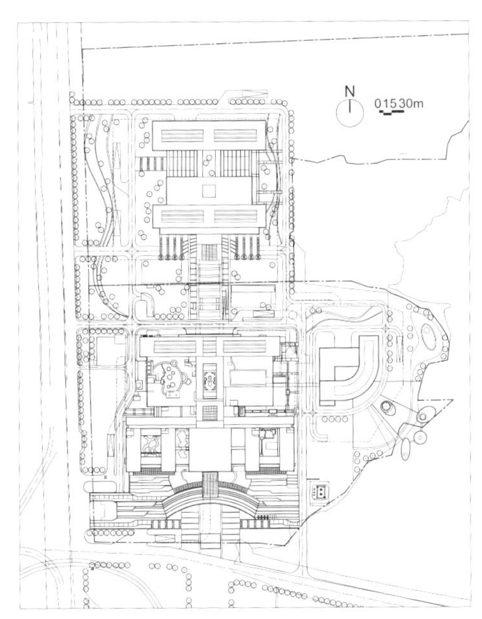

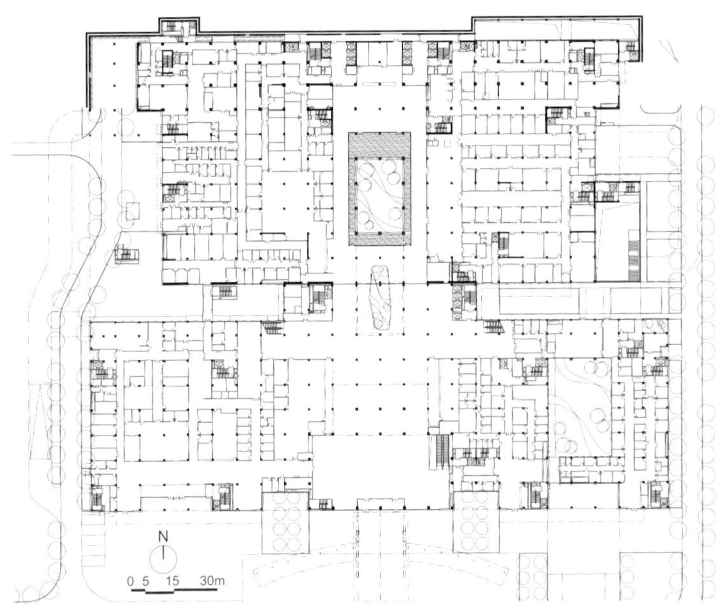

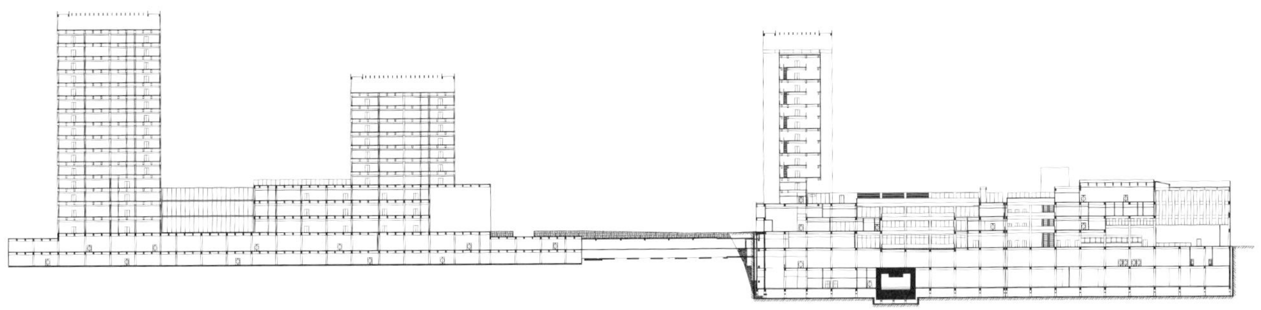

无锡凯宜医院

无锡凯宜医院是哥伦比亚投资集团在中国的第一家二级综合医院。医院遵循 JCI 国际医院管理标准。设计期望创造一个与自然环境融合的建筑体，为患者提供一个安全的治疗环境，同时为医生提供一个舒适的工作环境，为周边提供一个绿色的休闲空间。

医院的独特形象设计反映了无锡凯宜医院的特色。外形温和的曲线和纯净的白色铝板表现了现代建材在康复护理环境中集自然和技术于一体的双重角色。建筑设置贯通中庭，组织联系各个功能科室，便于患者识别并快速便捷地通达。仔细研究主要诊断及治疗部门之间的联系，使各科室排布紧凑高效，从而创造高效便捷的就医流线系统。通过自然光、色彩、艺术品和景观的结合，提供安静和私密性强的空间，将“治愈、安全和宜人”的环境及先进的科技理念整合在设计中。此外，利用绿色屋顶和公共区域采光大玻璃等设计，将自然采光最大化，屋顶设置太阳能热水、太阳能光伏，充分利用太阳能，减少能源消耗。

建设单位：无锡凯宜医院管理有限公司
建设地点：江苏省无锡市新吴区
总建筑面积：44 380 平方米
建筑高度 / 层数：39.00 米 / 7 层
床位数：288 床
设计时间：2015—2017 年
竣工时间：2020 年
设计单位：华建集团上海建筑设计研究院
合作设计单位：贝加艾奇（上海）建筑设计咨询有限公司
合作设计工作内容：室内精装（方案、扩初设计）
项目团队：陈国亮、汪泠红、陆行舟、陈蓉蓉、糜建国、陈尹、吴健斌、徐杰等

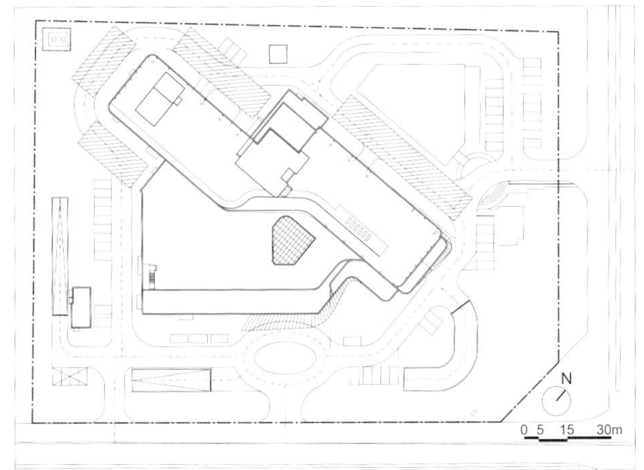

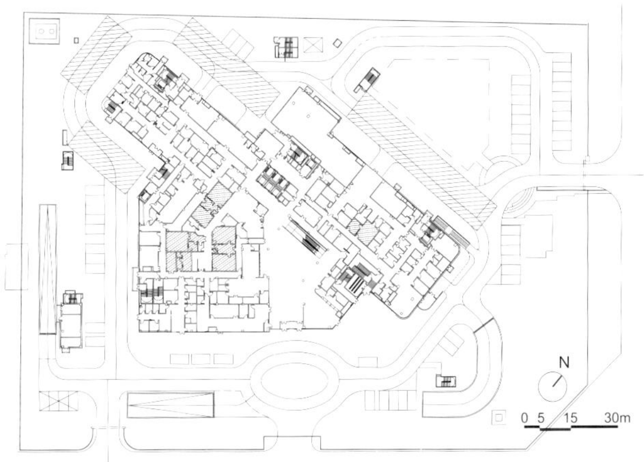

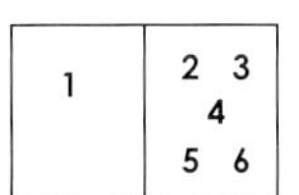

1. 夜景鸟瞰
2. 总平面图
3. 一层平面图
4. 剖面图
5. 中庭
6. 病区护士站

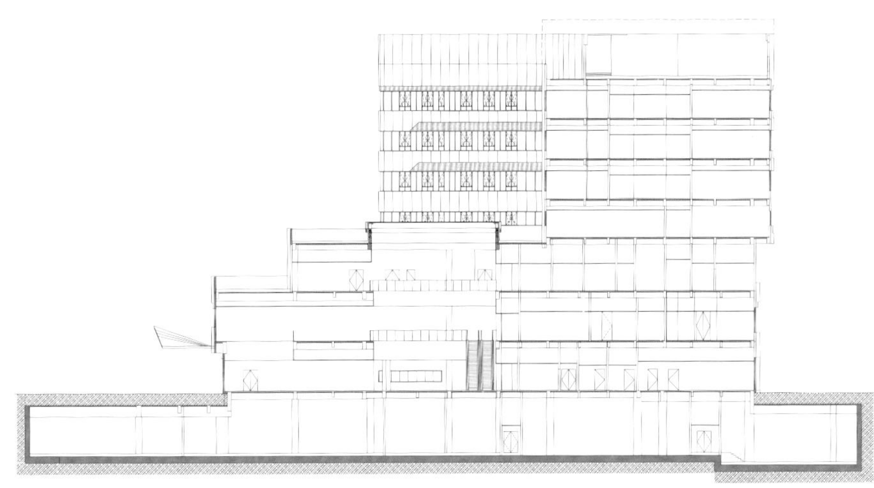

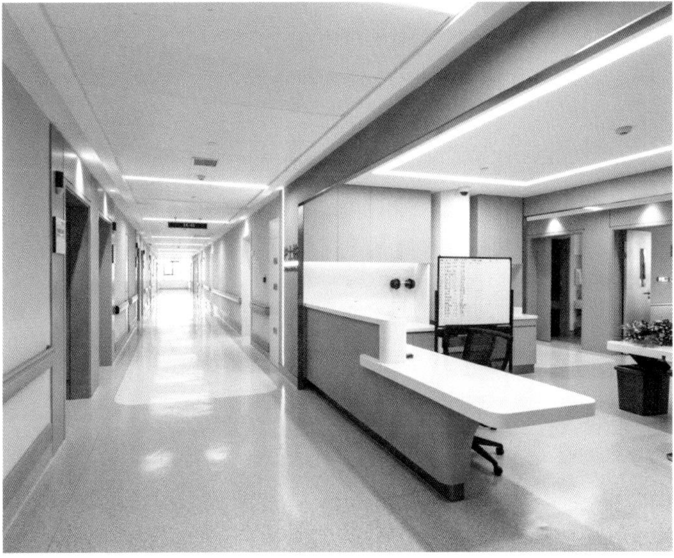

复旦大学附属华山医院门急诊楼

建设单位： 复旦大学附属华山医院
建设地点： 上海市静安区
总建筑面积： 34 700 平方米
建筑高度 / 层数： 57.90 米 /12 层
设计时间： 2001—2003 年
竣工时间： 2004 年
设计单位： 华建集团上海建筑设计研究院（建筑设计）、华建集团建筑装饰环境设计研究院（室内设计）
项目团队： 陈国亮、唐茜嵘、吴炜、宣景伟、陈尹、孙刚、芮强
获奖情况： 国家优秀设计铜奖；2005 年建设部部级城乡优秀勘察设计二等奖；2005 年上海市优秀工程设计一等奖；第一届上海市建筑学会建筑创作奖

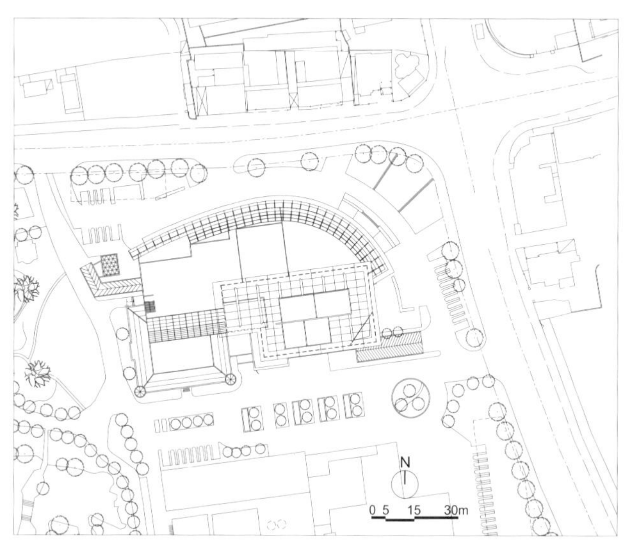

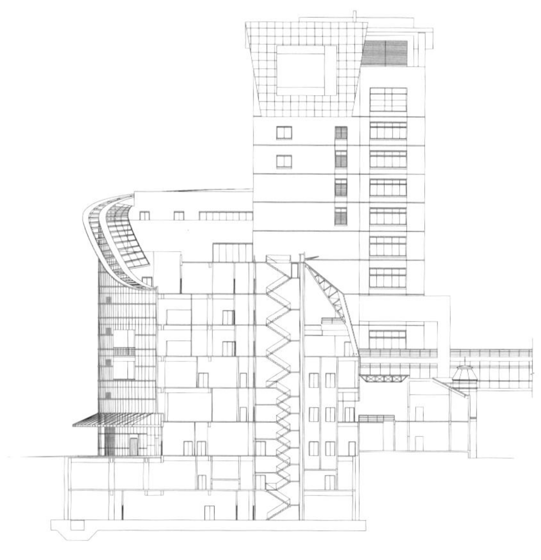

经过近百年的发展，医院建筑老旧，布局零乱，功能混杂。为了保证医院在改造中正常运营，项目采用“整体规划，单个设计，分期实施”的方法。整个医院划分为五个功能分区，门急诊区置于医院北侧，住院区置于南侧，医技区置于二者之间，方便其服务整个医院，后勤生活区置于西南侧，和医疗区域既分又合。医院中间设集中绿化中心轴线，与西侧花园贯通，组成休息区，其他四个区域均成为此轴线上的分轴线，将绿意引入各个区域，又为将来医院的发展预留空间。设计借鉴中国园林中的“借景”和“造景”手法，在不同楼层、不同位置布置中庭、室外平台、屋顶花园，使门诊每个楼层都有一个可供病人休憩的怡人环境。对保护建筑“中国第一个红十字医院旧址”进行外部修复和内部改造，让人们从中了解医院的发展变化过程，展现整个医院的企业文化。

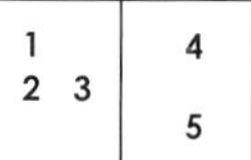

1. 门诊大厅
2. 总平面图
3. 剖面图
4. 沿街外景
5. 一层平面图

华山医院
HUASHAN HOSPITAL
复旦大学附属

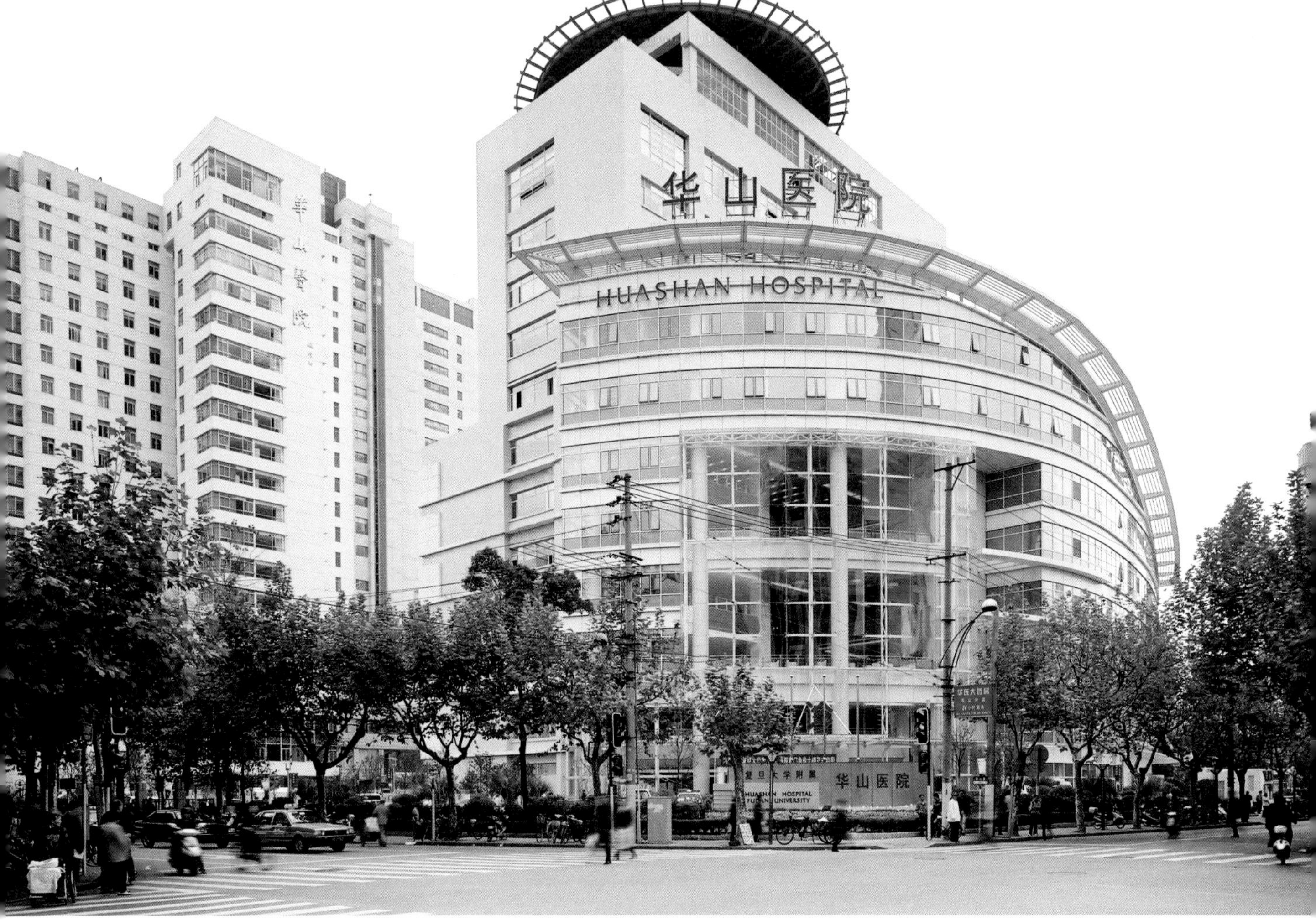

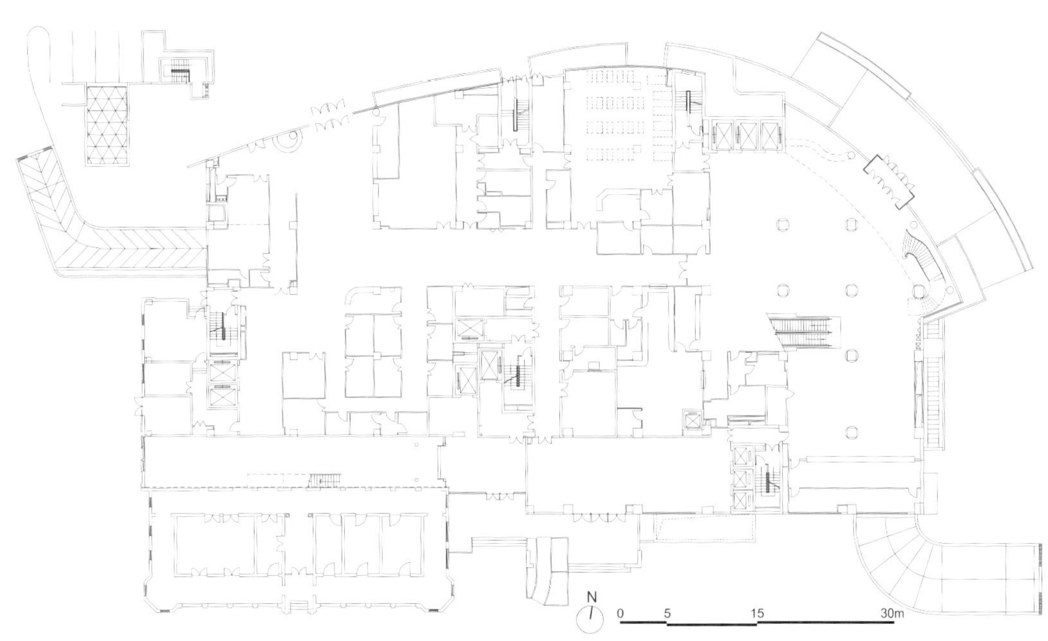

N
0
5
15
30m

南京江北新区生物医药谷医疗综合体
（东南大学附属中大医院江北新区院区）

东南大学附属中大医院始建于 1935 年，现已成为集医疗、教学、科研于一体的大型综合性教学医院。新建的江北新区院区位于江苏省唯一国家级新区，项目的建设将优化南京市医疗资源布局。

设计建立一条全院共享的平台枢纽，如同大树的树干，将各功能模块紧密地联系于枝干之上，结合多学科协作，医、教、研结合，设施共享等特点，架构扁平化高效医疗流程体系。项目以中心花园为核心，所有功能围绕花园依次展开，营造了导向明确、环境优美的疗愈环境。设置门诊、住院两条医疗街，使门诊患者和住院患者分流，保护住院患者的隐私。针对 2020 年紧张的疫情局势，强化感染科设计和实验室设计，实现平疫结合。感染楼靠近急诊部，共同围合院内广场，既方便病人在感染科和急诊之间的联系，又能有效应对突发性的公共卫生事件。

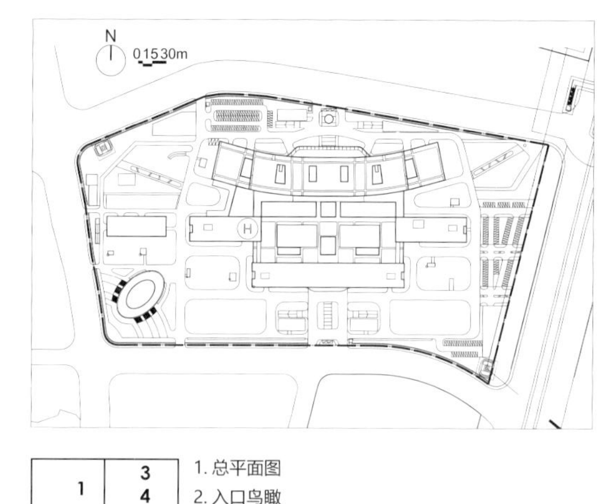

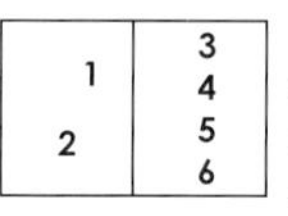

1. 总平面图
2. 入口鸟瞰
3. 主入口人视图
4. 一层平面图
5. 立面图
6. 剖面图

建设单位：南京江北医学资产管理有限公司
建设地点：江苏省南京市江北新区
总建筑面积：301 920 平方米
建筑高度 / 层数：60.00 米 /14 层
床位数：1 500 床
设计时间：2019 年
设计单位：华建集团华东建筑设计研究总院
项目团队：荀巍、王馥、徐续航、张苇弦、史凌薇、周檬、魏飞、蔡漪雯、刘晓明、于潇涵、方卫、韩倩雯

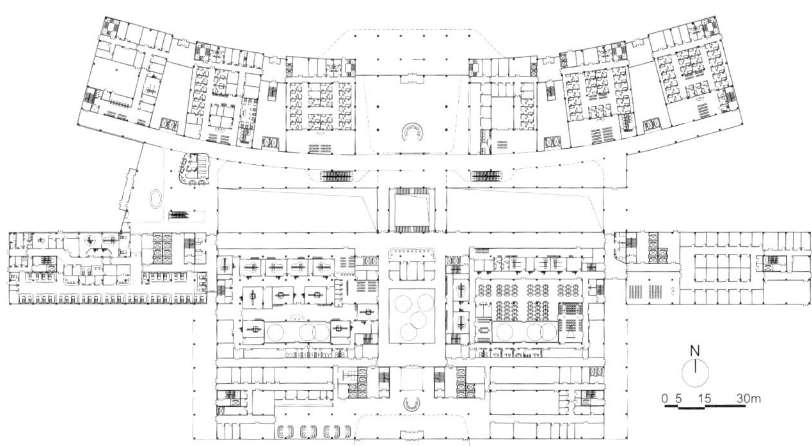

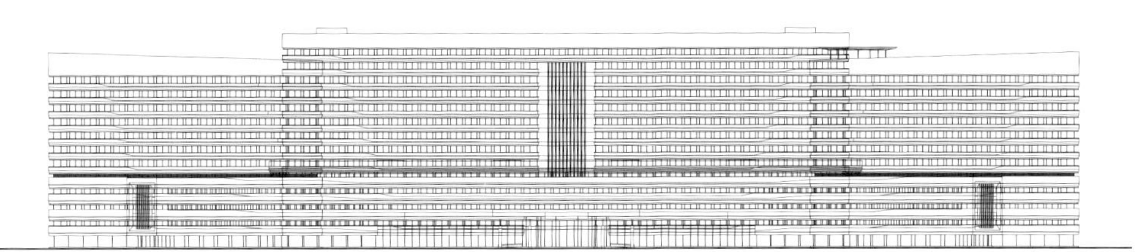

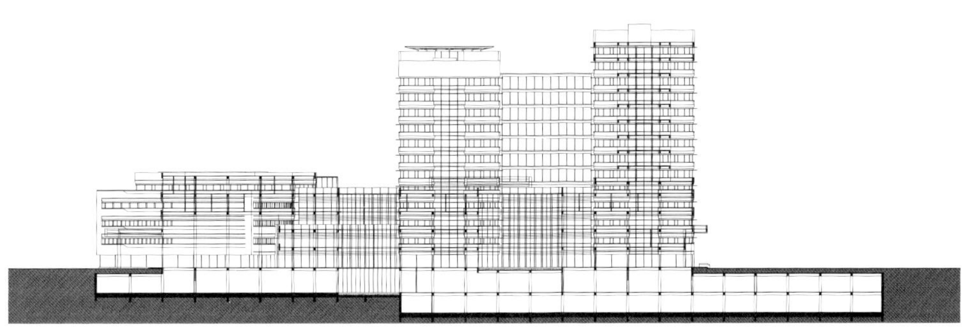

无锡市人民医院一期、二期工程项目

无锡市人民医院是集医疗、教学、科研、康复、急救、预防保健于一体的大型现代化医疗中心。

医院总体分区明确、功能合理。一期为大型综合医院，确立南北向医院空间主轴线，采用了多翼式的端部开放型布局。二期为特色分诊中心，合理布置三个中心，规模最大的儿童医疗中心置于院内主体交通一侧，方便大量人流疏导；特需诊治中心置于东南角，相对其他区域有较强的私密性和隐蔽性；心肺诊治中心位于北侧，靠近医院主体建筑，可便捷地到达主体医疗区。

医院的流线便捷合理。一期医疗核心区门诊、医技是沿南北向展开的医院空间主轴线布置，在主轴线上设置医院街，中间则为内庭院绿化空间。二期整个建筑内部交通组织方面，通过线性的南北向廊道串联各个功能区，形成内部回路。一、二期之间设置地下通道，实现了物流和污物通道的连接。

建筑立面造型简洁大方。一、二期都以铝塑板幕墙作为立面主材，采用统一的模数控制开窗大小、位置，形成横向序列；适当地运用百叶柔化实面和虚面的对比，并通过模数精确控制洞口比例与位置，形成整齐序列。

建设单位：无锡市卫生局（一期）、无锡市人民医院（二期）
建设地点：江苏省无锡新区
总建筑面积：221 000 平方米（一期），120 000 平方米（二期）
建筑高度 / 层数：80.40 米 /20 层（一期），53.50 米 /12 层（二期）
床位数：1 500 床（一期），943（二期）
设计时间：2003 年（一期），2009 年（二期）
竣工时间：2007 年（一期），2011 年（二期）
设计单位：华建集团上海建筑设计研究院
项目团队：周秋琴、周杰、刘晓平、朱宝麟、栾雯俊、汤福南、张伟程、陆振华（一期），陈国亮、孙燕心、郑亚丰、黄慧、李雪芝、周雪雁、李敏华、蒋明、冯杰、周冰莲（二期）
获奖情况：2008 年全国医院建筑优秀设计奖三等奖；2009 年上海市优秀工程设计二等奖；2009 年全国优秀工程勘察设计行业奖建筑工程二等奖；2013 年上海市优秀工程设计二等奖

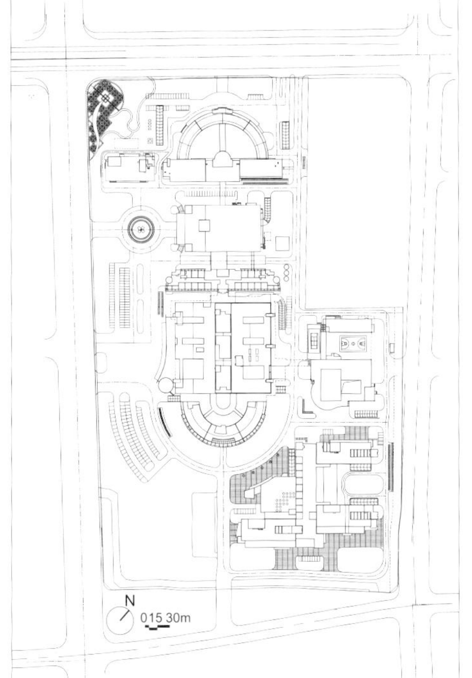

	2
1	3　4

1. 二期心肺诊疗中心实景
2. 一期实景
3. 总平面图
4. 立面图

苏州大学附属第一医院总院二期工程项目

苏州大学附属第一医院总院二期工程位于苏州市姑苏区平江新城。医院一期已经建成并投入使用，二期新建建筑拟布置在一期建筑东、西两侧。项目以传承苏州地域文化精髓为目标，建设一个充满人性关怀，并与一期现有医疗建筑和周边城市环境高度融合的国内领先的绿色节能型城市花园式医疗综合体。

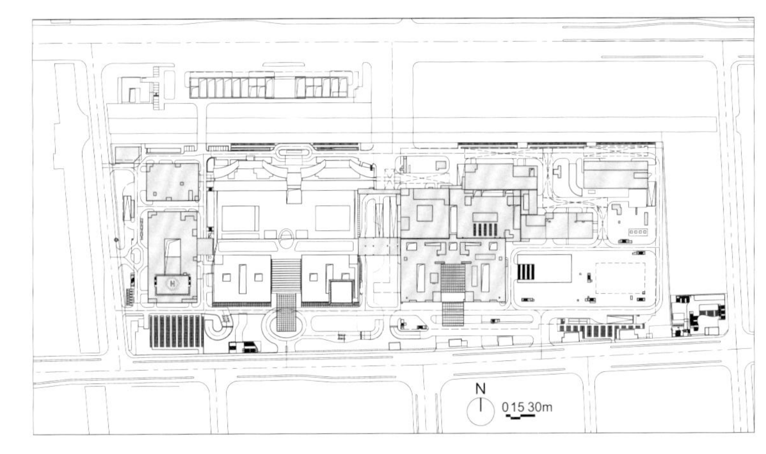

建设单位：苏州大学附属第一医院
建设地点：苏州市姑苏区平江新城
总建筑面积：332 451 平方米
建筑高度 / 层数：79.10 米 /19 层
床位数：1 800 床
设计时间：2018—2019 年
竣工时间：2023 年
设计单位：华建集团华东都市建筑设计研究总院（建筑设计）、华建集团上海地下空间与工程设计研究院（基坑围护）
项目团队：吴文、鲍亚仙、姚启远、胡雨晨、曹贤林、李时、谢啸威、李云波、刘赟治、王晓东、周利锋、黄继春、王卫风、唐志飞、徐伊浩、宋方朴、陈佳

项目综合考虑城市空间肌理、医疗流程和医院内部环境，采用“一轴、两区、多庭院”的总体规划布局。在一期已建设完成的医疗综合楼东侧地块布置二期门诊、医技、住院及科研综合楼。南侧门诊与一期平行布置，形成体量均衡的连续沿街界面，并通过连廊将一、二期的门诊和医技功能链接。为避免在基地北侧与原有一期住院楼平行布置导致城市界面过于封闭，二期高层布局前后错落有致，丰富城市形象的同时实现地面景观资源的共享。

1 2 3 4

1. 鸟瞰图
2. 总平面图
3. 立面图
4. 内庭

上海交通大学医学院附属第九人民医院（黄浦分院）

该项目位于上海市黄浦区，地处市中心地带，用地紧张，交通复杂，建设内容主要为 600 床病房楼、门急诊楼和感染科楼。设计采用“一轴多核”的规划结构，体现医院功能单元的高效联系与发展的适应性。合理分配各功能区域，依据“动—静”“内—外”“洁—污”关系展开，强调科学、安全、管理的可持续发展。最大化利用有限土地资源，通过下沉庭院、地面环境、屋顶绿化等多层次景观系统，形成生态化的花园式医院环境，是科学融于艺术的最佳体现。基地原址有丰富的历史内涵，设计力求在功能提升的前提下，延续该地段的历史记忆，延续城市文脉，为城市精心塑造具有历史印记和时代特点的新建筑。

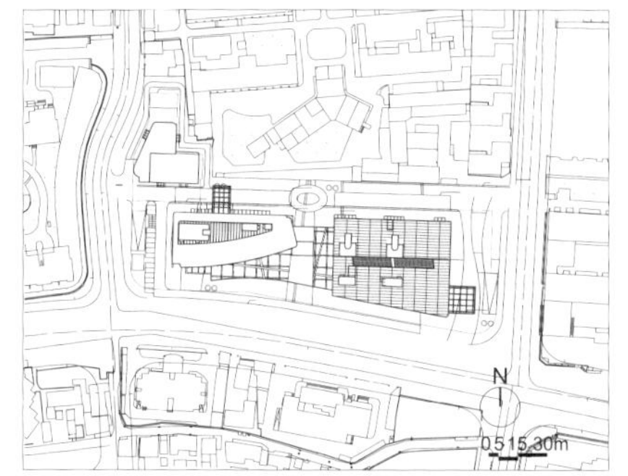

建设单位：黄浦区医疗中心

建设地点：上海市黄浦区

总建筑面积：79 567 平方米

建筑高度 / 层数：59.99 米 /15 层

床位数：600 床

设计时间：2008 年

竣工时间：2011 年

设计单位：华建集团华东建筑设计研究总院

项目团队：邱茂新、荀巍、王冠中

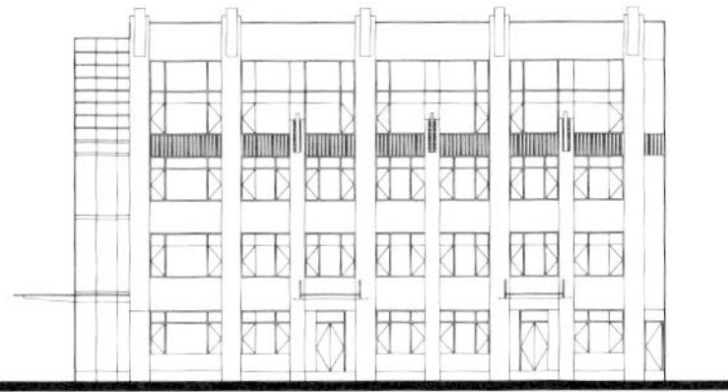

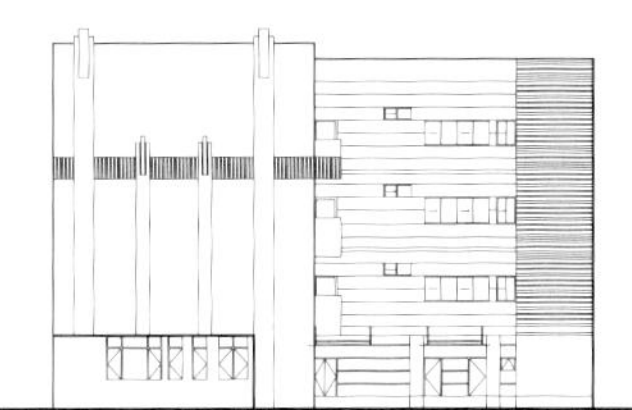

1	3
2	4

1. 总平面图
2. 夜间鸟瞰
3. 鸟瞰实景
4. 3 号楼立面图

复旦大学附属华山医院病房综合楼改、扩建工程项目

复旦大学附属华山医院病房综合楼项目位于上海市静安区华山医院本部内西南角，项目拟拆除用地范围内的原有 8 号教学楼、9 号食堂及 11 号病理楼，在满足退居民楼 24 米间距的基础上，贴临 6 号楼建设，对老楼外立面及接口处功能局部进行微小的合理改造，使垂直功能分布和层高尽量相同，新旧功能融合共享，进一步提升华山医院整体医疗硬件水平。

为创造和谐的城市界面关系及友好的视觉形象，立面设计充分考虑所处历史风貌保护区的风貌肌理，局部采用彩色的金属穿孔板回应场所文脉，最大限度地减少其对西侧居民楼的影响。新

建设单位： 复旦大学附属华山医院
建设地点： 上海市静安区乌鲁木齐中路 12 号
总建筑面积： 31 209 平方米
建筑高度 / 层数： 88.00 米 /19 层
床位数： 350 床
设计时间： 2013—2018 年
竣工时间： 2018 年 11 月
设计单位： 华建集团华东都市建筑设计研究总院（建筑设计）、华建集团上海地下空间与工程设计研究院（基坑围护）
项目团队： 李军、鲍亚仙、姚启远、李云波、陈佳、李时、谢啸威、周利锋、刘赟治、王晓东、胡振青
获奖情况： 上海市勘察设计学会佳作奖

建病房综合楼部分楼层设置垂直绿化，丰富院区及室内景观环境。由于地下一、二层布置医生餐厅，为保证良好的采光及通风效果，设计在花园绿地靠近新建楼的位置设置下沉庭院，结合垂直绿化等手法，在丰富花园空间环境的同时，又不破坏原有水景，还可以增加实际绿化面积，一举多得。

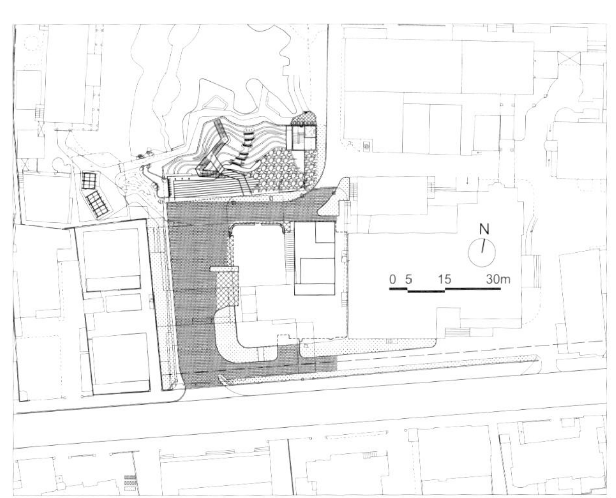

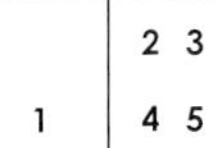

1. 夜景鸟瞰
2. 长乐路夜景透视图
3. 长乐路日景透视图
4. 总平面图
5. 立面图

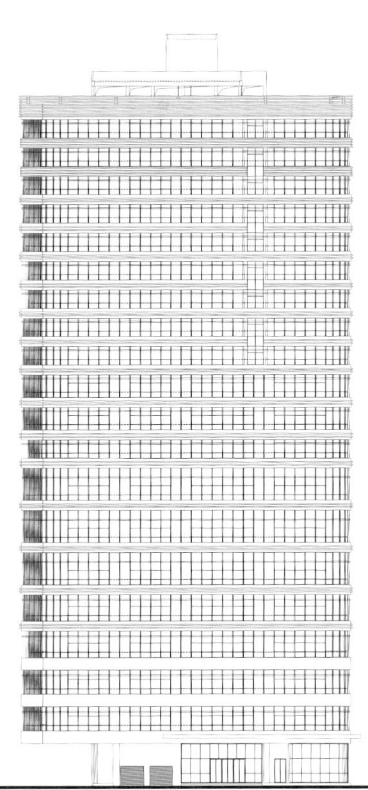

上海市南汇区医疗卫生中心

上海市南汇区医疗卫生中心位于南汇区惠南镇，包含四个单位：区中心医院、区精神卫生中心、血站、救护站。区中心医院含病房楼、门急诊综合楼、行政楼、感染科和营养食堂，地下 1 层，地上 14 层，总计床位 800 床。门诊楼、行政楼在病房楼南侧，三者成环形布置，围合出一个内院，感染科和营养食堂设置在病房楼北侧。标准病房层位于病房楼的 6~14 层，每层由中部竖向交通核心和两侧病房护理单元组合而成，两侧护理单元柱网规则，体系清晰。

整组建筑以高层的区中心医院为主角，其他多层建筑适当约束形体，形成张弛有度、多样统一的建筑整体形象。体系化的功能组织模式奠定了单元式建筑体块的组合；病房开间决定了主楼窗户的形式与比例。内与外的高度统一达到了真善美的和谐，体现出现代医疗中心所应有的建筑品格。

建设单位：南汇区医疗卫生中心
建设地点：上海市浦东新区
总建筑面积：46 140 平方米
建筑高度 / 层数：63.00 米 /14 层
床位数：800 床
设计时间：2005 年
竣工时间： 2008 年
设计单位：华建集团华东建筑设计研究总院
项目团队：邱茂新、王冠中、畅君文、史佩华
获奖情况： 2009 年度上海市优秀工程设计二等奖；2009 年度国家优质工程银奖

1	2 3	4 5

1. 总平面图
2. 一层平面图
3. 立面图
4. 沿河人视实景
5. 内院鸟瞰实景

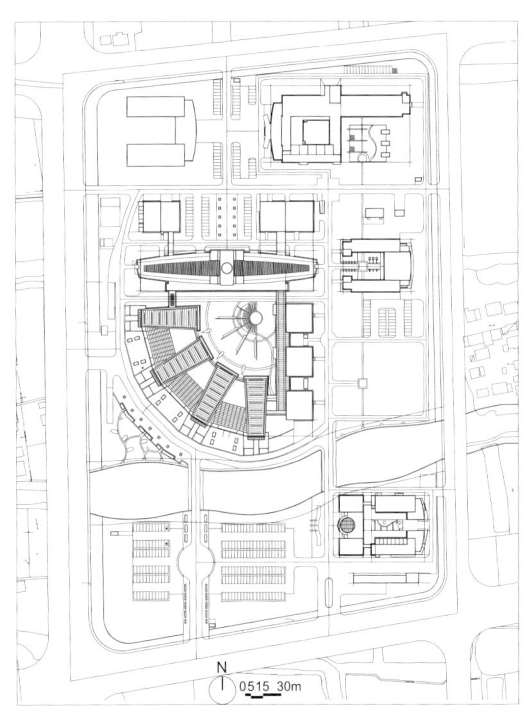

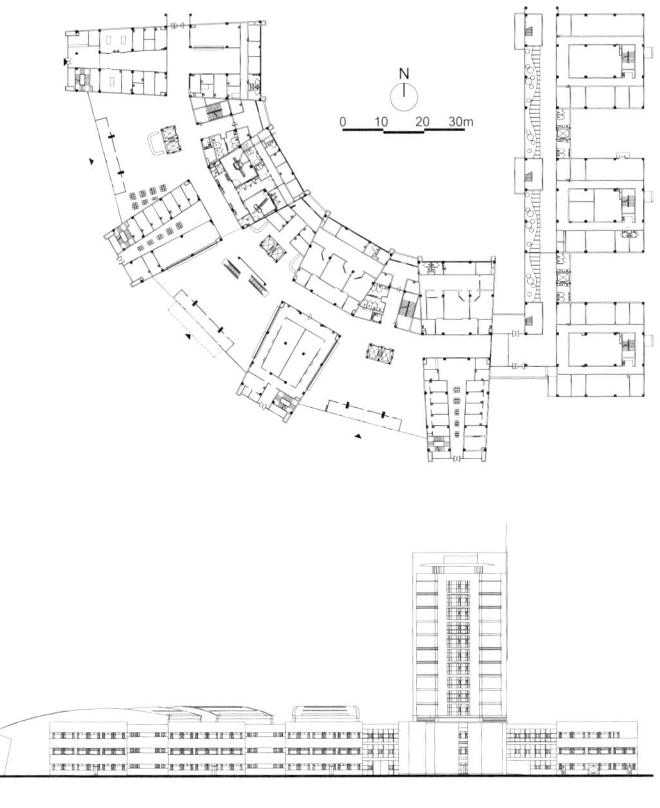

南汇区中心医院
NANHUI CENTER HOSPITAL

复旦大学附属金山医院
整体迁建工程项目

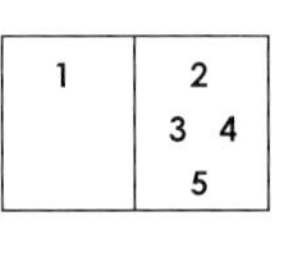

1. 内院
2. 门诊入口
3. 总平面图
4. 一层平面图
5. 立面图

复旦大学附属金山医院新院位于上海市金山新城北部，是上海市“十一五”期间启动的郊区三级甲等医院建设“5＋3＋1”工程中最早开工、最早竣工和最早启用的医院。医院功能上，通过环形的交通主轴“金山环”，串联了医疗区门诊、住院、急诊及化学救治三大功能块，使医院平疫结合、核化救治、资源共享的学科特点得以实现。

医院位于金山石化工业区。核化救治中心是上海市政府和上海申康医院发展中心着力打造的重要项目，指定该医院为化学事故救治伤病员定点收治医院，同时也为秦山核电站核事故中上海的第一救治站。核化救治中心位于院区西侧，与门诊区相对独立、适当联系，既满足应急时进行隔离、独立成区的要求，又利于平时与门诊区的资源共享，做到平疫结合。

建设单位：复旦大学附属金山医院
建设地点：上海市金山区
总建筑面积：84 324 平方米
建筑高度 / 层数：52.00 米 /12 层
床位数：700 床
设计时间：2007 年
竣工时间：2011 年
设计单位：华建集团华东建筑设计研究总院
项目团队：邱茂新、王馥、蔡漪雯、韩磊峰、郑若、杨琦、高斐
获奖情况：2013 年全国优秀勘察设计三等奖；2013 年上海市优秀勘察设计二等奖

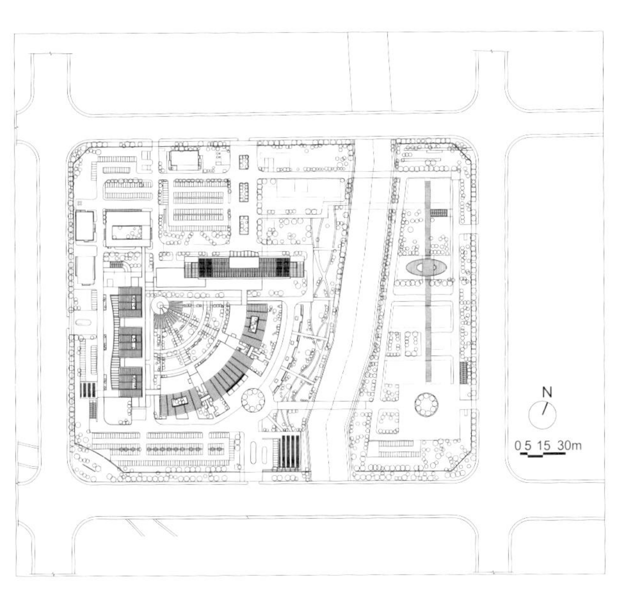
N
0 5 15 30m

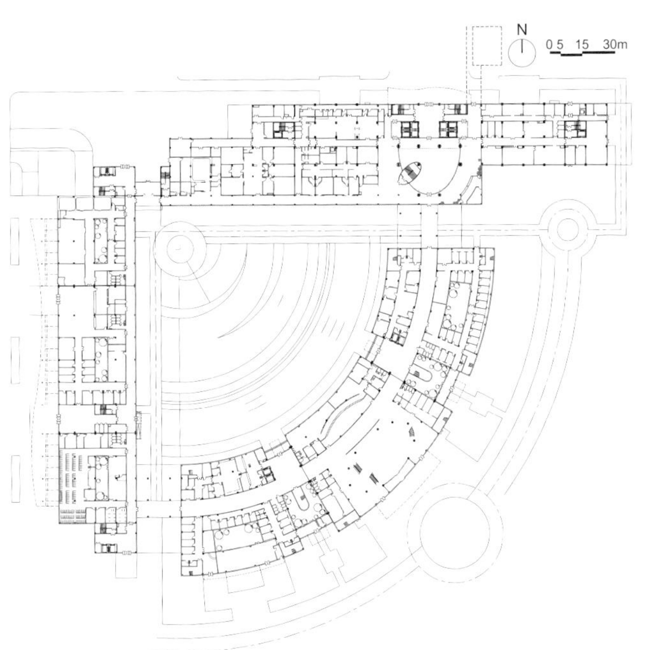
N
0 5 15 30m

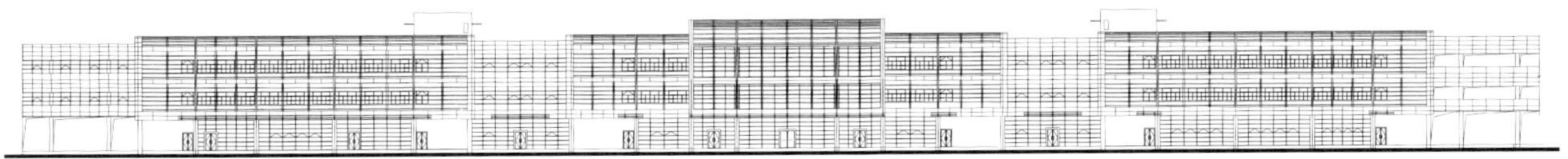

中国-东盟医疗保健合作中心（广西）

中国-东盟医疗保健合作中心（广西）位于广西医科大学第一附属医院院内，该医院创建于 1934 年，是广西首家三级甲等综合医院。本项目是集医疗、保健、康复、医学交流培训于一体的综合体，是可以接待东盟国家元首、领导人、重要人士及外国客商的高规格医疗保健中心。

充分考虑沿邕江的城市景观，设计采用弧形建筑平面组合，既可以实现空间与功能效益的最大化，也可以突出形象上“扬帆起航”的设计寓意。塔楼顶部设计有高 13 米的顶冠，让建筑本身变得更加挺拔、有气势，呼应了“邕江之帆”的设计主题，寓意中心将乘着“一带一路”的东风，扬帆起航。由于本项目的用地严重不足，在仅仅 8 000 多平方米的用地范围内建设 11.6 万平方米的高规格医疗保健中心，这对设计而言也是一个极大的挑战。

建设单位： 广西医科大学第一附属医院
建设地点： 广西壮族自治区南宁市青秀区
总建筑面积： 115 877 平方米
建筑高度 / 层数： 99.90 米 /26 层
床位数： 838 床
设计时间： 2015—2018 年
设计单位： 华建集团华东建筑设计研究总院
项目团队： 汪孝安、邱茂新、荀巍、王天泽、李晟、张春洋、申于平、王润栋

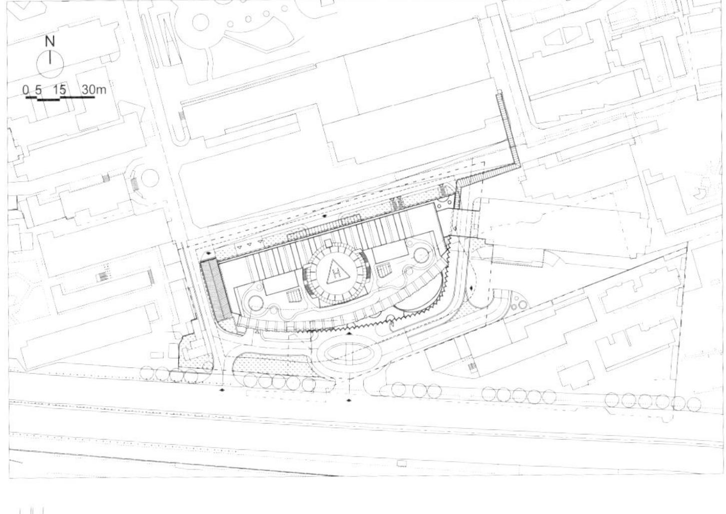

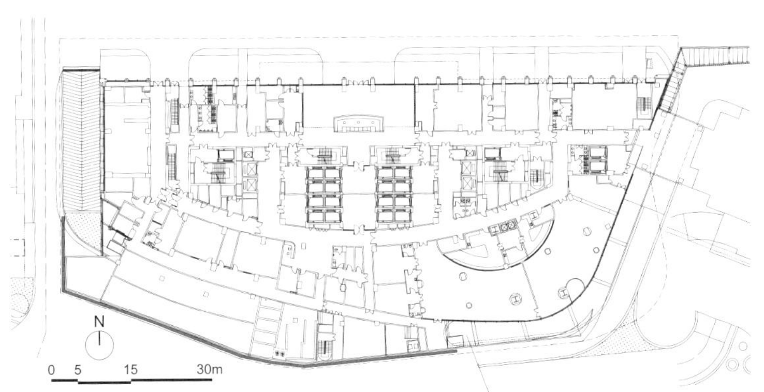

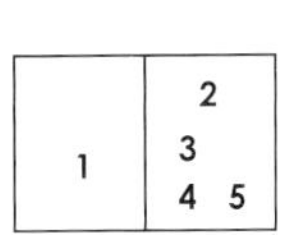

1. 西南侧鸟瞰图
2. 南侧局部透视图
3. 总平图
4. 一层平面图
5. 立面图

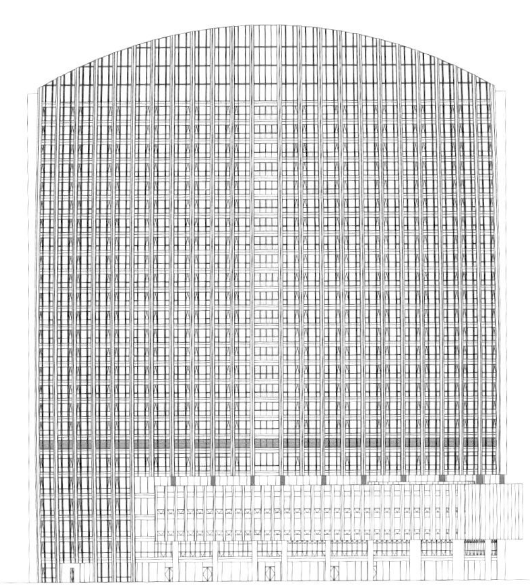

宁波市第一医院异地建设一期工程项目

宁波市第一医院异地建设工程项目以“浙江省医学中心”为目标，努力建设成为高效、集约、多层次的都市医疗综合体，助推宁波成为省级医学中心。一期项目以医技为核心，强调“大综合、强专科”的设计理念，进行整体功能的布局和设计。

建筑随场地转折变化，造型采用简洁的水平线条，适度起伏变化，形式结合功能，简洁大方。设计采用中心医疗街的结构布局方式，以医技为中心，根据科室功能、三区划分规范内部使用空间，实现医患分置、洁污分流，并将门急诊、医技、住院及其他医疗功能有机整合，按照功能分区设置门诊、急诊、后勤等出入口，有效地将车流限制在各出入口附近，或就近引入地下空间停靠，旨在实现地面安全、舒适、花园的景观步行环境。

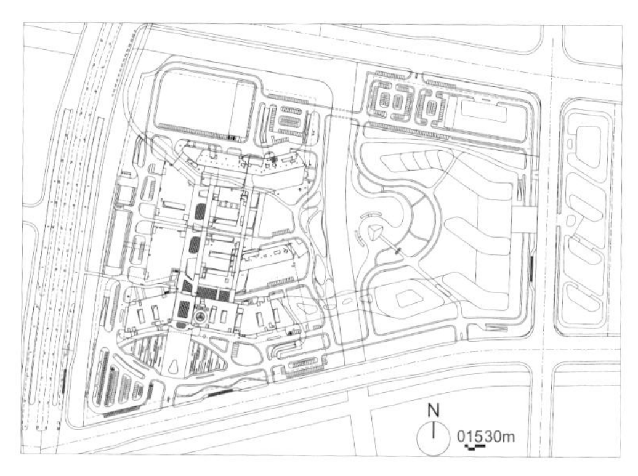

1. 总平面图
2. 主入口透视图
3. 鸟瞰图
4. 立面图
5. 立面图

建设单位：宁波市第一医院
建设地点：浙江宁波奉化区方桥地块
总建筑面积：214 700 平方米
建筑高度 / 层数：50.70 米 /11 层
床位数：1 200 床
设计时间：2019 年
竣工时间：2022 年（计划）
设计单位：华建集团华东都市建筑设计研究总院
项目团队：陈炜力、徐晓旭、辜克威、法振宇、陈天意、胡艳红、田野、汪洁、胡迪科、曹岱毅、蔡宇

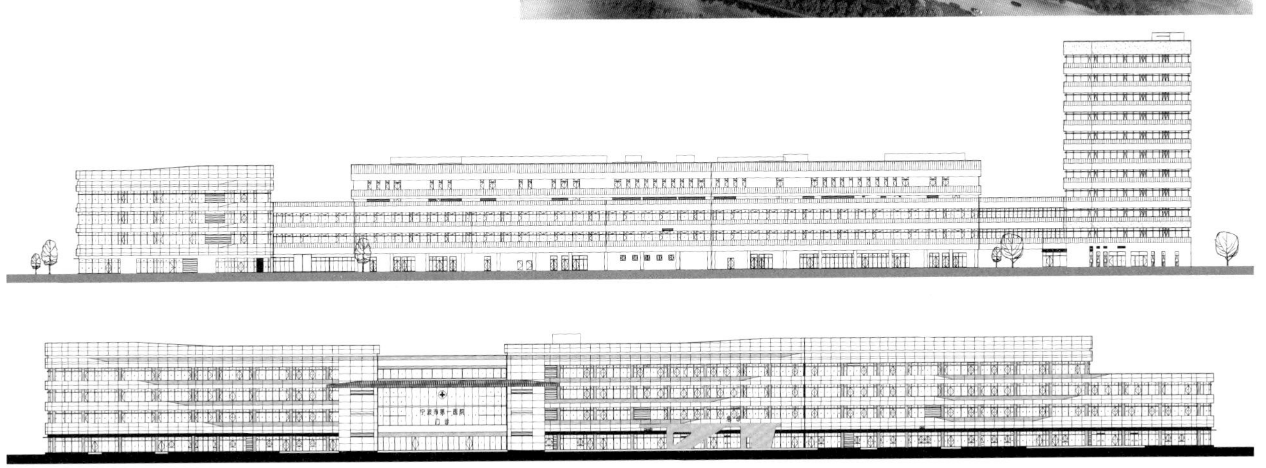

上海交通大学医学院附属仁济医院（闵行）

上海交通大学医学院附属仁济医院（闵行）是上海市政府根据国家医改精神，实施的具有前瞻性、战略性的“5+3+1”工程之一。本项目服务于奉贤、闵行、浦东附近近 100 万人口，医院设有 25 个临床重点科室，主要包含门诊、急诊、医技、住院和后勤保障等功能及用房，由地下一层、地上四层裙房和十二层塔楼组成。

项目整体建筑造型设计尊重城市及区域总体规划要求与肌理，采用南低北高、水平与纵向、集中与分散相结合的空间组合，将医院有机地融入城市区域的大环境中。设计将原本较长、大开间、大尺度的南立面根据功能关系分隔成小尺度、简洁的航空港式单元组合的空间形式，增强了空间的可识别性和认同感，体现“以人为本”的设计理念。

建设单位： 上海交通大学医学院附属仁济医院
建设地点： 上海市浦江镇
总建筑面积： 85 900 平方米
建筑高度 / 层数： 50.00 米 /12 层
床位数量： 700 床
设计时间： 2009 年
竣工时间： 2012 年
设计单位： 华建集团华东都市建筑设计研究总院
项目团队： 李军、李静、洪兴春、姚启远、俞悦、刘海军、朱华军、于军峰、郑沁宇、薛秀娟、沈新卫、楼遐敏、谢忻、李征联、谈佳红、王勤
获奖情况： 第四届上海建筑学会建筑创作佳作奖

1. 建筑南立面
2. 门诊大厅
3. 庭院
4. 病房
5. 总平面图

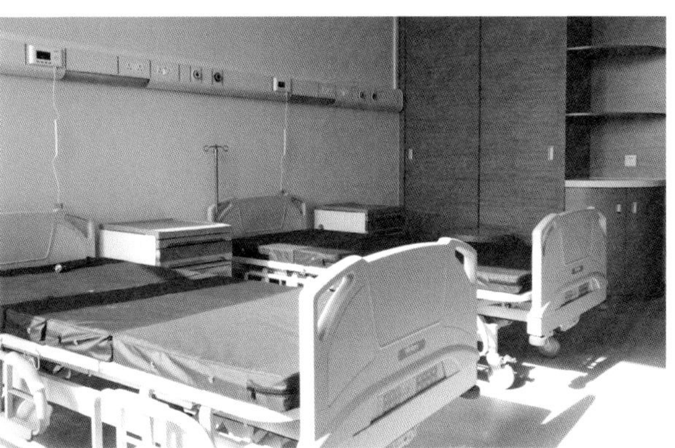

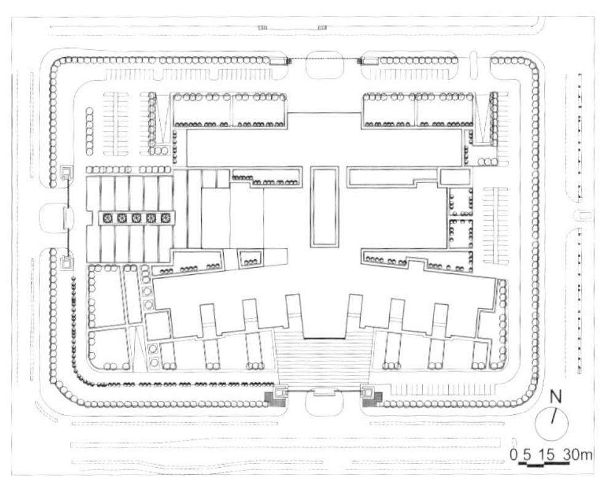
N
0 5 15 30m

湖北省中西医结合医院脑科中心综合楼

湖北省中西医结合医院（又名湖北省新华医院），位于武汉市汉口中心城区菱角湖畔，是湖北省卫生健康委员会直属的国家三级甲等综合性医院，同时也是湖北省脑科中心。项目依水而生，湖水一侧成为医院建筑城市形象和艺术形象集中展现的界面。设计以“水”为主题，以水的韵律和灵动为灵感，赋予建筑一个具有流动性和雕塑性的形体，通过竖向线条的变化将弧形裙房和方形主楼结合为一个完整的体量。

设计在弧线形外轮廓的裙房内部建立了严谨、理性的井字形平面体系。平面以南北向纵向通廊与横向通道组成交通脉络，医疗主街有机地串联起各功能模块，创造出易于识别和便利通达的空间环境，每一条医疗街尽端都朝向菱角湖，站在医疗街任何一点，都能看到湖景。

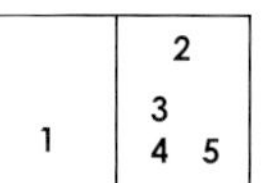

1. 入口人视图
2. 鸟瞰图
3. 总平面图
4. 一层平面图
5. 立面图

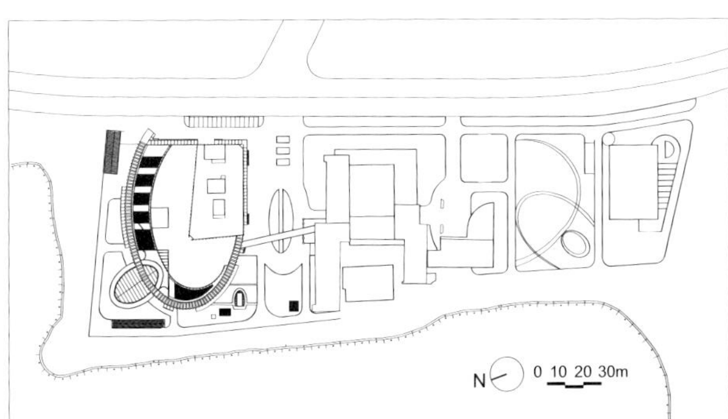

建设单位：湖北省中西医结合医院

建设地点：湖北省武汉市

总建筑面积：47 680 平方米

建筑高度 / 层数：60.00 米 /15 层

床位数：550 床

设计时间：2008 年

竣工时间：2015 年

设计单位：华建集团华东建筑设计研究总院

项目团队：邱茂新、王馥、李晟、徐续航、彭小娟、韩磊峰、郑若、高斐

获奖情况：2015 年度上海市优秀勘察设计三等奖；2014—2015 年国家优质工程奖获奖工程银奖

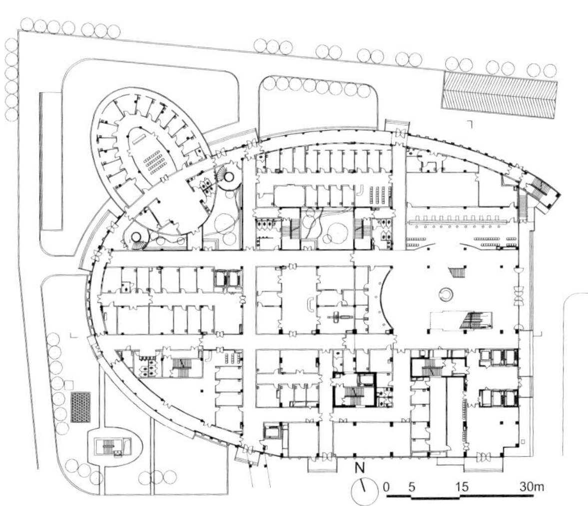

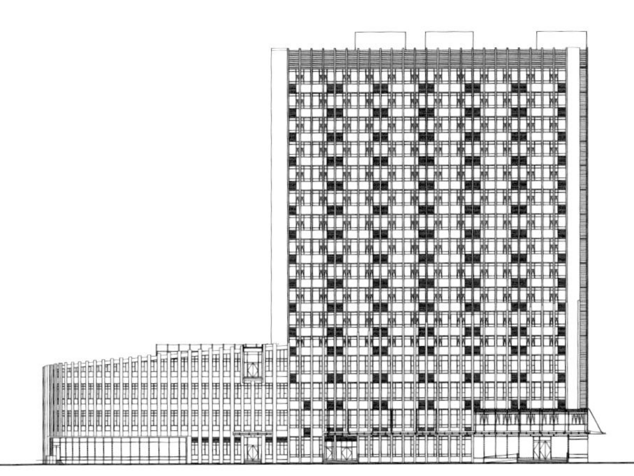

太仓市第一人民医院迁建工程项目

太仓市第一人民医院新院位于太仓市经济技术开发区，昂首于江苏省东南部长三角前沿。项目总体规划采用“两轴、一心、一环”的匀质秩序的模块化医疗空间结构，既满足城市规划的要求，又实现了总体规划与医疗功能的一体化。

医疗功能设计遵循高效、安全、稳定性与适应性结合的原则，合理分区、资源共享，体现现代化医院的特点——功能模块化、流程体系化。建筑形体设计上采用横向与竖向体块的穿插与组合，细部与体块的呼应，刚直与柔曲的交错，建筑的功能指导形象。建筑立面采用石材、铝板、玻璃和金属百叶等不同材料，为不同功能设施提供统一的视觉组织元素，形成一种秩序感。建筑高度错落，在泛光环境中创造变幻无穷的效果。

建设单位： 太仓市第一人民医院
建设地点： 江苏省太仓市
总建筑面积： 128 094 平方米
建筑高度 / 层数： 75.45 米 /16 层
床位数： 1 000 床
设计时间： 2007 年
竣工时间： 2011 年
设计单位： 华建集团华东建筑设计研究总院
项目团队： 邱茂新、荀巍、李晟、梅晔、严晨、董浩、韩磊峰、王进军
获奖情况： 2017 年上海市优秀工程勘察设计项目三等奖

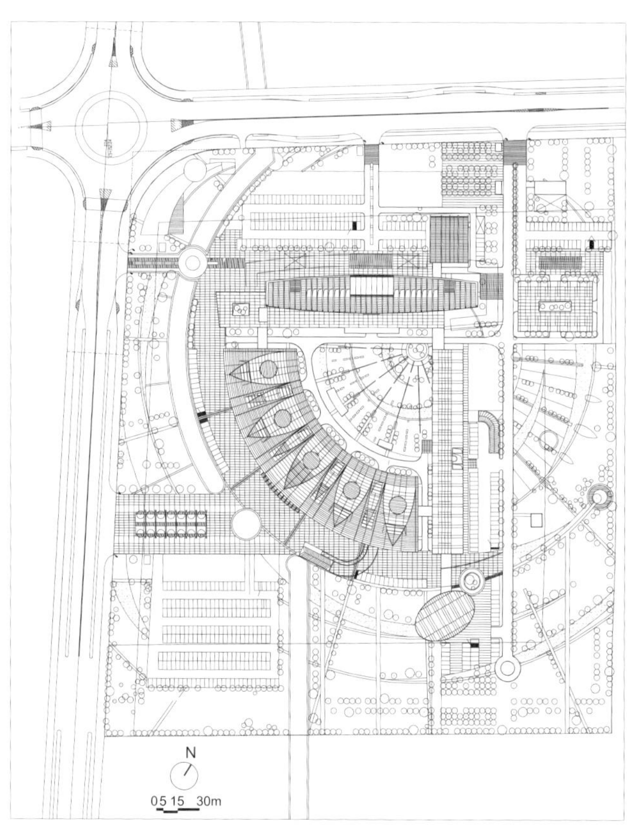

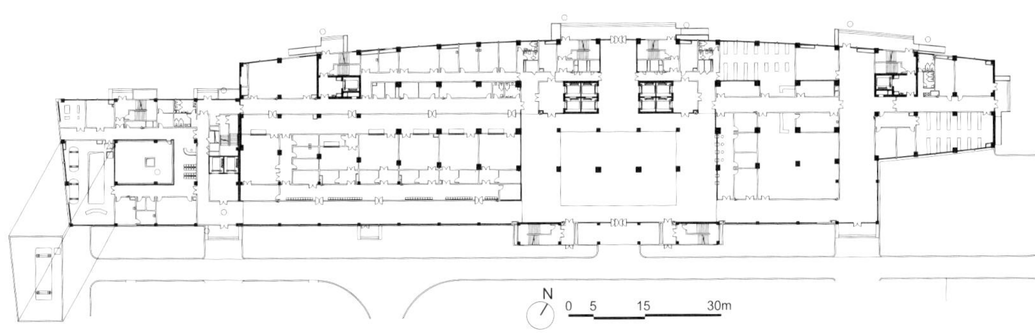

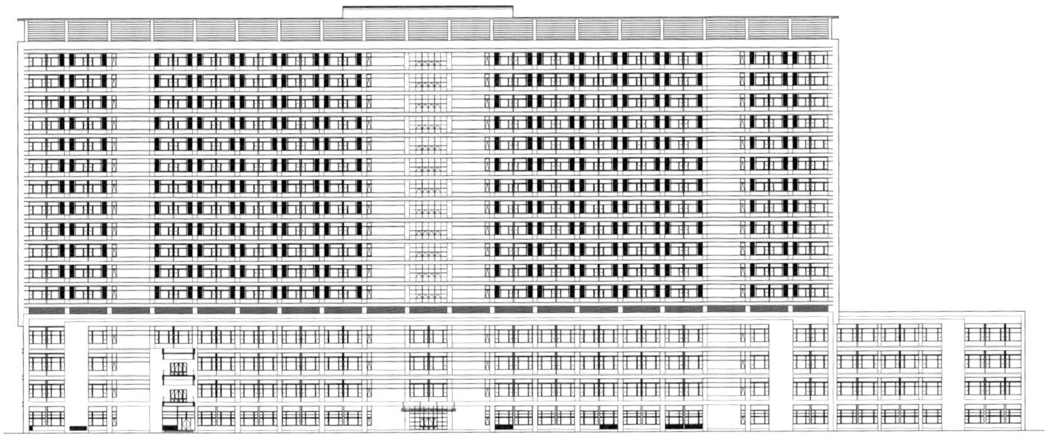

3
1 2 4
5

1. 总平面图
2. 内庭院
3. 日景
4. 一层平面图
5. 立面图

山东省立医院病房综合楼一期工程项目

山东省立医院中心院区位于山东省济南市老城区，本项目建设基地位于山东省立医院中心院区内部，是一栋新建的病房综合楼，地上 17 层，地下 3 层，新增床位数 1 100 床。老院改造面临建设场地局促的问题，为了不影响建设期间正常医疗工作进行，预先制订全院功能、能源、保障的建设预案，做好顶层设计，按部就班，科学实施。

设计中，充分利用槐荫广场的城市景观资源，同时梳理院内交通，建立科学便捷、层次分明的交通体系。建筑形象上考虑到地处济南商埠区外围，以及东北侧有省保护建筑仁和楼，所以设计运用多种建筑语汇削弱建筑体量，与济南老城区整体城市形象取得有机协调。建筑立面汲取医院经典设计符号，体现百年省医丰富的历史积淀，延续文脉。

建设单位： 山东省立医院
建设地点： 山东省济南市槐荫区
总建筑面积： 83 000 平方米
建筑高度 / 层数： 75.00 米 /17 层
床位数： 1 100 床
设计时间： 2019—2021 年
竣工时间： 2023 年（预计）
设计单位： 华建集团华东建筑设计研究总院
项目团队： 荀巍、周吉、严谨、李社宸、韩倩雯、陆琼文、阮大康、吕宁、张晓波、殷鹏程

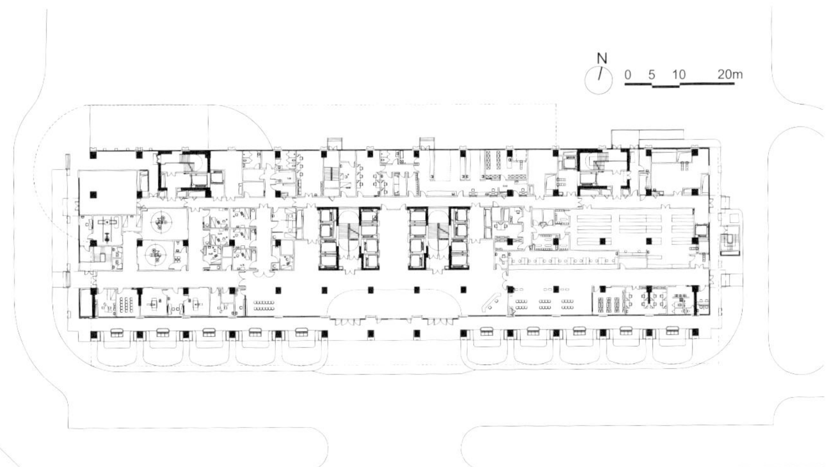

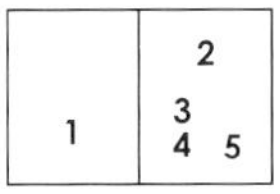

1
2
3
4 5

1. 鸟瞰图
2. 全景透视图
3. 一层平面图
4. 总平面图
5. 立面图

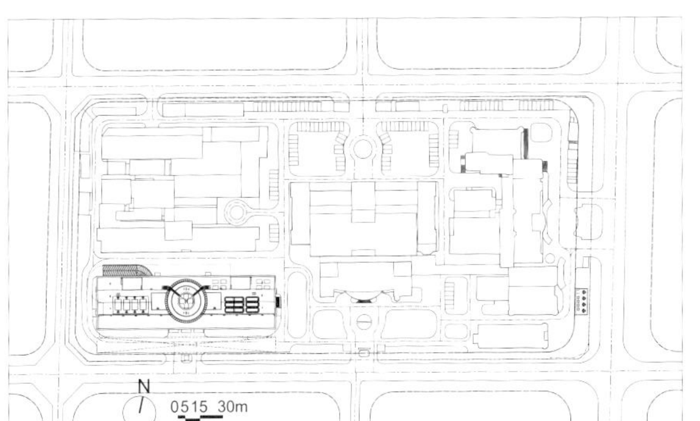

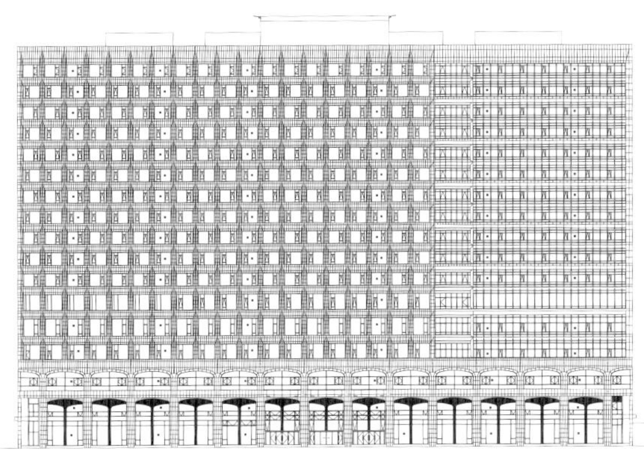

上海长海医院门急诊大楼

上海长海医院创建于 1949 年，是集医疗、教学、科研于一体的现代化大型综合性三级甲等医院。“大音希声，大象无形”是本次设计的概念。两个“L”形实体与一圆柱虚体相互连接，形成清晰的体量组织结构，将建筑统一为有机整体，通过简洁而单纯的水平线条表现出舒展、宁静的军队医院建筑性格。

门诊的主要功能以模块化的形式分单元布置，以医疗功能为单位进行楼层分区，满足功能的适应性、稳定性。垂直流程依托电梯、扶梯均匀分流，水平流程通过医疗街将人流分散在诊区模块内；采用双走廊的门诊模式解决洁污流线和医患流线。靠近医疗街设置了 6 层通高的采光中庭，结合绿植，将阳光、绿化引入室内，大大改善了病人的就诊环境。每个模块的医生后走廊附近设有医生的休息空间、会诊空间，中庭提供了良好的采光和通风，为医务工作者创造了高品质的环境。

建设单位： 上海长海医院
建设地点： 上海
总建筑面积： 93 772 平方米
建筑高度 / 层数： 37.20 米 /8 层
设计时间： 2005 年
竣工时间： 2009 年
设计单位： 华建集团华东建筑设计研究总院
项目团队： 邱茂新、魏飞、张海燕、陆琼文、孙玉颐

1 2 3 4	5 6 7 8

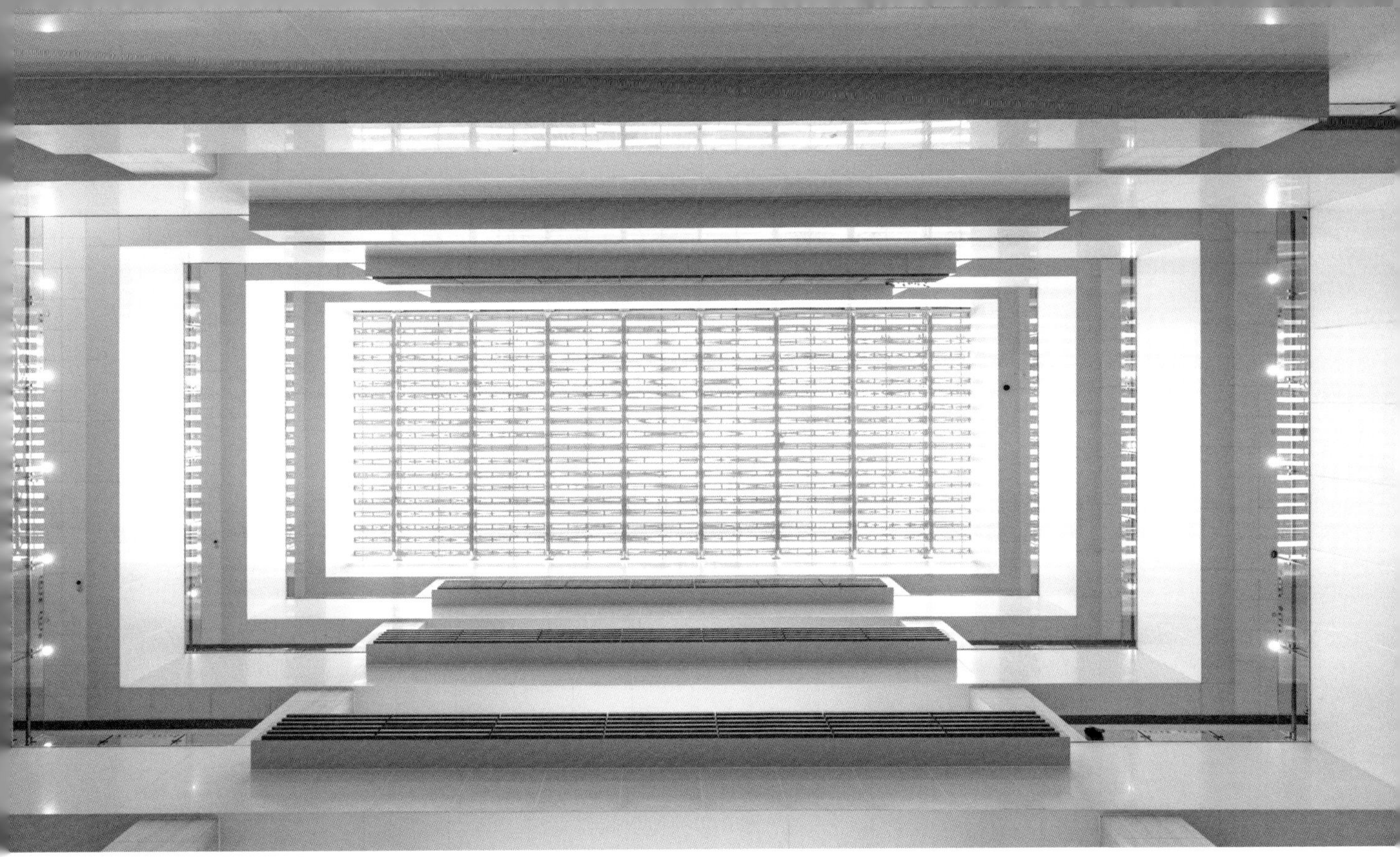

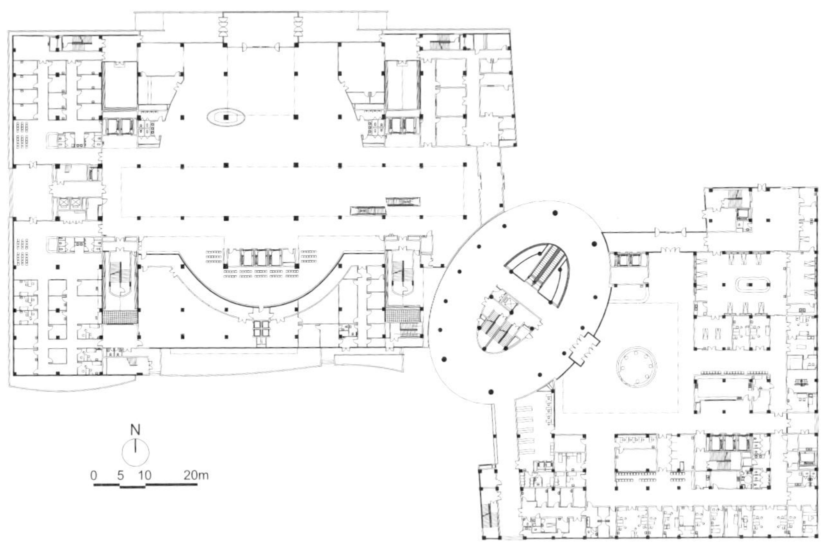

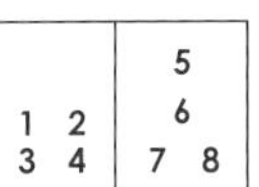

1. 主入口
2. 门诊休息空间
3. 候药区
4. 退台
5. 室内中厅
6. 一层平面图
7. 总平面图
8. 剖面图

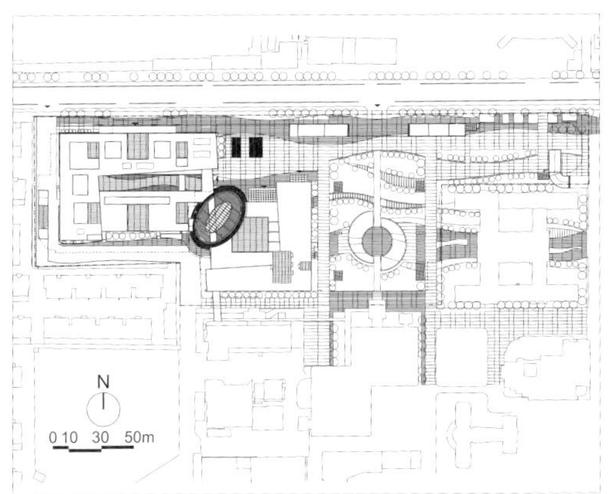

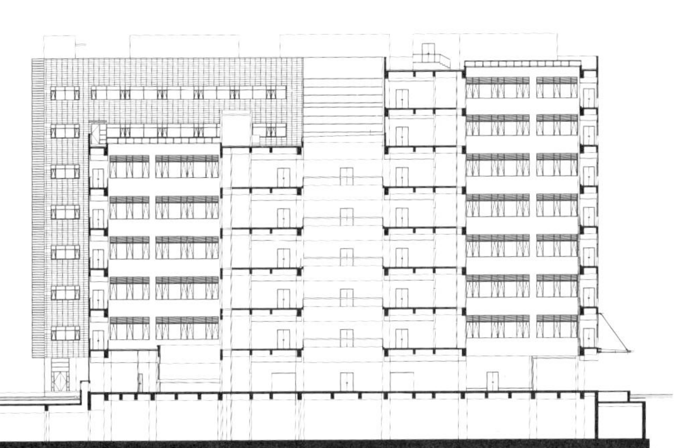

临沂市兰山区人民医院新院区

本项目作为大型综合医院，将为临沂市西部新城提供一个优质的医疗卫生服务资源，改善医疗环境和布局，使群众享受到优质、高效的医疗卫生服务，满足医疗卫生事业发展的需要。

设计以患者体验为出发点，采用紧凑集约的总体布局，门急诊与医技紧邻布置，住院部分叠置于医技部分之上，通过水平与垂直两个维度的立体交通串联各个医疗功能分区，营造了紧凑高效的人流系统，使患者实现快捷就医。门诊单元、护理单元的模块化设计，布局清晰明确，为日后功能置换、医院的有体机生长提供可能性。建筑主体设置不同标高的绿化庭院、屋顶花园，为内部空间引入绿色与阳光，创造了内外融合的绿色共享空间，打造亲切舒适的就医环境。结合河流柔美的线条意象，设计采用柔和、亲切的流线型立面造型，塑造轻盈灵动、充满生机的建筑形体。

建设单位：临沂市兰山区人民医院
建设地点：山东省临沂市义堂镇
总建筑面积：143 900 平方米
建筑高度 / 层数：68.80 米 / 14 层
床位数：830 床
设计时间：2017—2019 年
设计单位：华建集团上海建筑设计研究院
合作设计单位：山东省临沂市规划建筑设计研究院
合作设计工作内容：施工图设计
项目团队：陈国亮、陆行舟、蒋媄璐、张栩然、余力谨、糜建国、王亦、陈尹、朱竑锦、吴健斌、徐杰等

1. 鸟瞰图
2. 透视效果图
3. 总平面图
4. 一层平面图

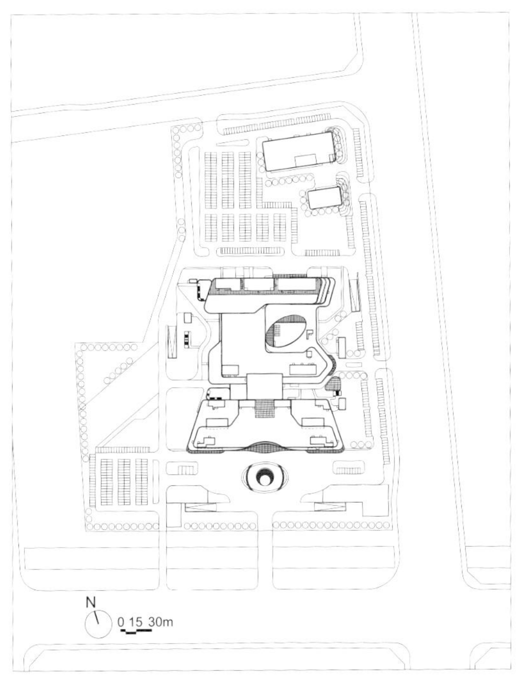
N
0 15 30m

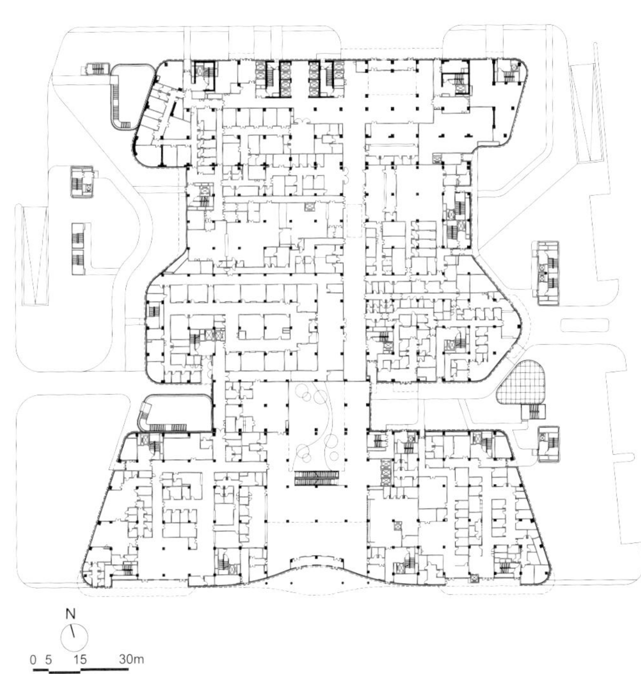
N
0 5 15 30m

上海市胸科医院肺部肿瘤临床医学中心病房楼

项目位于上海市区淮海西路 241 号院区东侧，南望番禺公园。肺部肿瘤临床医学中心病房楼建立功能模块化的体系结构，共分为五大区：病房区、医疗区、后勤保障区、行政会议区和科研实验区，各区之间通过垂直交通密切联系。各模块相对独立，自成体系，分而不散，易于管理。

建筑造型化整为零，中间以走廊连接，其目的是打破大进深建筑的厚重感、单调感，体现轻盈的建筑造型特点。延续总体规划的双塔概念，肺部肿瘤临床医学中心病房楼与既有病房楼共同形成院区的标志，建筑群独具特色的天际线与现有城市公共空间及环境相得益彰。建筑立面延续原有建成环境的造型意向，弧形的建筑造型赋予立面以流动感，通过强调立面线条的设计增加韵律感。

1 2 3 4	5

1. 总平面图
2. 一层平面图
3. 日景图
4. 北立面图
5. 夜景图

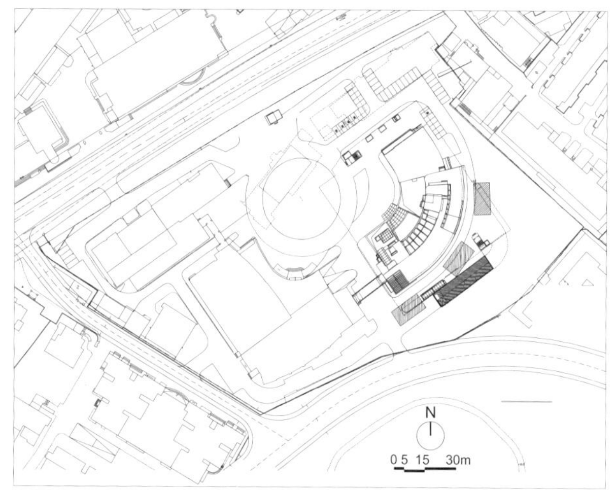

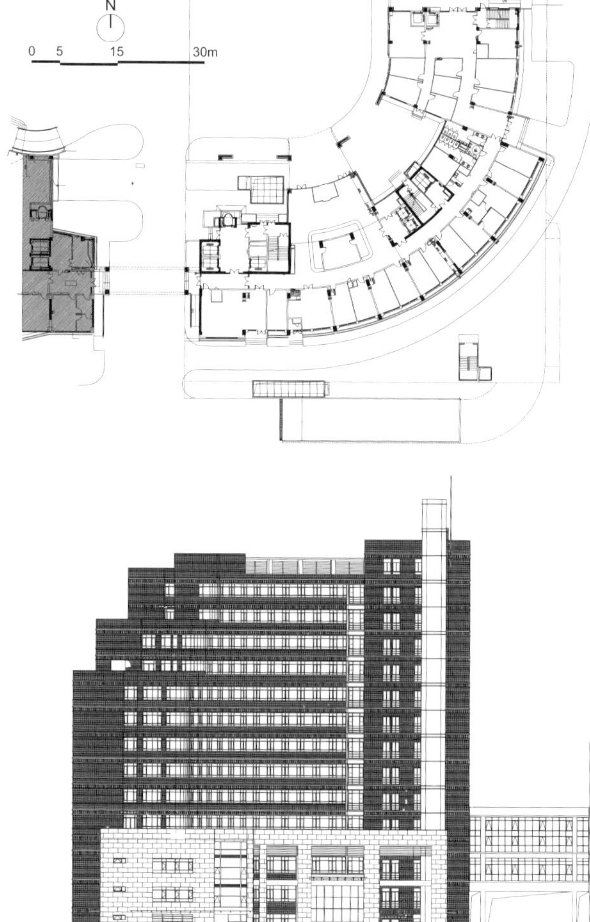

建设单位：上海市胸科医院

建设地点：上海市淮海西路

总建筑面积：25 197 平方米

建筑高度 / 层数：55.15 米 /13 层

床位数：138 床

设计时间：2010 年

竣工时间：2013 年

设计单位：华建集团华东建筑设计研究总院

项目团队：邱茂新、荀巍、李晟、李明、陆琼文、韩倩雯、袁璐、余杰

获奖情况：2017 年上海市优秀工程勘察设计项目三等奖

厦门大学附属第一医院内科综合大楼暨院综合改造工程项目

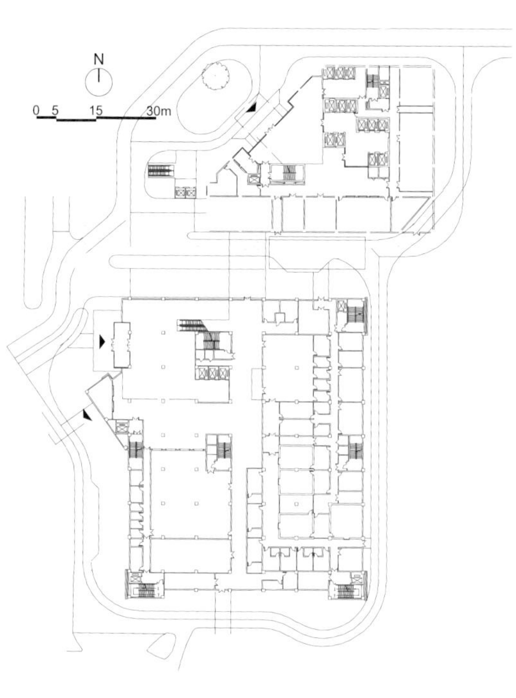

	4
1 2 3	5

1. 总平面图
2. 一层平面图
3. 人视效果图
4. 鸟瞰图
5. 立面图

设计力求建设一家美观新颖、功能完备的现代化综合医院。为了全面提升医院整体能级，结合基地特征，并为医院发展留有余地，分别于一、二期置入住院、门诊医技两大功能，经由架空连廊与其他单体建筑相连接，将场地中原本零散的医疗功能统一为整体，依次形成“车行环—人行环—门急诊环—医技环—住院环” 五环一体的院区功能结构。结合基地中现有的停车楼，将来自地铁、人行天桥、停车楼内部的人行、车行流线竖向分层，整合出垂直交通系统，在立体空间上做到人车分流，有效避免各流线之间的相互穿越。以病人为中心，内部环境与外部环境相结合，治疗空间与公共空间并重。突出适应“环境—心理—生理”医学模式的建筑创意及环境对人的心理感应作用；注重人性化的细节设计，完善公共配套设施。服务病人的同时也为医护和其他工作人员提供舒适的工作环境。

建设单位：厦门大学附属第一医院
建设地点：福建省厦门市镇海路上古街
总建筑面积：105 000 平方米（新建），242 928.71 平方米（总）
建筑高度 / 层数：104.30 米 /25 层
床位数：1 100 床（新建），2 500 床（总）
设计时间：2015 年 1 月
设计单位：华建集团上海建筑设计研究院、华建集团厦门分院（上海院）
项目团队：魏敦山、陈国亮、卓非、陆行舟、郑亚丰、魏志平、陈尹、吴健斌、徐杰、陈远流

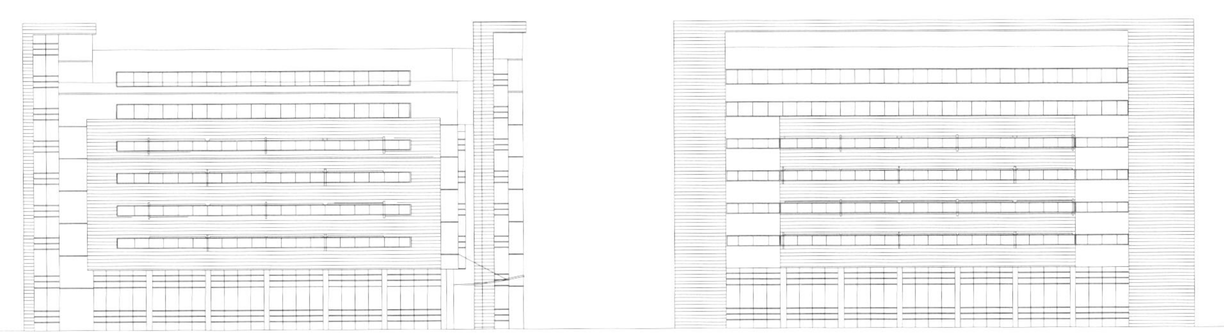

山东大学第二医院医技综合楼、外科病房楼

建设单位：山东大学第二医院

建设地点：山东省济南市天桥区

总建筑面积：101 965 平方米

建筑高度 / 层数：97.10 米 /23 层（外科病房楼），78.70 米 /17 层（医技综合楼）

床位数：985 床

设计时间：2007—2008 年（外科病房楼），2016 年（医技综合楼）

竣工时间：2012 年（外科病房楼）

设计单位：华建集团上海建筑设计研究院（建筑设计）

项目团队：唐茜嵘、钟璐、周宇庆、脱宁、毛大可、姜怡茹（外科病房楼）；陈国亮、周涛、徐亚庆、糜建国、陈尹、吴健斌、徐杰（医技综合楼）

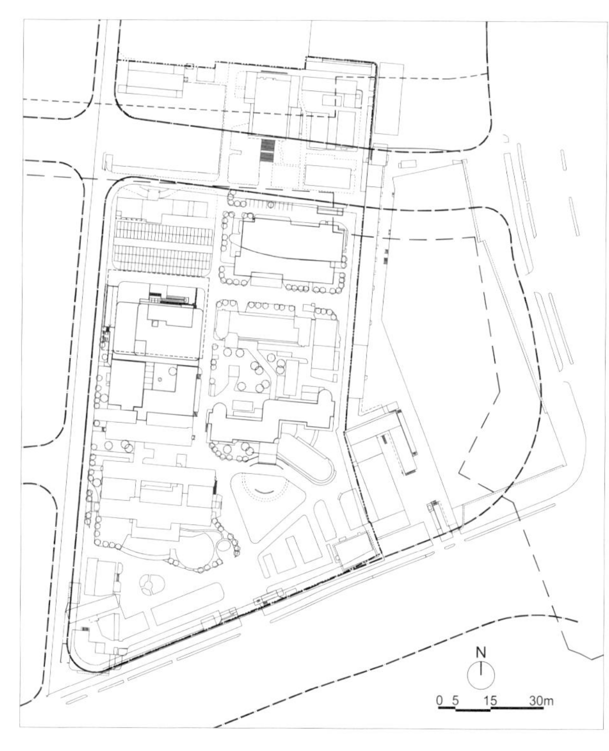

山东大学第二医院的发展远景定位为“建设国内一流医院，领跑医疗体制改革”，建设与国际接轨的医、教、研一体化的大型大学医院。医院致力于通过引进国内外专家教授，形成医疗学科联合优势，为山东以及全国提供优质的医疗服务。设计遵循“灵活性与发展”的规划理念，在设计方案中实现高度的灵活性和可持续性，适应现代化医院的发展趋势。

医院位于济南市天桥区，已竣工的外科病房楼共 23 层，高 97.10 米，785 床位，2007 年设计，2012 年竣工； 2016 年设计了医技综合楼，共 17 层，高 78.70 米，200 张床位。根据国际现代化医院的设计理念，结合医院基地的实际情况，尊重医院现状，满足医院正常医疗和教学工作，重新规划整个院区，拆一点建一点，多留空地作为交通、绿化用地，力求营造一个亲切、新颖、统一的建筑环境。新建的医技综合楼是整个规划中的重要一环，希望将其打造为一个功能合理、运行安全、资源共享、以人为本、科学环保、灵活发展、具有现代建筑风格的医疗综合体。

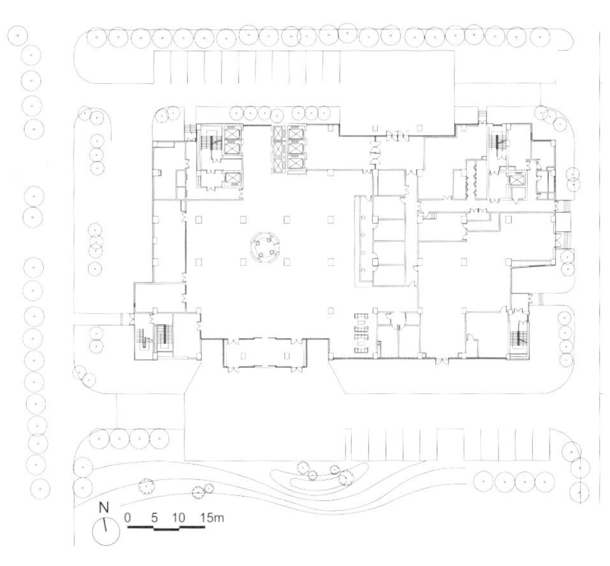

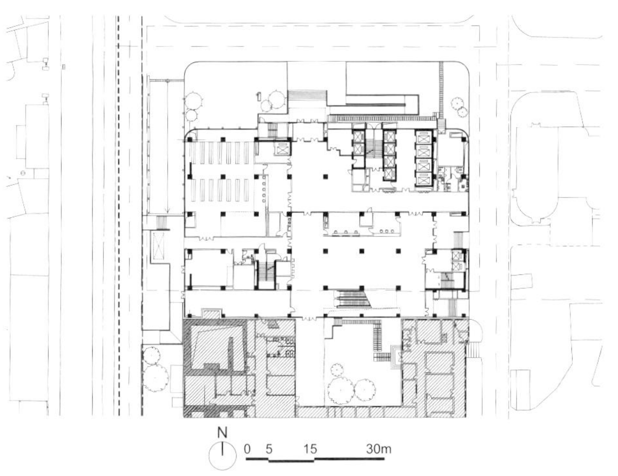

1. 医技综合楼人视点透视
2. 总平面图
3. 外科病房楼一层平面图
4. 医技综合楼一层平面图
5. 外科病房楼鸟瞰图

上海长征医院浦东新院

上海长征医院浦东新院是一家超大规模的三级甲等部队医院。医院提出了环境生态化、建筑艺术化、设施现代化、服务人文化、管理智能化、技术卓越化、交流国际化、理念领率化的建设目标，设计力求将上海市长征医院浦东新院打造成为具有国际标准的绿色生态智能化医院。以 JCI 认证为标准，结合中国的医疗规范，通过安全与规范化的管理来规范医院医疗服务质量，保障患者的安全。通过在建筑表皮体系、室内环境、场地设计等方面为新院制订完备的生态节能策略，全力打造绿色生态医院。运用最前沿信息技术，以数字化、网络化、智能化的方式管理各项医疗业务，实现全面数字智能化。新院建设用地功能分区明确，各区块合理高效布局，相互独立又连接便利。立面造型注重医院建筑的城市形象设计，选取莲花意向，将这一元素提炼并大量运用，打造契合长征文化、富有禅意的新医院。新院采用绿色生态系统设计，采用大面积绿化、开放式庭院、引入自然河道的水景，实现新院区生态化、园林化。

建设单位： 上海长征医院
建设地点： 上海市浦东新区曹路镇
总建筑面积： 449 600 平方米
床位数： 2 000 床
设计时间： 2010—2014 年
设计单位： 华建集团上海建筑设计研究院（建筑设计）、华建集团申元岩土工程公司（基坑围护）
合作设计单位： 美国 RTKL 建筑设计有限公司
合作设计工作内容： 建筑方案设计、建筑专业初步设计
项目团队： 陈国亮、孙燕心、周涛、黄慧、王佳怡、李剑锋、包虹、乐照林、万洪

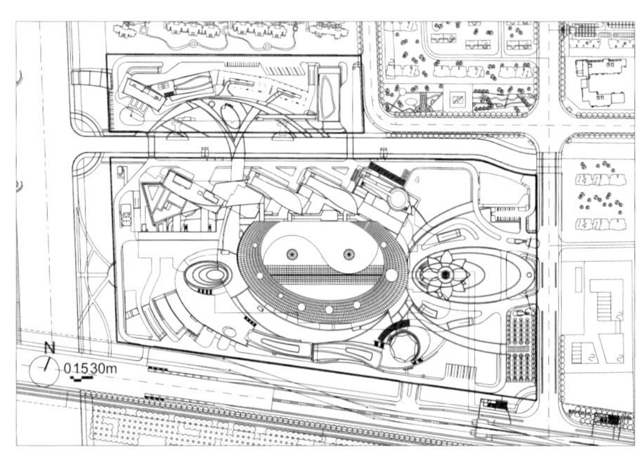

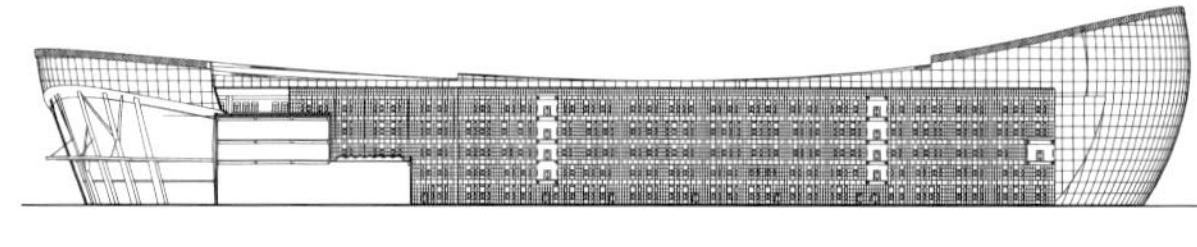

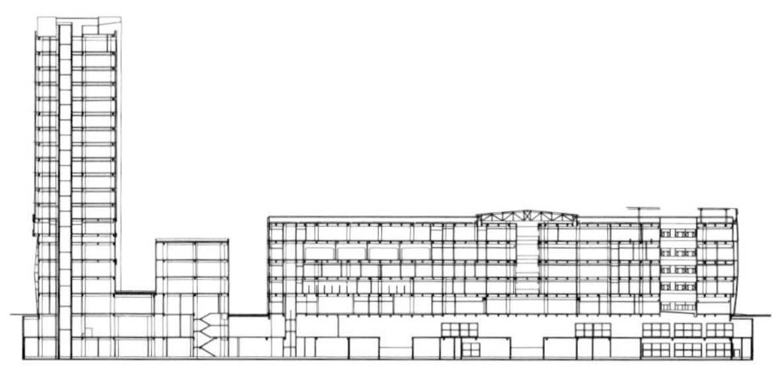

1 2 3 4	5 6

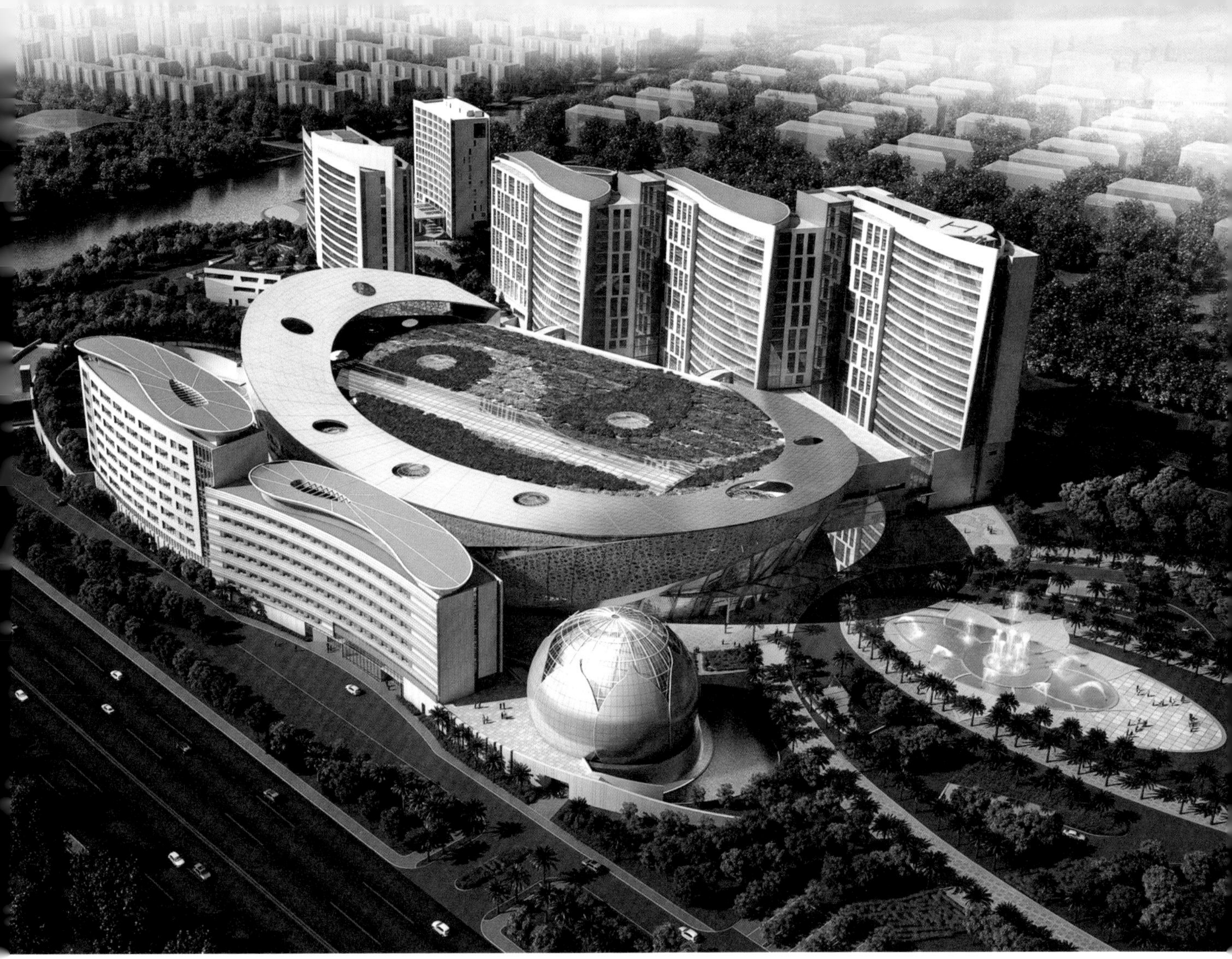

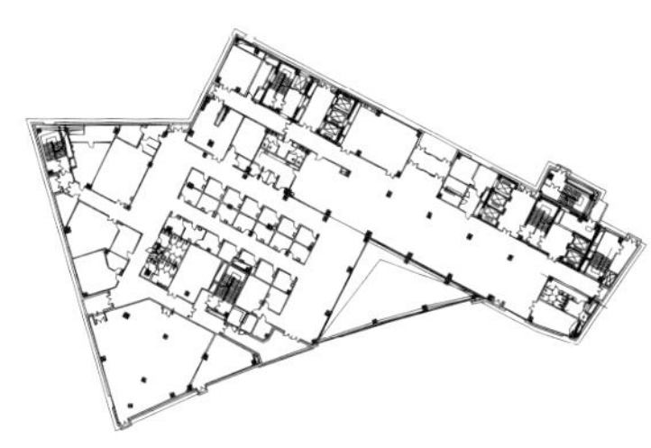

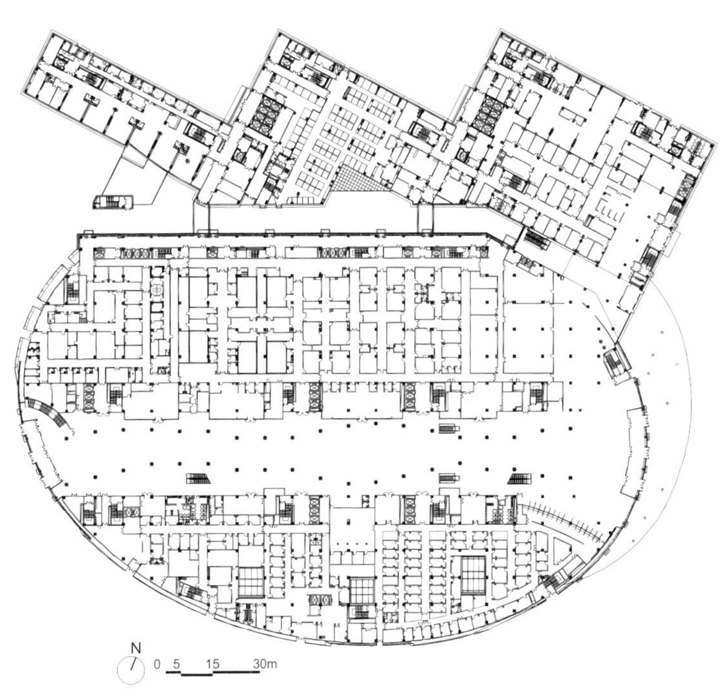

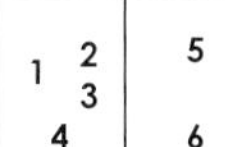

1. 总平面图
2. 立面图
3. 剖面图
4. 主入口
5. 鸟瞰图
6. 一层平面图

天津医科大学空港国际医院

天津医科大学空港国际医院是由天津保税区投资有限公司投资建设，天津医科大学经营管理的综合性医院。设计力求创造现代、高效、舒适的综合医院，为周边居民的生活和健康提供服务。

在设计布局上，以医技手术部为中心的建筑布局，保证了各功能之间联系路径最短、最便捷，提高了各种医疗资源利用效率，更好地保障了病人的生命安全。同时强调水平为主的流线理念，急诊、急救、ICU、医技部、手术部全部设置在建筑首层，通过绿色急救通道联系，不仅保证了任何情况下病人的抢救机会，而且任何情况下危重病人都能被方便地转移到其他安全区域。此外在总体设计中，对医技部的屋顶花园进行专门设计，综合考虑病人的康复与休养诉求，为不同人群提供户外活动的场所，同时营造出可持续发展的绿色生态空间。充分利用地块周边原有的绿地系统，延续城市原有的景观轴线并与其衔接起来，形成统一的生态网络和绿化系统——城市公共花园。

建设单位： 天津保税区投资有限公司
建设地点： 天津空港物流加工区
总建筑面积： 155 749 平方米
建筑高度 / 层数： 44.65 米 /10 层
床位数： 1 500 床
设计时间： 2011 年
竣工时间： 2015 年
设计单位： 华建集团上海建筑设计研究院
合作设计单位： 德国 SBA 公司
合作设计工作内容： 建筑方案及扩初设计
项目团队： 姜世峰、赵永华、顾成竹、徐璐、杨军、干红、周冰莲、徐杰
获奖情况： 2015 年度“海河杯”天津市优秀勘察设计优秀设计奖

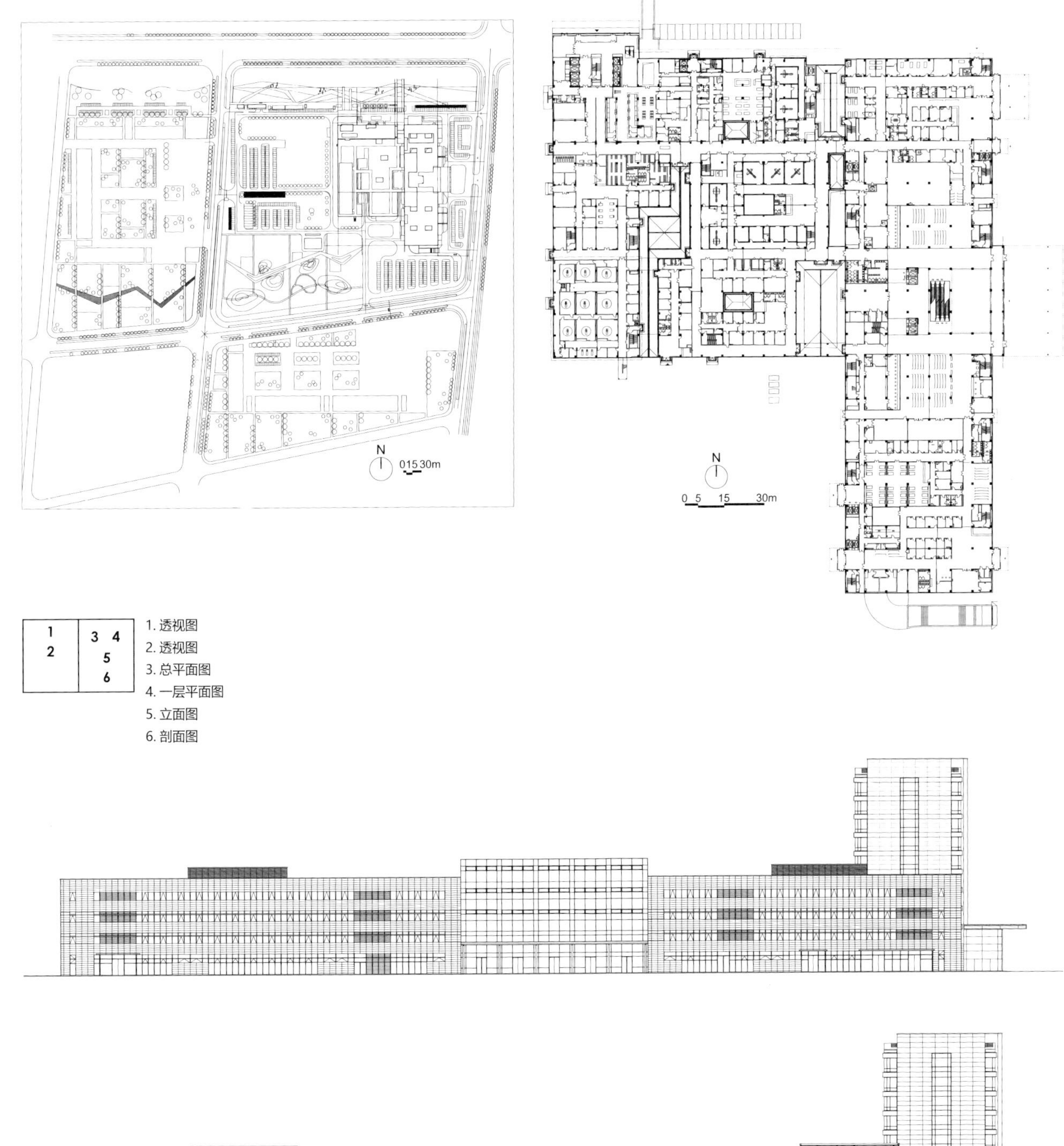

1 2	3 4 5 6

1. 透视图
2. 透视图
3. 总平面图
4. 一层平面图
5. 立面图
6. 剖面图

江西医科大学附属第一医院赣江新区医院

建设单位： 江西赣江绿色康养产业有限公司
建设地点： 江西南昌
总建筑面积： 140 000 平方米
建筑层数： 地下 1/2 层，地上 3/6/10/17 层
床位数： 600 床
设计时间： 2018 年 11 月
设计单位： 华建集团华东建筑设计研究总院（建筑设计）、华建集团建筑装饰环境设计研究院（室内设计）
项目团队： 张海燕、蔡漪雯、刘晓明、徐续航、周晔（华东总院），吴伟亮（环境院）

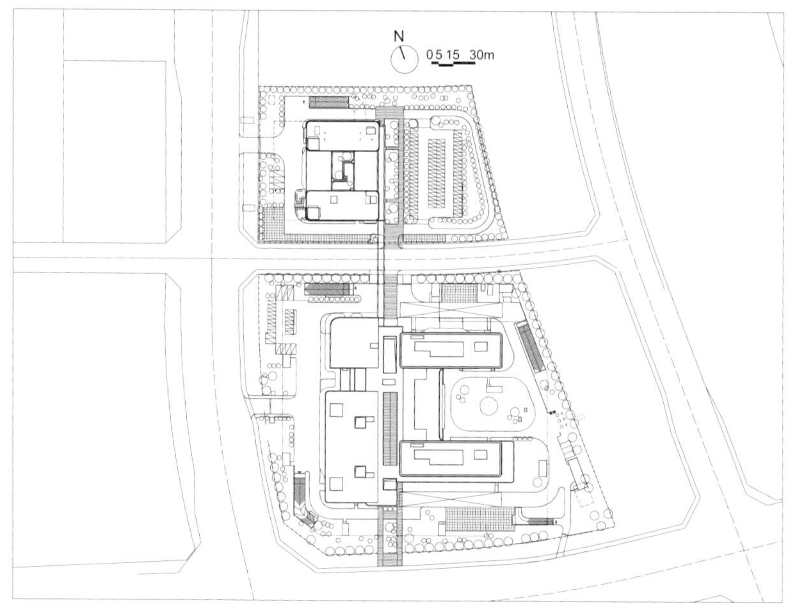

1
2

1. 云盖北路、横一路路口北侧透视图
2. 总平面图

上海交通大学医学院附属第三人民医院
门急诊、医技、病房综合楼改、扩建工程项目

1. 总平面图
2. 日景鸟瞰图

建设单位：上海交通大学医学院附属第三人民医院
建设地点：上海市宝山区
总建筑面积：36 089 平方米
建筑高度：68.70 米 /16 层
床位数：342 床
设计时间：2009 年
竣工时间：2012 年
设计单位：华建集团华东建筑设计研究总院
项目团队：邱茂新、荀巍

海门市人民医院新院

1
2 3

1. 急诊部入口
2. 鸟瞰实景图
3. 总平面图

建设单位：海门市康泰建设投资管理有限公司
建设地点：海门市北京路北，东海路南，海兴路西，岷江路东
总建筑面积：240 000 平方米
建筑层数：地下 1 层，地上 4/15/16 层
床位数：1 600 床
设计时间：2012 年 11 月
竣工时间：2019 年 6 月
设计单位：华建集团华东建筑设计研究总院
项目团队：邱茂新、茅永敏、刘晓明、王骁夏、孙抒宇、钱蓉

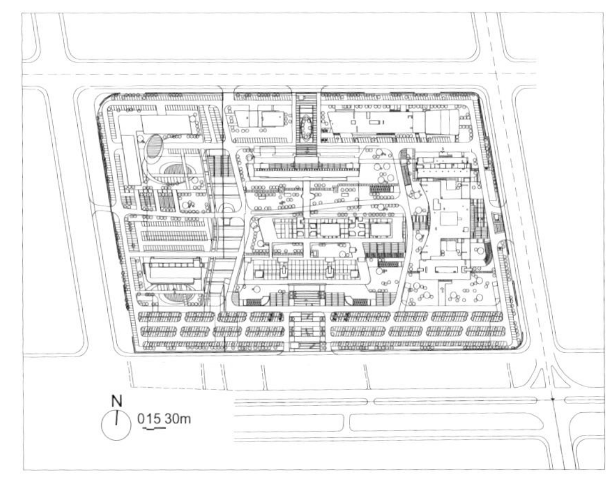

菏泽市立医院新建综合楼

建设单位：菏泽市立医院
建设地点：山东省菏泽市曹州路
总建筑面积：298 135 平方米
建筑高度 / 层数：99.35 米 /25 层
床位数：1 200 床
设计时间：2017 年
设计单位：华建集团华东建筑设计研究总院
项目团队：荀巍、王冠中、王馥、魏飞、冯方、张珲、刘小音、薛铭华、王润中、殷鹏程、韩磊峰

1
2 3

1. 鸟瞰图
2. 全景透视图
3. 总平面图

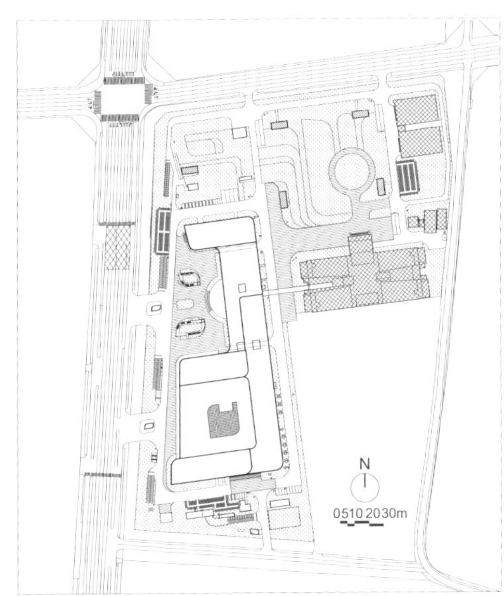

杨浦区中心医院综合楼

建设单位： 上海市杨浦区卫生健康委员会
建设地点： 上海市杨浦区
总建筑面积： 50 602 平方米
建筑高度 / 层数： 78.90 米 /16 层
床位数： 334 床
设计时间： 2017 年
竣工时间： 2021 年（预计）
设计单位： 华建集团华东建筑设计研究总院
项目团队： 邱茂新、王馥、张海燕、姜辰歆、李响、陆琼文

1. 鸟瞰图
2. 总平面图

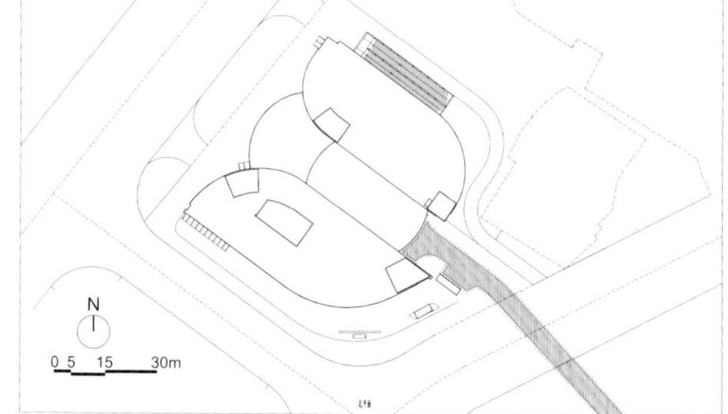

上海交通大学医学院
附属仁济医院干部保健综合楼

建设单位： 上海交通大学医学院附属仁济医院
建设地点： 上海市浦东新区
总建筑面积： 26 770 平方米
建筑高度 / 层数： 40.00 米 /9 层
床位数： 100 床
设计时间： 2006 年
竣工时间： 2010 年
设计单位： 华建集团华东建筑设计研究总院
项目团队： 邱茂新 、 魏飞、 荀巍

1. 日景
2. 总平面图

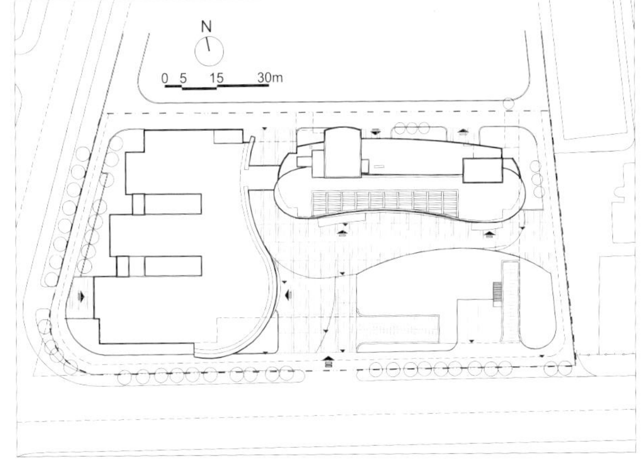

厦门长庚医院一期工程项目

1. 东南视角
2. 总平面图

建设单位： 厦门长庚医院有限公司
建设地点： 厦门市海沧区新阳工业区北侧厦门长庚医学园区
总建筑面积： 640 000 平方米（一期 225 467 平方米）
床位数： 2 000 床
设计时间： 2005—2009 年
竣工时间： 2010 年
设计单位： 华建集团上海建筑设计研究院（建筑设计）、华建集团申元岩土工程公司（基坑围护）
合作设计单位： RLA 刘培森建筑师设计事务所
合作设计工作内容： 修详规、建筑方案设计、初步设计
项目团队： 张行健、孙燕心、周涛、黄慧、路岗、朱建荣、朱学锦、朱文
获奖情况： 2011 年上海市优秀设计一等奖；中国建筑学会第二届中国建筑给排水优秀设计一等奖

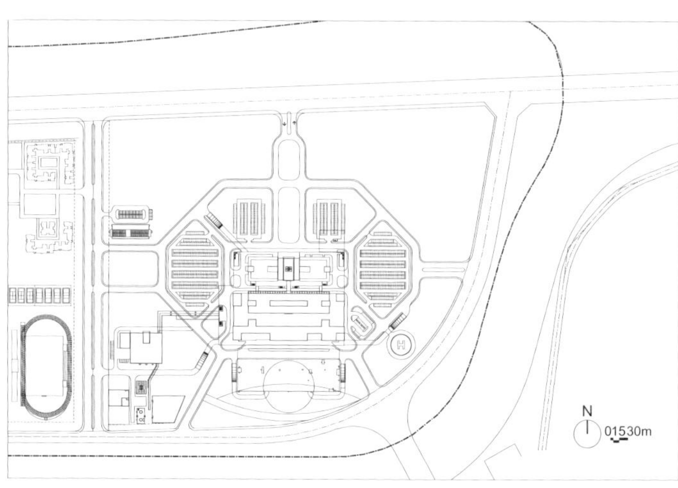

复旦大学附属华东医院市民门急诊病房大楼扩建、西楼修缮、地下车库

1	
2	3

1. 市民门诊楼与西楼东南侧实景
2. 剖面图
3. 一层平面图

建设单位：复旦大学附属华东医院、上海申康投资有限公司
建设地点：上海市延安西路 221 号
总建筑面积：市民门急诊病房大楼 23 766 平方米，西楼修缮 14 664 平方米，地下车库 7 022 平方米
床位数：600 床
设计时间：2005—2007 年
设计单位：华建集团上海建筑设计研究院
项目团队：姚激、倪正颖、王玮、栾雯俊、叶民、俞俊、李剑、唐亚红（市民门急诊病房大楼），姚激、倪正颖、王玮、唐亚红、金璟等（西楼修缮），姚激、黄绍铭、倪正颖、岳建勇、金璟、吴旭等（地下车库）

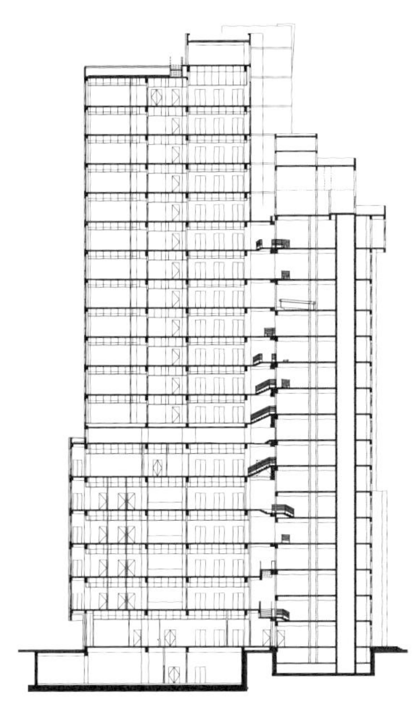

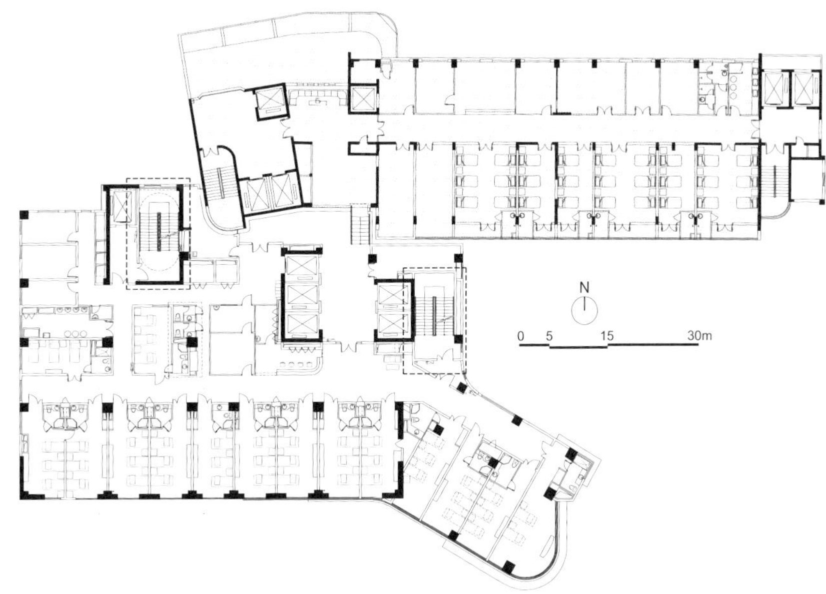

上海阿特蒙医院

建设单位：上海阿特蒙医院

建设地点：上海市浦东新区外高桥保税区

总建筑面积：28 183.38 平方米（一期）

建筑高度 / 层数：43.40 米 / 地下二层，地上七层

床位数：200 床

设计时间：2016—2019 年

竣工时间：2019 年

设计单位：华建集团上海建筑设计研究院

合作设计单位：美国 GS&P 建筑设计咨询（上海）有限公司

合作设计工作内容：建筑方案概念设计

项目团队：杨凯、苏超、侯双军、钱峰、陈杰甫、陈艺通、乐照林、罗文林

1	
2	3

1. 东侧主入口
2. 一层平面图
3. 总平面图

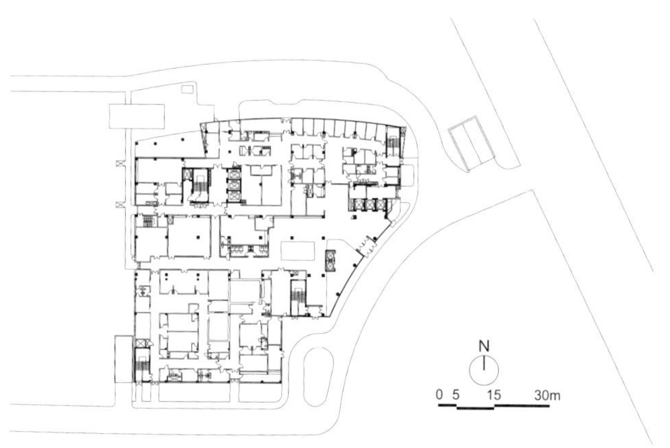

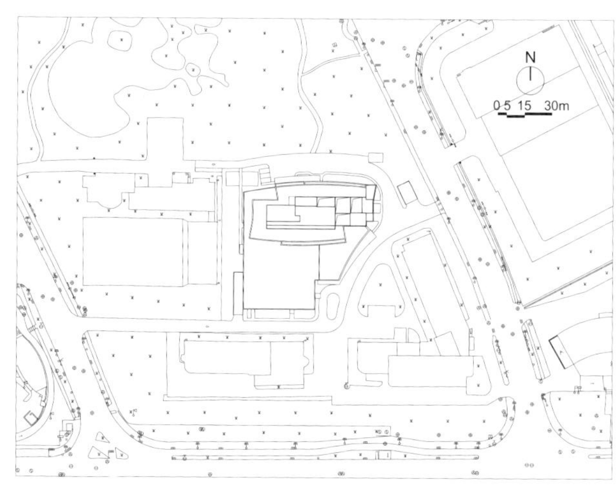

湖北省人民医院（武汉大学人民医院）东院

1	
2	3

1. 鸟瞰图
2. 总平面图
3. 夜景人视图

建设单位： 湖北省人民医院（武汉大学人民医院）
建设地点： 湖北武汉东湖高新区
总建筑面积： 253 890 平米
建筑高度 / 层数： 65.00 米 /16 层
床位数： 1 500 床
设计时间： 2007 年
竣工时间： 2017 年
设计单位： 华建集团华东建筑设计研究总院
项目团队： 邱茂新、王冠中、薛铭华、钱蓉、刘明国

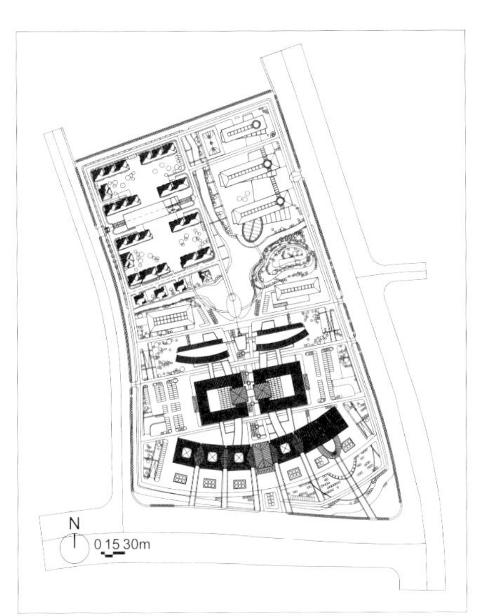

上海交通大学医学院附属苏州九龙医院

1 2
1. 门诊出入口
2. 中央连廊

建设单位：香港九龙集团
建设地点：江苏省苏州
总建筑面积：103 687 平方米
建筑高度 / 层数：45.95 米 /11 层
设计时间：2003 年
竣工时间：2005 年
设计单位：华建集团上海建筑设计研究院
项目团队：陈国亮、戴溢敏、周杰、江南、杨鸿庆、李晓婷、周雪雁、糜建国、李敏华、冯杰、彭琼、李剑、蒋明、徐雪芳、芮强
获奖情况：2008 年全国医院建筑优秀设计二等奖；2008 年全国优秀工程勘察设计行业奖建筑工程三等奖

天津医科大学泰达中心医院

1
2
3

1. 入口
2. 一层平面图
3. 医疗街

建设单位： 天津医科大学泰达中心医院
建设地点： 天津
总建筑面积： 60 980 平方米
建筑高度 / 层数： 50.00 米 /12 层
床位数： 500 床
设计时间： 2005 年
竣工时间： 2009 年
设计单位： 华建集团华东建筑设计研究总院
项目团队： 邱茂新、魏飞、荀巍、畅君文
获奖情况： 2009 年度上海市优秀勘察设计一等奖；2009 年度上海市建筑学会建筑创作奖佳作奖

中山大学附属第五医院外科大楼

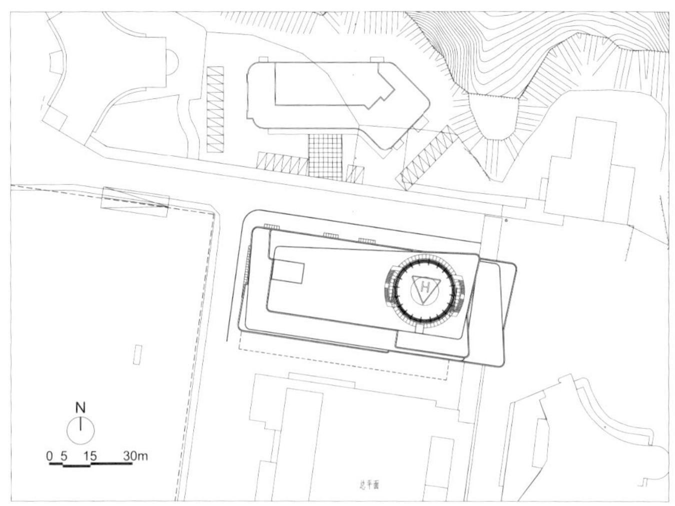

建设单位： 中山大学附属第五医院
建设地点： 广东省珠海市
总建筑面积： 66 800 平方米
建筑高度 / 层数： 99.50 米 /25 层
床位数： 931 床
设计时间： 2017 年
设计单位： 华建集团华东建筑设计研究总院
合作设计单位： 广东德晟建筑设计研究院
合作设计工作内容： 施工图设计
项目团队： 邱茂新、王馥、张海燕、姜辰歆

1. 总平面图
2. 东北方向鸟瞰图
3. 西南方向透视图

无锡市锡山人民医院新建工程项目

建设单位：无锡市锡山人民医院

建设地点：江苏省无锡市

总建筑面积：128 799 平方米

建筑高度 / 层数：94.75 米 /22 层

床位数：850 床

设计时间：2013

竣工时间：2018

设计单位：华建集团华东建筑设计研究总院

项目团队：邱茂新　王馥　蔡漪雯 徐续航 孙玉颐 陆琼文 韩倩雯

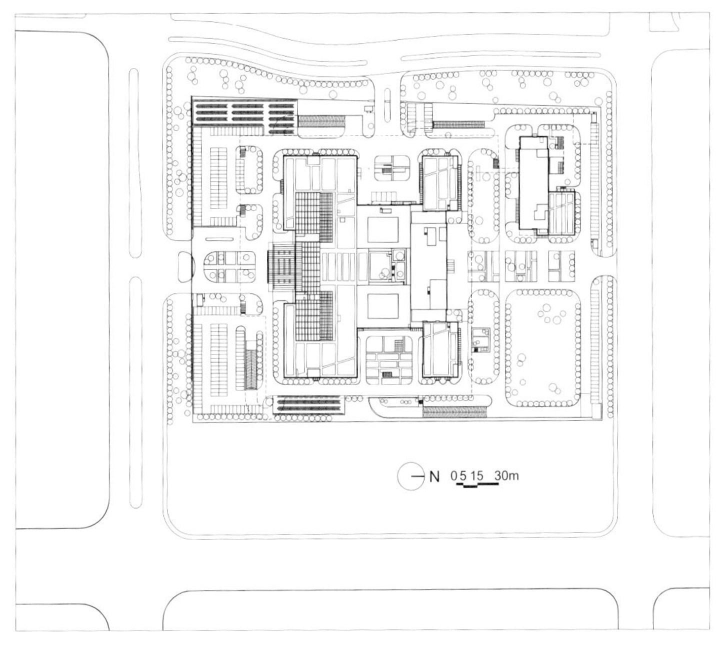

1. 鸟瞰实景图
2. 总平面图

上海企华医院新建工程项目

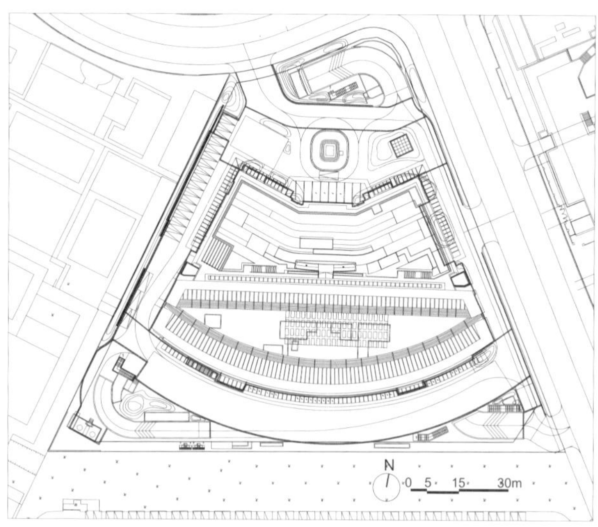

建设单位：上海企华医院有限公司

建设地点：上海市浦东新区

总建筑面积：72 828.5 平方米

建筑高度 / 层数：50.00 米 / 12 层

床位数：400 床

设计时间：2017 年

设计单位：华建集团上海建筑设计研究院

合作设计单位：双迈建筑顾问有限公司

合作设计工作内容：方案设计、总体设计

项目团队：唐茜嵘、成卓、秦淼、钱正云、李剑峰、黄怡、赵俊、胡戎、乐照林、胡洪等

1. 总平面图
2. 鸟瞰图

齐齐哈尔市第一医院南院

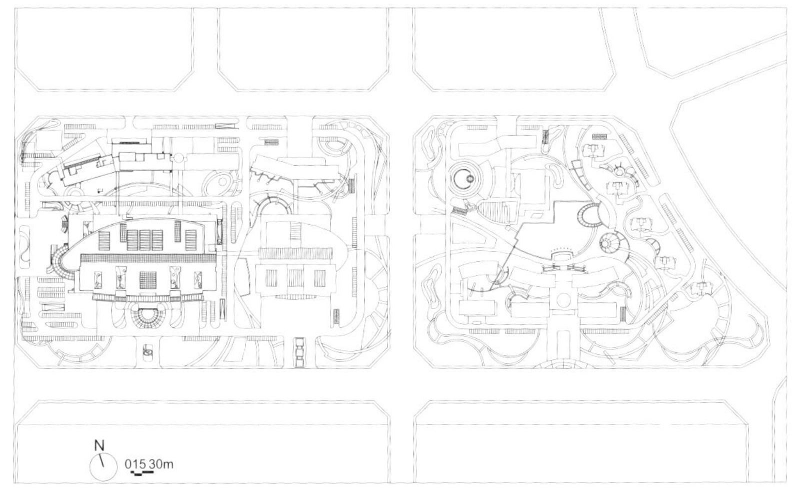

建设单位：齐齐哈尔市第一医院
建设地点：黑龙江省齐齐哈尔市南苑高新区
总建筑面积：391 684 平方米
建筑高度 / 层数：77.69 米 /19 层
床位数：2000 床
设计时间：2011 年
竣工时间：2018 年
设计单位：华建集团上海建筑设计研究院
合作设计单位：黑龙江省建筑设计研究院
合作设计工作内容：施工图设计
项目团队：陈国亮、朱骏、陆行舟、周雪雁、李敏华、张隽、孙瑜、何钟琪等

1. 鸟瞰图
2. 总平面图

周浦医院

总建筑面积 :319 823 平方米
设计时间： 2008 年
设计单位：华建集团华东建筑设计研究总院

绍兴市越城区人民医院

总建筑面积 :130 693.5 平方米
设计时间： 2019 年
设计单位：华建集团华东建筑设计研究总院

宿松县人民医院新院区建设工程项目

总建筑面积 :176 105 平方米
设计时间： 2015 年 10 月
设计单位：华建集团上海建筑设计研究院

上海交通大学医学院附属第三人民医院门急诊、医技、病房综合楼改、扩建工程项目

总建筑面积 :36 089 平方米
设计时间： 2009 年
设计单位：华建集团华东建筑设计研究总院

宜昌市第一人民医院

总建筑面积 :139 710 平方米
设计时间： 2014 年
设计单位：华建集团华东建筑设计研究总院

复旦大学附属金山医院迁建二期工程项目（一阶段、二阶段）

总建筑面积：一阶段 1 218 平方米，二阶段 18 704 平方米
设计时间 ：一阶段 2013—2014 年，二阶段 2016—2017 年
设计单位：华建集团上海建筑设计研究院

济南千佛山医院

总建筑面积 :84 833 平方米
设计时间： 2012 年
设计单位：华建集团华东建筑设计研究总院

兰州大学第一医院西院区一期工程项目

总建筑面积：30 000 平方米
设计时间： 2019 年
设计单位：华建集团华东都市建筑设计研究总院

兰州大学第一医院西院区二期工程项目

总建筑面积 :43 294 平方米
设计时间： 2019 年
设计单位：华建集团华东都市建筑设计研究总院

安徽阜阳人民医院

总建筑面积 :250 000 平方米
设计时间： 2012 年
设计单位：华建集团华东都市建筑设计研究总院

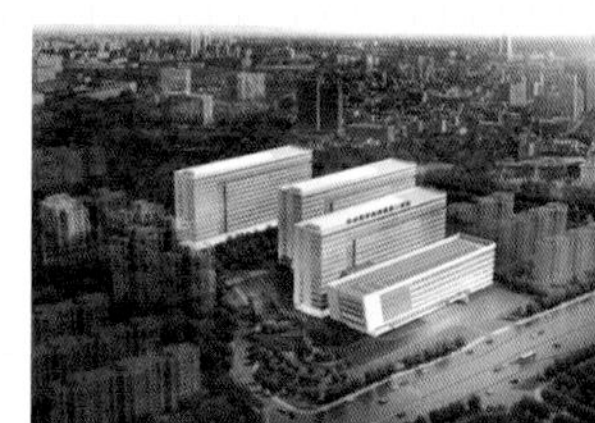

长沙医学院附属第二医院

总建筑面积 :319 823 平方米
设计时间： 2015 年
设计单位：华建集团华东建筑设计研究总院

昆明医科大学第二附属医院石林天奇医院

总建筑面积 :30 000 平方米
设计时间： 2018 年 5 月
设计单位：华建集团华东都市建筑设计研究总院

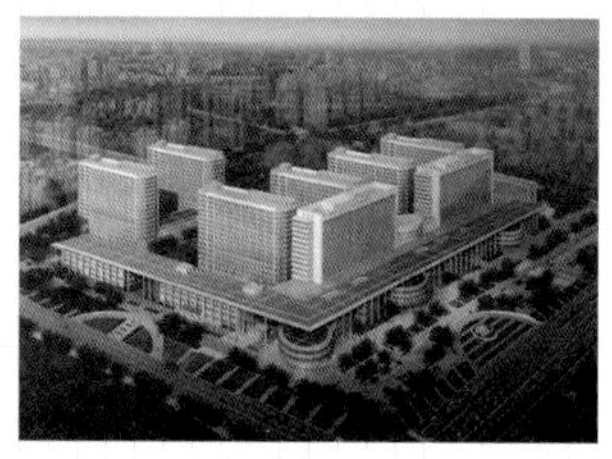

恩施州中心医院新区医疗中心

总建筑面积 :441 490 平方米
设计时间： 2013 年
设计单位：华建集团华东建筑设计研究总院

沧州市中心医院医教研中心

总建筑面积 :240 623 平米
设计时间： 2016 年
设计单位：华建集团华东建筑设计研究总院

上海市嘉定区江桥医院（市第一人民医院分院

总建筑面积：58 490 平方米
设计时间：2015 年
设计单位：华建集团上海建筑设计研究院

饶市城东医院建设项目 EPC 工程总承包（一期）

建筑面积 :151 474.7 平方米
计时间：2019—2020 年
计单位：华建集团华东都市建筑设计研究总院

临桂新区综合医院建设工程项目

总建筑面积 :142 000 平方米
设计时间：2013 年
设计单位：华建集团上海建筑设计研究院

濮阳市人民医院病房楼

总建筑面积：65 016.5 平方米
设计时间：2012—2014 年
设计单位：华建集团上海建筑设计研究院

清市医院新院总体规划及建筑方案设计

建筑面积：134 848 平方米
计时间：2010 年
计单位：华建集团上海建筑设计研究院

同仁医院新建综合业务楼、病房楼装修改建

总建筑面积: 13 300 平方米(综合业务楼)、28 850 平方米（病房楼）
设计时间：2013—2015 年
设计单位：华建集团上海建筑设计研究院

安阳市人民医院

总建筑面积：279 649 平方米
设计时间：2011 年
设计单位：华建集团华东建筑设计研究总院

奉贤中心医院迁建工程项目

总建筑面积： 84 437 平方米
设计时间：2010—2012 年
设计单位：华建集团上海建筑设计研究院

州市第一医院新院

建筑面积：108 236 平方米
计时间：2005—2006 年
计单位：华建集团上海建筑设计研究院

凤庆县第二人民医院

总建筑面积：99 000 平方米
设计时间：2017 年 5 月
设计单位：华建集团华东都市建筑设计研究总院

北京市通州区新华医院

总建筑面积： 111 310 平方米
设计时间：2012—2017 年
设计单位：华建集团上海建筑设计研究院

海市第六人民医院海口骨科和糖尿病医院

建筑面积：65 957 平方米
计时间：2017—2020 年
计单位：华建集团上海建筑设计研究院
建筑设计）、华建集团建筑装饰环境设
研究院（室内设计）

上海市宝山区罗店医院扩建工程项目

总建筑面积：38 413 平方米
设计时间：2013 年
设计单位：华建集团上海建筑设计研究院

定西市人民医院迁建工程项目

总建筑面积：68 380 平方米
设计时间：2009—2010 年
设计单位：华建集团上海建筑设计研究院

大庆油田总医院住院三部

总建筑面积：78 465 平方米
设计时间：2006—2007 年
设计单位：华建集团上海建筑设计研究院

质子医院

PROTON HOSPITAL

随着医疗技术的进步，质子重离子放射治疗发展迅猛，掀起质子医院建设高潮。国内自 2004 年首次引进医用质子加速器开始临床治疗后，已有十余家医疗机构启动了质子放疗项目。
与此同时，中国科学院近代物理研究所积极开展医用重离子自主研发设计，使中国成为继美国、德国、日本之后第四个拥有重离子治癌技术的国家。在肿瘤多学科综合治疗理念的推动下，质子治疗设备越来越多地与传统放疗设备、放射检查共同设置，打造具有一定规模的多部门联合、诊断与治疗相结合的肿瘤放疗中心。这也对质子医院的建设提出更高的要求。

质子治疗是目前最先进的肿瘤放射治疗手段之一，这类粒子借助其独特的布拉格峰特性，可以在保证对肿瘤部位产生高剂量的同时，有效减少对周围组织的破坏，降低副作用。

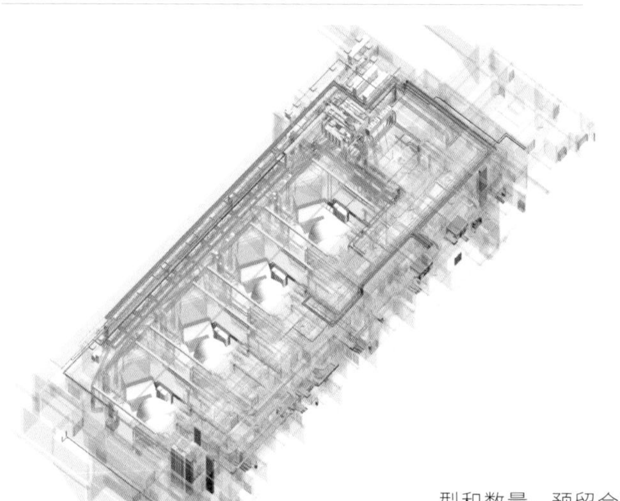

质子医院的特殊性在于其复杂严密的工艺需求和所服务的特定人群。因此，在项目中更要合理规划总体布局，关注功能性、安全性和人性化设计，保证建筑空间与设施在满足精密医疗设备安全运行的同时，给肿瘤患者提供一个舒适放松的就诊环境。

总体设计上，需要根据质子设备的类型和数量，预留合适的位置和布局，减少与其他医疗区域之间的相互影响；需要提前考虑设备运输方案，确保方案可行性。严格遵照设备的场地文件进行设计，在预留好土建空间的同时，根据功能需求完善空调通风、工艺冷却水、装置低压配电系统等的设计。安全性是质子医院建设的重中之重，包括严格控制结构的不均匀沉降和微振动，确保治疗的精准定位；借助 BIM 技术，在有限空间内高效有序地对各类管线进行综合排布；通过辐射屏蔽系统、辐射安全连锁系统和辐射监测系统来提高整体安全系数。

面对肿瘤患者，我们更希望营造一个温暖舒适、绿色阳光的人性化诊疗空间，形成一个积极健康的心理暗示，来舒缓患者的紧张情绪。由于质子治疗设备多设置于地下室，通过下沉庭院、采光天窗等方式，可以引入自然采光与通风，渗透外部景观，有效拉近与室外的距离，弱化地下空间的封闭感。结合温暖淡雅的室内色彩和柔软灵活的家具布置，从环境心理学的角度营造轻松的空间氛围。

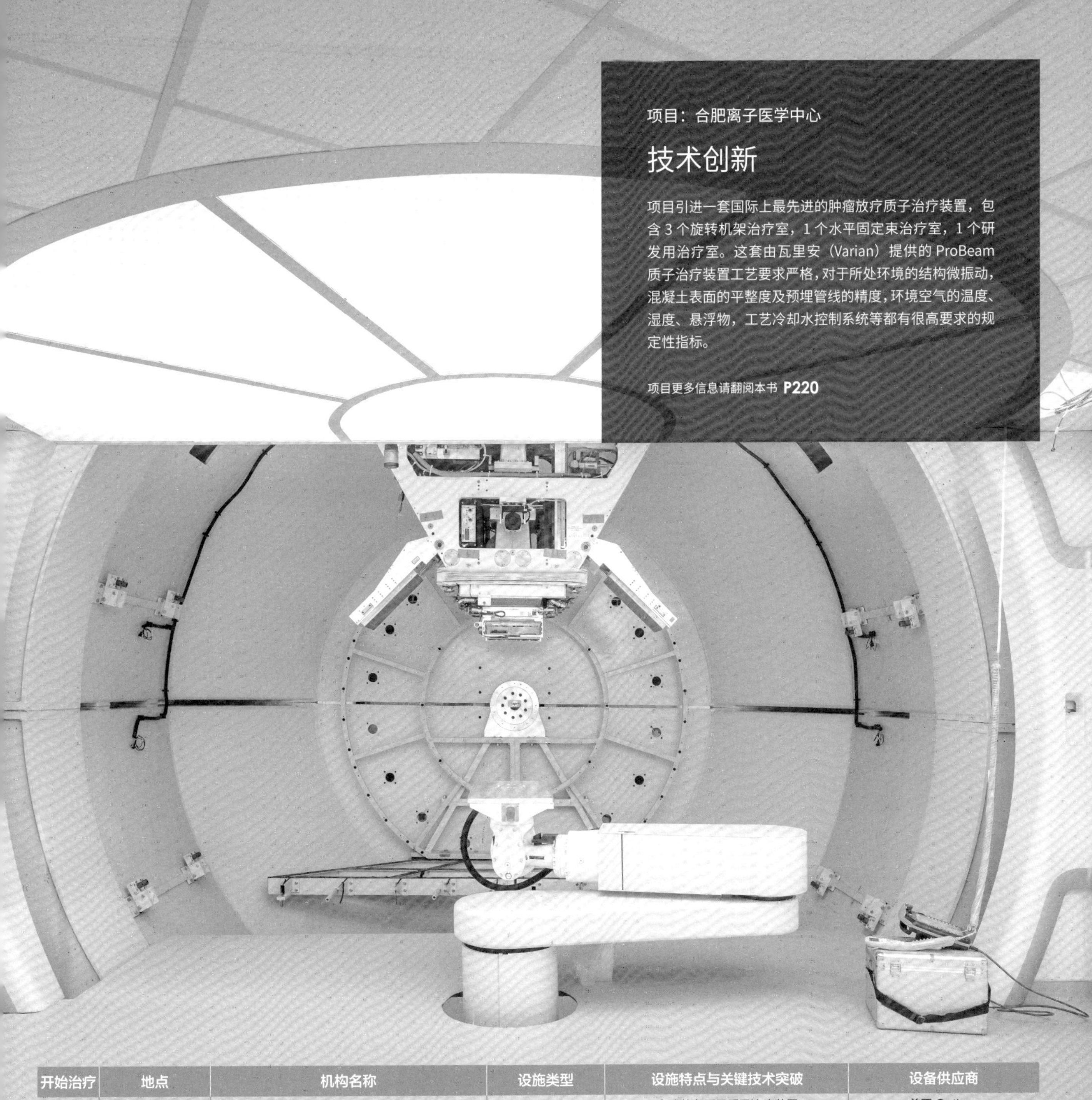

项目：合肥离子医学中心

技术创新

项目引进一套国际上最先进的肿瘤放疗质子治疗装置，包含 3 个旋转机架治疗室，1 个水平固定束治疗室，1 个研发用治疗室。这套由瓦里安（Varian）提供的 ProBeam 质子治疗装置工艺要求严格，对于所处环境的结构微振动，混凝土表面的平整度及预埋管线的精度，环境空气的温度、湿度、悬浮物，工艺冷却水控制系统等都有很高要求的规定性指标。

项目更多信息请翻阅本书 **P220**

开始治疗	地点	机构名称	设施类型	设施特点与关键技术突破	设备供应商
1990	美国，洛马林达	美国 Loma Linda 大学医学中心	质子治疗	全球首台医用质子治疗装置	美国 Optivus
1994	日本，千叶	国立放射性医学综合研究所（HIMA 设施）	碳离子治疗	全球首台碳离子治疗装置	日本 HITACHI、三菱、东芝
1998	日本，柏市	日本国立癌症中心	质子治疗	—	日本住友重机公司
2001	日本，筑波	筑波大学质子医学利用研究中心（PMRC）	质子治疗	全球治疗肝癌与肺癌的权威机构	日本 HITACHI
2001	日本，兵库	兵库县粒子束医疗中心	质子治疗	—	日本三菱电机
2004	中国，淄博	山东万杰医院	质子治疗	中国首家质子中心	比利时 IBA
2006	德国，慕尼黑	林内可质子医疗中心	质子治疗	—	德国 Accel（后被瓦里安收购）
2006	美国，休斯顿	MD 安德森肿瘤中心	质子治疗	首个 FDA 认证的点扫描系统	日本 HITACHI
2006	美国，杰克逊维尔	佛罗里达大学医学中心	质子治疗	—	比利时 IBA
2009	德国，海德堡	海德堡离子治疗中心	质子 + 碳离子	全球首个质子重离子一体型装置	德国国家重离子研究所（GSI）
2013	日本，九州	九州国际重离子治疗中心	碳离子治疗	—	日本三菱电机
2014	中国，上海	上海市质子重离子医院	质子 + 碳离子	国内首个质子重离子一体型装置	德国西门子（行业内已退出）
2014	日本，北海道	北海道大学质子束治疗中心	质子治疗	首个实时动体追踪照射	日本 HITACHI
2015	美国，罗切斯特	梅奥医疗罗切斯特质子中心	质子治疗	小型化 180° 旋转机架与导轨式 CT	日本 HITACHI
2015	日本，神奈川	神奈川癌症中心	碳离子治疗	—	日本东芝
2018	日本，大阪	大阪重离子治疗中心	碳离子治疗	全球最小型 430MeV 碳离子加速器	日本 HITACHI
2019	中国，甘肃	甘肃武威重离子肿瘤中心	碳离子治疗	国内自主研发的重离子治疗装置	中国科学院近代物理研究所

上海市质子重离子医院

上海市质子重离子医院是一家提供质子重离子放疗的现代化放射肿瘤学治疗和研究机构，是我国首次引进最先进的质子重离子肿瘤放疗装置的上海卫生系统一号重点工程。设计有效解决了装置对建筑不均匀沉降、微振动、屏蔽、流程控制等极高的要求。

相对集中、轴向发展的总体布局

充分考虑医疗及医学模式的转化，采取相对集中的建筑布局。确立东西向的景观主轴及南北向发展主轴，医院的主要四大功能区组成核心医疗区，布局紧凑。各功能区以南北向为主要朝向，以获得良好日照和通风。空间组织注重医院内外环境营造，充分体现“人性化服务”“数字化医院”“生态化环境”“现代化医院”的理念，以达到同时对病人进行疾病治疗、生活服务、心理安抚的目的。

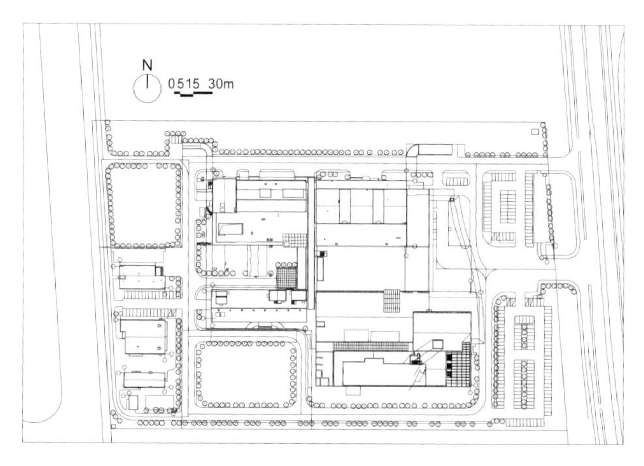

1	1
2	3

1. 主入口
2. 总平面图
3. 质子区等候大厅

建设单位：上海申康医院发展中心

建设地点：上海国际医学园区，东至横新公路，南至七灶港，西至一号河，北至相邻项目用地

总建筑面积：52 857 平方米

建筑高度 / 层数：34.45 米 /7 层

床位数：220 床

设计时间：2007—2013 年

竣工时间：2013 年

设计单位：华建集团上海建筑设计研究院

项目团队：陈国亮、倪正颖、贾水钟、张伟程、孙瑜、汤福南、李颜、凌李

获奖情况：2013 年上海市优秀工程设计一等奖；2013 年上海市建筑学会建筑创作奖佳作奖；2013 年全国优秀工程勘察设计行业奖一等奖

安全、人性、可持续的建筑设计

全方位的安全性设计，保证放疗系统的复杂工艺要求。全面展开微振动和微变形、公用设施系统、PT 区综合管线、防护屏蔽、流程控制等多项专项设计研究。

针对目标人群（肿瘤病人）进行人性化设计，创造温馨的就医等候环境。下沉的中央广场结合景观布置，为地下医技区、门诊楼、入口门厅、质子区等候大厅及医生办公区提供充足柔和的自然光线和宜人的室外环境。门诊楼二层、行政楼二层、地下室中心供应区也采用局部的屋顶花园或下沉花园的处理。质子区大跨度、大进深的治疗前区走廊采用屋顶天窗来补充日间的自然采光，同时采用内部活动遮阳。

以“可持续发展”为设计主题，在紧凑的建筑布局中强化中心景观轴、强化绿化体系并探讨医院布局未来发展趋势。

简洁统一、清新典雅的建筑造型

采用适合医疗功能紧凑布局的、简洁规整的建筑形体，通过建筑手法，特别是针对质子重离子放疗区，进行建筑体量的弱化、整合及表面质感的处理，使建筑群协调统一而富有变化，体现医疗建筑简洁大方、清新典雅、具有时代感的特征。

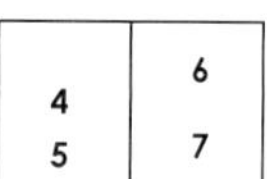

4. 一层联拼平面图
5. 联拼剖面图
6. 地下室下沉广场
7. 质子区等候大厅

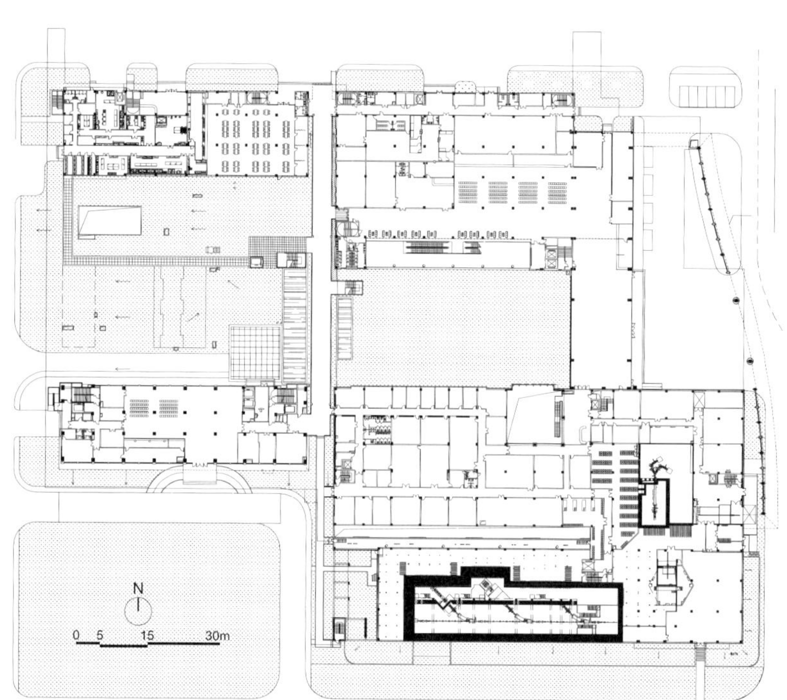

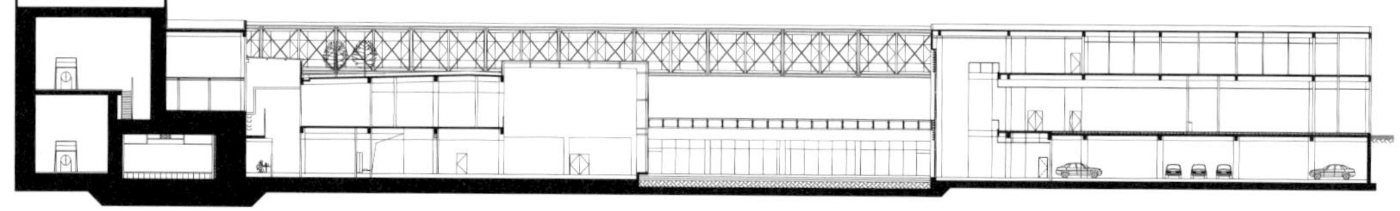

合肥离子医学中心

在国家全面推进实施制造强国的大背景下，2017 年 1 月，合肥综合性国家科学中心获批。其中，合肥离子医学中心是合肥综合性国家科学中心产业创新转化平台之一。项目由医疗主楼及若干配套设施组成，是集肿瘤诊断治疗、质子超导技术临床应用研发、质子装置教学培训于一体的综合建筑。作为世界先进、国内一流的质子治疗中心，每年可为 2 000 位肿瘤病人提供治疗。

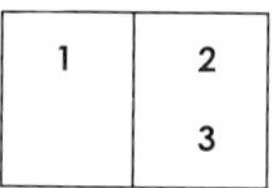

1. 主入口立面
2. 总平面图
3. 南侧外景

设计理念——以人为本，人性关怀

合肥离子医学中心采用分区明确的总体布局、合理的功能区域设置、便捷合理的交通组织、富有层次的空间绿化组合，强化了尊重当地气候条件的生态策略。建筑内部空间以“功能集中、弹性应用”为目标，同时考虑人性化空间的需求，进行各功能区规划。将各主要交通体结合医疗功能布置，以规则柱网和模块化空间，争取可变性空间。同时，注重公共设施空间的设计，创造舒适优质的医疗康复环境。内部交通流线规划以“明确、单纯及功能分离”为理念，塑造清晰的动线架构，使内外部使用者均能迅速到达目标空间。主要物流动线洁污分离，满足感染管制要求。

入口大厅不再局限于传统的出入院受理、收费、导医等功能，空间进一步扩大，引入银行、咖啡

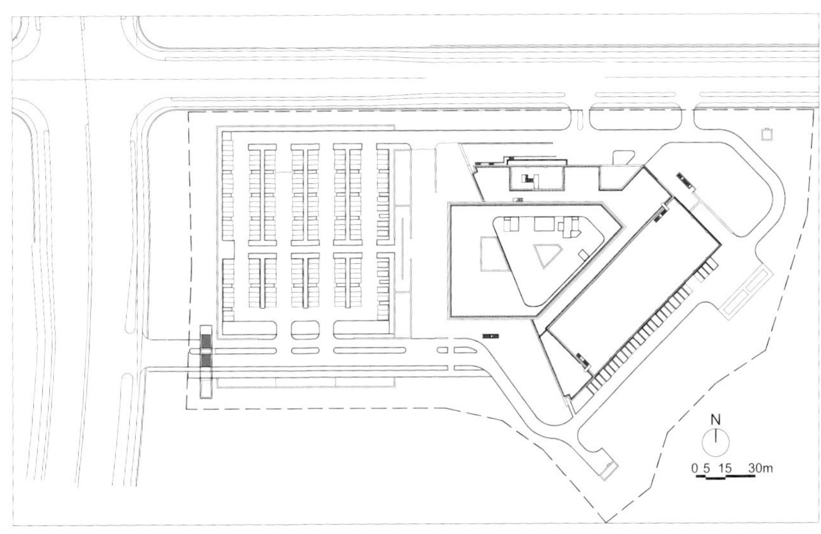

建设单位：合肥离子医学中心有限公司
建设地点：安徽省合肥市国家高新技术产业开发区
总建筑面积：33 300 平方米
建筑高度 / 层数：23.20 米 /3 层
床位数：44 床
设计时间：2016—2018 年
竣工时间：2019 年 12 月
设计单位：华建集团上海建筑设计研究院（建筑设计）、华建集团申元岩土工程公司（基坑围护）
合作设计单位：美国 Stantec 公司
合作设计工作内容：建筑方案、建筑扩初
项目团队：竺晨捷、陈国亮、邵宇卓、王沁平、焦运庆、张伟程、滕汜颖、万洪、钱峰、王纯久
获奖情况：第十届“创新杯”建筑信息模型（BIM）应用大赛——医疗类 BIM 应用 第二名；2016 年上海市优秀工程咨询成果 一等奖

店、休憩区，甚至是文化设施和绿化。通过高大共享的公共交往空间，营造亲切、轻松的气氛，减轻患者压力。

简洁统一、经典稳重的立面设计

建筑立面采用现代简约风格，立面主要采用砖红色的陶板，强调建筑的体块感，整体的横向线条使整个设计舒展有力，银灰色窗框的点缀使立面的造型更加丰富。陶板、玻璃和铝板的材质运用既统一，又虚实有致、富有变化，突

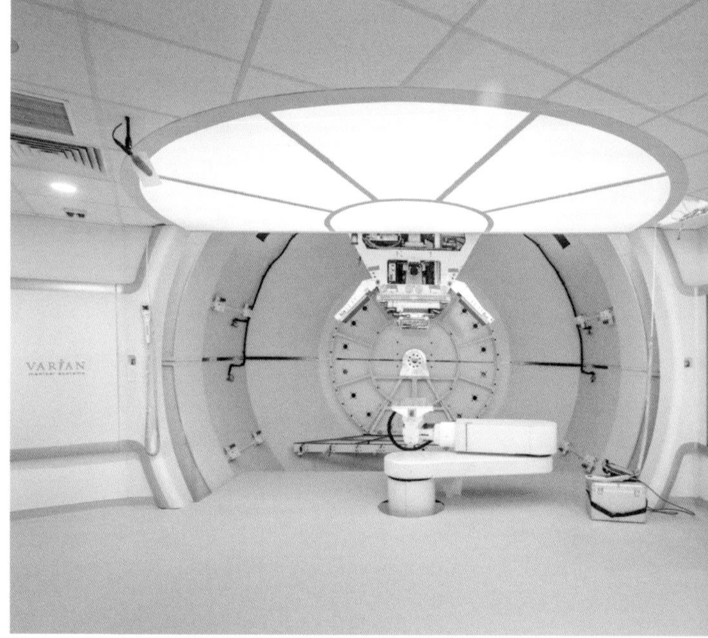
VARIAN

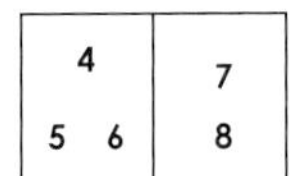

4. 入口大厅
5. 入口大厅内景
6. 质子仓
7. 一层平面图
8. 立面图

出了立面的横向延伸感和立面质感的层次性，形成了简洁统一的现代风格和稳重大气的建筑个性。质子治疗区的土建设计技术要求高、管线复杂，水、电、风、信息等管道较多，在单纯的平面上无法完整地表达，因此利用 BIM 三维模拟图像技术来安排各管线的位置。钢筋及管道预埋完毕后，进行 3D 扫描，并与 BIM 模型校对误差以确保精确度。

技术创新

项目引进由美国瓦里安（Varian）提供的 ProBeam 质子治疗装置，它是世界上目前为止最为先进、对人体治疗最为安全的质子治疗装置，这是瓦里安的质子治疗装置首次在中国大陆安装。装置包含 3 个旋转机架治疗室、1 个水平固定束治疗室和 1 个研发用治疗室。这套质子治疗装置工艺要求严格，对于所处环境的结构微振动，混凝土表面的平整度及预埋管线的精度，环境空气的温度、湿度、悬浮物，工艺冷却水控制系统等都有很高要求的规定性指标。

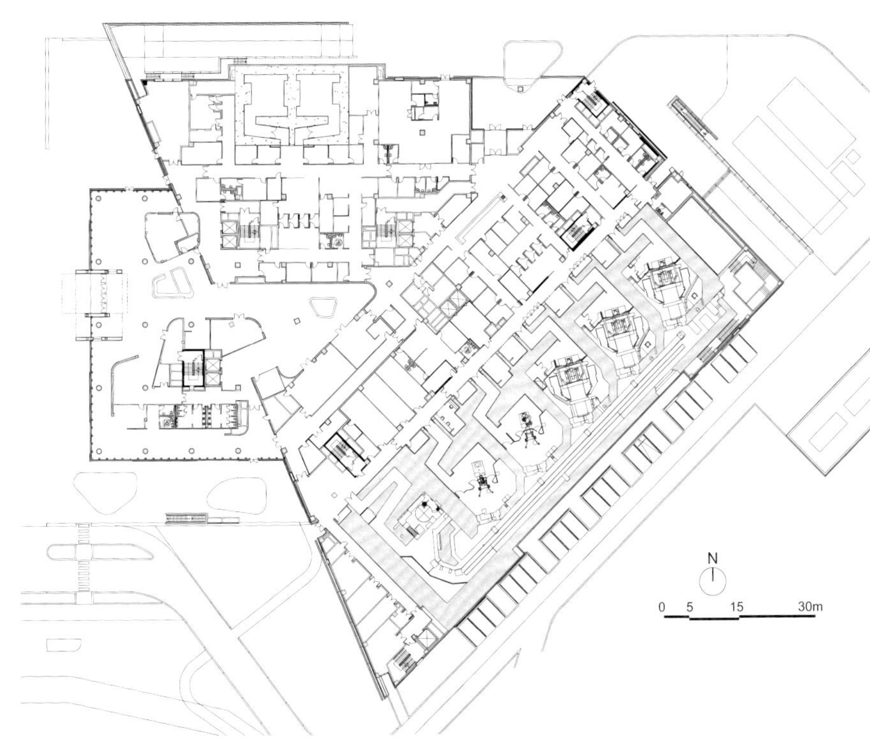

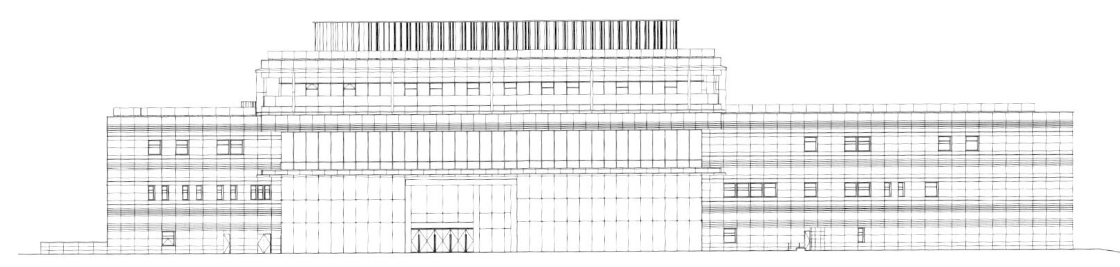

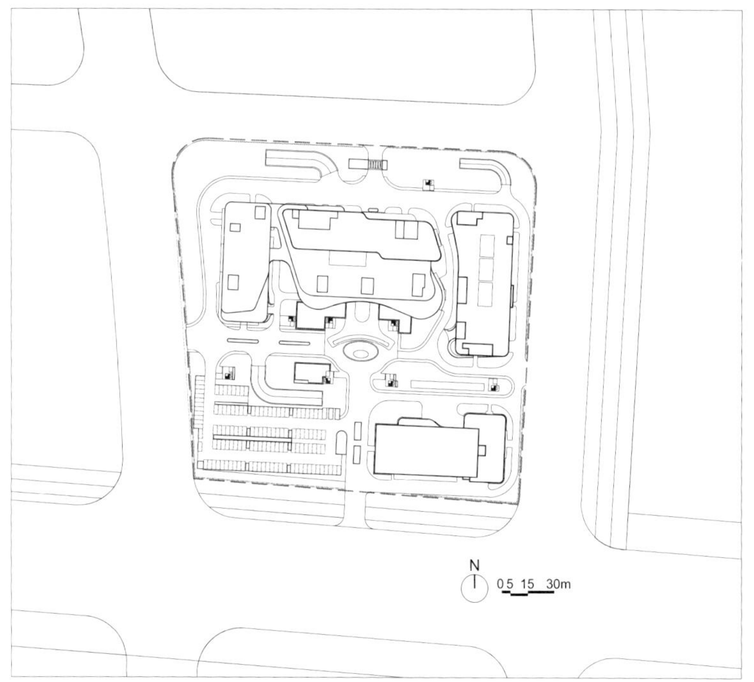

建设单位：山东省肿瘤防治研究院、山东新泉城置业有限公司

建设地点：山东省济南市槐荫区

总建筑面积：88 350 平方米

建筑高度 / 层数：106.20 米 /21 层

床位数：300 床

设计时间：2017—2019 年

竣工时间：2021 年 5 月（预计）

设计单位：华建集团上海建筑设计研究院

项目团队：陈国亮、竺晨捷、邵宇卓、蒋媖璐、王纯久、王沁平、万洪、滕汜颖、钱峰

山东省肿瘤防治研究院技术创新与临床转化平台

项目位于山东省济南市国际医学科学中心内。国际医学科学中心是由山东省政府主导、济南市具体实施的健康产业项目，项目建成后将成为立足山东、辐射全国、影响东北亚的肿瘤专科诊治与临床转化平台。本项目是济南市国际医学科学中心版块的引爆项目，拟建设为以质子治疗与研究为特色的肿瘤防治技术创新与临床转化平台。

整体布局以南北和东西两条景观轴线为骨架来组织和串联室内外空间。建筑布局则为“一体两翼”，“一体”即为 21 层医疗综合楼，“两翼”为地块东侧的质子中心和西侧的国际会议中心。“一体两翼”象征着大鹏展翅，寓意着院方对肿瘤临床与研究事业成为国内领先、国际一流的美好期许。项目将各功能竖向组合，集中化布置，以高效的竖向交通连接各功能区域，高耸而轻盈的体量将成为国际医学科学中心的地标。

本工程包括医疗综合楼、质子维护楼和医疗健康推广中心。医疗综合楼含 4 层裙房和 17 层塔楼，涵盖质子治疗装置、体检中心、中日韩肿瘤防控中心、国际学术交流中心、9 层病房层、行政办公等。质子维护楼主要为质子设备配套等。项目以引进质子治疗装置、临床医技、科研教学以及学术交流为主要功能。医疗健康技术推广中心为医学园区的展示平台。

造型设计上有别于传统医院模数化的规则形状和坚硬棱角，采用了柔和的曲线，亲和而自然，建筑结合下沉庭院、屋顶花园、集中绿地塑造层级丰富的立体景观，让患者置身于宜人的绿色之中。

1	
2	3

1. 西侧鸟瞰
2. 总平面图
3. 北侧透视

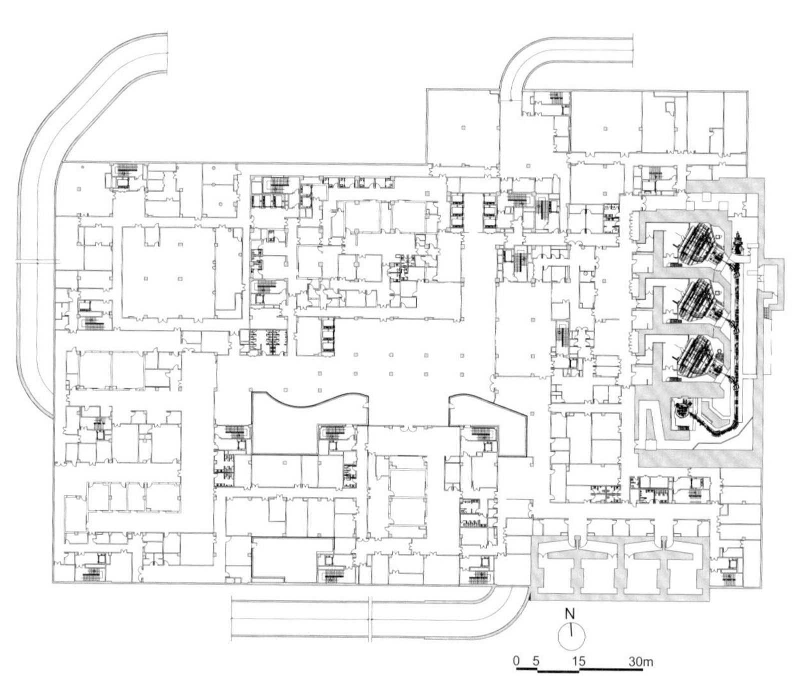

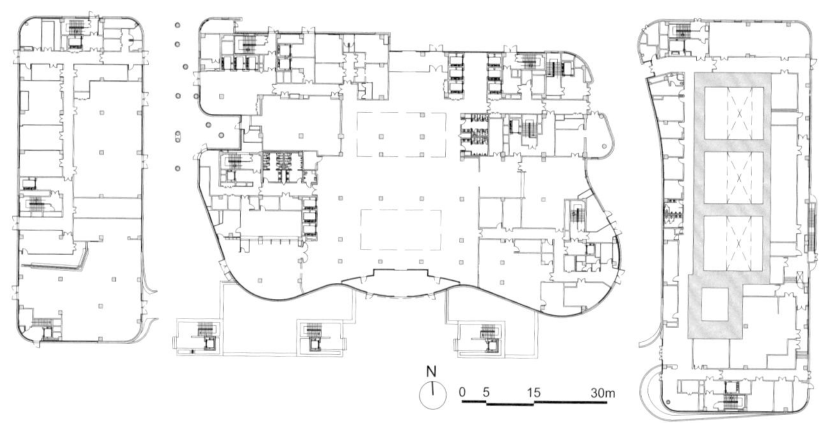

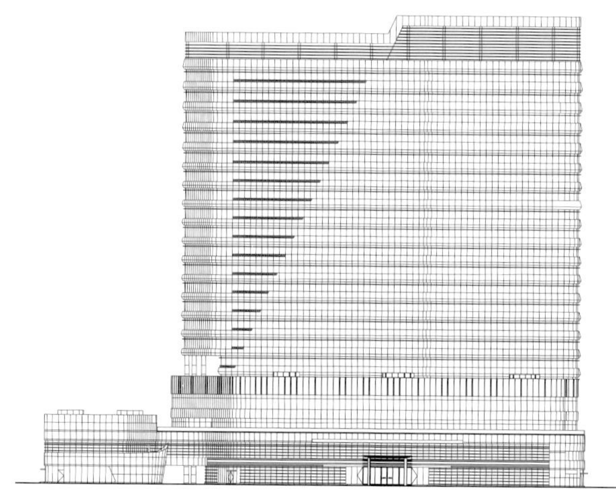

4 5 6	7 8

4. 地下一层平面图
5. 一层平面图
6. 立面图
7. 主入口透视
8. 质子维护楼入口细部

上海交通大学医学院附属瑞金医院肿瘤（质子）中心及配套住院楼

上海交通大学医学院附属瑞金医院肿瘤（质子）中心是院（中国科学院）市（上海市政府）合作的重大工程，目标是使该中心成为具有国际水平的科研型肿瘤治疗机构、先进国产质子治疗装置的研发中心和质子治疗的医师培训中心。项目集门诊、检查、质子治疗、科研等功能于一体，由质子治疗区、电子治疗区及其配套检查定位用房、核医学检查区、门诊医技区、科研区、培训交流区、后勤管理区和能源中心等配套设施组成。

精准治疗需要精密设计

质子治疗装置是精密的大型医疗设备，对产生质子的加速器、输运线、旋转机架以及治疗头的精度控制提出了很高的要求。设计中需采用超常规的方式，为设备提供精密的物理环境。结构上通过控制基础沉降、降低大型装置预埋件的变形，监测并控制周边振动对精密设备的影响等措施来提高束流精度；构造上加强防渗、防水、防潮措施，确保设备安全；工程采用精密空调，精确控制室内温、湿度；通过监控电源、减少接地电阻等方式提高用电品质，避免雷电天气和电网谐波对设备运行的影响。

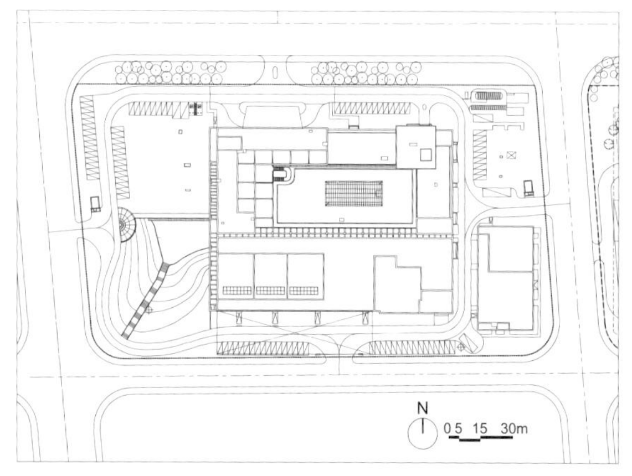

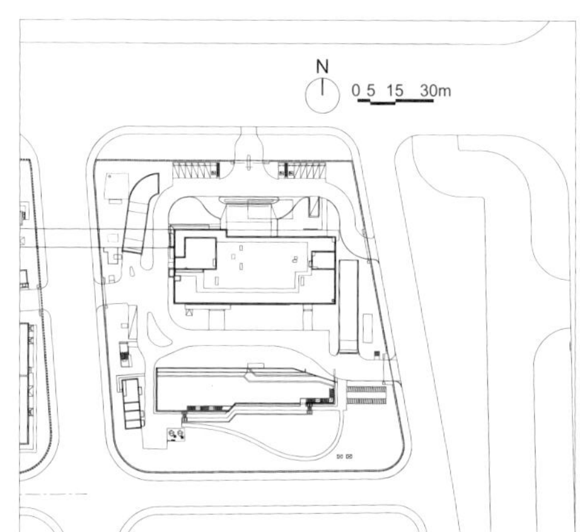

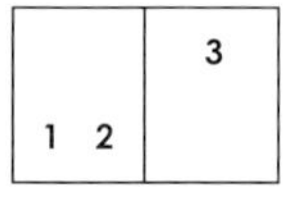

1. 质子中心总平面图
2. 配套住院楼总平面图
3. 实景照片

设单位：上海交通大学医学院附属瑞金医院

设地点：上海市嘉定区嘉定新城

建筑面积：26 370 平方米（质子中心），26 247 平方米（配套住院楼）

筑高度 / 层数：20.00 米 /3 层（质子中心），41.30 米 / 地上 8 层、地下 2 层（配套住院楼）

位数：200 床（配套住院楼）

计时间：2013 年（质子中心），2016 年（配套住院楼）

工时间：2018 年（质子中心），2019 年（配套住院楼）

计单位：华建集团华东都市建筑设计研究总院（建筑设计）、华建集团华东建筑设计研究院（质子中心 BIM）、华建集团上海建筑设计研究院（配套住院楼 BIM）

目团队：姚激、陈炜力、刘晓平、徐以纬、刘蕾、汪洁、曹岱毅、蔡宇、岳建勇、丽华、朱荣（质子中心），李军、辜克威、张敏、汪洁、胡迪科、曹岱毅、蔡宇（配套住院楼），高承勇、李嘉军、刘翀、蒋琴华、汪浩、徐旻洋、施晨欢、王凯（质子中心 BIM），王万平、朱广祥、丁佳倩（配套住院楼 BIM）

奖情况：2015 年中华人民共和国住宅和城乡建设部建筑节能与科技司 国家绿色建筑评价设计三星标识（质子中心）；2016 年度上海市绿色建筑协会上海绿色建筑贡献奖（质子中心）；2017 年第七届上海市建筑学会建筑创作奖提名奖（质子中心）；017 年上海市勘察设计行业协会上海市优秀工程勘察三等奖（质子中心）；2017 年六届龙图杯全国 BIM 大赛综合组三等奖（质子中心）；2019 年上海市首届 BIM 技术应用创新大赛最佳项目奖（质子中心）；2020 年度上海市优秀勘察设计项目二等奖（质子中心）

安全、清晰、绿色、人文的设计理念

设计中贯彻安全可靠、流线清晰、人文关怀、绿色科技的设计理念。质子中心主体功能位于地下一层，围绕质子诊疗布置了影像定位检查、电子放射治疗等功能，各治疗区分区明确，清污、医患流线清晰，通过中心的采光中庭有机联系，方便病人、医生的同层使用。接受质子治疗的病人多为肿瘤病人，为体现人文关怀，采用垂直交通的电梯、卫生间、饮水点等公共设施分散布置、减少服务半径的方法，让病人使用更加方便；在室内设计的色彩上尽可能地采用暖色，营造亲切宜人的空间尺度。

设计体现绿色节能理念，建筑中部设置中庭，为地下一层和一层的中心公共部位带来自然采光；二、三层退台后分别形成“U”“L”形平面环抱的大面积屋顶花园，景观层次丰富、采光和通风条件良好。建筑地下室西侧设置有大面积下沉草坪，草坪起伏变化，营造自然地景，同时也为地下室西侧病人等候空间带来良好的景观视野和自然采光。地景和屋顶花园靠近室内位置均引入水景，舒缓情绪。

创新技术应用

该项目不仅是上海首批取得“绿色建筑三星标准”的医院项目，还是上海市政府投资项目中首个采用 BIM 技术的大型项目，利用 BIM 技术在设计中覆盖建筑全生命周期的特点，通过建立三维信息模型，进行性能优化，管线综合，生成工程量清单，施工 4D、5D 模拟等，有效节约建设成本、提高监控水平。

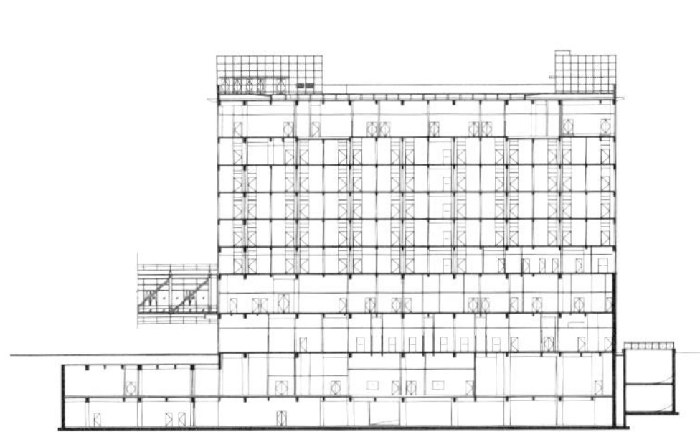

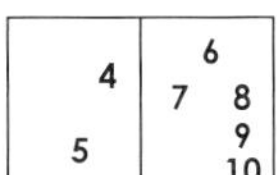

4. 配套住院楼实景
5. 质子中心实景
6. 质子中心室内实景
7. 配套住院楼立面图
8. 配套住院楼剖面图
9. 质子中心立面图
10. 质子中心剖面图

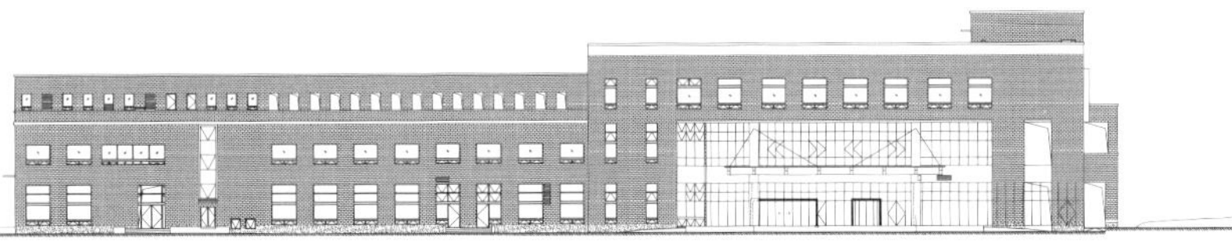

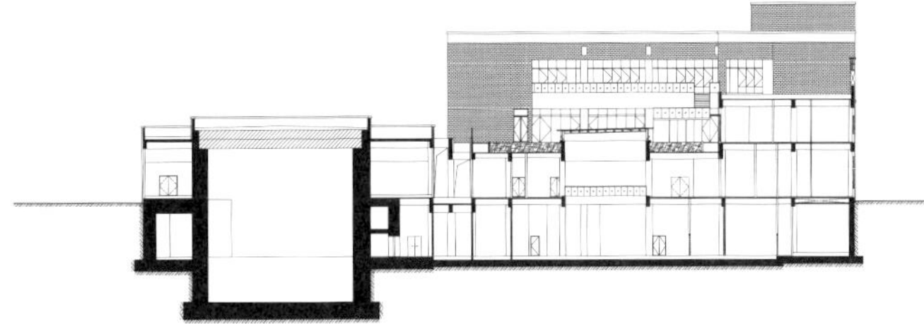

华中科技大学
医学质子加速器研究与应用大楼

华中科技大学医学成像与健康大数据研究大楼二期——医学质子加速器研究与应用大楼的项目定位是具有国际水平的医学质子加速器研究应用中心，集质子设备研发、临床诊治检查、教学等功能于一体。主体地上二层，地下一层。功能布局由质子放疗区、临床诊治检查区、科研办公区、能源配套设备用房等组成。

建设单位：华中科技大学
建设地点：湖北省武汉市东湖新技术开发区
总建筑面积：10 000 平方米
建筑高度 / 层数：12.00 米 /2 层
设计时间：2018 年
竣工时间：2022 年（计划）
设计单位：华建集团华东都市建筑设计研究总院
项目团队：陈炜力、曾丽华、王玮、邵渊丹、冯羽、杜坤、曹岱毅、蔡宇

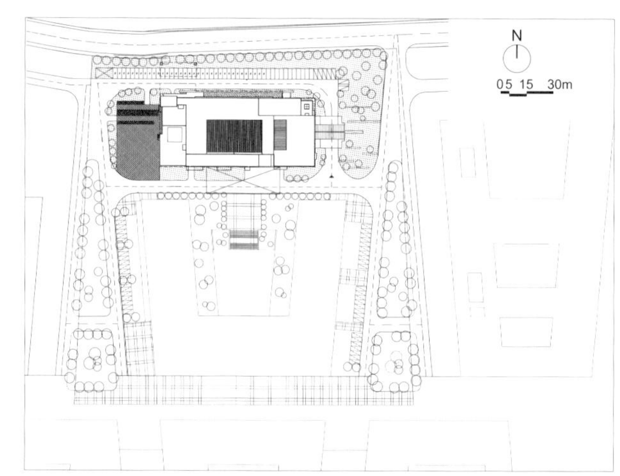

1 2	3 4 5

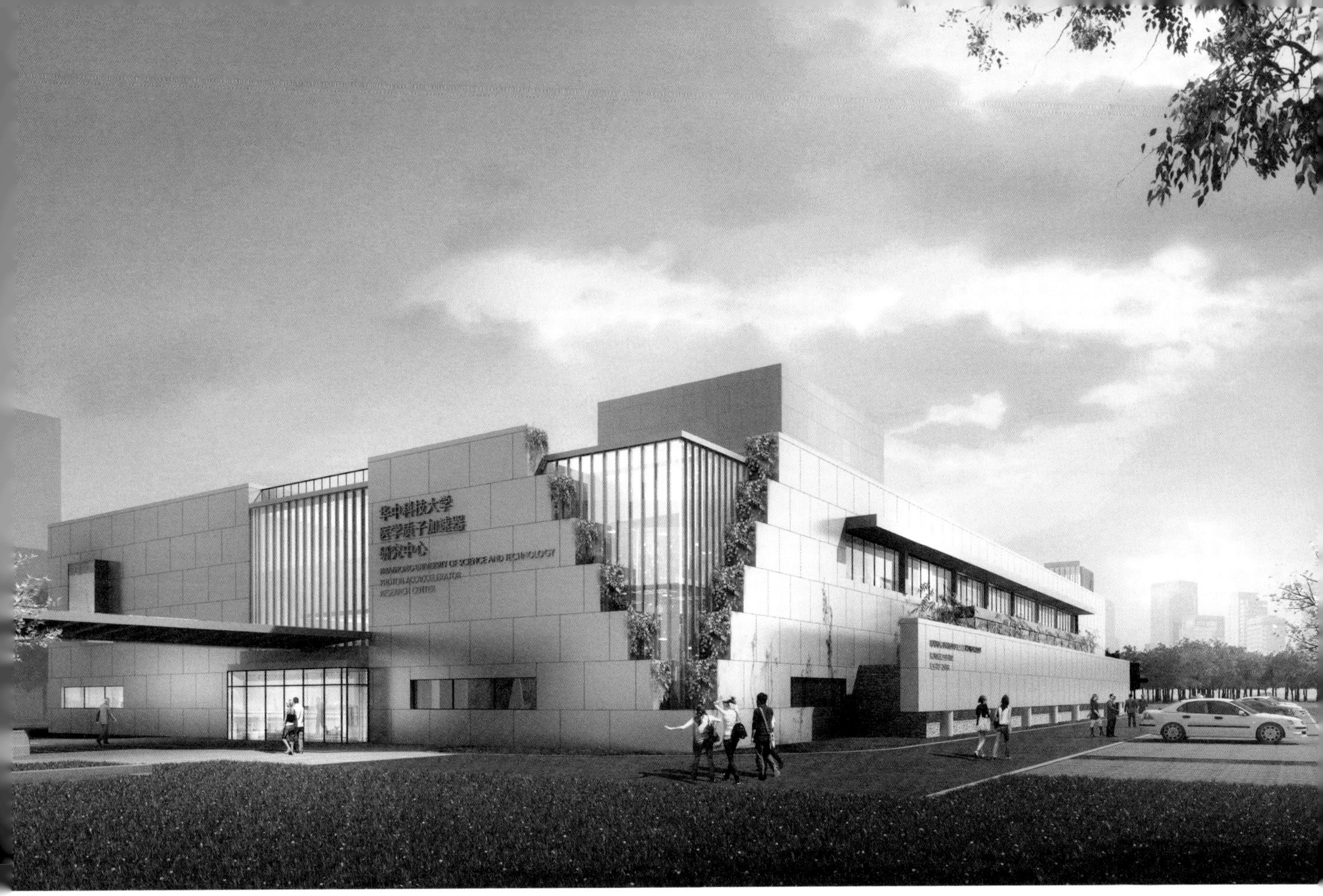

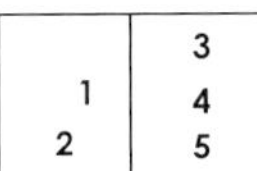

1. 总平面图
2. 鸟瞰图
3. 透视图
4. 立面图
5. 剖面图

本项目以超导加速器为特色，研发小型医用质子治疗设备，进行肿瘤放疗的医学研究。设计采用理性＋隐喻的手法，突出医、工、理交叉学科研究的人文特色。在建筑外观上，采用点、线、面结合的手法。在功能体块合理布局的基础上，结合长条形基地特点，采用动感强的片墙进行穿插，打破质子治疗建筑的厚重体量。在重要的入口、转角等节点，细部刻画玻璃体量，虚实结合，形成富有变化且标志特征强的现代交叉学科研究中心。

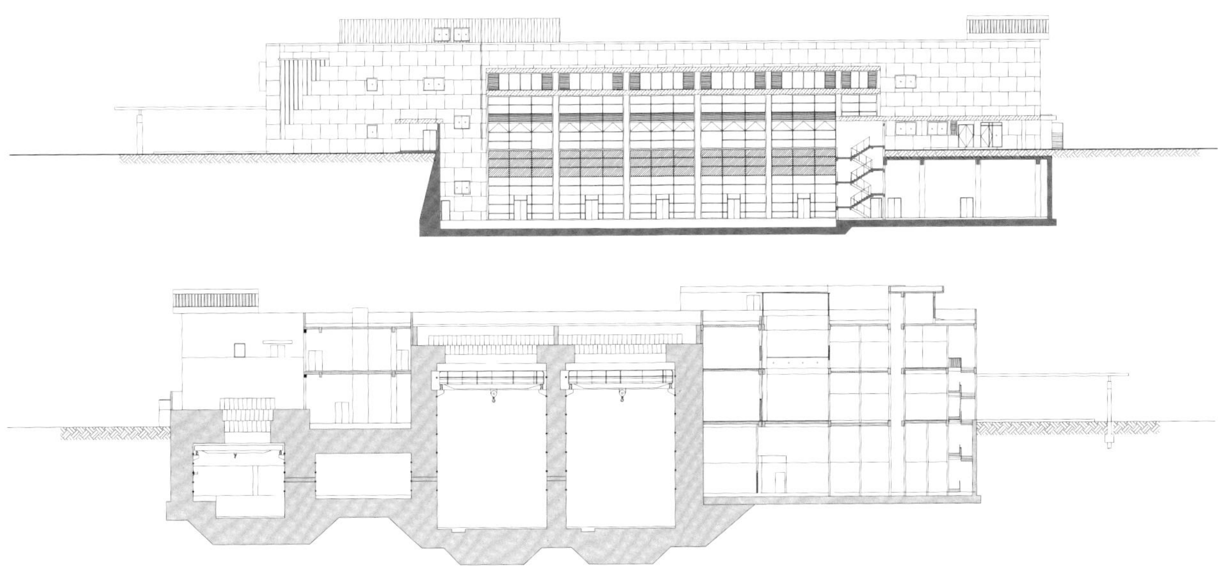

重庆全域肿瘤医院质子中心

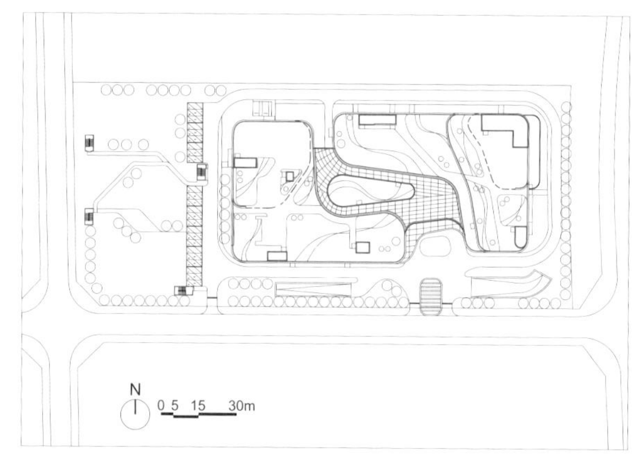

建设单位： 重庆全域肿瘤医院有限公司
建设地点： 重庆市万州区高峰镇
总建筑面积： 28 773 平方米
建筑高度 / 层数： 21.30 米 /3 层
设计时间： 2019 年
设计单位： 华建集团上海建筑设计研究院
合作设计单位： 中煤科工集团重庆设计研究院有限公司
合作设计工作内容： 施工图设计（除质子仓部分）
项目团队： 竺晨捷、陆行舟、张栩然、陈蓉蓉、王沁平、张伟程、滕汜颖、钱锋、万洪等

本项目是全国首座小型化质子治疗中心，目标是为川渝地区的肿瘤患者提供更好的医疗服务。项目采用先进的小型化质子设备单室质子设备，突出特点是集约紧凑与模块化设计。

项目在总体造型上结合万州地域轮廓，提炼、抽象后获得基准体块，玻璃顶虚空间从体块中间贯穿而过，两侧体块顺势退让错动，虚实结合。建筑外轮廓提取长江水流柔美的线条意象，采用柔和、流线型立面造型，营造温润大气的形象界面。设计以患者的体验为出发点，采用紧凑集约的总体布局，功能以肿瘤治疗医技科室为主，融合质子中心、放疗科、核医学科三大医技科室，流线独立清晰、分区明确，使建筑主体成为富有生命力的有机整体。引入多层次的绿化庭院及屋顶花园，破解集中的建筑体量感，为不同标高的室内空间引入绿色与阳光，打造花园式医院，创造亲切舒适、稳定安逸的就医环境。

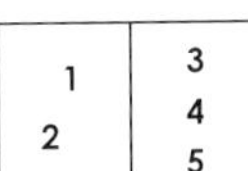

1. 半鸟瞰图
2. 总平面图
3. 全景鸟瞰图
4. 一层平面图
5. 剖面图

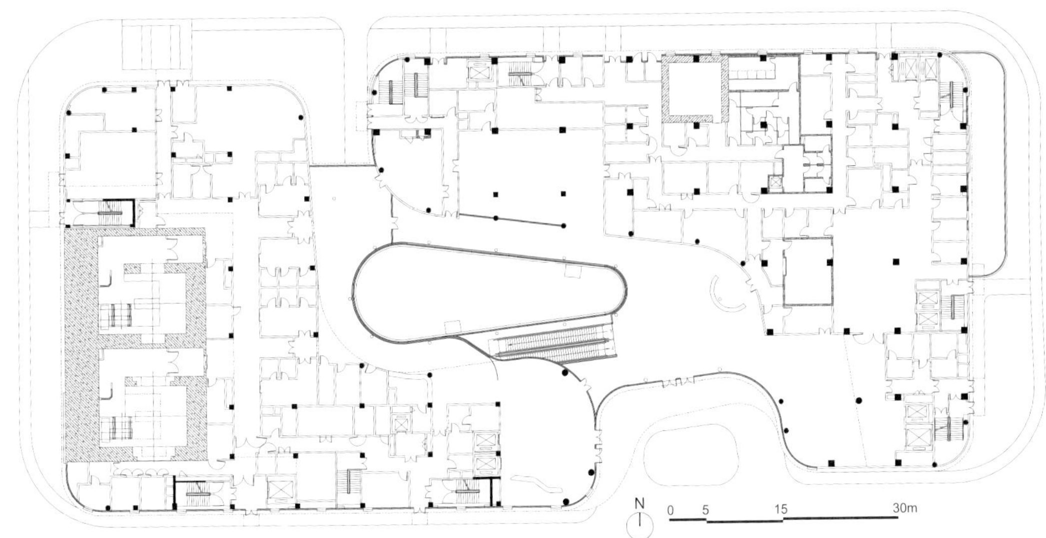

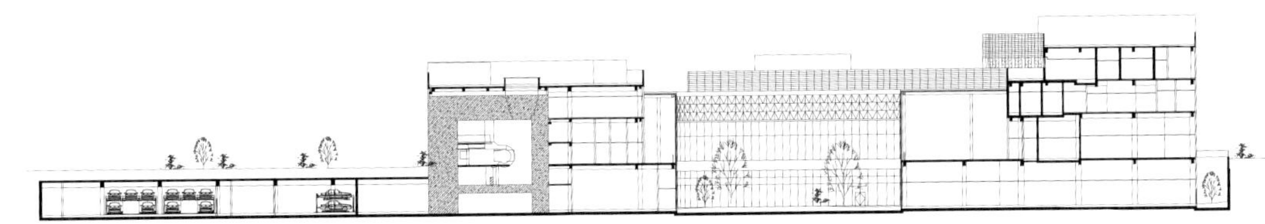

广州泰和肿瘤医院一期工程项目

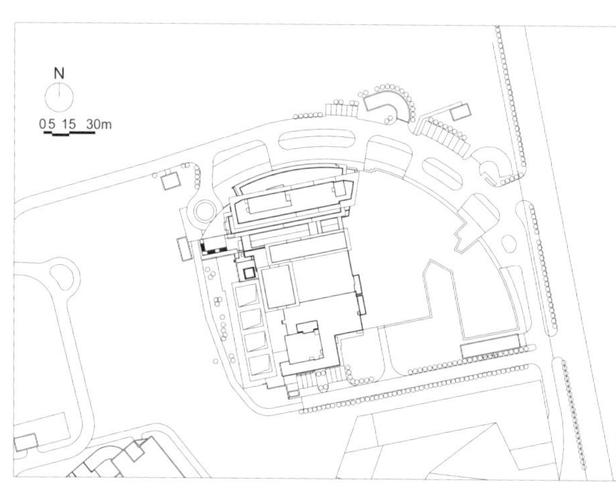

建设单位： 广州泰和肿瘤医院有限公司

建设地点： 广东省广州市中新知识城

总建筑面积： 42 712 平方米

建筑高度／层数： 38.80 米／7 层

床位数： 66 床

设计时间： 2014—2018 年

竣工时间： 2020 年

设计单位： 华建集团上海建筑设计研究院

合作设计单位： 美国 HKS 公司

合作设计工作内容： 建筑方案设计、初步设计

项目团队： 陈国亮、郑亚丰、李雪芝、张慈予、徐怡、贾京、滕汜颖、钱峰、万洪

1
2

1. 鸟瞰图
2. 总平面图

兰州重离子肿瘤治疗中心

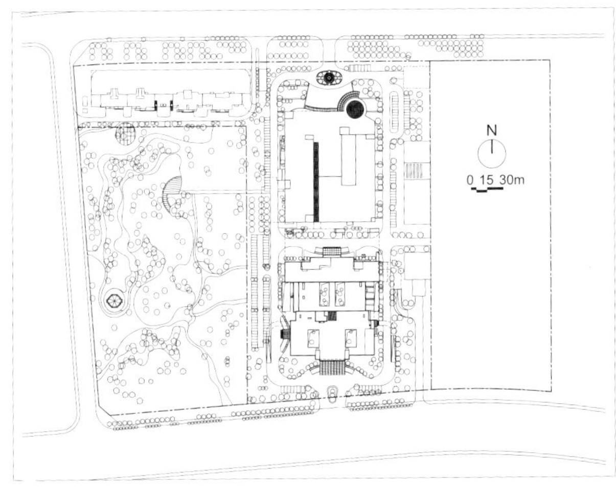

建设单位：甘肃盛达集团股份有限公司
建设地点：甘肃省兰州市城关区
总建筑面积：146 905 平方米
建筑高度 / 层数：79.90 米 /19 层
床位数：544 床
设计时间：2011 年
竣工时间：2020 年
设计单位：华建集团上海建筑设计研究院
合作设计单位：甘肃省建筑设计研究院有限公司
合作设计工作内容：施工图设计
项目团队：陈国亮、竺晨捷、朱骏、陆行舟、蒋镇华、张伟程、汤福南、陆振华、孙瑜等

1. 总平面图
2. 鸟瞰图

传染病及应急医院
INFECTIOUS DISEASE AND CONTINGENCY HOSPITAL

2020 年年初的新冠肺炎疫情传播范围广、危害大，给中国乃至世界带来了深刻的影响。为了应对此类烈性气溶胶传播病毒，国内外都采取了紧急措施，改造或新建应急传染病综合救治中心，加强筛查、诊断、留观、隔离、治疗等手段，防控病毒的传播和扩散。

此类应急传染病综合救治中心面临的最大挑战在于为应对突发的疫情，需要快速建造、严格分区、组织气流，满足传染病医院设计的相关标准，规范三区划分的医疗流程，弥补现有医疗救治空间的不足。与时间赛跑的快速建造，给设计带来很高的要求，需要各工种紧密配合，熟练地掌握相关规程要求，根据已有的经验快速决策，采用模块化、产品化的建筑材料，指导现场施工和建设。过程中还需要实时根据建材的实际供应情况，调整设计策略，帮助现场灵活应对情况变化，实现快速搭建。

此类应急传染病综合救治中心往往在现有医院功能基础上进行改造或扩建，需要结合医院的整体布局、机电用量进行系统规划。平时医院收治传染病人相对较少，现有的空间无法应对疫情的爆发。应急建设往往贴临现有传染门诊或在急诊边空地建设，按照发热、肠道、感染等不同传染病种进行分区设置，尤其气溶胶传播的发热病人，需要严格隔离，实现挂号、检验、检查、取药、治疗、留观六不出门。病区内要按照清洁、半污染、污染区进行严格划分，不同区域之间设置缓冲间，相邻房间形成一定的空气压差，保证各区整体形成合理的压力梯度，提高房间气密性，防止病毒的空气传播。

根据各个医疗机构的特点和防治任务的不同，应急项目设计建设的侧重有所不同。等级较低的社区医院，主要承担的是特殊发热病人的发现和预警，因此仅预设基本的检查和少量留观功能。区级和市级医院不仅需要及时筛查发现并隔离相关病人，还需要具备一定的救治能力，并预留有一定的扩展空间，应对疫情的区域性突发。每个中、大型城市还需要建设一定规模的公共卫生中心作为收治各种传染病人并开展传染病学临床研究的基地，公共卫生中心也同样需要平疫结合，预留可以应急扩展的建设场地，应对公共卫生事件的区域性爆发。只有形成哨点、哨所和公共卫生中心这一完整的传染病防治医疗体系，才能在疫情突发时有效应对、保障到位。

项目：上海市第六人民医院东院传染楼改、扩建工程

高装配率的全工厂化加工

项目位于医院内现有的医技楼东侧，最大挑战在于时间紧、场地小和现有综合管线错综复杂。

项目采用了新型冷弯薄壁型钢结构，实现了快速建设。该结构具备整体刚性好、强度高、重量轻、抗震性能好等优势，全工厂化加工，装配率高，满足现场快速搭建、短周期施工的要求。

项目更多信息请翻阅本书 **P250**

上海市公共卫生中心

建设单位：上海市申康投资有限公司
建设地点：上海市金山区
总建筑面积：89 000 平方米
建筑高度 / 层数：24.00 米 /4 层
床位数：500 床
设计时间：2003—2004 年
竣工时间：2004 年
设计单位：华建集团上海建筑设计研究院
项目团队：陈国亮、张行健、吴炜、徐晓明、脱宁、宋静、孙刚
获奖情况：2005 年上海市优秀工程设计一等奖；第一届上海市建筑学会建筑创作奖佳作奖；首届全国医院建筑设计评选活动十佳奖

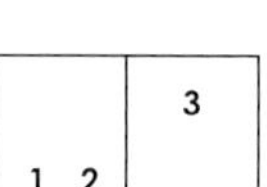

1. 总平面图
2. 建筑连廊
3. 建筑外景

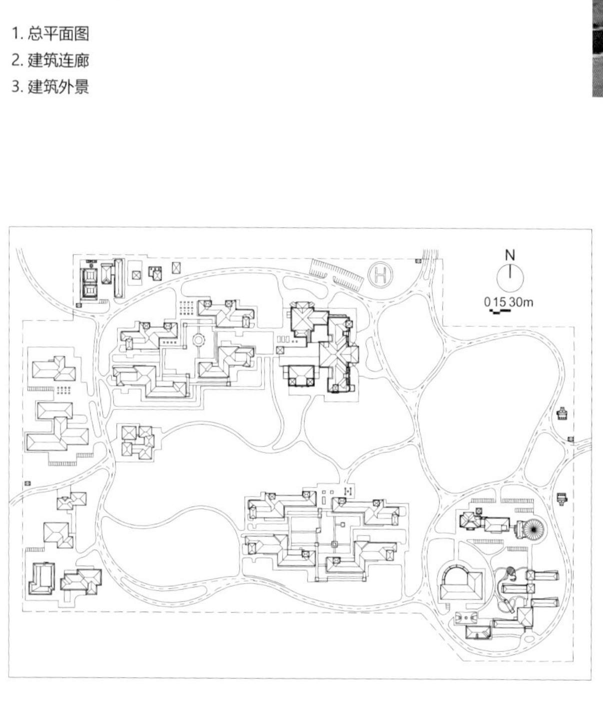

在 2003 年“非典”疫情之后，上海市政府决定在金山地区建立以传染病收治、传染病预防、传染病临床研究为主的“上海市公共卫生中心”，作为 2004 年市政府的一号工程，它是上海市加强公共卫生体系建设三年行动计划的重要组成部分。该中心于 2004 年 11 月 16 日落成启用，已成为 21 世纪现代化公共卫生中心的设计典范。

依照基地特征和传染病医院的特点，整个医院分为安全区、隔离区和限制区。按功能要求和发展计划，有机分成 8 个功能分区。道路系统为自由的路网结构，兼顾功能和景观的需要。建筑单体采取错落有致的布局。主要出入口能够方便地识别，明确区分清洁区、限制区、隔离区。对洁物、食品供应和污物运输严格分区和分道。

在病房单体建筑布局上采用模块化，使医院具有最佳的灵活性和扩展性。同时考虑到烈性传染病的特点，以 90 床为一个病栋，以 250 床位一个病区组团，自然围合成绿化庭院，以满足可分可合、收治不同种类传染病的要求。该中心采用先进的医疗设备、机电系统和信息管理技术，以满足传染病

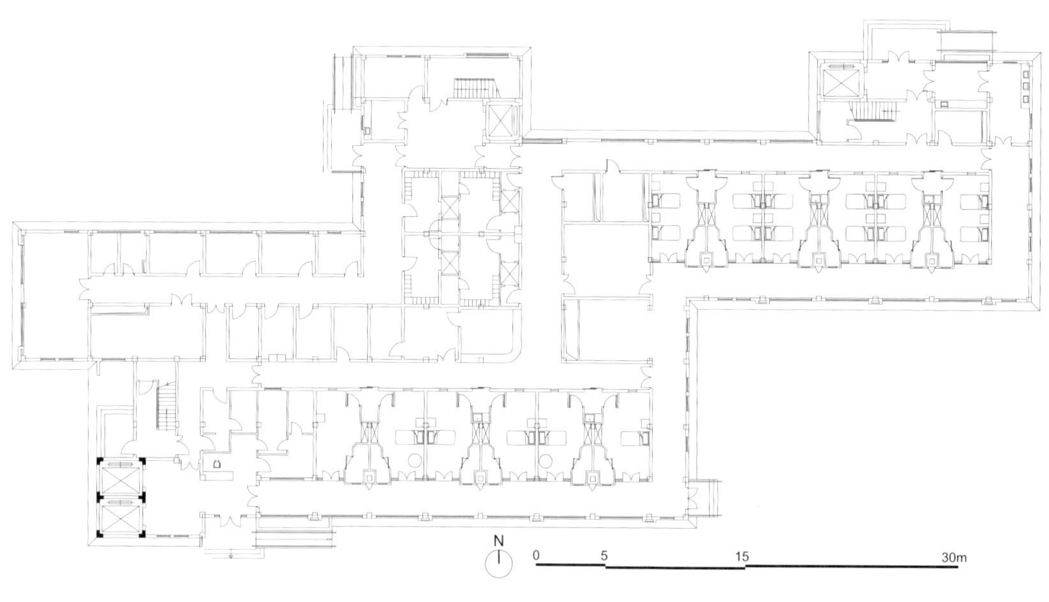

医院特殊的安全、节能、高效的医疗服务要求。在重症监护室、烈性呼吸道病房区采用负压空调系统，保护病区工作的医护人员的健康。在科研楼设立了 2 套三级生物安全实验室，在动物楼设立了 1 套三级生物安全实验室，开展对人体、动植物或环境具有高度危害的致病因子对象的处理和研究。

医院建筑的造型设计力求创造亲切舒适、安谧宁静的室内外环境和空间气氛。在进行建筑平面和空间设计时，在门急诊楼等处作重点处理，使建筑形体和空间富有变化，又不失医院建筑的特征。在细部处理上，精心构思设计建筑细部、不同质感和不同色彩的建筑材料，赋予建筑现代感，又尽显海派建筑特色。

将中国优秀的建筑传统融合于现代化医院的设计与技术中，使大部分的病房有尽可能多的日照和自然通风，并将医院有机地融合在整个基地的花园式自然绿化环境中，为病人和医护人员创造一个优美的环境。

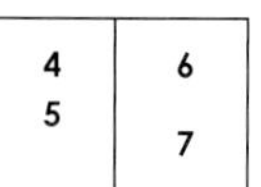

4. 一层平面图
5. 立面图
6. 建筑外景
7. 建筑外景

盐城市公共卫生临床中心

项目用地位于盐城市亭湖区盐东镇，距盐城市中心约 23 千米。新建的盐城市公共卫生临床中心，将成为一家集医疗、教学、科研、保健、康复于一体的三级传染病医院，一座现代化、人文化、智慧化、安全化的区域公共卫生应急救治及传染病诊疗中心。该项目不仅是盐城市重要的民生配套工程，也将充实盐城市的医疗资源。

水密隔舱般的区域独立设计

不同病种区域相互独立，不同诊疗区域相互独立，医护与患者区域相互独立，清洁、半污染、污染区域相互独立，各个区域边界完整，出入受控，气压可调。各区域独立如同舰船上的水密隔舱，提高公共卫生临床中心的安全性。

缜密的流程管控

人员管控的流程路线由建筑平面布局所限定，并辅以完善的建筑技术措施，确保其使用的安全性和便利性。餐饮供应流程、院区物品供应流程、污物流程均有专项流程路线设计，互不干涉、相对独立。

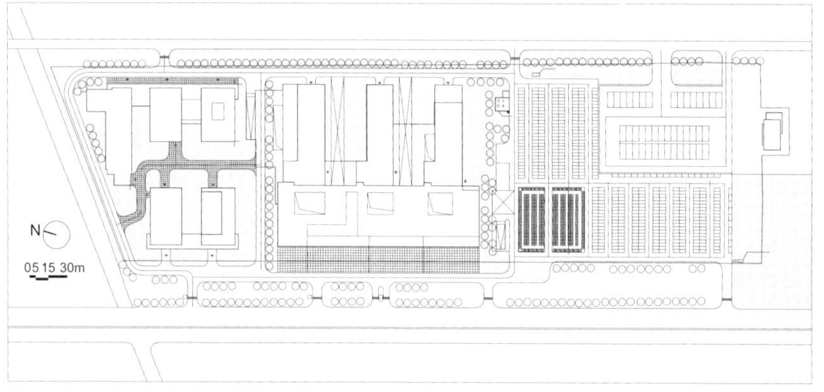

建设单位：盐城市城市建设投资集团有限公司
建设地点：盐城市盐东镇
总建筑面积：89 761 平方米
建筑高度 / 层数：28.00 米 /6 层
床位数：500 床
设计时间：2020 年
竣工时间：2023 年（预计）
设计单位：华建集团华东建筑设计研究总院
项目团队：荀巍、王冠中、薛铭华、王骁夏、王茜婧、申于平、田宇、郑若

	2
1	

1. 总平面图
2. 鸟瞰图

应急医疗区的多级扩展

南侧场地搭建 200 床应急医疗设施，所需的电力、信息线路、氧气统一供给，所产生的生活污水、场地雨水统一处理。南侧应急设施和北侧医院医生区间建设临时连廊，依托北侧医院设计建设时兼容考虑，可以大幅度提高应急设施的应对能力和续航能力，成为加强版“火神山医院”。

应急医疗区分两级设置，一级应急空间使用频率高，布置在门诊区室外灰空间内，预装在建筑室外吊顶内的帷幕落下形成封闭医疗空间，可提供预检、分诊、冲洗等功能，帷幕电控起落，相关设备从门诊区内推出，接入吊顶预设的水、电、信息、氧气接口，半小时之内即可拥有战斗力。一级应急空间是新冠肺炎疫情中出现的院区分诊、消毒帐篷的常设加强版。

二级应急空间使用频率略低，可布置在建筑灰空间及院前广场处，结合吊顶及地下预留的各项接口，利用医院仓库内存储的板房材料，数小内即可形成面积更大的应急用房。建筑灰空间越大，形成应急用房速度越快，成本越低。二级应急空间可提供隔离、留观等功能，相邻医疗设施配套完善，便于转诊救治，是新冠肺炎疫情中板房医院的快速反应版。

3	5
	6
4	7

3. 夜景透视图
4. 透视图
5. 一层平面图
6. 立面图
7. 剖面图

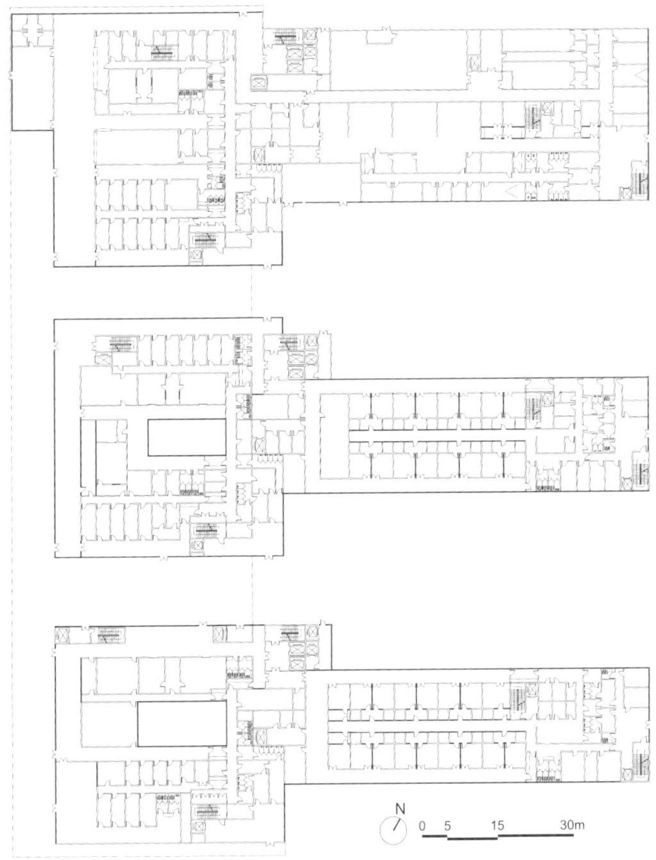

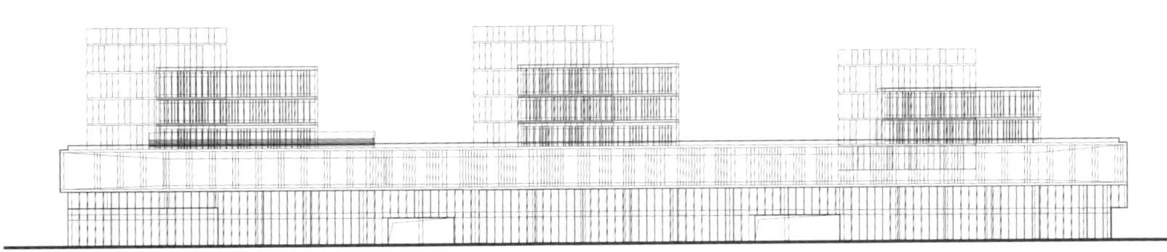

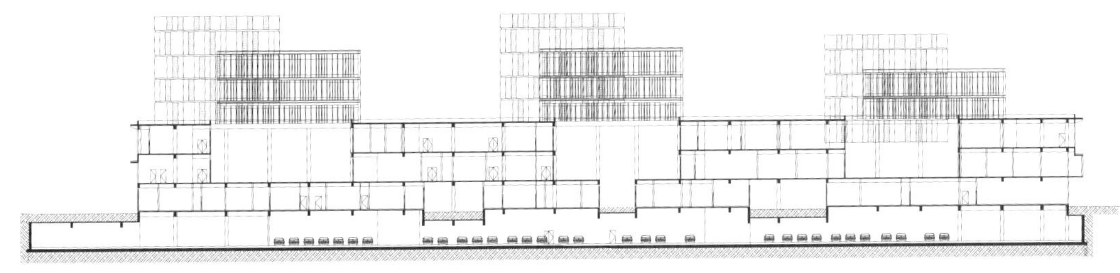

建设单位：复旦大学附属华山医院
建设地点：上海市静安区
总建筑面积：8 940 平方米
建筑高度 / 层数：20.00 米 /5 层
床位数：68 床
设计时间：2006 年
竣工时间：2010 年
设计单位：华建集团华东建筑设计研究总院
项目团队：邱茂新、王馥、蔡漪雯、韩磊峰、郑若、严晨

1	2 3 4 5

1. 建筑细节
2. 立面与教堂相协调
3. 建筑全景
4. 总平面图
5. 一层平面图

复旦大学附属华山医院
传染科门急诊、病房楼改、扩建工程项目

复旦大学附属华山医院（以下简称“华山医院”）传染科门急诊、病房楼改、扩建工程项目位于华山医院院区南侧。项目存在诸多挑战：狭小的基地、基地上需保留有污水处理站、有限高要求、有日照要求、有文化保护要求、有卫生防疫要求以及传染楼的特殊医疗流程等。设计采用了有效的措施解决上述困难：①采用退台式建筑，化解限高、日照与功能的矛盾，同时满足长乐路上海历史风貌保护区的街道格局和空间形式。②利用悬挑结构化解污水处理站的影响。基地下方为医院正在使用的污水处理站，设计通过在地面一层加设混凝土斜撑的办法承托该部分结构并避开污水池，悬挑部分接近建筑进深的一半。③合理布局洁污区域，将污染的病房区放在基地南侧，将洁净的医生区放在东侧和北侧，使污染区距离北侧和东侧其他建筑达到 30 米以上。④传承发展，项目左侧紧挨着一座建于 20 世纪初的教堂，设计延续风貌保护区和华山医院历史建筑特点，塑造具有文化底蕴的建筑形象。

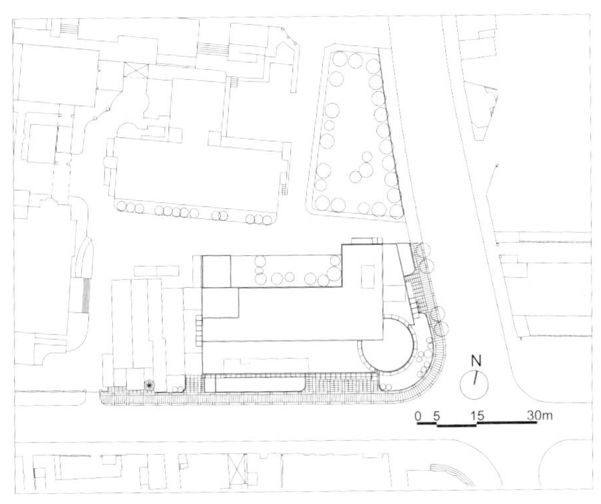

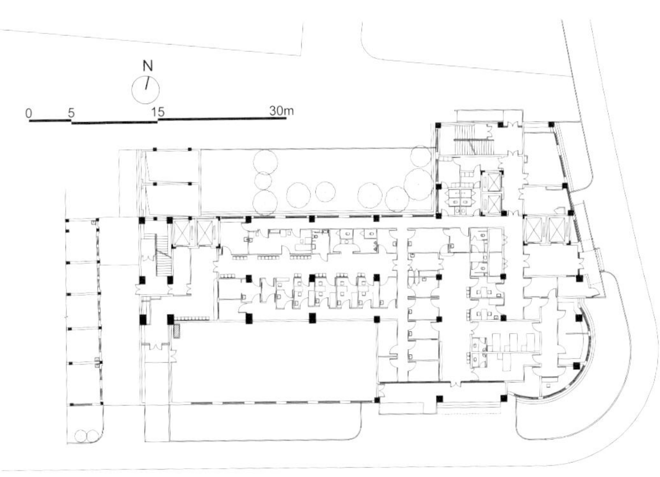

上海市第六人民医院东院传染楼改、扩建工程项目

（应急留观病房、应急保障用房和平疫结合传染楼加建）

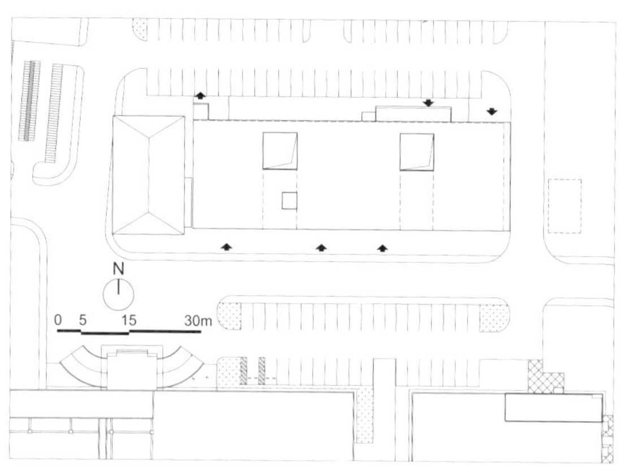

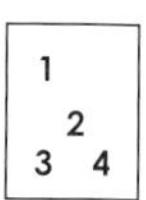

1. 发热门诊留观病房总平面图
2. 应急留观病房和平疫结合传染楼立面图
3. 应急保障用房实景
4. 应急留观病房实景

建设单位： 上海市第六人民医院东院

建设地点： 上海市临港新片区

总建筑面积： 663 平方米（应急留观病房），713 平方米（应急保障用房），1 664 平方米（平疫结合传染楼）

建筑高度 / 层数： 7.00 米 /2 层（应急留观病房），7.70 米 /2 层（应急保障用房），9.95 米 /2 层（平疫结合传染楼）

床位数： 14 床（应急留观病房），30 床（平疫结合传染楼）

设计时间： 2020 年

竣工时间： 2020 年（应急留观病房、应急保障用房），2021 年（平疫结合传染楼）

设计单位： 华建集团华东都市建筑设计研究总院

项目团队： 陈炜力、辜克威、蒋勇、冯羽、杜坤、俞俊、蔡宇、田野

获奖情况： 抗疫情·医疗建筑电气设计竞赛优秀奖（应急留观病房）

复旦大学附属儿科医院
发热门诊传染病综合楼

建设单位： 复旦大学附属儿科医院
建设地点： 上海市闵行区万源路
总建筑面积： 8 050 平方米
建筑高度 / 层数： 17.60 米 /4 层（改造传染病楼），9.20 米 /2 层（新建传染病楼）
床位数： 88 床
设计时间： 2020 年
竣工时间： 2022 年（计划）
设计单位： 华建集团华东都市建筑设计研究总院
项目团队： 陈炜力、辜克威、何学焜

1. 透视图
2. 总平面图

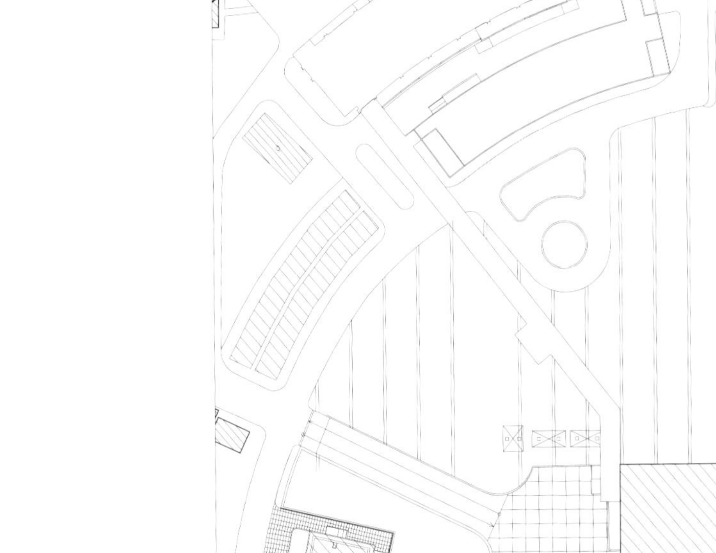

上海市青浦中山医院应急发热门诊综合楼

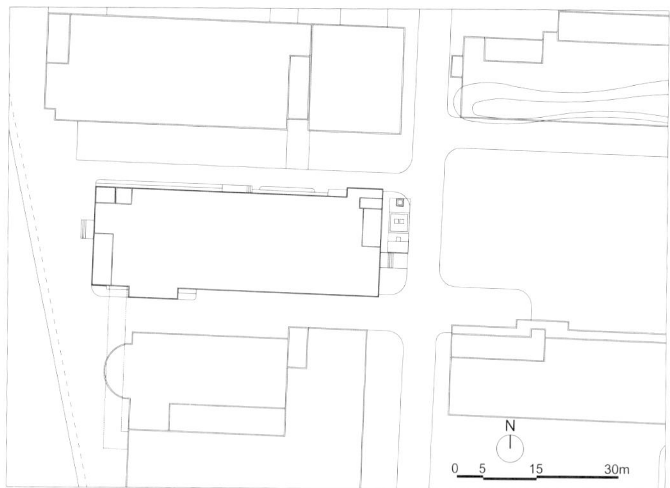

建设单位：上海市青浦中山医院
建设地点：上海市青浦区公园东路
总建筑面积：1 890 平方米
建筑高度 / 层数：14.60 米 /2 层
床位数：30 床
设计时间：2020 年
竣工时间：2020 年
设计单位：华建集团华东都市建筑设计研究总院
项目团队：陈炜力、何学焜、田野、冯羽、杜坤、俞俊、蔡宇
获奖情况：抗疫情·医疗建筑电气设计竞赛三等奖

1. 总平面图
2. 实景图

上海交通大学医学院附属瑞金医院北院发热门诊综合楼

总建筑面积：2 400 平方米
设计时间：2020 年
设计单位：华建集团华东都市建筑设计研究总院

上海市松江区中心医院传染病房楼

总建筑面积 :6 183 平方米
设计时间：2007 年
设计单位：华建集团华东建筑设计研究总院

海门市公共卫生中心

总建筑面积 :21 998 平方米
设计时间：2012 年
设计单位：华建集团华东建筑设计研究总院

妇幼保健院

MATERNAL AND CHILD HEALTHCARE HOSPITAL / MCH HOSPITAL

孕妇是受重点关注和保护的群体之一，是社会未来的重要组成部分，对孕妇的照顾是全社会的重要责任之一，是国家社会文明进步的衡量尺度之一，是人类实现可持续发展的重要目标之一。

妇产医院的设置标准分为一级妇产医院、二级妇产医院、三级妇产医院。妇产科与外科、内科、儿科并称临床医学四大主要学科。妇产科主要研究女性生殖器官疾病的病因、病理、诊断和防治、生育及妇女保障等，范围很广，涵盖了现代分子生物学、临床药理学、病理学、胚胎学、肿瘤学、遗传学、生殖学、免疫学等许多学科。医院主要使用者分为儿童病患、成人妇女病患、孕妇、妇幼保健四类人群。

以人性化设计理念指导妇产医院的建设和设计是各阶段的根本宗旨与中心。设计具有如下要点：

注重无障碍与安全设计 孕妇行动不便，不能做剧烈运动，不能受刺激，因此孕妇所住病房要远离易发生事故的医疗场所，在室内要少使用一些易碎玻璃制品等，避免孕妇受到惊吓。

注重医疗空间布局、医疗流程和流线组织设计 要高效组合建筑空间，防止不同人群之间的交叉感染，因此比较适合采用专科单元模式，即根据不同人群设置不同专科单元，把不同专科的门诊、专用医技及病房垂直布置，形成较独立的专科中心，使患者在一个区域内完成所需要的治疗。

注重私密性设计 妇女在做妇科检查，特别是非常规性检查时，通常都会有隐私和舒适方面的需要，私密性设计可减少她们的顾虑。

注重智能信息化设计 信息技术是医疗发展的重点技术，利用它可实现分区控制，高效运行，降低医院运行成本，节约资源和降低排放；可提高医生和护士的工作效率、医院的管理服务能力和水平，是创新医疗服务模式的重点。

注重导向标识系统设计 医院标识系统除具有人、物、信息流的标识导向功能外，还体现了医院历史与文化、品牌形象与人文关怀，帮助就诊者能在最短时间内抵达目的地。

注重自然采光和照明设计 孕妇不适宜长期在灯光下，否则对孕妇和胎儿的生长不利，合理的照明控制场景能改善就医环境。

注重舒适性、精细化设计 安全健康、绿色生态和舒适优美的室内外环境，合理的比例尺度与家具配置，提高了室内空气的含氧量，使孕妇心情舒畅，使用便利，非常有助于孕妇生产。

关注产房设计、家庭式病房的需求 “非限制区、半限制区、限制三区”和“病人、工作人员、污物通道三通道”的合理布局也是妇产医院设计的重点。随着人们生活水平和生育理念的提高，许多产妇希望生产时丈夫能陪伴在身边。因此，一体化产房和家庭化病房需求量在增加。

关注生殖中心设计 对生育力保存与保护的重视，使这方面的新技术发展异常迅猛，拓展了妇产医院的设计范围。

关注传染病房设计 清洁区、半清洁区（半污染区）、污染区之间有明确的划分，医务人员的工作区域、流程以及病患住院活动区域有明确的规划。物流中食物、药品的运送分发以及洁、污分流有相应的严密措施，可最大程度地减少和控制病毒的传播与感染。

项目：上海市第一妇婴保健院

人性化的医疗空间

门诊医技楼中，共享中庭4层通高，阳光充足、空气流通、环境宜人，交通组织合理、导向性强，附近设有导医、咨询、助残等服务性功能；医疗街串联起各功能模块，创造出易于识别和便利通达的医疗环境，医疗街上设有楼电梯、分层挂号、助医咨询等功能；每层设置挂号、收费窗口，既分散集中人流压力，又可按科室提高专科化服务效率。

项目更多信息请翻阅本书 **P274**

中国福利会国际和平妇幼保健院奉贤院区

中国福利会国际和平妇幼保健院奉贤院区设计床位数为 500 床，建设用地面积 100 亩（约 66 667 平方米）。基地位于奉贤区南桥东社区 15 单元内，东至公共通道、南至望河路、西至金钱路、北至沿港河。本项目设计力求满足现代化医院的功能需求，且充分考虑其基地特征，为医院的未来发展留有充足余地。

基地北面与西面各有一条水质优良的河道，作为奉贤区城区景观规划重点的 7 000（约 467 万平方米）亩森林公园位于基地西南方向。为了将基地附近景观引入医院园区，设计一块大尺度的悬浮景观平台，寓意妇幼保健院是带来新生的“生命之舟”。平台高于路面 2.5 米，步行至平台边缘的访客或病患即可居高看到基地周围的景观元素。采用立体交通也可实现院区的人车分流。

建设单位： 中国福利会国际和平妇幼保健院
建设地点： 上海市奉贤区南桥东社区
总建筑面积： 100 524 平方米
建筑高度 / 层数： 60.00 米 /11 层
床位数： 500 床
设计时间： 2017—2018 年
设计单位： 华建集团上海建筑设计研究院
合作设计单位： 法国 BLP 建筑设计事务所
合作设计工作内容： 建筑方案概念及造型设计
项目团队： 陈国亮、黄慧、谢珣、钟璐、王亦、殷春蕾、陈杰甫、胡洪

围合的花园式医院——围合式的建筑型体与多重景观平台相结合

以病人为中心，内部环境与外部环境相结合，治疗空间与公共空间并重。

1. 鸟瞰图
2. 黄昏透视图
3. 总平面图

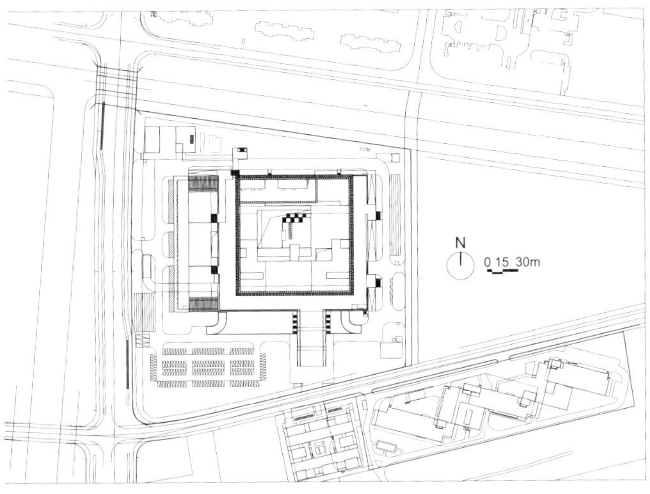

突出“环境——心理——生理”医学模式的建筑创意及环境对人的心理感应作用。

围合的中央花园具有宁静、不张扬而又安全的特性，是一个理想的疗愈空间。中央花园和景观平台的种植设计将融为一体，为医院创造一个怡人的花园方舟。

围绕中心花园组织病人的各项医疗流程，尽可能地缩短病人的往返流线。合理组织公共空间，提供轻松舒适的就诊环境。设计完善的垂直交通系统，减少病人的等候时间。注重人性化的细节设计，完善公共配套设施。服务病人的同时也为医护和其他工作人员提供舒适的工作环境。

开放的回廊——国内首创的预制混凝土遮阳幕墙

建筑设计的出发点是创造一个全新概念的回廊空间：即具有保护性而又透明的空间。不同于旧式回廊的封闭性，本设计得益于一层轻巧的混凝土编织的密度多变的表皮，创造一个开放式的回廊，让人同时感受到院区的宏伟和轻盈。

立面之外用统一的白色混凝土预制构件做成规则的网状结构。该混凝土构件网形成建筑的第二层表皮，距离内侧建筑外墙 1.5 米，可调节日照并提供维护检修简易通道，提高建筑整体的生态能效并降低运营维护成本。

棕色的混凝土将作为基座的主要材料，也是景观平台的组成部分。建筑使用的白色混凝土则给建筑整体带来源于医院功能的特性：纯净而又独特。

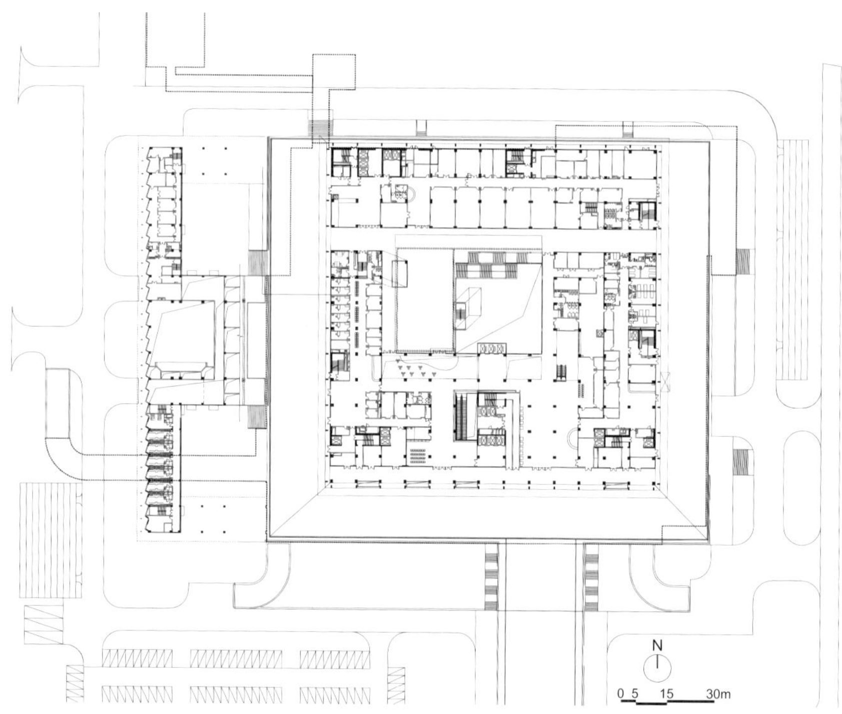

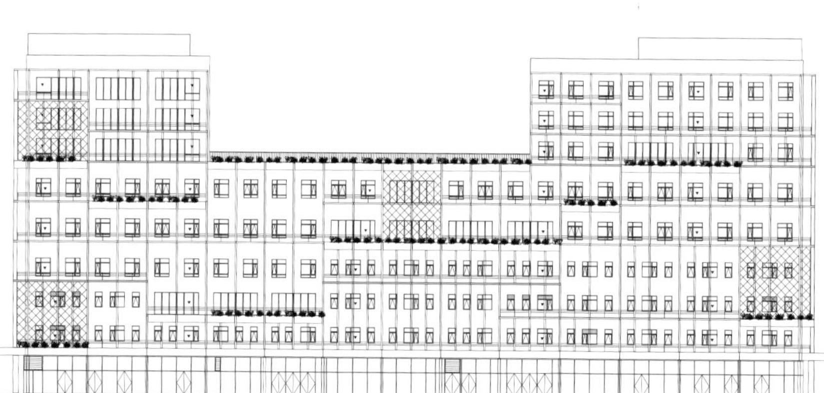

4	6
5	7

4. 一层平面图
5. 立面图
6. 日景透视图
7. 剖面图

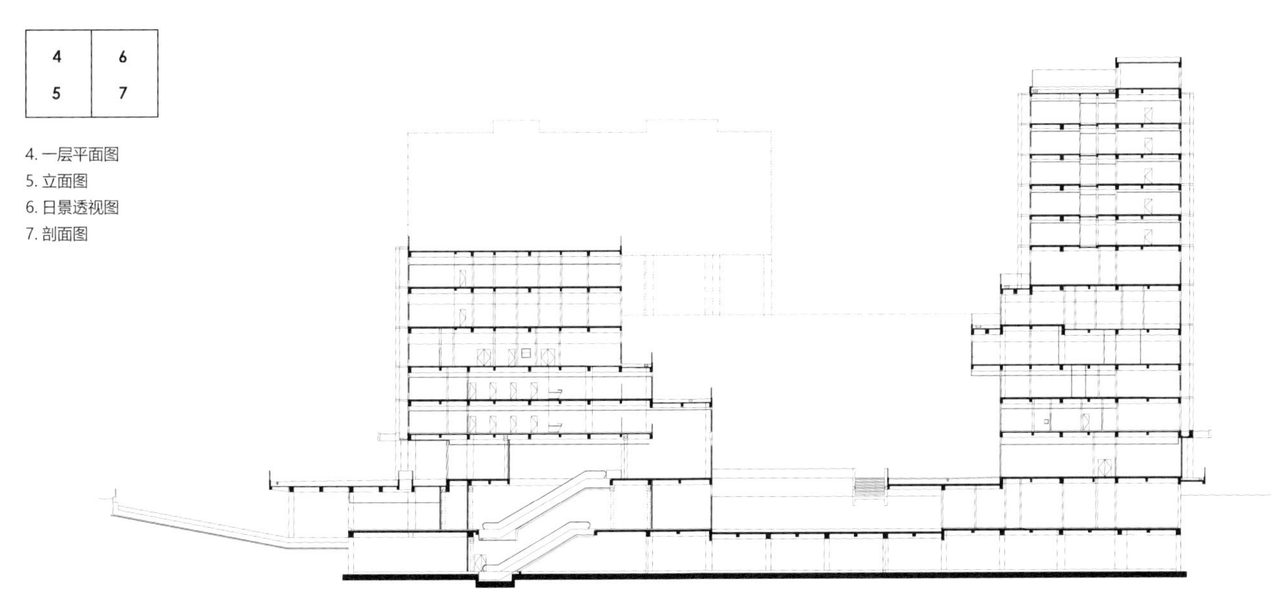

深圳市儿童医院科教综合楼

深圳市儿童医院是一家集医疗、保健、科研、教学于一体的现代化综合性三级甲等儿童医院和儿科急救中心，也是目前深圳市唯一的儿童医院，更是医疗服务影响力全国十强的儿童医院。医院坐落于深圳市福田区，新建的科教综合楼包括门诊、住院、科研、教学、生活等功能，将增加 500 张床位。华建集团华东总院与贝加艾奇（上海）建筑设计咨询有限公司（B+H）组成的联合体，经过两轮激烈的国际竞标，从 21 家国内外知名设计公司或联合体中脱颖而出，成功中标该项目。

打造儿童的秘密花园

设计灵感来自医院周边的莲花山公园与远处的山景，希望通过设计

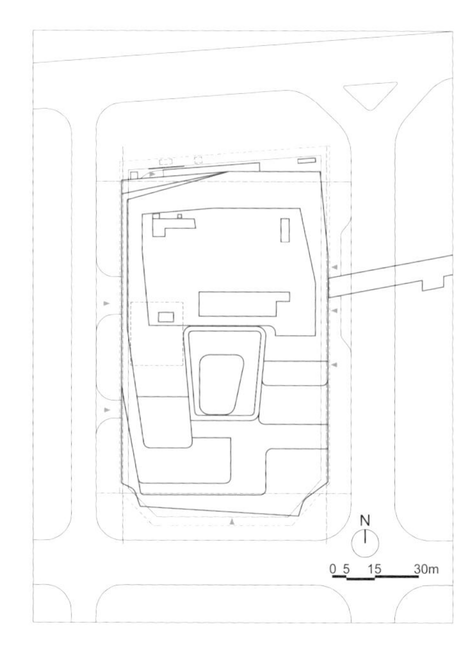

使建筑及其使用者与外部的自然景观充分融合。建筑的形态采用了一种温和的退台方式，创造出多个空中花园。新大楼内部以及周围都拥有自己独享的微型景观，在大楼的中心设置了一个奇妙的“神秘花园”，为孩子们提供了一个安全的庇护所。我们期望迷人的秘密花园在吸引并激发年轻的眼眸、心灵和思想的同时，治愈并减轻患者的压力。

打造高容积率下的城市公园

项目用地非常紧张，必须充分利用土地，才能使各类功能有序进行，同时为城市创造舒适的公共空间。设计通过底层架空，借整个东面来打造一个城市公园的视觉通廊，同时为地下一层和地上一、二层提供一个大型公共空间，营造一个充满色彩、正能量和愉悦氛围的城市“客厅”。

临床与科研结合的模式

设计提供了病区与转化研究中心更紧密结合的前瞻类型，是影响深远的机能创新，极具示范价值。设计以鼓励临床工作人员、研究人员和学生之间的合作为主要原则，将研究与住院病房放在同一楼层，采用“从实验室到临床”的方法，为患者提供近距离的服务。在病房区和研究区的交界处设计有“协作区”，供工作人员在一起交流、分享和学习。开创性地将临床、科学、研究活动结合，为员工提供最佳工作环境。项目还在东北角为员工提供了一组社交和互动空间，形成了连接公园的“社交窗口”。

1	
2	3

1. 街角透视图
2. 总平面图
3. 鸟瞰图

建设单位：深圳市儿童医院
建设地点：广东省深圳市
总建筑面积：106 190 平方米
建筑高度 / 层数：59.60 米 /14 层
床位数：600 床
设计时间：2019 年
设计单位：华建集团华东建筑设计研究总院
合作设计单位：贝加艾奇（上海）建筑设计咨询有限公司
合作设计工作内容：概念方案设计
项目团队：荀巍、王馥、徐续航、张苇弦、史凌薇、周檬、李晟、易飞宇、韩倩雯、陈锴

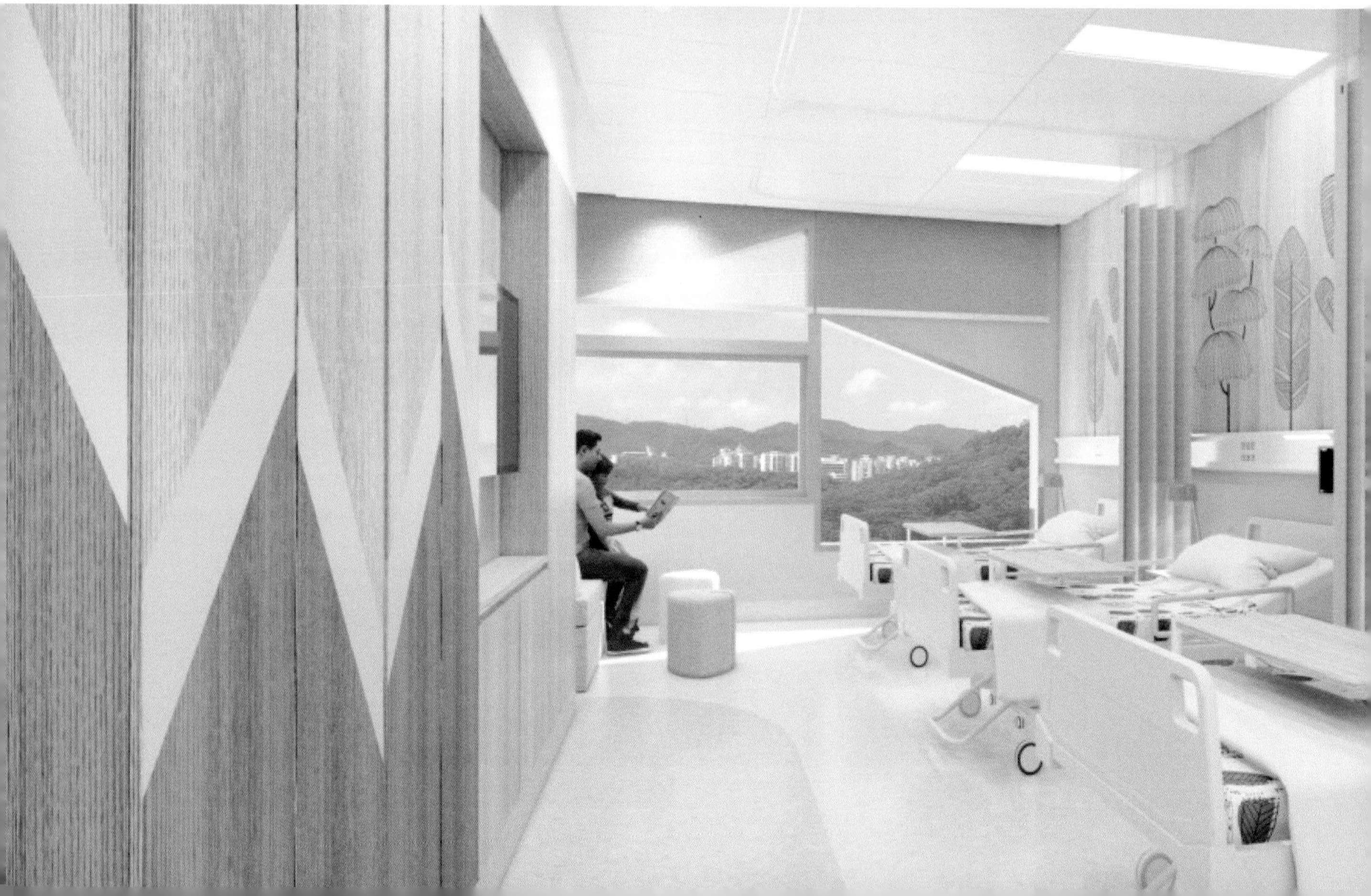

4 5	6 7 8

4. 中庭效果图
5. 病房效果图
6. 一层平面图
7. 立面图
8. 剖面图

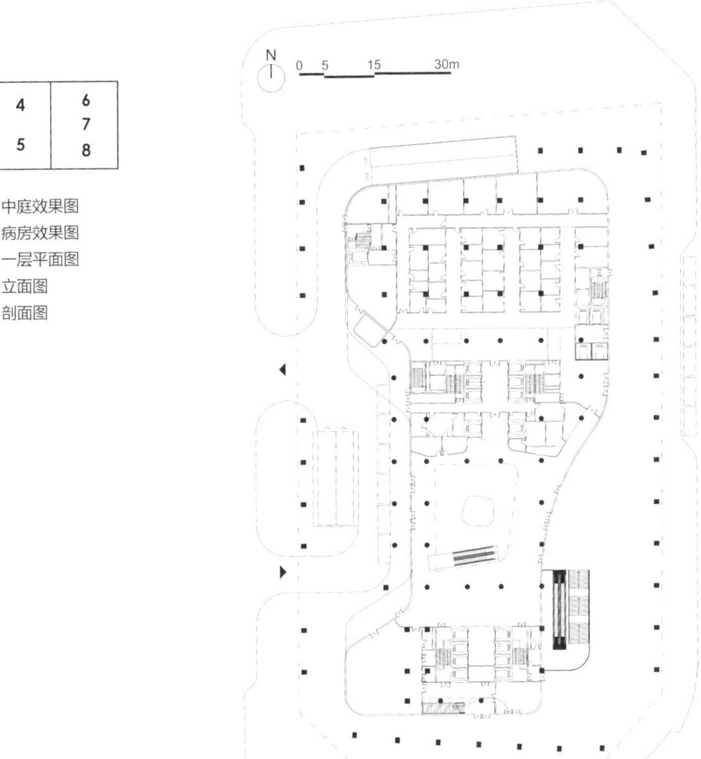

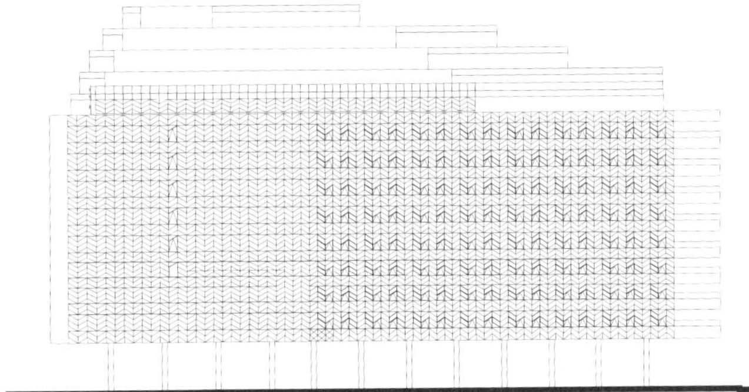

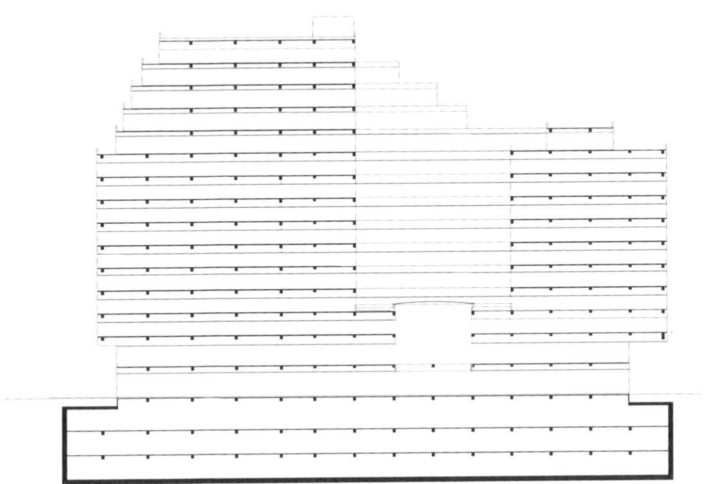

深圳市福田区妇儿医院建设工程项目

项目位于深圳市福田区安托山片区，交通条件良好，拥有丰富的绿色景观资源。曾经是重污染工业区的安托山，是福田最后一块处女地，正处在新一轮的城市更新建设中。深圳市福田区妇儿医院作为此片区最重要的大型公建项目，将是福田区的城市新名片、深圳绿色医院的新标杆。

“绿色生命阶梯”的设计理念

根据对项目和基地的理解，顺应人们对希望、快乐、便捷和生态的渴望，项目遵循“绿色生命阶梯”的设计理念，寓意从“孕育—出生—成长”这样一个不停向上攀爬的历程，突出细致的呵护和温暖的爱意。

建设单位：深圳市福田区建筑工务署
建设地点：广东省深圳市福田区
总建筑面积：143 000 平方米
建筑高度 / 层数：89.70 米 /19 层
床位数：800 床
设计时间：2018 年
设计单位：华建集团华东建筑设计研究总院
合作设计单位：法联雅逸建筑设计咨询有限公司
合作设计工作内容：方案设计、初步设计
项目团队：荀巍、王馥、魏飞、蔡漪雯、周晔、薛铭华、张苇弦、陆琼文、刘继生

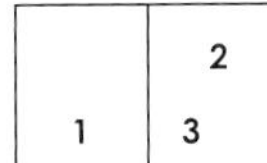

1. 入口人视图
2. 总体鸟瞰图
3. 总平面图

简洁清新的建筑形象，紧凑高效的医疗流线，充满绿意的就医环境，深圳市福田区妇儿医院就像绿意盎然的生命阶梯，以其生态性、舒适性和专业性，将人们引入一座孕育希望的港湾。

螺旋式台阶上升的建筑形象

建筑与北侧道路形成一个角度，在西北角释放出较为宽敞的用地作为主要人流集散广场，与安托山公园产生良好的互动。建筑形制采用集中式医院建筑布局，各功能分区呈垂直方向紧凑布置。建筑整体南低北高，创造出螺旋式台阶上升的形态，减轻高密度建筑体块的厚重感，也很好地呼应了“绿色生命阶梯”的设计理念。

在立面造型设计上，根据节能设计的遮阳需求，布置横向遮阳构件，保证功能的高效性，同时富有韵律感，医院绿色生态的形象也因此得到完整展现。

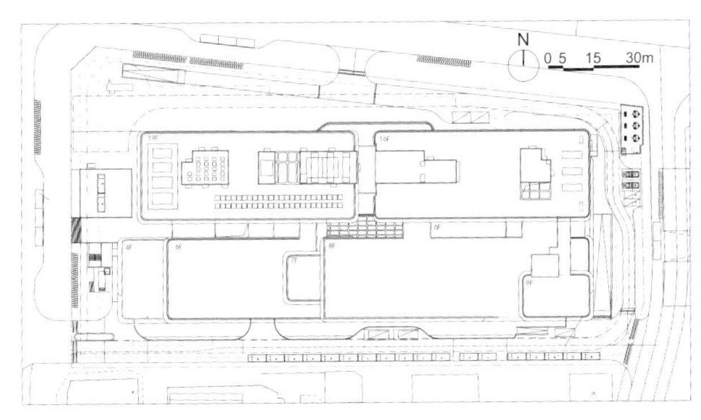

建筑与景观完美结合，舒适宜人

高楼层的住院部病房南北向布局，拥有良好的采光和通风，视野开阔。南侧房间拥有开阔的城市海景，而北侧房间拥有秀美山景。中庭不仅引入充裕的自然采光，还保证了良好的建筑通风效果，同时能减少建筑能耗。

充分利用位于不同高度的屋顶平台打造“共享空间 + 景观花园“的特色空中活动场所，作为不同使用功能的外部延伸空间，实现高密度下景观空间的立体延伸。在景观内街巧妙地利用南低北高的地形打造出一个立体共享空间。此设计也充分考虑了深圳的气候特征，贯穿南北的通廊将加强医院的通风对流。

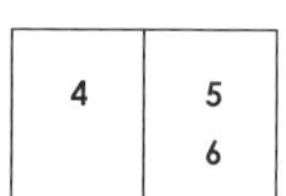

4. 人视效果图
5. 一层平面图
6. 南立面图

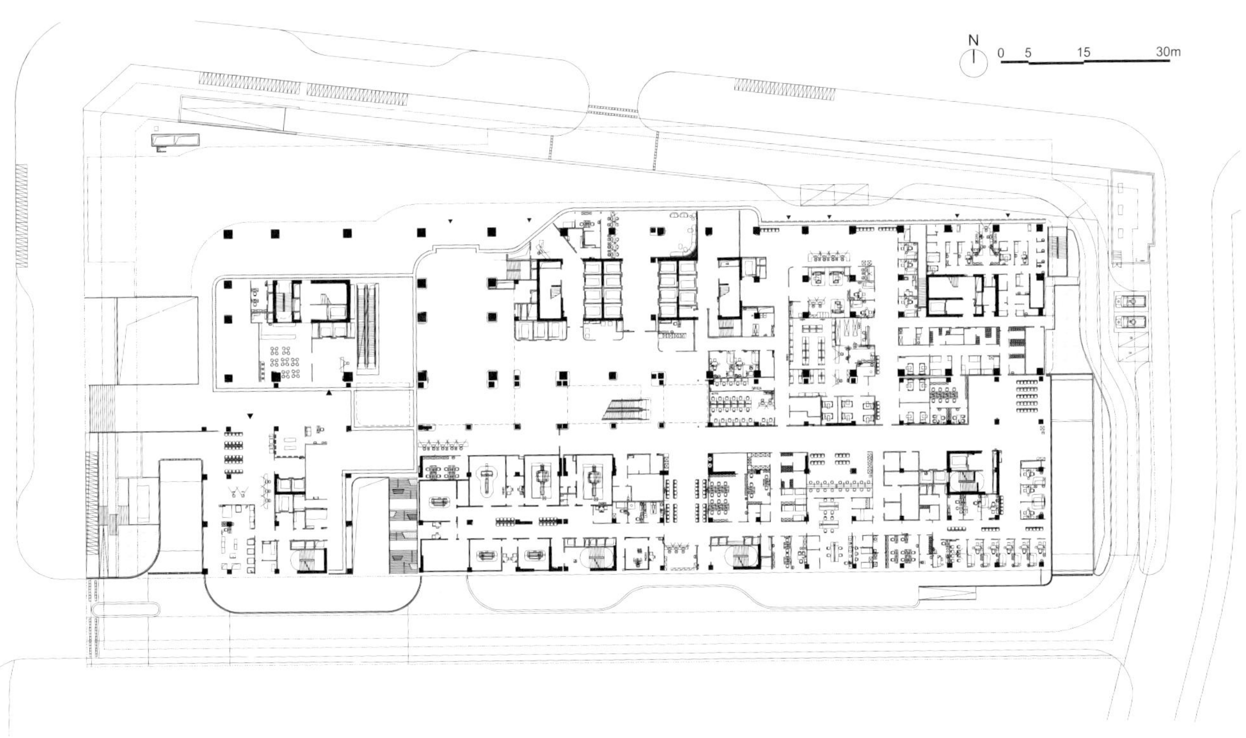
N
0 5 15 30m

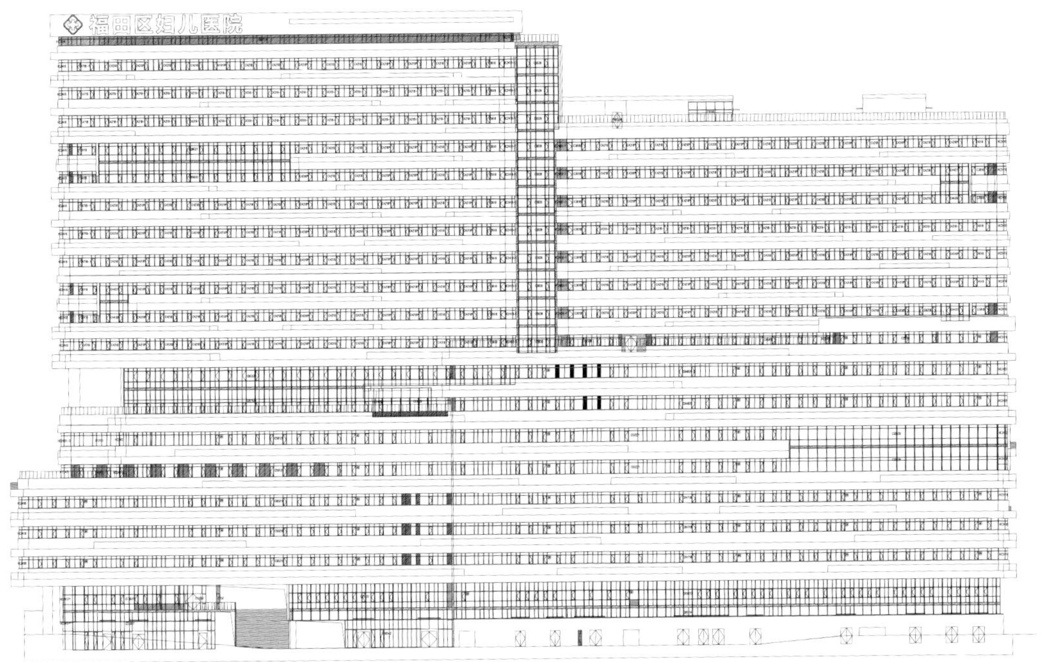
福田区妇儿医院

重庆市妇幼保健院迁建工程项目

重庆市妇幼保健院创建于 1944 年，是一家集临床医疗、妇幼保健、科研教学于一体的三级甲等妇幼保健院，也是中国西部地区最有影响力的妇幼专科医院。新院区选址于龙山路 82 号地块，共设置妇产科、儿科、妇女和儿童保健三大临床学科。

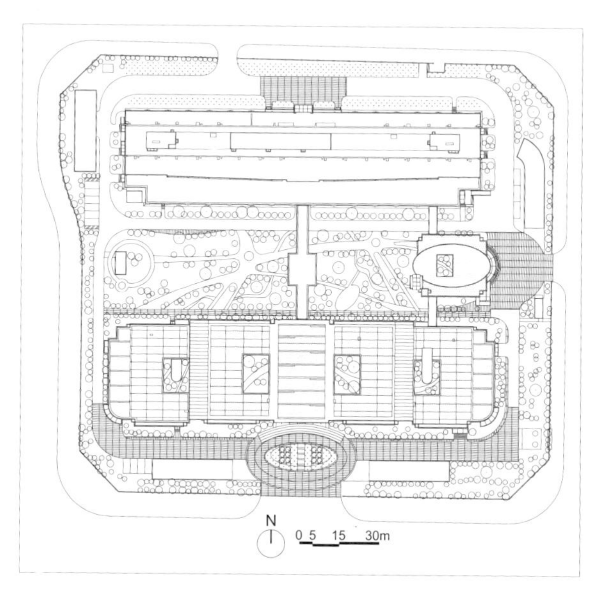

以体验为导向的现代化疗愈环境

设计力求站在妇女和儿童需求的角度，将高效功能体系和绿色环境景观结合，建筑围绕中心花园布局，化解了大体量建筑的厚重感、单调感，形成丰富的空间层次，为病房提供了极佳的园林绿化景观，拓展了病人、产妇的活动空间。去医院化的立面设计，以红色为主色调，增加立面的层次和细节，突出与妇产科医院特定使用人群一致的特有气质。

以模块为核心的高效医疗功能体系

妇幼医院为妇女和儿童提供医疗保健服务，使用人群的年龄

建设单位： 重庆市妇幼保健院
建设地点： 重庆市
总建筑面积： 104 695 平方米
建筑高度 / 层数： 55.00 米 /13 层
床位数： 800 床
设计时间： 2010 年
竣工时间： 2017 年
设计单位： 华建集团华东建筑设计研究总院
项目团队： 邱茂新、荀巍、王馥、彭小娟、韩磊峰、傅晋申

跨度大、对隐私保护要求高、陪护家属多、健康人数占比高。重庆市妇幼保健院新院设计采用模块化的功能结构，妇科患者、产妇、患儿、儿保、妇保等不同类型的使用人群分布于不同楼层的不同功能模块，通过设置在门诊楼和住院楼里的两条医疗街将所有的功能模块串联起来。模块化功能结构避免了不同人群之间的互相影响和交叉，为妇女和儿童营造了安全且具有私密性的诊疗环境。影像科、手术室等大型医技设备居中布置，全院共享；小型的检查医技分散布置；门诊与使用频率高的检查医技在医疗街两侧对应布置。

在有限的用地中打造花园式医院

新院区用地虽然方正，但面积严重不足。按照国家标准，800 床的妇幼保健院需要约 8 万平方米用地，新院区 2.85 万平方米的总用地面积远低于该标准。设计充分利用新院区用地的特点，在总体规划中，将建筑沿街布置，既提高用地效率，又方便病人使用。在地块中央引入中心花园，医院的所有建筑单体环绕中心花园排布，南北两侧的门诊楼和住院楼则通过架空走廊串联起来，形成以花园为中心的围合式规划布局。建筑与花园相互融合，在花园中疗愈，为妇女和儿童创造了最优的疗愈体验。

1	
2	3

1. 沿街人视图
2. 总平面图
3. 中心花园

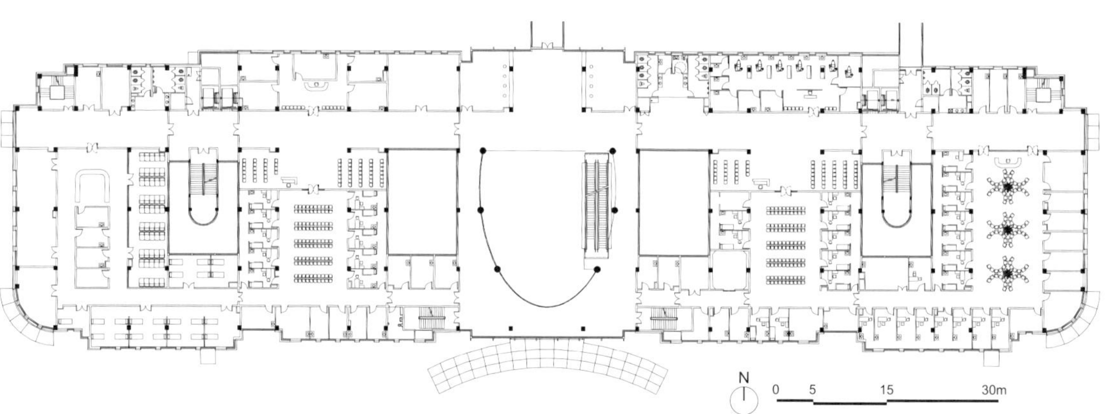

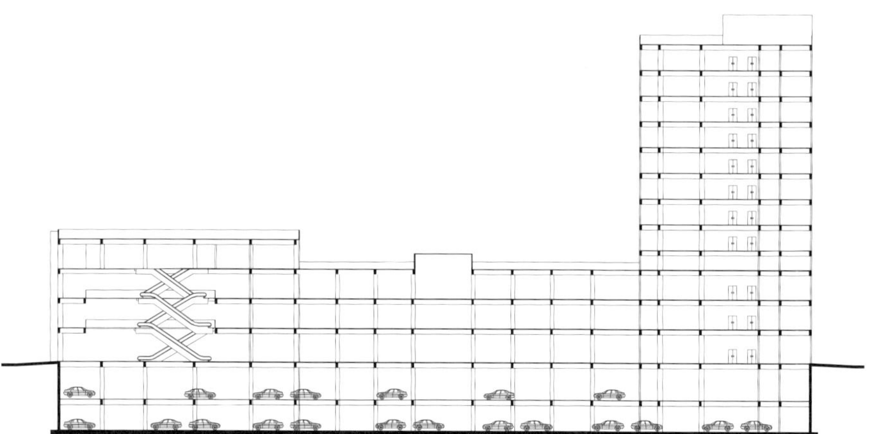

4 5 6	7

4. 中心花园
5. 一层平面图
6. 剖面图
7. 门诊大厅

AB区
1F

泰州市妇幼保健院

项目位于泰州市人民医院新区内，是一家集医疗、教学、科研、预防、保健于一体的现代化市级妇幼保健院。项目建成后能更好地为泰州人民提供医疗卫生服务，满足人民群众日益增长的卫生服务需求。

本次规划综合考虑城市空间肌理、合理的医疗流程和良好的医院内部环境，在已建设完成的泰州市人民医院西侧地块布置泰州市妇幼保健院门诊、医技、住院综合楼。新建建筑造型与原建筑统筹考虑，裙房局部采用悬挑的方式，创造出地面灰空间的同时也可创造露台花园环境；南侧门诊与已建泰州市人民医院平行布置，形成体量均衡的连续沿街界面，并通过连廊将妇幼保健院和人民医院的门诊和医技功能连接。妇幼保健院高层病房布局采用退台式的布局方式，前后错落有致，丰富城市形象的同时，实现了室内外景观资源的共享。

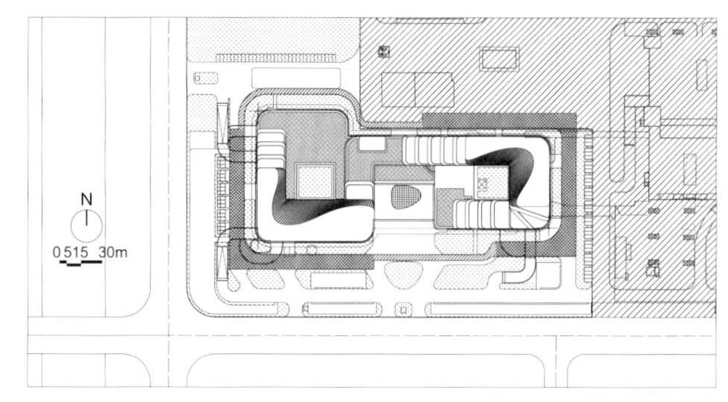

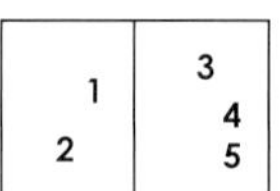

1. 总平面图
2. 鸟瞰图
3. 透视图
4. 一层平面图
5. 立面图

建设单位：泰州市妇幼保健院

建设地点：江苏省泰州市

总建筑面积：118 851 平方米

建筑高度 / 层数：69.90 米 /12 层

床位数：800 床位

设计时间：2019—2020 年

竣工时间：2022 年

设计单位：华建集团华东都市设计研究总院

合作设计单位：苏州工业园区未来规划建筑设计事务所有限公司

合作设计工作内容：方案设计

项目团队：鲍亚仙、姚启远、刘冰、宋方朴、李时、谢啸威、胡振青、周利锋、刘赟治、王卫风、唐志飞、徐伊浩、王晓东、黄继春、陈颖、薛晚葭、王永民

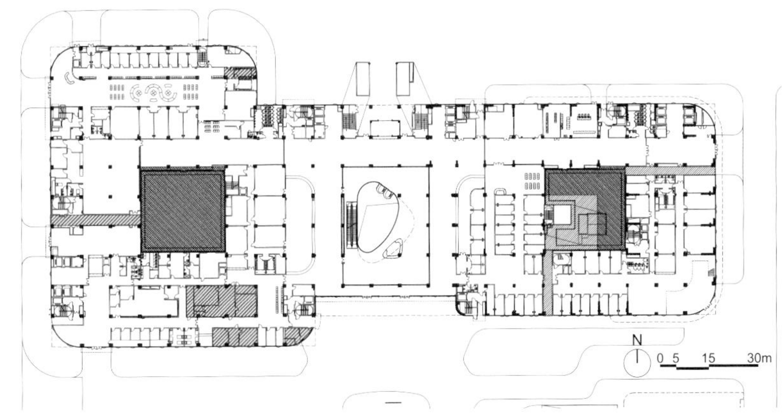

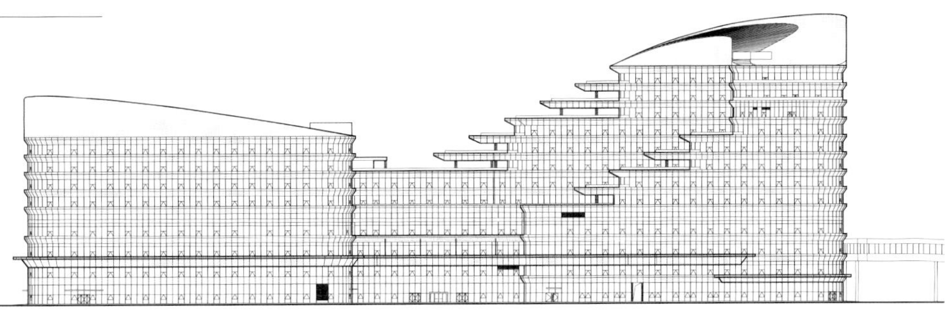

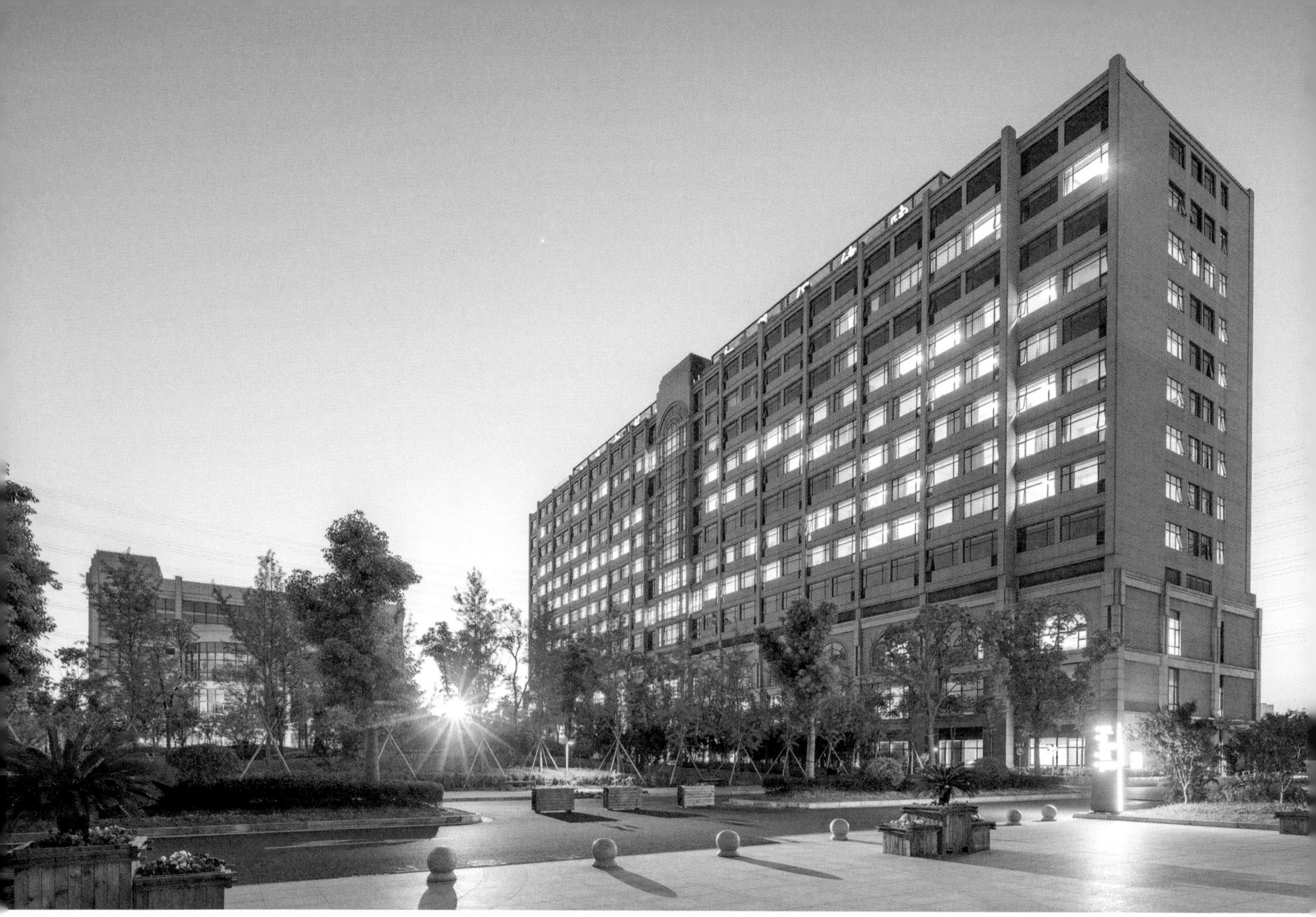

上海市第一妇婴保健院

1	4
2 3	5 6

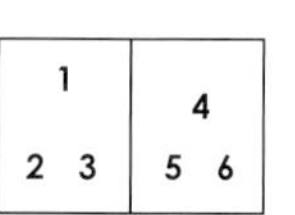

1. 住院楼夜景
2. 总平面图
3. 住院楼一层平面
4. 门诊医技楼入口
5. 门诊医技楼一层平面图
6. 住院楼剖面图

上海市第一妇婴保健院建立于 1947 年，是一家集医疗、保健、科研于一体的三级甲等妇产科专科医院。新建院区选址于浦东新区，床位数为 500 床，另设婴儿床 250 床。医疗功能设计采取了模块化的组织模式，利用水平方向的医疗街和垂直方向的楼电梯串联，形成高效的流程，体现出区域稳定和功能对应的特点。考虑到妇产科医院急诊的特殊性，将其设于病房楼一层东侧，车辆可快速到达，方便 24 小时对外服务。

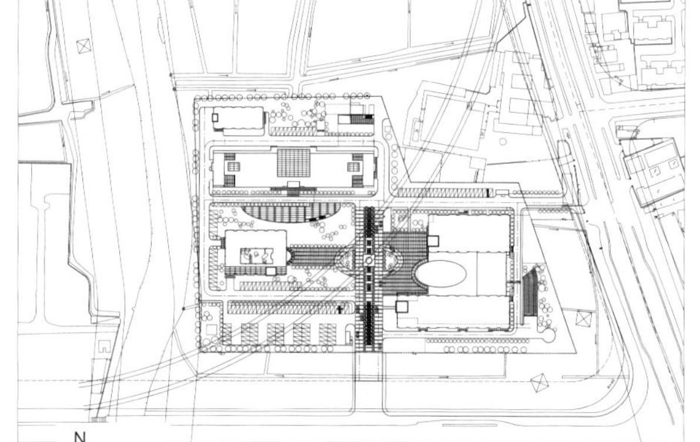

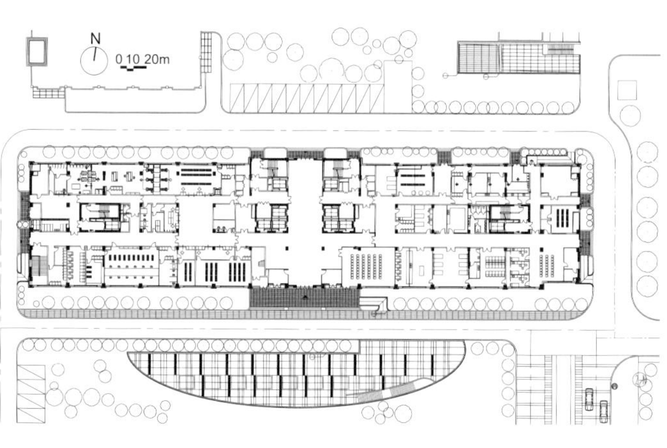

建设单位：上海市第一妇婴保健院
建设地点：上海市浦东新区
总建筑面积：71 245 平方米
建筑高度 / 层数：51.00 米 /12 层
床位数：500 床
设计时间：2009 年
竣工时间：2013 年
设计单位：华建集团华东建筑设计研究总院
项目团队：邱茂新、魏飞、张海燕、刘宏毅、肖俊海、钟才敏

医院的空间环境设计应力求满足使用人群不同层次的需求。在门诊医技楼中，设计有 4 层通高的共享中庭，阳光充足、空气流通、环境宜人，医疗街串联起各功能模块。住院楼的护理单元分区合理，医生、护士、患者各有相对稳定的工作或活动区域，病房面向内院，拥有良好的朝向和景观。

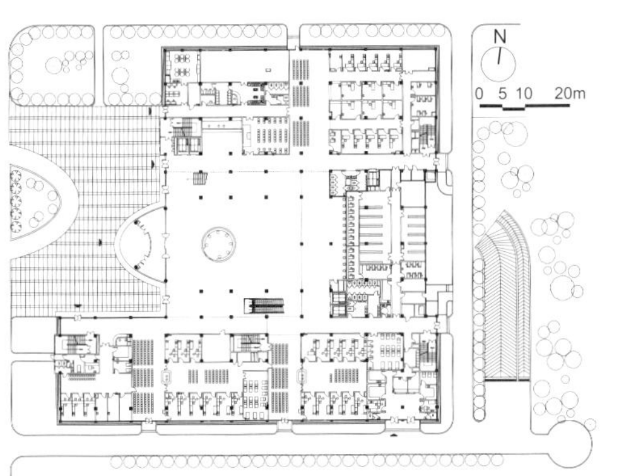

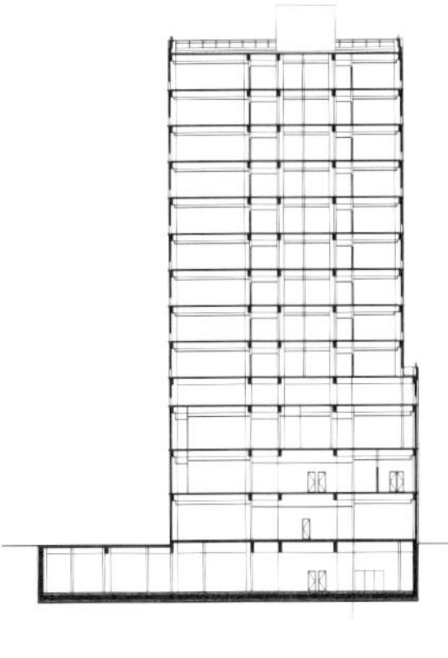

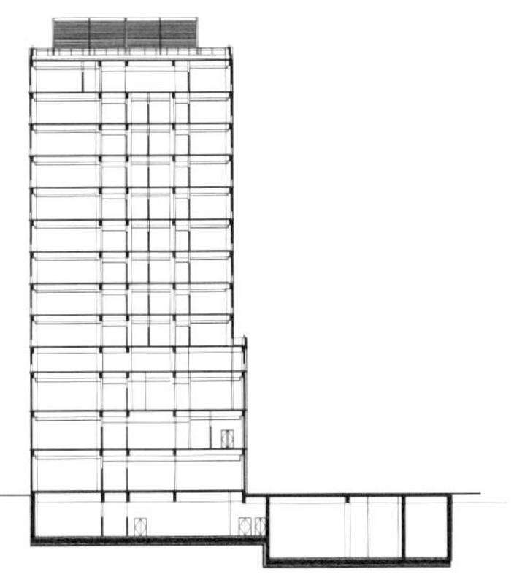

复旦大学附属妇产科医院杨浦新院

复旦大学附属妇产科医院杨浦新院位于上海市杨浦区南部，包括门急诊楼、医技楼、病房楼（妇科楼与产科楼）、教学楼。延续百年“红房子”发展史，是建筑形象塑造的文化需求。方案用弧形、横向线条作为形象的基本语言，以高耸的楼塔、简洁的穹顶作为归纳，将建筑风格定位于古典与现代主义的结合。

建筑总体布局以主体医疗街串接门急诊、医技、住院、科研教学等功能区。建筑平面功能体系模块化，合理布置，功能集中，服务半径更合理，注重资源共享。主入口两层通高的门诊大厅，是医院主要诊治功能的起点，也是人流发散组织的核心点。绿化内院阳光的洒入，清新空气的流通，宜人的绿化布置，使门诊空间充满了生机。

建设单位：复旦大学附属妇产科医院
建设地点：上海市杨浦区
总建筑面积：61 624 平方米
建筑高度 / 层数：52.00 米 /12 层
床位数：450 床
设计时间：2006 年
竣工时间：2009 年
设计单位：华建集团华东建筑设计研究总院
项目团队：邱茂新、茅永敏
获奖情况：2015 年度上海市优秀工程设计二等奖；2015 年度全国优秀工程勘察设计建筑工程三等奖

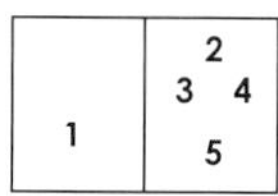

1. 病房楼沿河景观
2. 教学楼
3. 总平面图
4. 一层平面图
5. 北立面图

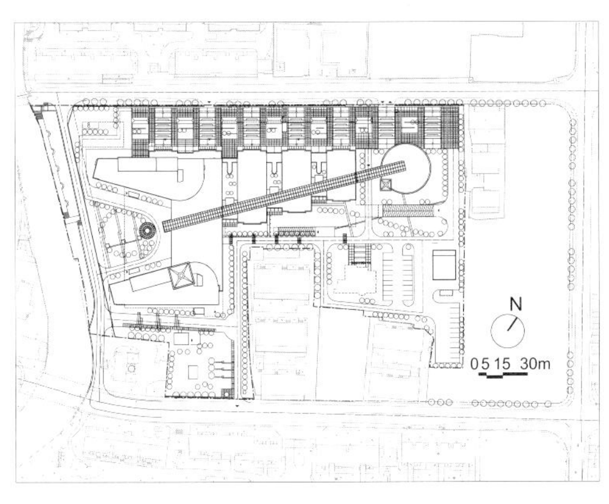
N
0 5 15 30m

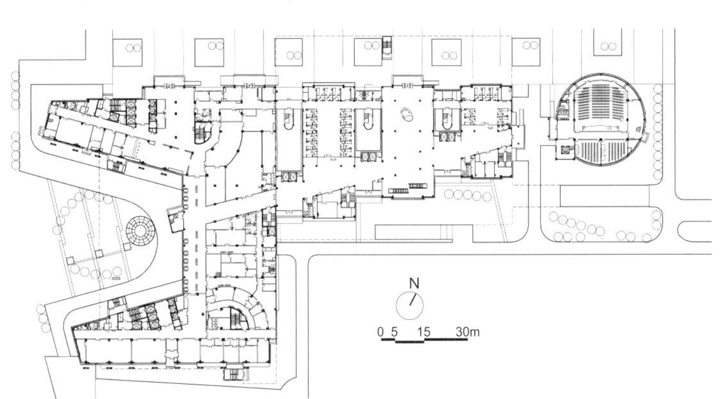
N
0 5 15 30m

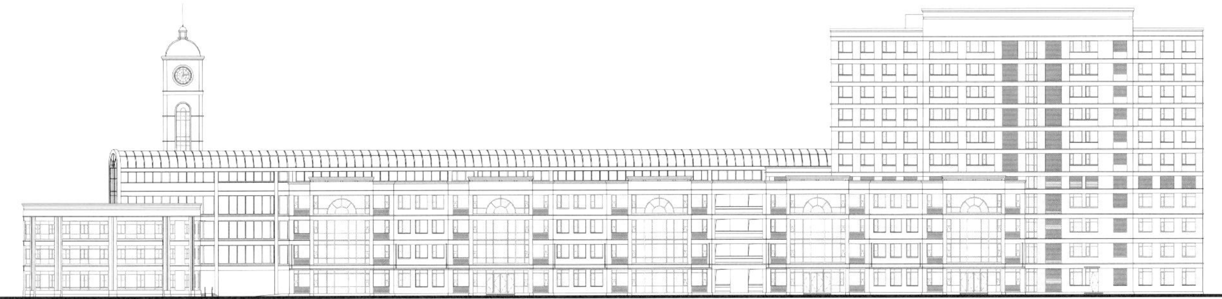

上海存济妇幼医院

上海存济妇幼医院是由通策医疗投资股份有限公司与柏林大学附属夏里特医院合作成立的一家以妇产科及新生儿科为主的专科医院。项目总建筑面积 42 877 平方米，建筑高度 59.90 米，地上 14 层，地下 2 层，设计床位数 200 床。柏林大学附属夏里特医院是欧洲最大的医疗机构，拥有 300 余年的悠久历史，连续多年被德国权威杂志 *Focus* 评为德国排名第一的医院。这家医院有 7 位诺贝尔医学和生理学奖获得者，科研、医疗与教学均属于国际顶尖水平。

上海存济妇幼医院设计以夏里特医院为标准，引入夏里特医院的医疗理念与特色文化，致力于打造一个平等、安全、智慧、人性化、具有国际一流水准的现代化妇幼医院。由于本项目是既有建筑功能更新的改、扩建，需考虑如何实现空间利用最大化。设计充分利用了既有建筑空间高度，最大程度地实现了医疗功能的需求。

建设单位：上海存济妇幼有限公司
建设地点：上海市浦东新区
总建筑面积：42 877 平方米
建筑高度 / 层数：59.90 米 /14 层
床位数：200 床
设计时间：2017 年 5 月
竣工时间：2021 年（预计）
设计单位：华建集团华东都市建筑设计研究总院
项目团队：李明、季星、黄可、郭辉、盛凯、陈彬、沈萍、王全

1 2 3 4 5 6

1. 总平面图
2. 入口透视图
3.VIP 休息室
4. 鸟瞰效果图
5. 一层平面图
6. 剖面图

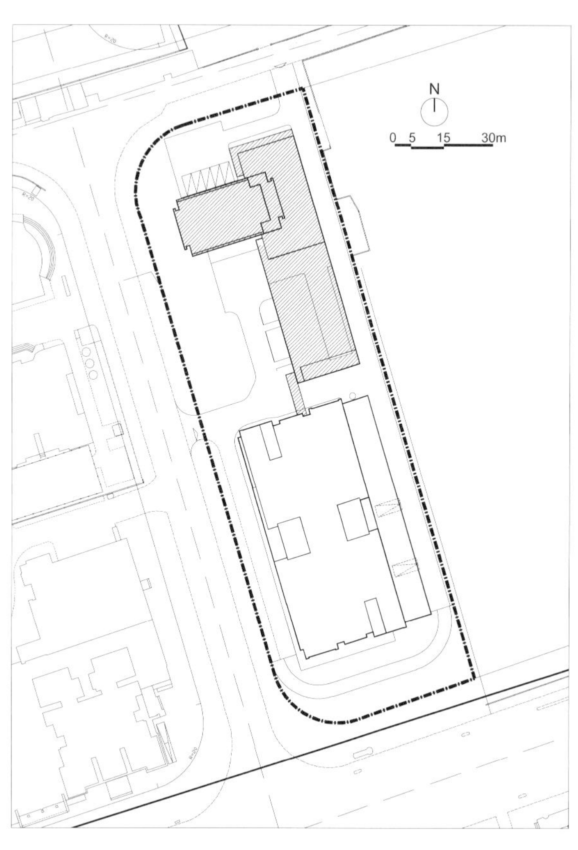

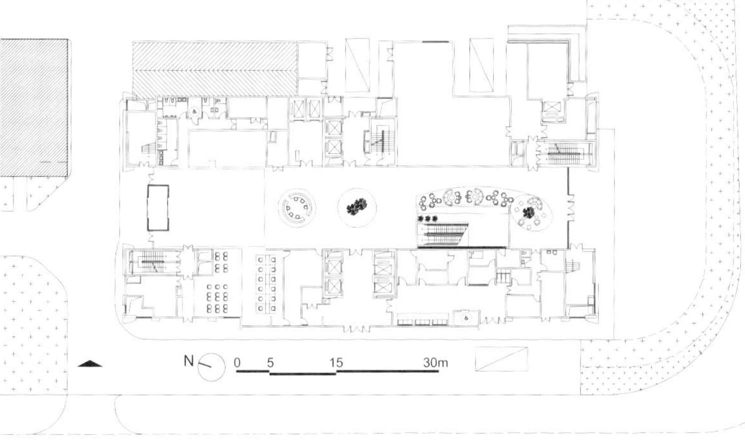
N
0 5 15 30m

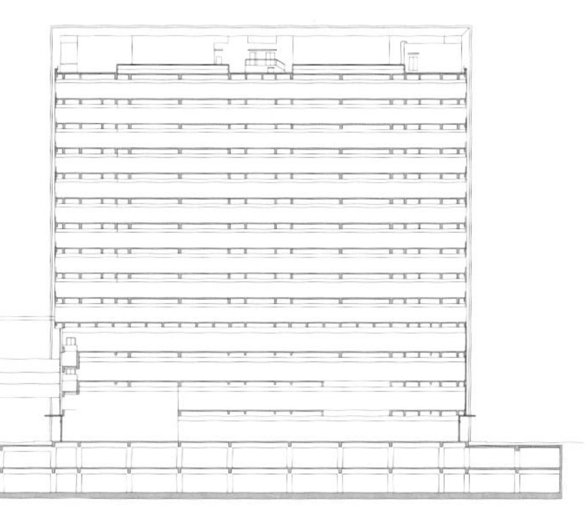

复旦大学附属儿科医院扩建工程项目

为加强复旦大学附属儿科医院科研实力，解决广大患儿“就医难”问题，改善外科患儿、新生儿的就医条件以及满足儿童患者医疗的特殊条件，结合医院十二五发展规划，设计以“创新驱动，科学发展”为主战略，在院区已有圆环状路网结构和红砖色调风格下，创造效果新颖又与现有环境协调统一、运行高效的现代化科研办公建筑。项目包括国家儿童医学中心、科研楼、新生儿医学中心、儿童疑难杂症治疗中心、医师培训中心、35KV 变电站及相关配套设施。

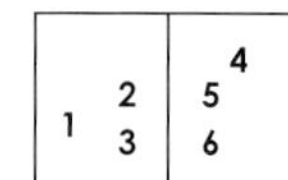

1. 科研楼实景
2. 科研楼总平面图
3. 新生儿医学中心总平面图
4. 新生儿医学中心鸟瞰图
5. 新生儿医学中心透视图
6. 科研楼室内实景

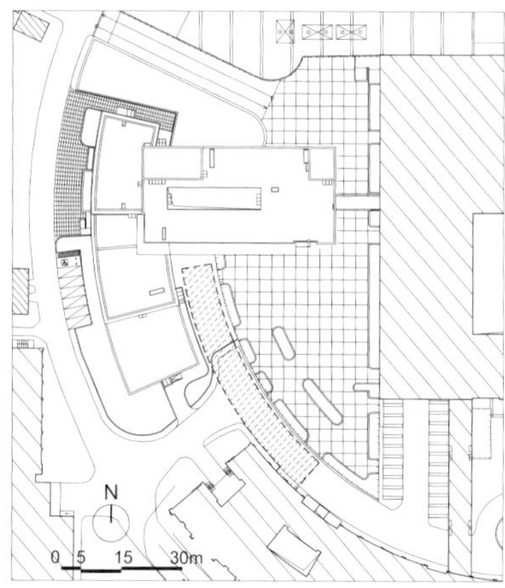

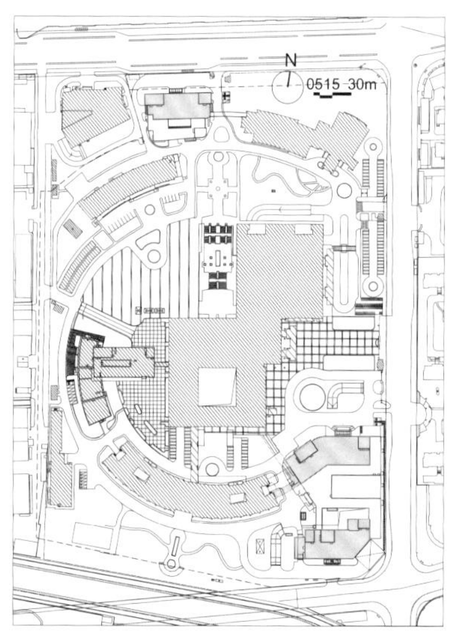

建设单位：复旦大学附属儿科医院
建设地点：上海市闵行区万源路
总建筑面积：15 150 平方米（科研楼），68 000 平方米（新生儿医学中心）
建筑高度 / 层数：43.00 米 /9 层（科研楼），52.40 米 /10 层（新生儿医学中心）
设计时间：2011 年（科研楼），2016 年（新生儿医学中心）
竣工时间：2016 年（科研楼），2022 年（新生儿医学中心）
设计单位：华建集团华东都市建筑设计研究总院
项目团队：刘晓平、陈炜力、王纯久、朱荣、何学焜、蒋勇、李晓峰、刘蕾、杜坤、胡迪科、汪洁、俞俊、曹岱毅、蔡宇
获奖情况：第七届上海市建筑学会建筑创作奖提名奖（科研楼）

新建建筑与现有医院建筑风格协调，体现时代性和品质感；主体采用红砖色彩，贴砖结合陶板干挂，节约造价；出入口及流线与院区总体流线保持流畅一致；功能分区合理，流线组织清晰，洁污、医患分流，避免交叉感染；在有限的空间内创造有序、宽敞的空间，实现公共空间的人性化设计。

长沙市妇女儿童医院

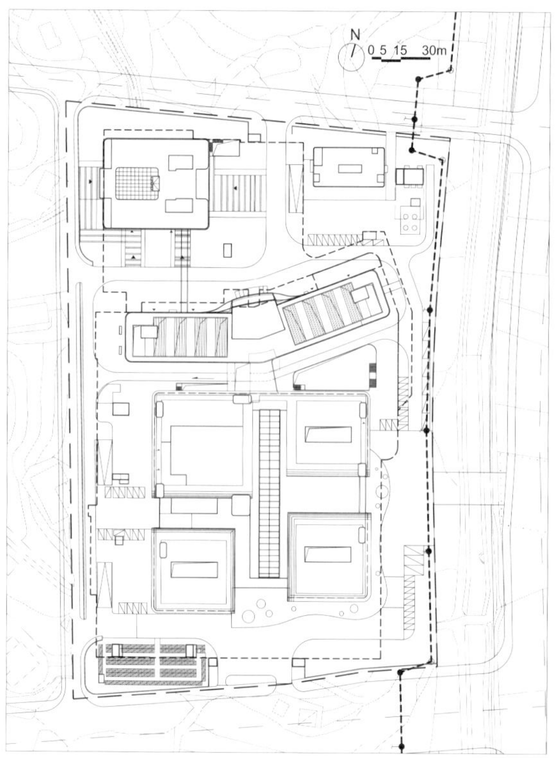

建设单位： 湖南惠安医疗投资有限公司
建设地点： 长沙梅溪湖国际新城
总建筑面积： 145 598 平方米
建筑高度 / 层数： 50.40 米 /12 层
床位数： 800 床
设计时间： 2013—2015 年
设计单位： 华建集团上海建筑设计研究院
项目团队： 周秋琴、吴家巍、张兰、杨军、王沁平、叶谋杰、邓俊峰、吴建虹

1. 总平面图
2. 鸟瞰图
3. 人视黄昏图

上海市儿童医院普陀新院

1. 全景图
2. 总平面图

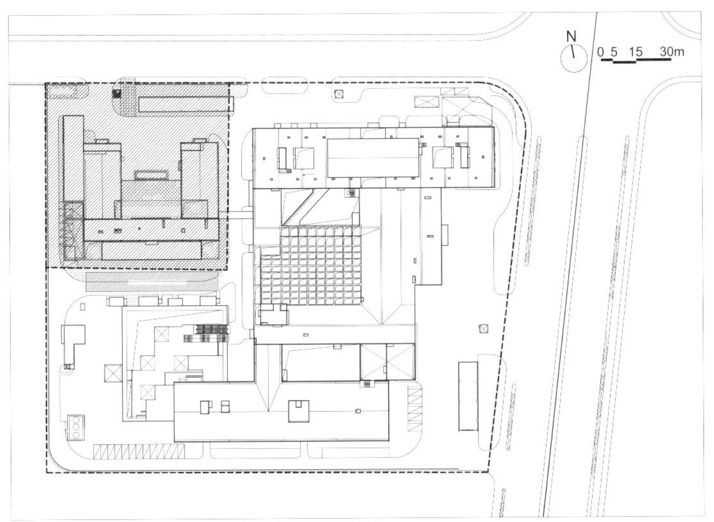

建设单位： 上海市儿童医院
建设地点： 上海市普陀区同普路 505 号
总建筑面积： 72 500 平方米
建筑高度 / 层数： 59.50 米 /13 层
床位数： 550 床
设计时间： 2009—2011 年
竣工时间： 2013 年
设计单位： 华建集团上海建筑设计研究院（建筑设计）、华建集团申元岩土工程公司（基坑围护）
合作设计单位： A+J 共同建筑设计咨询（上海）有限公司
合作设计工作内容： 建筑方案设计
项目团队： 陈国亮、孙燕心、周涛、郑亚丰、黄慧、王佳怡、周雪雁、徐雪芳、冯杰、蒋明
获奖情况： 2013 年上海市白玉兰奖；2014 年国家优质工程奖

上海市普陀区妇婴保健院迁建工程项目

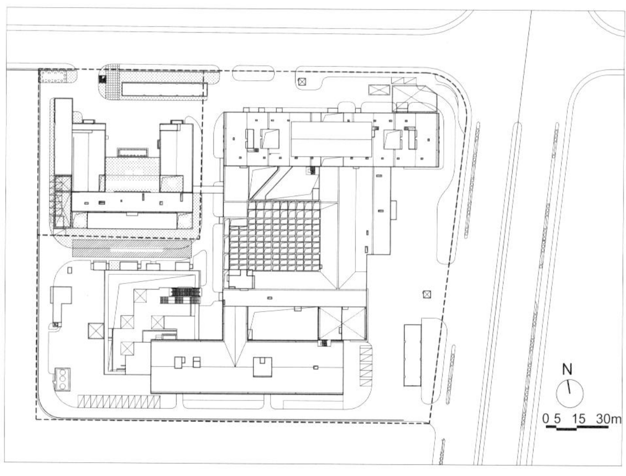

建设单位：上海市普陀区妇婴保健院

建设地点：上海市普陀区

总建筑面积：21 280 平方米

建筑高度 / 层数：48.70 米 /12 层

床位数：180 床

设计时间：2011 年

竣工时间：2013 年

设计单位：华建集团上海建筑设计研究院

合作设计单位：A+J 共同建筑设计咨询（上海）有限公司

合作设计工作内容：方案设计

项目团队：陈国亮、孙燕心、周涛、黄慧、梁保荣、徐雪芳、蒋明、冯杰

1
2

1. 南立面实景
2. 总平面图

腾冲建和妇幼医院

总建筑面积 :42 000 平方米
设计时间： 2017 年
设计单位：华建集团华东都市建筑设计研究总院

上海市嘉定区妇婴保健院迁建工程项目

总建筑面积 :33 265 平方米
设计时间： 2008 年
设计单位：华建集团华东建筑设计研究总院

上海红枫国际产科医院

总建筑面积 :21 900 平方米
设计时间： 2009 年
设计单位：华建集团华东都市建筑设计研究总院

诸暨市妇幼保健院易地新建工程 PPP 项目

总建筑面积 :132 084 平方米
设计时间： 2020 年
设计单位：华建集团上海建筑设计研究院

上海市第一妇婴保健院东院妇科肿瘤临床诊疗中心及科教综合楼

总建筑面积：53 180 平方米
设计时间： 2019 年
设计单位：华建集团华东都市建筑设计研究总院

青岛市妇女儿童医疗保健中心迁建一期、二期工程项目

总建筑面积：78 500 平方米（一期），
57 500 平方米（二期）
设计时间：2008—2011 年
设计单位：华建集团上海建筑设计研究院

常州市妇幼保健院、常州市第一人民医院

总建筑面积 :120 000 平方米
设计时间： 2014 年
设计单位：华建集团华东都市建筑设计研究总院

上海市松江区妇婴保健院迁建工程项目

总建筑面积：20 566 平方米
设计时间：2006 年
设计单位：华建集团华东建筑设计研究总院

中医医院
TRADITIONAL CHINESE MEDICINE HOSPITAL / TCM HOSPITAL

中医药作为我国独特的卫生资源，在经济社会发展中发挥着重要作用。随着我国人口老龄化进程加快，健康服务业蓬勃发展，人民群众对中医服务的需求越来越旺盛，各地中医院建设也进入兴旺发展的阶段。

现代化的综合性中医院是集急诊部、门诊部、住院部、医技科室和药剂科室等基本用房及保障系统、行政管理和院内生活服务等辅助用房于一体的综合功能体。诊治上以中医为指导，坚持中西医并重的卫生工作方针。综合性中医院的设计与建设和综合医院大体相近，但也存在很多独有的特点。

现代化中医院设计与建设中，内外部交通的分类别衔接、使用人群的分区域处理、医疗流程的系统化组织、保障系统的专业化配合等方面是所有医院建筑面对的共同问题。因国家中西医并重的卫生工作方针，现代医学影像检查和检验诊断等技术手段在现代化中医院中同样占据重要地位。

中医在我国有着数千年的文化积淀，很多中医院也有着自身的历史传承，中医院项目建设时都希望体现自身所承载的文化传统。中医院设计过程中，在设计立意、空间造型、立面意向、景观环境等诸多方面都必须体现对于中医传统文化的理解。

中医院设计与建设中的主要特点主要在于三个方面：文化传承、建设标准、功能需求。

中医院的建设标准和综合医院有所不同，除面积指标及配比的差异外，最大的区别在于中医院将综合医院医技部门中的药剂科室作为了单列项，给予了充足的面积指标。中医院药剂科室功能组成复杂，建筑需求多样，需要根据具体项目情况精心处理，对于中医院的总体布局、交通组织、洁污处理等方面均提出了不同于综合医院的新挑战。

中医院的具体功能需求，在功能构成、门诊治疗、医技科室、设备保障等细节方面和综合医院有所差异。中医在健康养生方面的作用深入人心，在中医院建设中，健康管理、养生咨询等方面是独具特色的重要功能组成部分。

中医门诊诊室为适应传统中医的带教模式，对面积需求较大，要求可以容纳多位医生同时工作。作为中医独有的诊疗方法，针灸和推拿科室在功能布局上都有特殊的要求。在中医院的医技科室中，药剂科最为特殊，集仓储、煎制、膏方、制剂多功能于一体，同时需要良好的原材料运进和药渣外运条件，为本就十分复杂的医院功能组织和交通流线提出了新难题。设备需求方面，因为中医院的一些特殊医疗功能需求，对建筑设备也有要求，例如制剂室生产工艺和针灸科室治疗过程中产生的的蒸汽、气味、烟雾、废水等，均需要配套设置专业建筑设备加以处理，确保室内环境的舒适性。

项目：南京市南部新城医疗中心

方正圆融

创立和谐辩证的主体表达。竖向体量和横向板块的有机穿插，阐明了整体建筑的逻辑构成。弧形和方形的衔接融合，体现了不同功能模块间的有机共存，形成了完整和谐的标志性医院形象。

项目更多信息请翻阅本书 **P288**

南京市南部新城医疗中心（南京市中医院）

南京市南部新城医疗中心为原南京中医院迁址新建项目。基地位于南部新城中心区域，用地整体呈不规则梯形，面积约 6.15 万平方米，总建筑面积约 31 万平方米，其中地上约 20 万平方米，地下约 11 万平方米，整体容积率 3.13，住院楼 A、行政科研综合楼和住院楼 B 高 17 层，在顶层连为一体，构成圆环状围合形式的主体建筑形象。

图片说明：项目全景

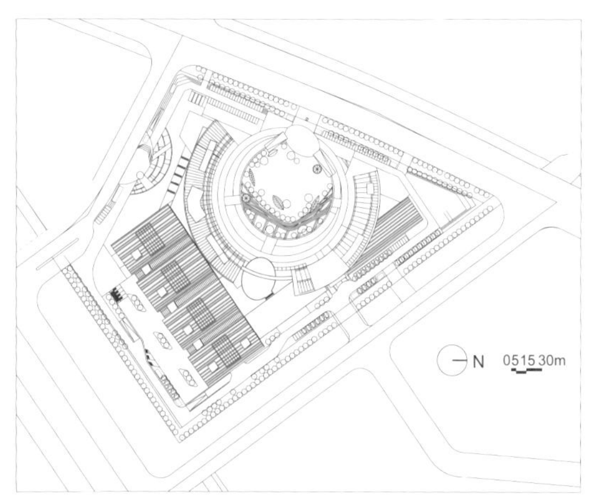

建设单位：南京市南部新城指挥部
建设地点：江苏省南京市秦淮区
总建筑面积：308 622 平方米
建筑高度 / 层数：70.30 米 /17 层
床位数：1 500 床
设计时间：2012—2016 年
竣工时间：2018 年
设计单位：华建集团华东建筑设计研究总院
合作设计单位：南京长安建筑规划设计有限公司
合作设计工作内容：施工图
项目团队：邱茂新、荀巍、王冠中、周吉、傅晋申、韩磊峰、王进军、王达威
获奖情况：2019 年上海市建筑学会第八届建筑创作奖佳作奖

复合立体交通体系与高效紧凑的流程体系

充分利用立体空间，实现人车分离，避免复杂交通的流线影响。在下沉广场设置门诊出入口，与地铁连通口对接。在中心广场设置下沉车道，减少地面车流量。在中心广场下设置供应入口及卸货场地，减少对地面交通的影响。

以环形的公共服务资源为核心，编制高效的网格状医疗功能流程体系。医疗街、诊查治逐级对应、二次候诊、分层挂号，为患者提供最优服务过程和最便捷行动路线。设计既提升患者就医体验、缓解医疗常见问题，又提升行医效率、改善医护人员工作环境，创造温馨、舒适、绿色、环保的室内医疗环境。

绿色生态的花园式医院

最大化利用有限土地资源，发展沿河景观绿化、中心广场绿化、庭院绿化、屋顶绿化等多层次景观系统，形成绿色生态的花园式医院环境。让所有的医疗空间充满阳光，景观随处可见，创造花园式的治愈公共空间，提供舒适、静怡的康复场所。

绿色节能技术与大跨悬挑技术

在不规整的地块中，巧妙地利用建筑形体将所有的住院病房朝正南向布置，保证将最好的朝向留给病人。利用大庭院、小天井的建筑布局，保证所有病人、医生长期停留的房间有自然采光

和通风。高达 65% 的外墙采用可调节外遮阳技术减少医院运营能耗；在 35% 的裙房屋顶布置带有中式意境的小桥流水绿化景观，实现绿色医院的设计理念。

高层建筑间采用高空大跨悬挑屋面板技术，是高层大跨悬挑结构支撑体系设计的成功应用。采用一端固定、一端滑动空间钢桁架结构体系，精确计算分析各荷载情况作用下的内力及变形，既满足了结构荷载和施工操作要求，又加快了施工进度，还降低成本。

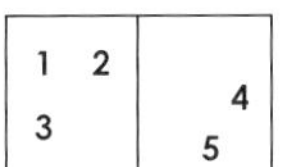

1. 大明路外景
2. 鸟瞰实景
3. 总平面图
4. 一层平面图
5. 南立面图

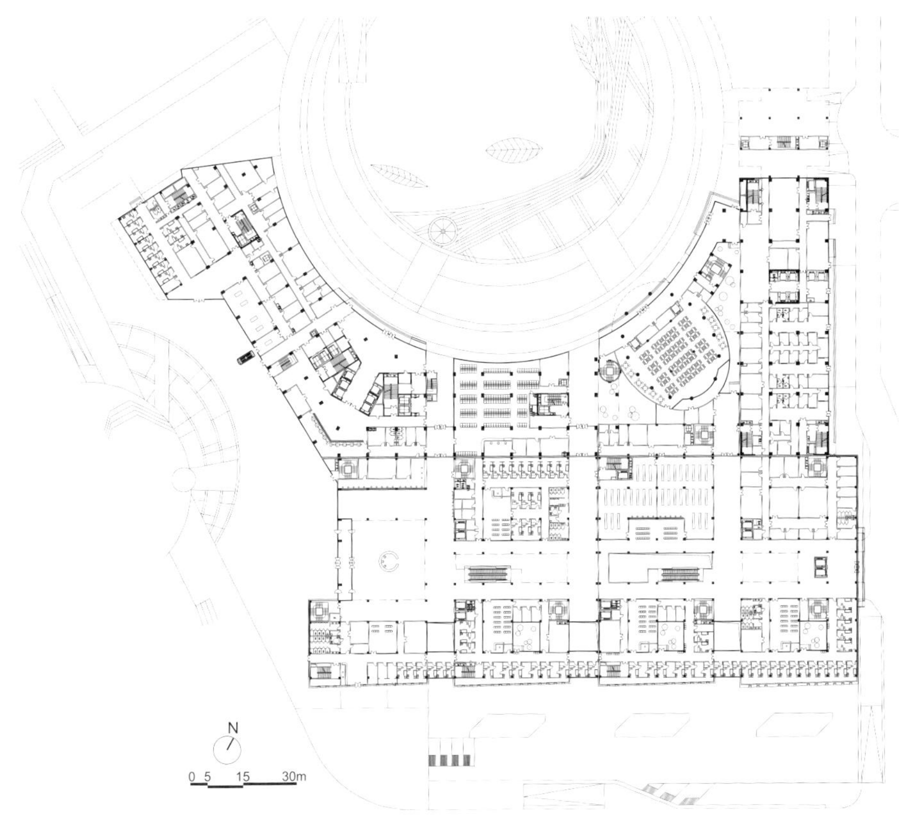

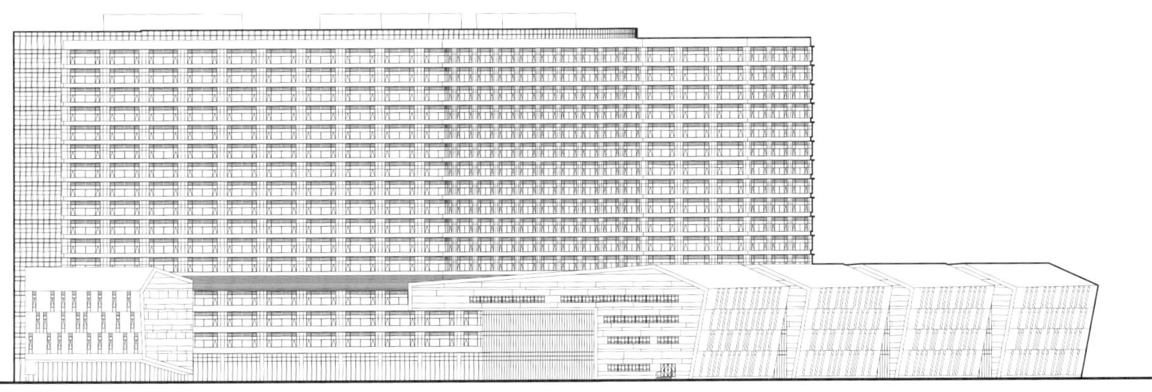

海南省中医院新院区（含省职业病医院）

海南省中医院新院区（含省职业病医院）是海南自贸区建设项目第六批集中开工的重点项目之一。项目从患者、医护人员及访客的体验出发，依托海南优越的自然环境，着力打造一座花园式医院。

1	2 3

1. 中心花园透视图
2. 全景鸟瞰图
3. 总平面图

高效便捷、持续可变

以便捷高效为前提，用医院街串联门诊、医技、住院，形成布局紧凑的核心医疗功能区，保证患者可以快速地到达相应科室。考虑到未来二期的医疗功能拓展，将医技设置于基地核心位置，便于各个功能区对医技中心的资源共享。

医技部分采用模数化柱网，门诊部分采用单元式布局，通过模块化的设计手法使医技内部、门诊单元之间充满可变性、灵活性与扩展性，以适应不断变化发展的医疗技术需求。结合医院的远期发展战略，统筹设计一期和二期的建筑和景观，为将来留有充分合理的发展空间。

绿色生态的疗愈花园

通过借景、造景、点缀，打造多维度的景观系统。通过住院楼的底层架空，引入地块西北角水系的景观资源；在院区中央打造中心花园，采用低层花园式布局方式将医院有机地融合于自然环境中；

建设单位： 海南省中医院

建设地点： 海南省海口市江东新区

总建筑面积： 199 476 平方米

建筑高度 / 层数： 67.30 米 /14 层

床位数： 1 000 床

设计时间： 2019—2020 年

设计单位： 华建集团上海建筑设计研究院

项目团队： 陈国亮、郑亚丰、蒋媖璐、徐怡、周宇庆、黄怡、陈尹、徐杰、吴健斌、沈磊、欧彧

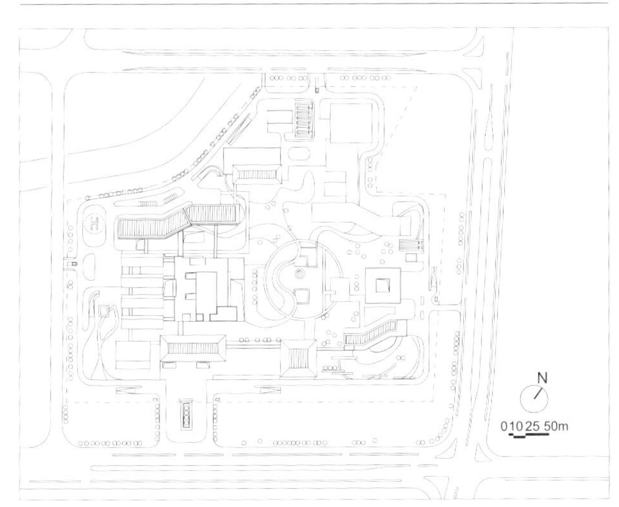

将建筑体块适当拉开距离，形成丰富的内庭院。大大小小的内庭院、下沉庭院、屋顶花园和空中绿化平台构筑的立体绿化系统，大大提高了患者就医的舒适度，也可以为医院工作人员提供恬静的休息空间。

中医元素、岭南风格

设计在整体的现代风格中融入中医元素，包括传统空间序列的表达和中医理念的体现。设计采用白墙灰瓦、平坡结合的方式，局部设置木色格栅，渲染中国韵味。

考虑到海南独特的地域特色和气候条件，通过底层架空、加深挑檐、立面进退、体块叠落等方式，创造别具岭南特色的灰空间。建筑立面采用横向条形元素和纤细构件，凸显轻盈通透的特质。通过研究被动式节能设计，推敲立面遮阳体系来应对海南炎热气候。

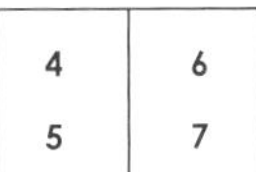

4. 门诊入口透视图
5. 名医堂透视图
6. 核心医疗区首层平面图
7. 综合住院楼立面图

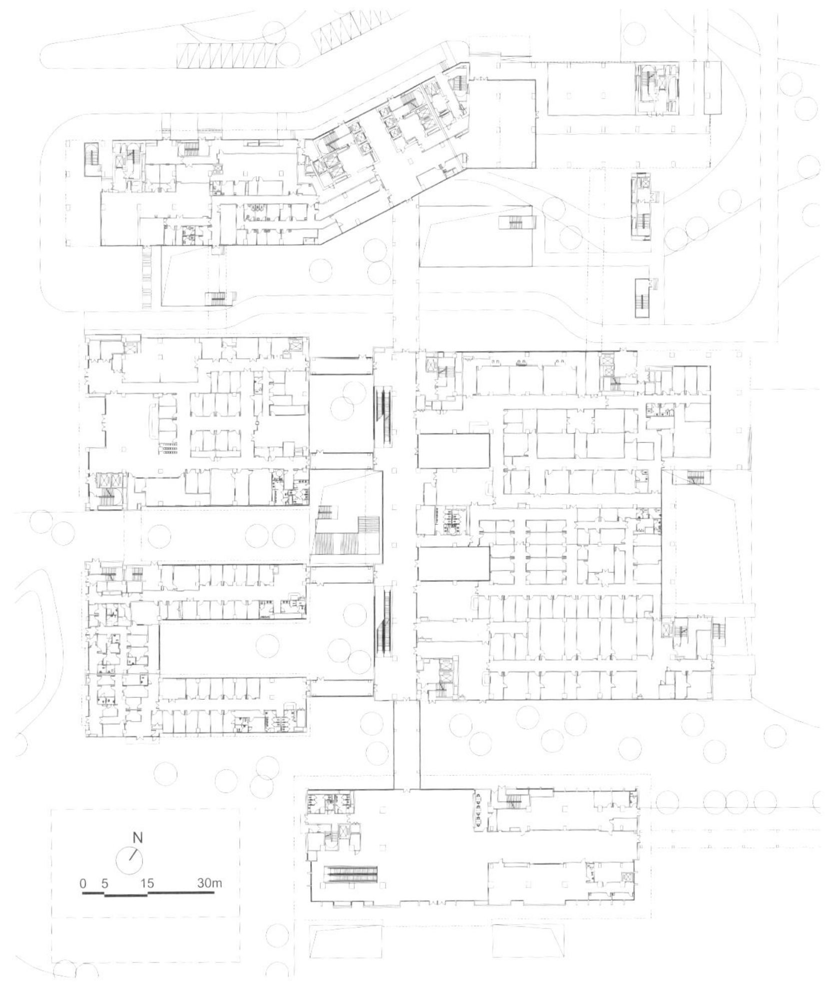

上海中医药大学附属岳阳中西医结合医院门诊综合楼改、扩建工程项目

作为上海市重大工程，本项目在城市更新过程中对医疗建筑展开了积极探索。项目原地拆、改、建，新建综合楼体量相对较大，功能复合（含门诊、医技、病房等），由于用地条件局促，且周边保留建筑及管网情况复杂，设计难度较大。设计综合考虑院区新老功能衔接、空间整合、交通流线，抽丝剥茧，从城市宏观角度到局部细节品质，层层深入，打造总体医疗流程更趋合理、空间舒适的医疗综合体。

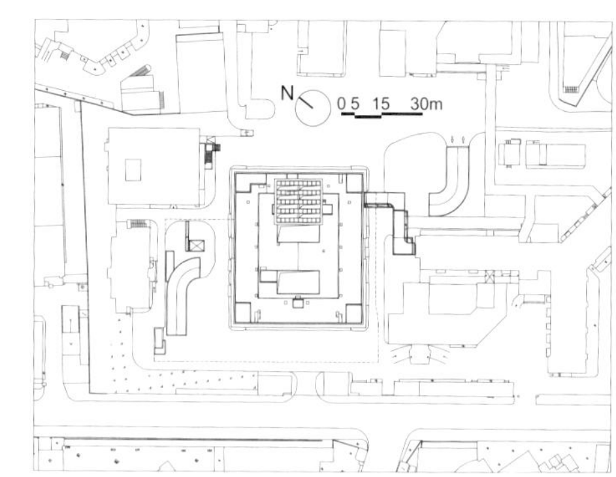

建筑主体以灰白色为主色调，与院区主色调一致，结合大面积的玻璃，形成通透、轻盈、活泼的建筑形象。基座采用米黄色石材，形成厚重亲切的形象，与院区现有高层建筑外观呼应。另外，在建筑屋顶花园种植小型灌木、乔木，形成层次丰富的空中立体绿化，提升院区景观环境，打造自然亲切、生态绿色的建筑形象，从深层次反映中西医结合医院的文化属性。

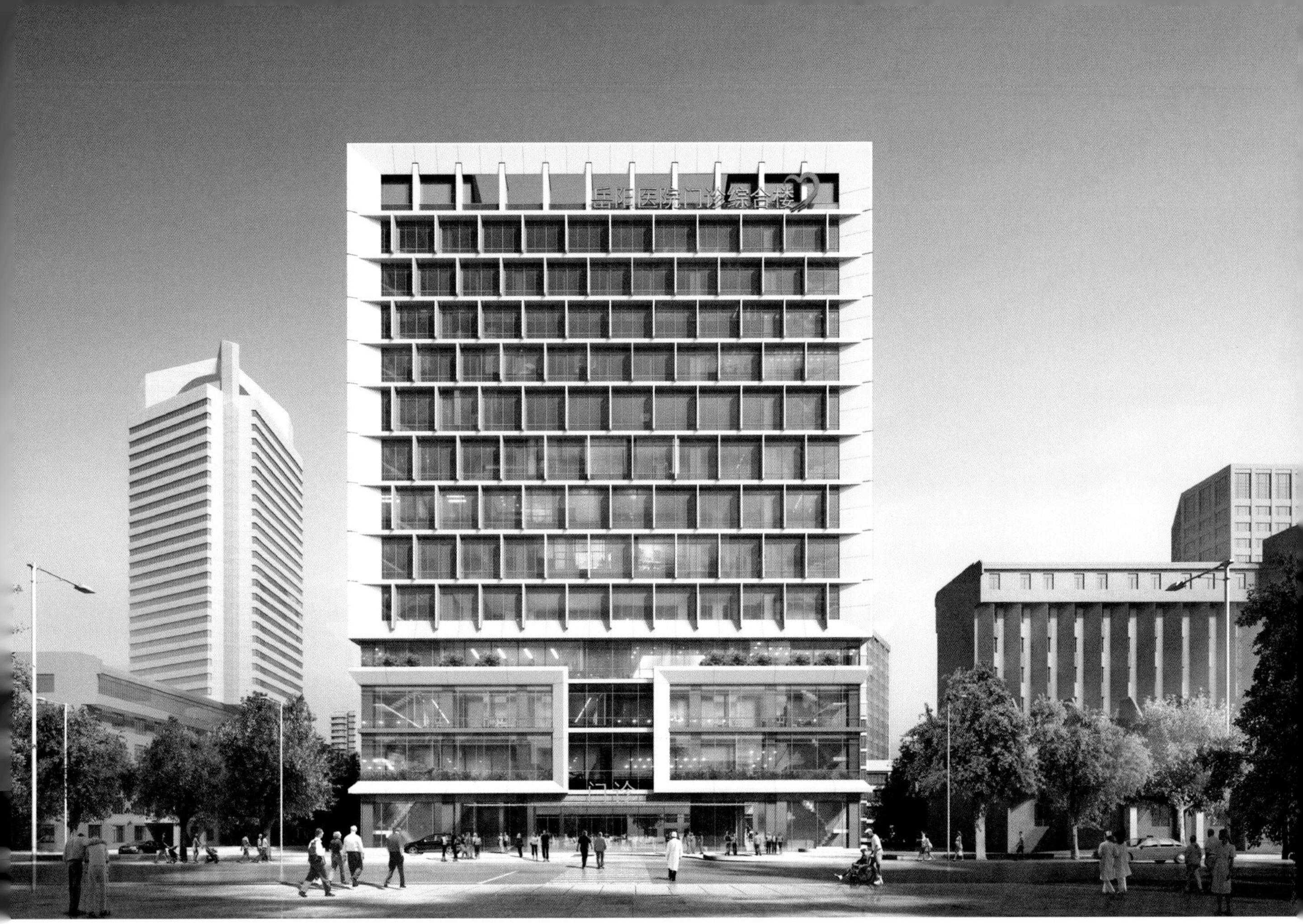

建设单位：上海中医药大学附属岳阳中西医结合医院

建设地点：上海市虹口区甘河路 110 号

总建筑面积：48 744 平方米

建筑高度 / 层数：60.00 米 /13 层

床位数：280 床

设计时间：2017—2019 年

竣工时间：2022 年

设计单位：华建集团华东都市建筑设计研究总院

项目团队：吴文、鲍亚仙、姚启远、丁顺、李云波、宋方朴、陈佳、刘冰、赵博、张之怡、秦彦波、郭辉、周利锋、王卫风、刘赞治、赵莉萍、洪凌

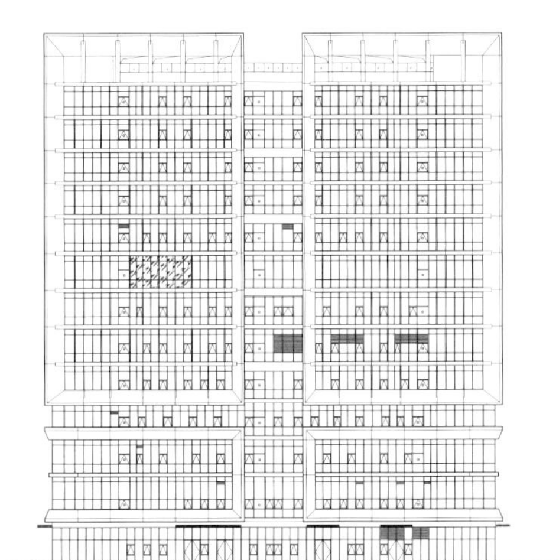

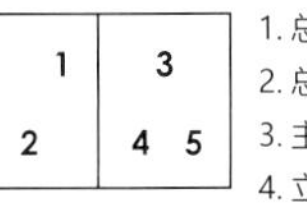

1. 总平面图
2. 总体鸟瞰效果图
3. 主入口透视效果图
4. 立面图
5. 一层平面图

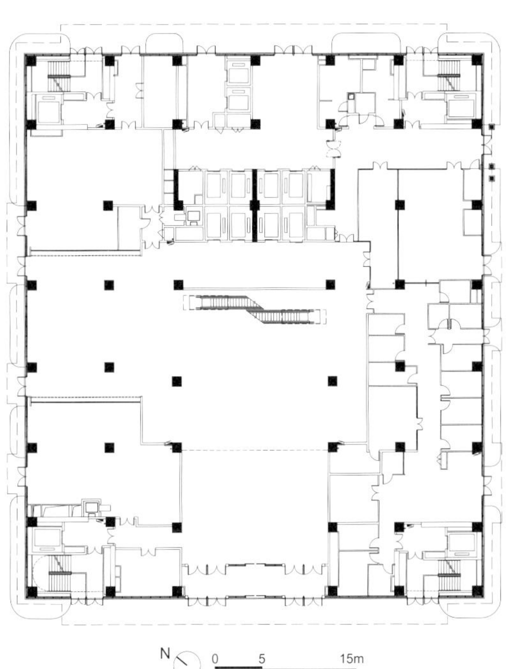

徐州市中医院分院工程设计

建设单位：徐州市中医院
建设地点：徐州市云龙区
总建筑面积：106 269 平方米
建筑高度 / 层数：77.70 米 /18 层
床位数：500 床
设计时间：2017 年
设计单位：华建集团上海建筑设计研究院
合作设计单位：徐州久鼎工程设计咨询有限公司
合作设计工作内容：施工图设计
项目团队：张宏、洪峰、钟晟、翁文忠、高丽红、于海月、奚娜玮

1
2

1. 鸟瞰图
2. 总平面图

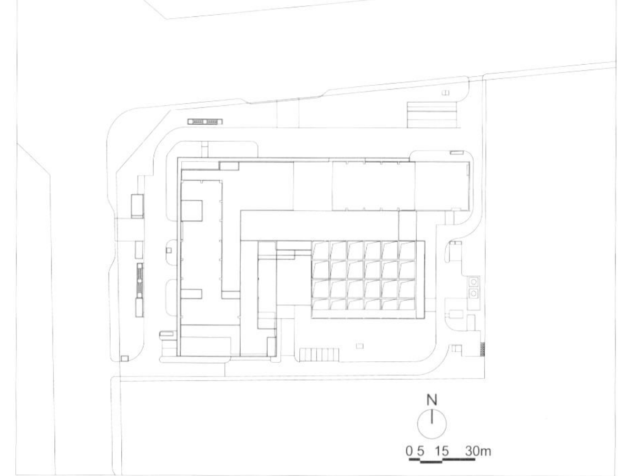

泉州市中医联合医院

建设单位：泉州市卫生局
建设地点：福建省泉州市鲤城区
总建筑面积：112 040 平方米
建筑高度 / 层数：75.30 米 /17 层
床位数：1 071 床
设计时间：2010—2011 年
竣工时间：2013 年 11 月
设计单位：华建集团上海建筑设计研究院
项目团队：陈国亮、邵宇卓、佘海峰、魏志平、朱建荣、朱学锦、朱文

1
2

1. 主入口鸟瞰图
2. 总平面图

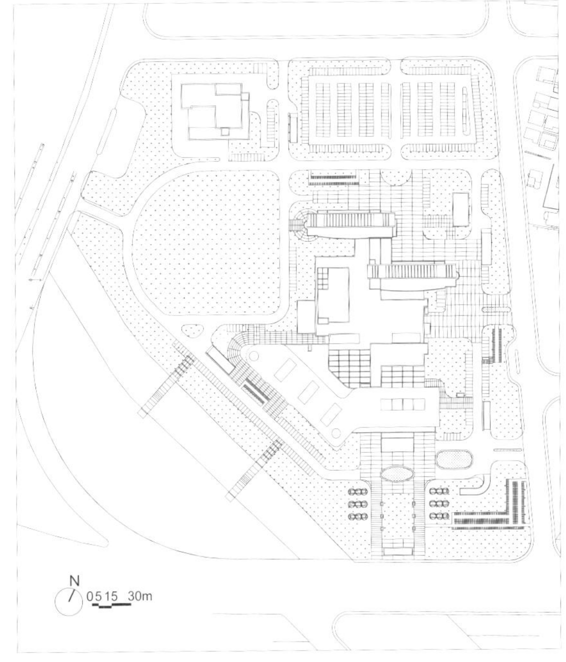

江口县中医医院整体搬迁工程项目

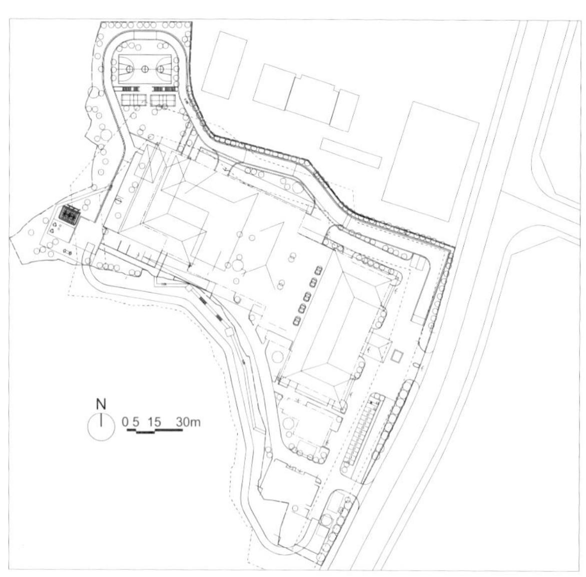

建设单位： 江口县中医医院
建设地点： 贵州省江口县
总建筑面积： 44 294 平方米
建筑高度 / 层数： 23.50 米 /9 层
床位数： 300 床
设计时间： 2016 年
设计单位： 华建集团华东建筑设计研究总院
项目团队： 荀巍、王馥、魏飞、徐续航、周晔、王润栋、田宇、韩磊峰

1
2

1. 总平面图
2. 鸟瞰图

榆林市中医医院迁建工程项目

建设单位：榆林市中医医院
建设地点：陕西省榆林市
总建筑面积：141 844 平方米
建筑高度 / 层数：53.75 米 / 11 层
床位数：1 000 床
设计时间：2018 年
设计单位：华建集团华东建筑设计研究总院
项目团队：荀巍、姚露、张春洋、申于平、于曦、盛峰、叶俊

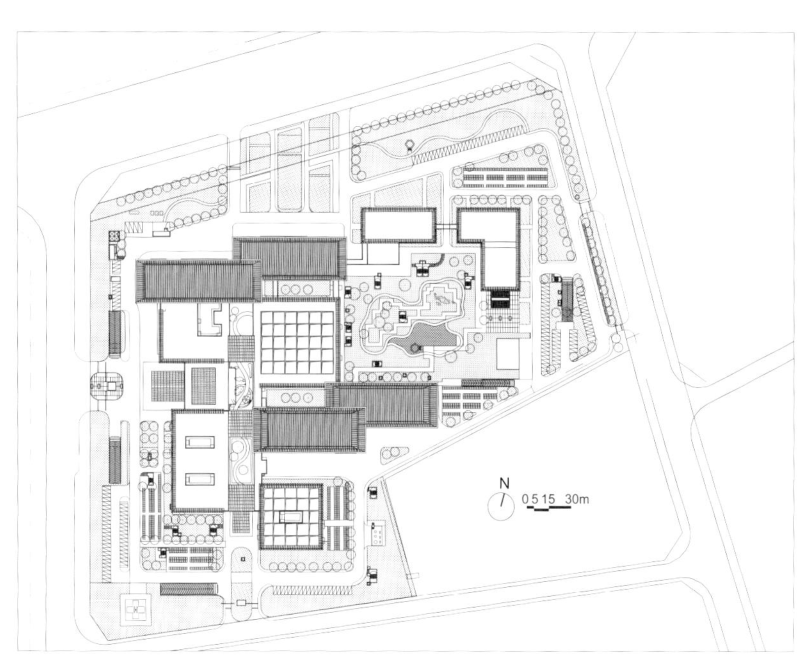

1
2

1. 鸟瞰图
2. 总平面图

上海市中西医结合医院中医特色楼

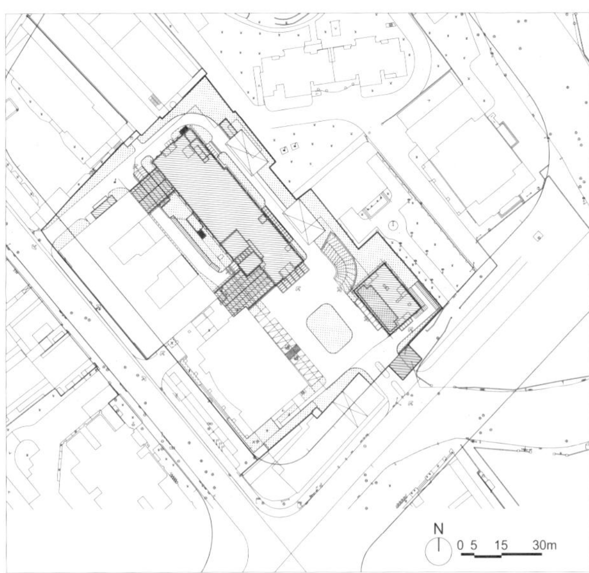

建设单位：上海市中西医结合医院
建设地点：上海虹口区保定路
总建筑面积：24 943.4 平方米
建筑高度 / 层数：52.50 米 /12 层
床位数：340 床
设计时间：2012 年
竣工时间：2016 年
设计单位：华建集团华东建筑设计研究总院
项目团队：邱茂新、荀巍、李晟、盛峰、陆琼文、韩倩雯

1
2 3

1. 总平面图
2. 日景
3. 日景

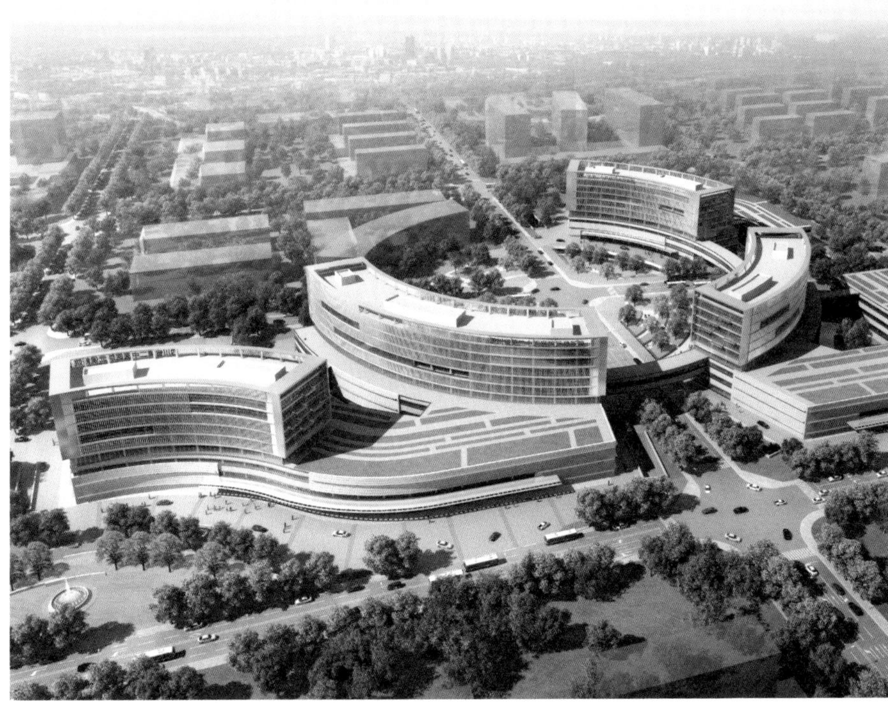

四川省第二中医医院武侯新院

总建筑面积 :215 600 平方米
设计时间： 2017 年
设计单位：华建集团华东建筑设计研究总院

咸宁市中心医院

总建筑面积 :116 384 平方米
设计时间： 2007 年
设计单位：华建集团华东建筑设计研究总院

其他专科医院
OTHER SPECIALIZED HOSPITAL

随着中国社会经济和医疗事业的提速发展，人们对美好物质生活及医疗健康的个性化需求进一步提高，构建多层级、多体系、多样化的专科医院（大专科小综合、全科与专科结合、特需服务）具有举足轻重的作用，其医疗服务模式越来越受到重视。专科医院的类型主要包括五官科医院、骨科专科医院、肿瘤专科医院、心脏专科医院、精神病专科医院、美容专科医院等。在医疗解决层面，专科医院的定位相对明确，医疗技术资源和病种诊疗功能配置与组合通常比较集中，诊疗业务链深入完善且细致，治疗精准度高，因此其设计也需要有相应很强的专业针对性。

专科医院是指对收治疾病范围有一定限制的医院。其主要特点如下：一是医疗服务具有针对性，一般只为某种类型的疾病提供诊疗服务；二是院内细分各种专科，实行专病专治；三是专注特定学科的研究和治疗，能提供行业内最前沿、最尖端的医疗服务；四是医疗管理、后勤保障等方面相对综合医院简单，管理难度有所降低。

比如骨科医院设计围绕着专业、科技、人文来体现医院的文化和医院本身的技术水平，其重点主要为以下四个方面：

空间距离 在医院总体与单体功能布局时，要充分考虑无障碍与便捷通行系统，尽可能缩短步行距离，紧凑高效，便于第一时间的快速抢救，让患者就医更便捷方便。

空间尺度 由于患者行动不方便、不能自理、不能够做剧烈运动，通常需要他人的帮助，因此在医院各治疗空间尺度上需要考虑设置得相对大些。此外，为使患者迅速康复，需要配置充分的康复训练活动空间。

空间弹性 随着现代医疗理念与治疗新技术的发展和运用，各种先进医疗设备、器具和材料不断更新，已使医院成为现代化先进科学技术与检验、试验，以及高端复合功能的物质载体。因此，需要在医院布局与使用的设计中充分考虑弹性和动态灵活性，满足未来可持续发展的要求。

空间精细化 在病房设计中，要充分考虑患者仰卧治疗病程时间长的因素，天花设计非常重要。一方面，天花要满足医疗功能，避免强眩光设计；另一方面，考虑患者的心理活动，天花材料与色彩要体现温馨感，以使患者紧张的心理得以放松。

项目：复旦大学附属肿瘤医院医学中心

几何形体的穿插

医院的立面造型设计符合医院建筑的功能特点——简洁、明快、大方、美观。摒弃烦冗的建筑符号，通过纯粹的几何形体穿插，石材、铝板、玻璃材质脉络的延续，强化了群体建筑的整体性。建筑形式与医院功能有机结合，方正的平面布局满足各种功能的使用要求，建筑造型在规整中又有韵律变化，达到简洁而不失细节、大方而不失温馨的效果。

项目更多信息请翻阅本书 **P306**

复旦大学附属肿瘤医院医学中心

项目位于上海市浦东新区“上海国际医学园区”内，北邻上海市质子重离子医院。基地被水系和城市道路划分为东、西两部分，东区是包括住院、门诊、医技等的组合医疗区；西区是由科研楼、动物实验房以及行政办公和生活设施等组成的后台支持区。

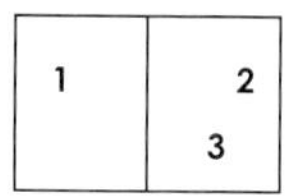

1. 东区医疗综合楼南立面
2. 总平面图
3. 东区医疗综合楼门诊部北立面（局部）

现代化、人性化、生态化的设计理念

设计全方位地践行“环境治愈”理念，诠释“以人为本、人性关怀”的设计主题。东部组合医疗区的建筑呈围合式布置，形成中心绿化庭院，在建筑二层可通过室外连廊直达西区。西区建筑布置在连廊北侧，连廊南侧为集中绿地，与周边环境呼应。各功能分区既分别独立，又紧密协作，在人行视线上形成建筑内外绿地的借景与对景。建筑形体及体块穿插极大地丰富了建筑的空间层次，同时场地内外绿化、中心庭院、集中绿化、屋顶绿化与建筑结合，形成一个极富生命力的医疗建筑群，从而营造出治愈性的医疗环境。

建设单位：复旦大学附属肿瘤医院
建设地点：上海市浦东新区周浦镇
总建筑面积：95 330 平方米
建筑高度 / 层数：东区 50.30 米 / 11 层，西区 35.60 米 /6 层
床位数：600 床
设计时间：2014 年 3 月—2015 年 5 月
竣工时间：2019 年 10 月
设计单位：华建集团上海建筑设计研究院（建筑设计）、华建集团建筑装饰环境设计研究院（景观设计）、华东建筑申元岩土工程公司（基坑围护）
项目团队：陈国亮、邵宇卓、杜清、佘海峰、石硕、刘琉、朱学锦、朱文

以“患者”为中心的温情医疗

主医疗区南侧有非常优美的城市景观，设计把每一层的门诊等候区都沿南向来布置，这样南立面的落地玻璃窗户把外部景观都引入室内，形成一个绿色、阳光、自然又极富层次的就诊体验。项目以建筑围合的中心庭院为原点，力争每

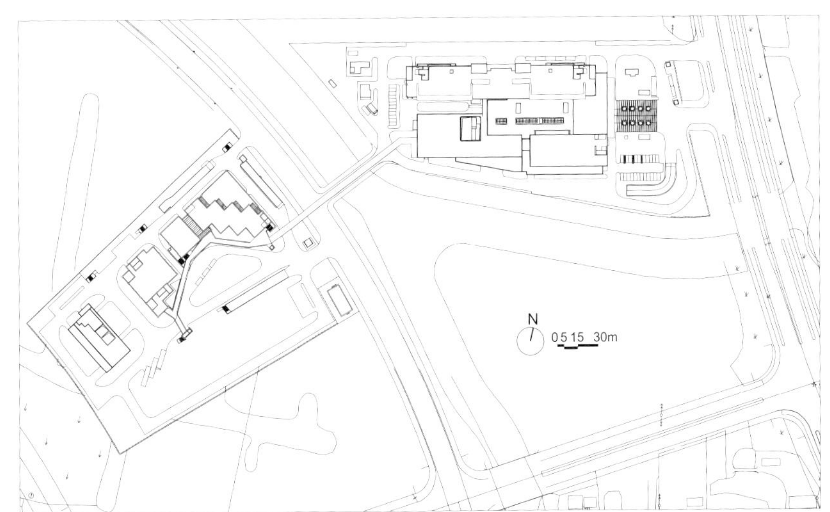

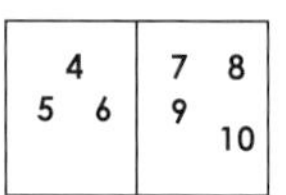

4. 东区医疗综合楼门诊部北立面（局部）
5. 东区医疗综合楼中心庭院
6. 东区医疗综合楼主入口门厅
7. 东区一层平面图
8. 西区一层平面图
9. 剖面图
10. 中心庭院

一个医疗功能区都可以跟中心庭院产生视觉的对话和交汇，让室内空间变得开放、流动、敞亮及温馨。入口门厅为两层通高的简洁矩形空间，前后两侧大片透明的落地玻璃创造了一个非常通透、敞亮的室内环境。室内装饰以暖色为主，通过材料的色彩搭配将各区域的空间明确划分。在放射治疗等候区的上部，在中心庭院内设置了带状的玻璃采光顶，让一缕缕阳光能够照射到地下，温暖的阳光可以大大地提高地下等候区域的环境品质。医技部的屋顶设计成为屋顶花园，患者和家属可以通过连廊非常方便地到达，既可远眺南侧的城市绿地，又可俯瞰庭院美景，消除传统肿瘤医院固有的封闭及压抑感，从而达到缓解患者及家属消极情绪的目的。

温暖关怀的工作环境

医生办公区域布置在建筑南侧，不仅有良好的采光，还能与中心庭院及医技部的屋顶产生视觉关系，视线开阔、景观优美。在一些没有外窗的特殊医疗环境里，设计者利用明快的墙地面色彩和适合的照明亮度，保障了工作的高效率。设计者希望通过这样的方式，让医护工作者把阳光，把更多生的希望带给患者。

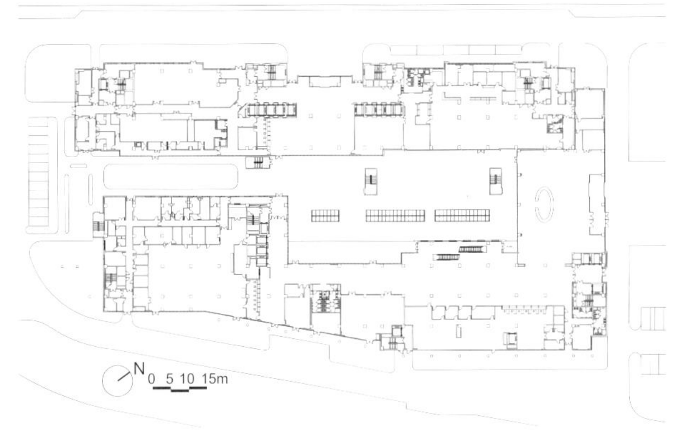

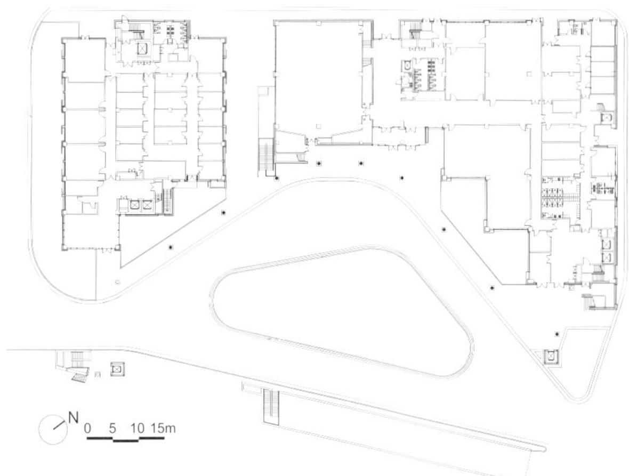

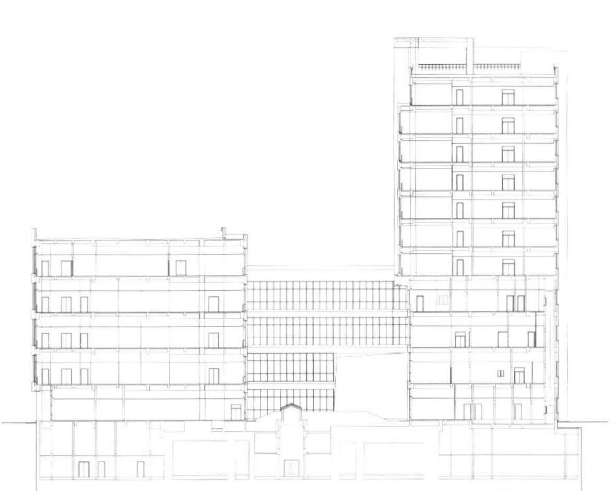

简洁美观的立面设计

医院的立面造型设计符合医院建筑的功能特点——简洁、明快、大方、美观。摒弃烦冗的建筑符号，通过纯粹的几何形体穿插，石材、铝板、玻璃材质脉络的延续，强化了群体建筑的整体性。建筑形式与医院功能有机结合，方正的平面布局满足各种功能的使用要求，建筑造型在规整中又有韵律变化，达到简洁而不失细节、大方而不失温馨的效果。

上海协华脑科医院新建工程项目

上海协华脑科医院位于上海虹桥商务中心的西虹桥商务区，毗邻新虹桥国际医学中心，是以神经外科为主的脑病专科医院。项目整体建筑空间的设计理念是在景观、功能布置与人的活动因素的影响下，尽量实现建筑的开敞、通透、实用。综合考虑建筑比例、空间通透性、朝向、材料、光线、颜色及绿化等要素，为病人创造一个放松、宁静的诊疗环境，使其成为一个布局合理、运行高效的医疗区域，达到上海一流、国际先进的水平。

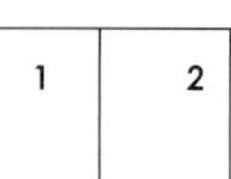

1. 鸟瞰图
2. 总平面图

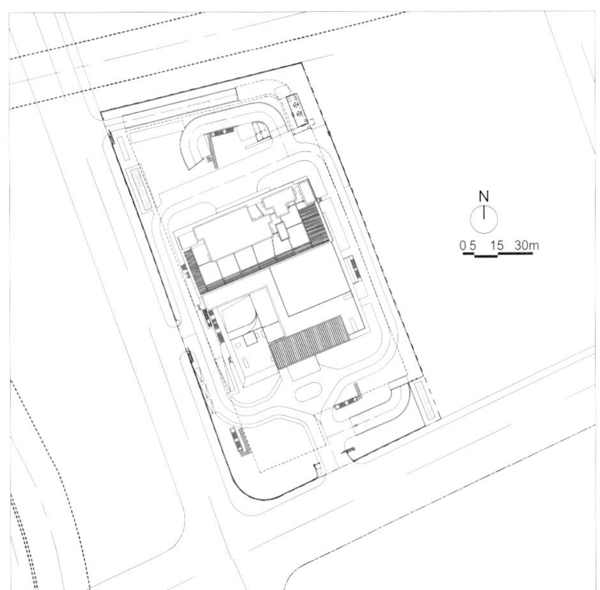

高效集约的立体交通系统

在满足技术与使用需求的基础上，依照洁污分离的要求，合理组织不同的功能流线。门诊与医技紧邻布置，住院部叠置于医技部分之上，采用水平与垂直两个维度的立体交通，形成紧凑集约的总体布局。主要诊断及治疗室之间的联系被仔细考量，从而创造出紧凑而有效的人流系统。

内外融合的绿色共享空间

设计希望在满足医疗技术与工艺对空间要求的基础上，同时满足病患、医护等使用者对舒适度的要求，并为医院今后的发展提供空间上的可行性。以地下一层景观庭院为核心的公共空间是本项目的核心，它有机地串联起医院各功能空间，使医院在绿色生态的环境中高效、有序地运作，并将光线、绿化、空气等自然元素渗透到室内空间，提升候诊空间的品质，病人仿佛置身于宁静优雅的大自然，能够放松身心和舒缓情绪，从而创造出亲切舒适、和谐宁静的室内外环境和空间氛围。

人性关爱的“疗愈”环境

打造多层次的绿化庭院及屋顶花园，不仅为医护人员，更为患者及家属提供了一个轻松、温馨、和谐的就医环境，对病人康复起到非常大的辅助作用。内部空间及室内环境

建设单位：上海协华脑科医院有限公司
总建筑面积：55 500 平方米
建筑高度 / 层数：59.50 米 /12 层
床位数：300 床
设计时间：2018—2019 年
竣工时间：2021 年 11 月（预计）
设计单位：华建集团上海建筑设计研究院
项目团队：陈国亮、黄慧、蒋媄璐、谢珣、叶葭、周宇庆、陈尹、徐杰、吴建斌

充分体现以“病人为中心”的根本原则，凸显温馨和人性化。高大宽敞的入口空间，阳光、生态的公共休闲空间，精心雕琢的细部构造，生态、环保的材料等，营造出健康、节能、舒适、环保的就医环境。

温润大气的界面形象

整个建筑形体设计别致，具有现代气息，蕴含生命般的力量，呈现出包容的姿态，温润而含蓄，低调而内敛，是一个充满生机、与周边环境自然和谐共生的建筑形体。通过块体穿插变化、屋顶绿化退台，以及不同质感和不同色彩的建筑材料的对比运用，追求精巧的细部变化，打造历久弥新、经久耐看的医疗建筑形象，使得建筑极富表现力和吸引力，营造出生态、自然、亲切之感。

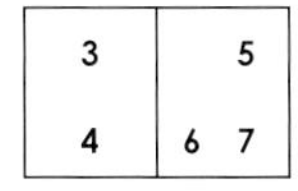

3. 北侧效果图
4. 主入口效果图
5. 一层平面图
6. 剖面图
7. 立面图

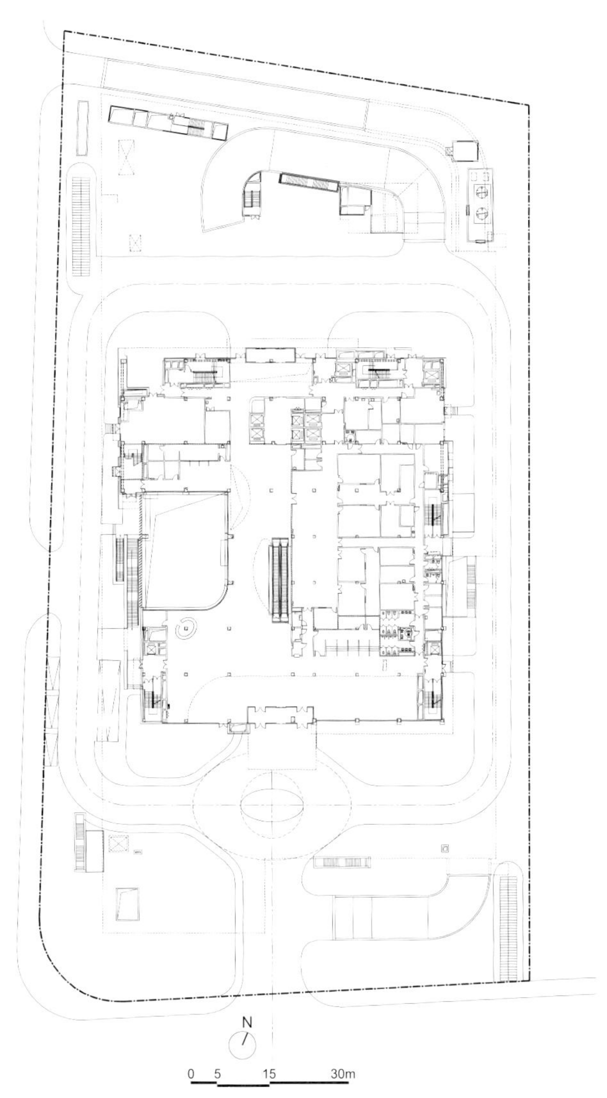

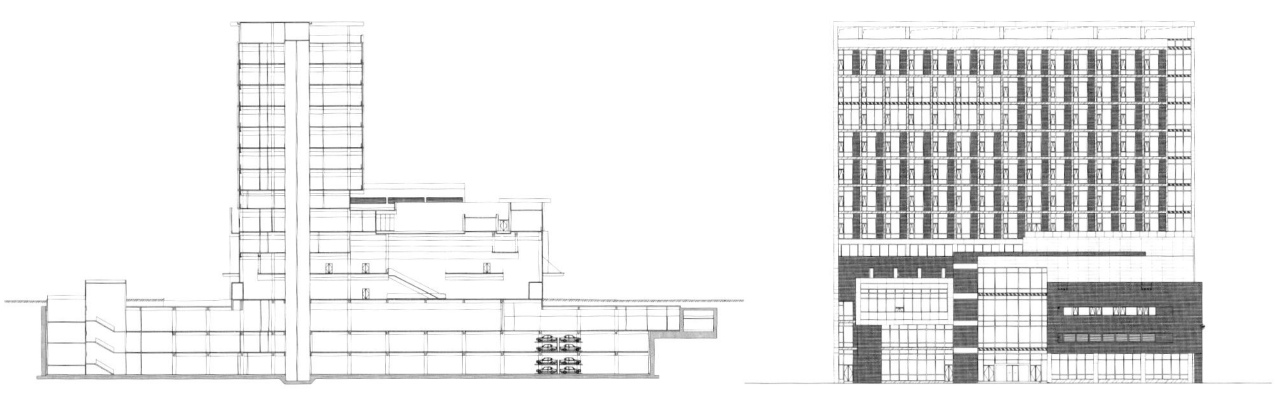

上海市第六人民医院骨科临床诊疗中心

上海市第六人民医院骨科临床诊疗中心项目的目标是成为国内硬件一流、设备先进的创伤急救骨科临床医学中心，充分发挥项目作为上海市创伤医学中心、上海市运动医学中心、上海市急性创伤急救中心的作用。

1. 鸟瞰图
2. 透视图

全面高效的功能布局

建筑主体由南、北两个部分组成，通过中庭相连。北侧部分包含影像中心、创伤急救中心、各种门诊、手术室、麻醉科、教学中心、科研病房等。南侧住院部分包含住院大厅、标准护理单元和康复中心。这种因地制宜的布局方式，很大程度地减少患者及医护人员的往返距离，提高水平交通效率。

精致现代的造型设计

建筑单体设计遵循整体化、现代化两大原则。为保证附近住宅区日照，通过日照控制线对建筑形体进行切割，在外形上形成有序退台，用以布置屋顶绿化，改善室内空间感受的同时，给医护人员人

建设单位：上海市第六人民医院
建设地点：上海市徐汇区
总建筑面积：104 000 平方米
建筑高度 / 层数：57.35 米 /13 层
床位数：601 床
设计时间：2018—2019 年
竣工时间：2022 年（预计）
设计单位：华建集团上海建筑设计研究院
合作设计单位：美国 NBBJ 公司
合作设计工作内容：建筑方案及初步设计、室内及景观方案设计
项目团队：陈国亮、郏亚丰、张荩予、徐怡、李雪芝、周宇庆、侯双军、陈尹、徐杰、吴健斌

性化的室外休憩场所。在立面上采用重复性立面模数与墙面划分，体现严谨的规律性。采用铝板、玻璃等材料，营造建筑的精致感。

人性化的室内外环境设计

设置中庭、屋顶退台、下沉式广场、绿化草坪、沿街绿化等生态绿园，作为室外休憩场所，调节区域微气候，丰富景观层次。室内设计以提高就医环境质量为目标，充分考虑人的活动需求，采用温暖活泼的色调，利用木饰面、玻璃等材料，营造出亲切愉悦的氛围。

新技术的引入

将先进的设备与技术，包括通仓手术室、一体化的智能仓储、智能车库、自动导引运输车（Automated Guided Vehicle，AGV）物流系统、垃圾和被服回收系统等，融入设计，使得医院建成后可以高效运营。

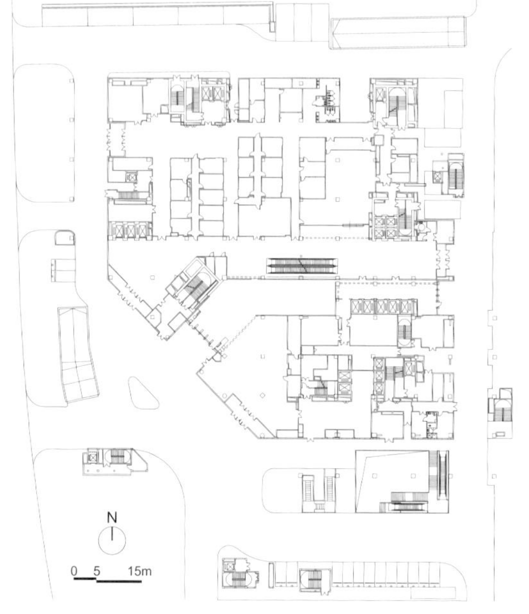

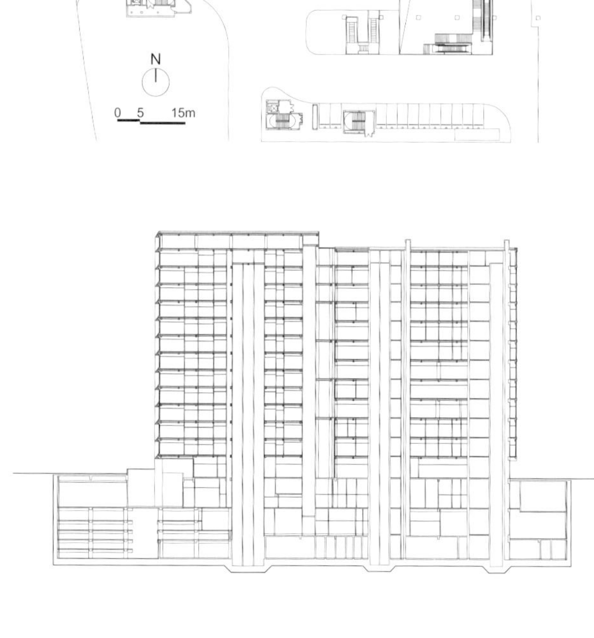

3. 总平面图
4. 一层平面图
5. 剖面图
6. 透视日景

EMERGENCY

复旦大学附属华东医院扩建新楼

复旦大学附属华东医院原名宏恩医院，历史悠久，以干部保健、老年医学为重点特色，许多名人曾在这里接受康复治疗，医院也留下了丰厚的历史遗迹，最为宝贵的南楼为古典复兴风格，是上海市首批优秀历史建筑。扩建新楼位于南楼南花园外的东南角，历史环境特殊。设计中既要照顾保留基地内旧有的图书馆，照顾周边居民，又要保护基地内的古树名木，同时还要解决复杂的医疗流程和各种功能，建设条件苛刻。

总体设计保留了基地内的历史建筑图书馆。建筑呈“L”形布局，高层主楼沿华山路一字布置，尽可能远离北面居民，裙房局部向北伸出，和基地保留图书馆齐平，西面为了和花园呼应，采用骑楼方式，既留出了车行环路，也提供了欣赏花园的外廊空间。总体上通过各边界的设计，较好地实现了与相邻建筑空间的共生。

建设单位：复旦大学附属华东医院
建设地点：上海市静安区延安西路
总建筑面积：29 700 平方米
建筑高度 / 层数：55.00 米 /13 层
床位数：100 床
设计时间：2013 年
竣工时间：2017 年
设计单位：华建集团华东都市建筑设计研究总院
项目团队：姚激、陈炜力、刘晓平、曾丽华、蒋勇、汪洁、刘蕾、俞俊

1. 总平面图
2. 一层平面图
3. 沿街透视图
4. 西北角透视图
5. 剖面图
6. 立面图

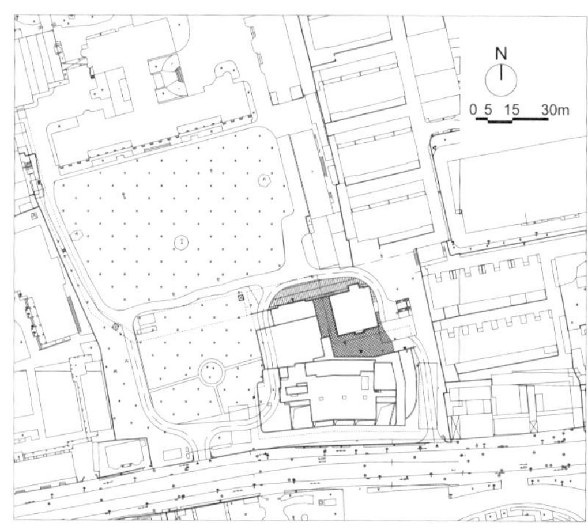

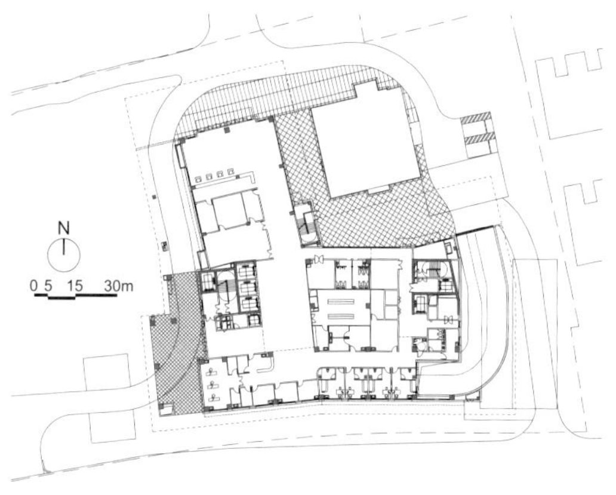

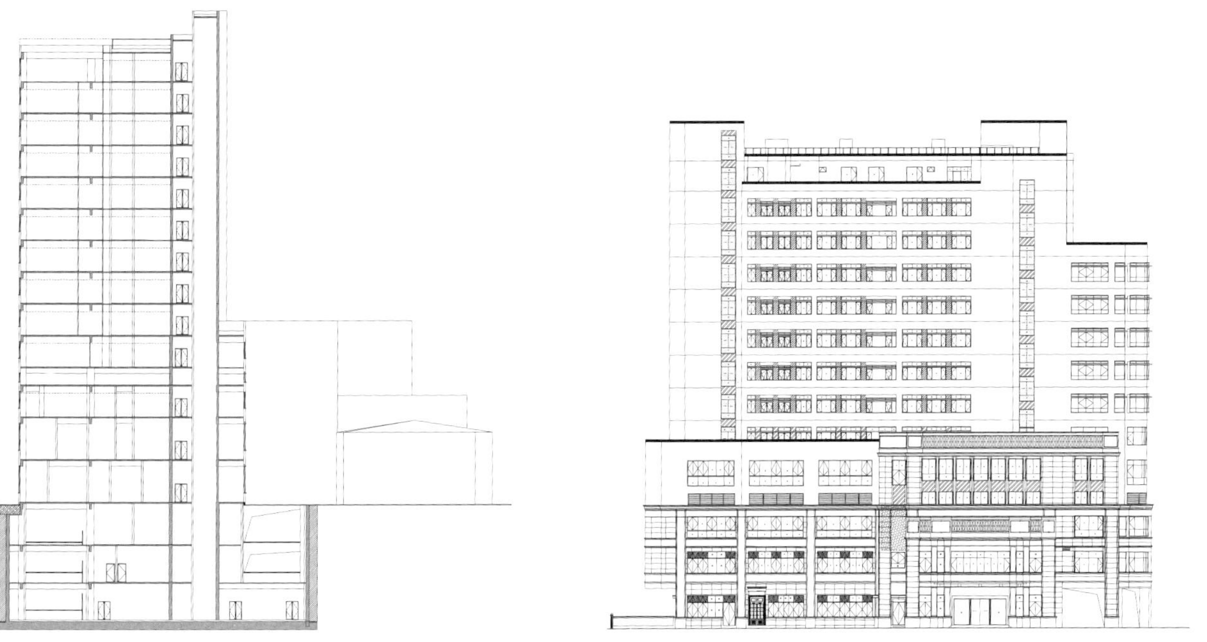

云南省第一人民医院二号住院楼

项目位于云南省第一人民医院院内，其主要功能设置多元复杂，是典型的"院中院"，包括门诊、住院部、ICU、医技检查、体检中心以及相关配套设施。按照差异化服务的理念，本项目定位为服务云南省及东南亚的中高端医疗设施，本着"功能齐全、管理独立"的原则，设计流线清晰、功能合理、分区明确、方便管理、使用舒适、经济适用、美观明快。

设计为医院功能的改变和发展创造充分的空间，为建筑的可持续性发展创造条件。设计特别突出医疗空间中的舒适与高效、合理性与灵活性之间的平衡。项目建筑设计与医院品牌文化的结合，有效提升了医院的社会形象，促进医患和谐。室内外的设计则在"环境—生理—心理"的原则下，从人与环境的有机循环关系出发，创造人性化的空间，提高就医环境质量。

建设单位： 云南省第一人民医院
建设地点： 云南省昆明市
总建筑面积： 99 000 平方米
建筑高度 / 层数： 89.00 米 /23 层
床位数： 500 床
设计时间： 2013 年
竣工时间： 2019 年
设计单位： 华建集团华东都市建筑设计研究总院
项目团队： 李军、姚启远、许磊、张承宁、花炳灿、赵萤辉、焦义、张玉

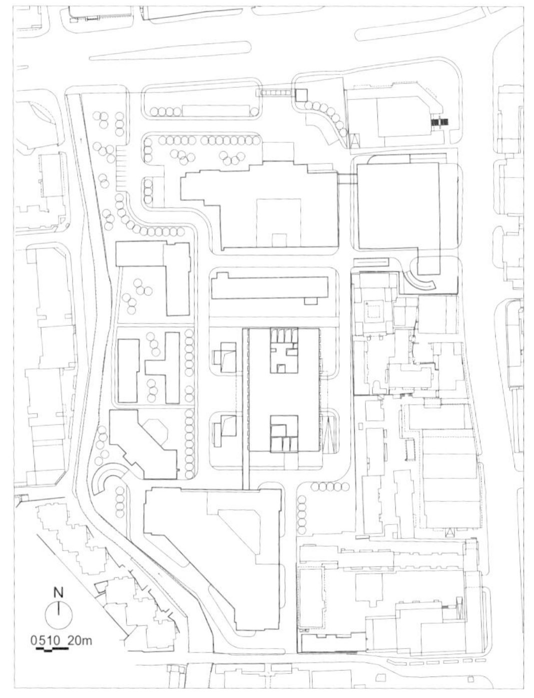

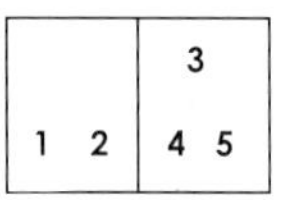

1. 总平面图
2. 外立面实景
3. 夜景鸟瞰图
4. 室内公共空间
5. 病房

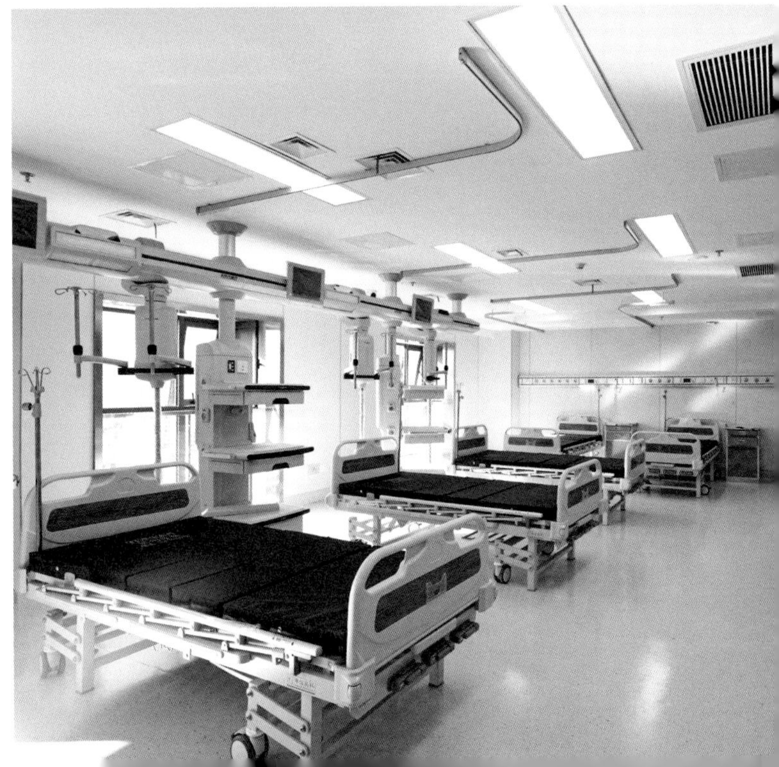

浙江广济眼科医院

浙江广济眼科医院是由浙江大学、浙江大学医学院附属第二医院和通策医疗投资股份有限公司三方联合共建的全国规模最大的眼科专科医院。项目位于浙江省杭州市，是一座集眼科门诊、病房、手术、实验和办公等功能于一体的综合性医疗建筑。

设计以“心灵之窗”为主题，将自然元素和眼科医院特色有机联系，通过顶面造型及灯光形成的视窗给患者带来透亮高洁的环境，让患者感受到对未来的美好愿景，从“心”开始治疗，还患者一个清晰的世界。为营造明亮、整洁、卫生、安静、优美的医疗环境，设计在材质上提倡“少即是多”，注重空间的相互联系与分隔，不但具有国际化氛围，还蕴含特色元素。医院的负责人形容该医院的建立是“腾鸟换笼”，这个笼子的“大”不仅仅是面积大、体量大，更体现在临床水平、学科规模和科研水平上。

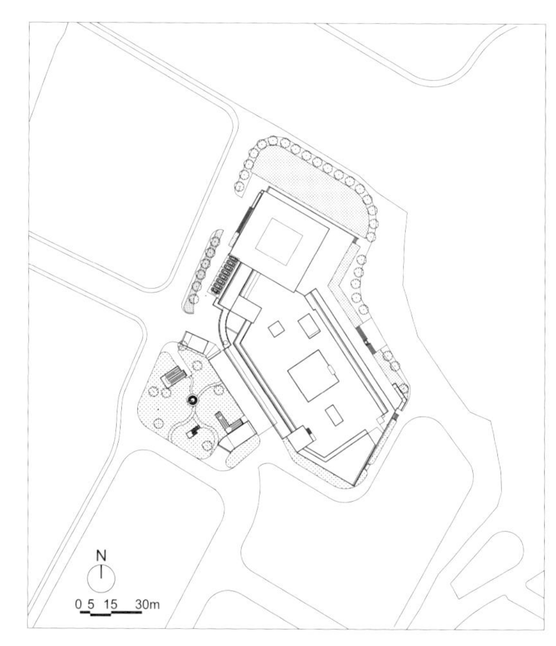

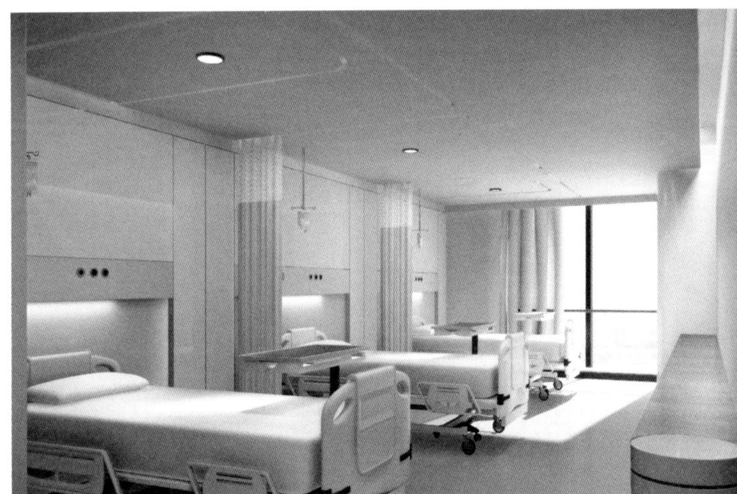

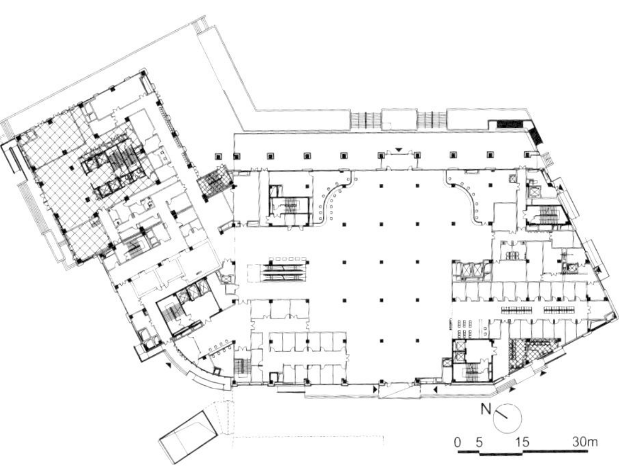

建设单位：浙江广济眼科医院

建设地点：浙江省杭州市

总建筑面积：42 745 平方米

建筑高度 / 层数：32.80 米 / 8 层

床位数：288 床

设计时间：2017—2018 年

竣工时间：2020 年 05 月

设计单位：华建集团华东都市建筑设计研究总院

项目团队：李明、季星、黄可、郭辉、陈彬、沈萍、王全

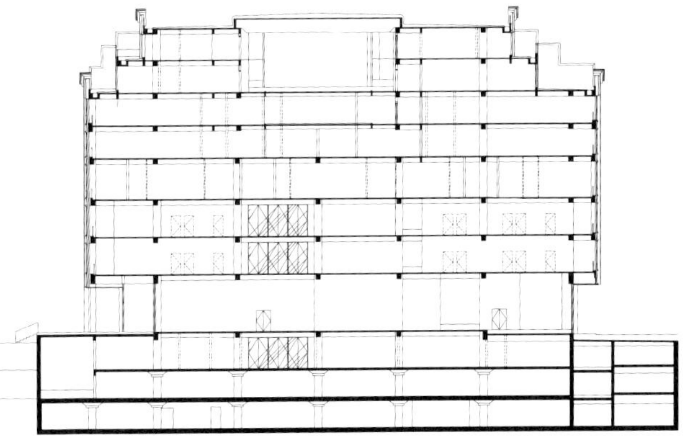

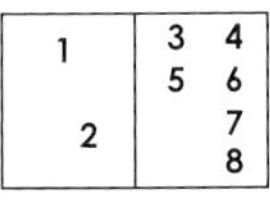

1. 东北立面实景
2. 总平面图
3. 东北立面实景
4. 东北立面实景
5. 三层门诊大厅
6. 标准病房
7. 一层平面图
8. 剖面图

瑞德青春（上海）健康管理项目

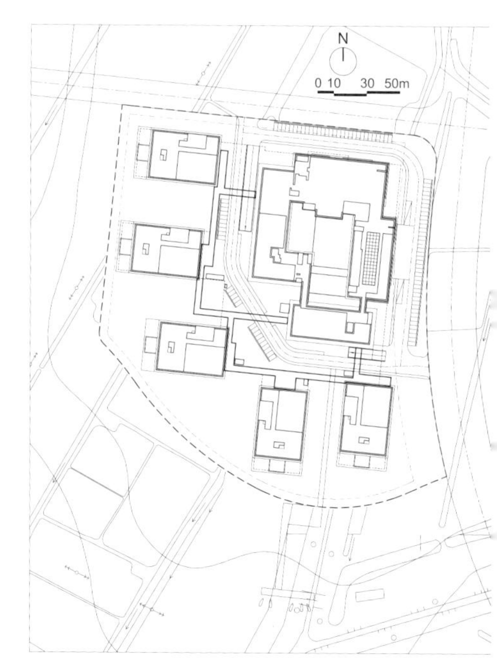

项目位于上海市崇明区陈家镇，地上建筑由 6 栋单体组成，各单体之间以连廊相连接，地下设置地下室 1 层。项目为新建医美健康综合体，主要功能包括休闲娱乐、会议住宿、保健疗养、美容医疗、健康评估、研究办公等。项目将立足于现代生物技术的转化研究和开发，与国内外生物技术转化研究领域的优秀科学家们携手建设瑞德青春康养抗衰中心、微整及微整生物技术研发中心、疼痛管理中心等，打造具有国际领先水平的生物美医产品和技术研发、成果转化中心。

同时，设计应满足崇明“中国元素、江南韵味、海岛特色”的总体

建设单位：上海瑞德青春健康管理股份有限公司
建设地点：崇明区陈家镇国际论坛商务区CMSA0004与CMSA0005单元内的62-03地块
总建筑面积：71 866.82平方米
建筑高度：18.00米
设计时间：2019年
设计单位：华建集团华东都市建筑设计研究总院
项目团队：李军、王原、刘博晗、邹东升、沈淼、于湾湾、王妍、肖志峰

1 2	3 4 5 6

1. 鸟瞰图
2. 总平面图
3. 沿河效果图
4. 沿街效果图
5. 一层平面图
6. 立面图

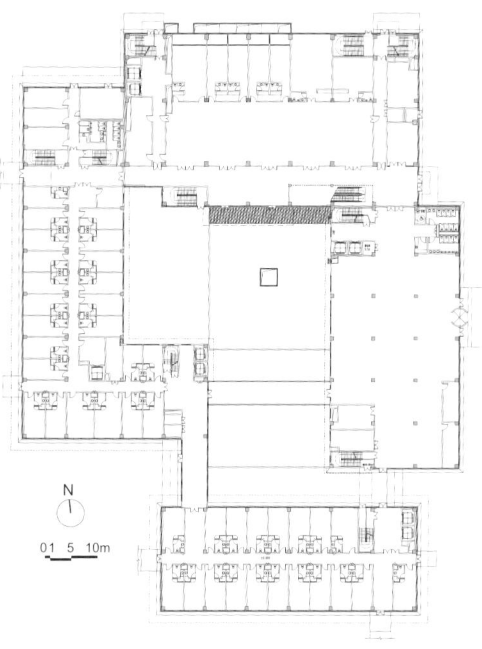

建设方针。经过研究初步确定项目具有6大核心功能：综合休闲娱乐中心、健康评估中心、中医养生保健中心、医疗美容中心、精准抗衰慢性病调理医疗中心、转化医学实验中心。主要目标是建设一个融入周边环境、功能齐全、技术先进、设施完善、求实创新、整体有机、具有人性关怀文化的现代化健康综合体，致力于提供高品质医疗康养服务，构建“全民健康生态圈”。

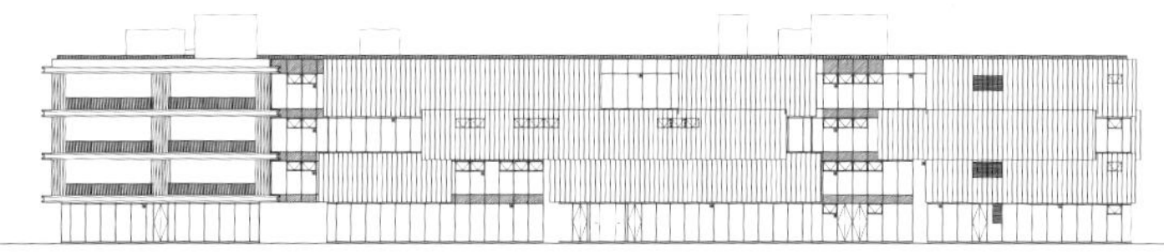

上海市胸科医院科教综合楼

建设单位：上海市胸科医院
建设地点：上海市徐汇区淮海西路 243 号
总建筑面积：24 000 平方米
建筑高度 / 层数：60.00 米 / 地上 14 层，地下 3 层
设计时间：2015 年
竣工时间：2017 年
设计单位：华建集团华东都市建筑设计研究总院
项目团队：陈炜力、李赟、法振宇、蒋勇、杜坤、俞俊、汪洁
获奖情况：2019 年上海市首届 BIM 技术应用创新大赛最佳项目奖；上海市建筑信息模型技术应用试点项目

1 2
3

1. 实景照片
2. 实景照片
3. 实景照片

昆明医科大学第一附属医院心血管病医院

建设单位： 昆明医科大学第一附属医院
建设地点： 云南省昆明市高新区
总建筑面积： 219 600 平方米
建筑高度 / 层数： 42.00 米 /13 层
床位数： 1 100 床
设计时间： 2016 年
设计单位： 华建集团华东都市建筑设计研究总院（方案设计）
项目团队： 许磊、姜昱、赵萤辉、张玉

1
2
3

1. 鸟瞰图
2. 入口透视图
3. 入口透视图

复旦大学附属眼耳鼻喉科医院

1
2

1. 南面外景
2. 鸟瞰图

建设单位：复旦大学附属眼耳鼻喉科医院
建设地点：江月路 2600 号
总建筑面积：74 569 平方米
建筑层数：12 层
床位数：500 床
设计时间：2012 年
竣工时间：2017 年 4 月
设计单位：华建集团华东都市建筑设计研究总院
项目团队：李军、李静、姚启远、郭静、陈佳、刘海军、方艺佳、朱华军、张瑞红、曹发恒、薛秀娟、楼遐敏、陆丹丹、谈佳红、孙秉润
获奖情况：第五届上海市建筑学会建筑创作佳作奖

都江堰精神卫生中心

1
2

1. 中心花园透视
2. 病房楼正立面

建设单位：都江堰市卫生局
建设地点：四川省都江堰市
总建筑面积：11 986 平方米
建筑高度 / 层数：18.60 米 /4 层
床位数：200 床
设计时间：2008 年
竣工时间：2010 年
设计单位：华建集团华东建筑设计研究总院
项目团队：邱茂新、蔡漪雯、韩磊峰
获奖情况：2010 年上海市援建都江堰工程优秀设计专项评选一等奖；2010 年四川省工程勘察设计“四优”评选一等奖

康养医疗机构
REHABILITATION AND RECUPERATION INSTITUTION

现代医疗四大板块包含临床医学、预防医学、保健医学和康复医学，过去基本只重视急性期的临床医学，而包括康复医学在内的其他医疗服务发展滞后。临床医学以疾病为中心，以药物或者手术为治疗手段，强调去除病因、挽救生命、逆转病理和生理过程。而康复医学是以功能障碍为中心，通过非药物治疗、患者主动参与的方式进行治疗，强调通过改善、代偿、替代的途径恢复功能，提高生活质量，使患者回归社会。

由于康养医疗和普通综合医疗在住院周期上差别较大，普通综合医疗一般 7 天左右，康养医疗长达 30 天以上，因此在室内室外环境的空间塑造上必须要给患者家的温馨感，周边良好的景观空间环境对患者的康复起到非常重要的促进作用，为患者提供从物理到心理的全方位的康复治愈空间。

结合康养医疗项目的特点，在以康复为特色的医疗空间设计中，我们更加强调医疗空间环境的塑造，强调空间景观对患者的治愈效果。

通过对大量康养医疗项目案例进行分析研究，我们发现在这些针对养老的医疗机构的设计中，越来越强调对医疗服务空间品质的追求，去医疗化、家庭化、景观化、共享化、生态化，强调以人为本，创造更加优美的养老和疗愈空间，包括对户外环境的打造，从室内到室外全面实现无障碍设计，更加适合康复人群的活动，创造更多的户外康复运动空间、交流空间、手作花园空间等。医养结合项目中医疗建筑和养老设施应相互作为支撑与补充，建筑既要注重医疗流程和三级医疗工艺的顶层设计和研究，同时又要兼顾养老模式下医疗服务的特殊性，处处体现对人的关爱，减少人们对传统医疗的恐惧，将医疗空间、生活空间、活动空间、商业空间等有机融合在一起。

在国家大健康战略背景下，作为设计师应该更多地关注医疗、养老等和大健康战略息息相关的产业发展，包括如何应对即将到来的 5G 时代，如何利用智能化、高效化的医养结合平台，凭借敢于担当、勇于创新的精神，不断创作出更优秀的养老和医疗设计作品，为人们提供更优美的养老物质环境和精神环境，强调从室外到室内的全方位的空间治愈效果，提高人们的生活质量和幸福指数，享受高品质的健康生活。

项目：泰康之家•申园

温馨家园，活力生活

南侧主入口及社区中心顶部设屋顶框架，将整个基地的建筑物在空间和形式上联系、统一起来，并且在下部形成舒适宜人的灰空间，为社区居民营造了一个休闲、交流、活动的场所。整体环境结合屋顶框架、下沉式花园及天井，营造出丰富、温馨的空间效果。

项目更多信息请翻阅本书 **P348**

上海市养志康复医院（上海市阳光康复中心）扩建工程项目

上海市养志康复医院隶属上海市残疾人联合会，是国家三级残疾人康复中心以及上海市目前规模最大的综合性康复机构，业务主要涉及医疗康复、职业康复、社会康复及教育康复等。本次工程被列入“上海市十三五重点工程项目”，旨在充分发挥养志康复医院优质康复医疗资源，应对人口老龄化加剧及功能障碍人群增多等社会状况引起的床位短缺等问题。设计兼顾医疗流程的高效性和室内外空间环境的良好性，采取多层为主、相对集中的总体规划布局，协调一期建筑和场地自然环境，并为医院未来发展预留用地。

建设单位：上海市养志康复医院（上海市阳光康复中心）
建设地点：上海市松江区中山街道银泽路 828 号
总建筑面积：98 125 平方米
建筑高度 / 层数：38.00 米 /8 层
床位数：700 床
设计时间：2018—2020 年
竣工时间：2023 年（预计）
设计单位：华建集团华东都市建筑设计研究总院
项目团队：鲍亚仙、姚启远、秦彦波、李时、谢啸威、曹贤林、周利锋、王晓东、刘赟治、王卫风、许东东

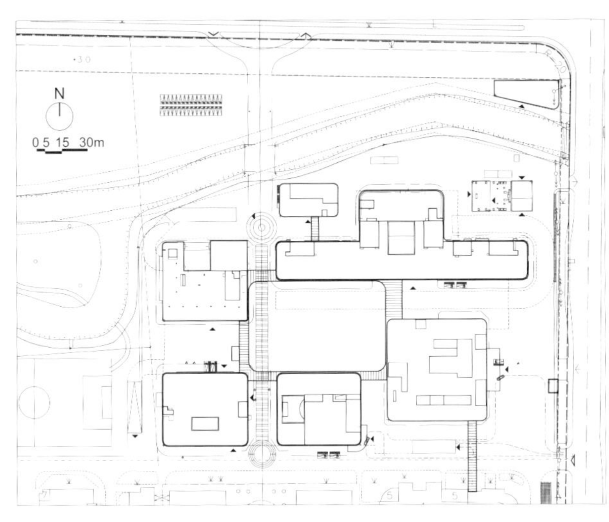

1. 透视图
2. 透视图
3. 总平面图

集约发展的总体规划

设计遵循土地节约化利用的原则，降低建筑密度，为医院远期发展留出必要的空间，同时呼应一期建筑的功能布局，创造优美的康复疗养环境。总体规划强调将社区化、景观化、共享化、生态化和可持续发展有机结合，以环廊的形式有机联系各单体建筑，实现内外、动静分区，突出康复医院服务的人性化、便捷化、立体化、现代化；以医患为中心，立足于医院用地的现状及功能需求，打造由内而外、绿色节能、便捷舒畅、智能先进的国内一流康复医院。

建立符合康复医学的功能布局

根据建设场地的现状条件，拟建主要单体建筑集中布置在用地内河道南边靠近光星路一侧，有利对外交通及疏散。两栋康复住院楼沿河道布置，环境景观良好；门诊综合楼包含门诊和医技功能，布置在临近光星路出入口处，方便服务患者，并通过连廊与北侧的住院楼和南侧的已建健康康复中心住院部联通，实现医疗资源全院共享；儿科综合楼包含儿科门诊、儿童日间病房、儿科病房、儿童康复治疗等功能，靠近门诊综合楼布置，通过连廊与门诊综

合楼医技、康复治疗区紧密联系；后勤行政楼对应已建食堂和后勤中心布置，并通过地面环廊和地下室与其他单体联系，实现物品、餐食等的供应。

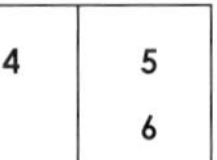

4. 鸟瞰图
5. 一层平面图
6. 立面图

创造良好的室外康复环境

室外景观结合康复花园和医疗花园，设置各种适合康复病人的植被和设施，通过让病人积极接触自然的方式唤醒感官、安抚情绪、减轻压力和抑郁，并提供户外锻炼的场所，促进社会交往，引起积极的生理和心理反应。中心绿化庭院设计成康复活动训练场地，方便门诊部、住院部的人员到达使用。另外，为了将康复训练与场地结合起来，划分了若干康复主题场地，将康复训练由室内导向室外，把自然环境的丰富元素引入康复训练的过程中以取得更好的康复训练效果，如攀爬秋千区、平衡类及球类区、阶梯滑行区等训练场地。

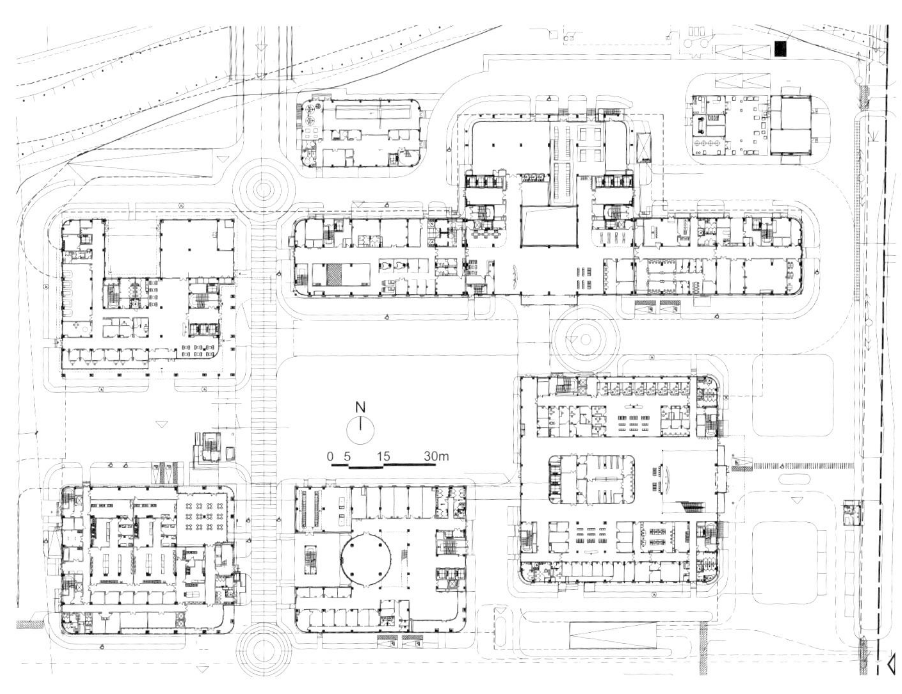
N
0 5 15 30m

玉林本草特色小镇国际健康医院及养老护理公寓

玉林本草特色小镇结合南药种植园区良好的生态环境，建设本草养生酒店、国际健康医院、南药养生学院、中草药市集（水上商业街）、养老护理公寓以及生态养生社区。一期公共建筑区作为中国南药园规划区的启动区，位于规划区东北角，其中国际健康医院定位为康复医院、社区医院、特色中医、健康体检，服务老年人群及整个小镇；养老护理公寓细分成介助护理工公寓、记忆障碍护理公寓、运动障碍护理公寓等品类，与国际健康医院紧密联系。

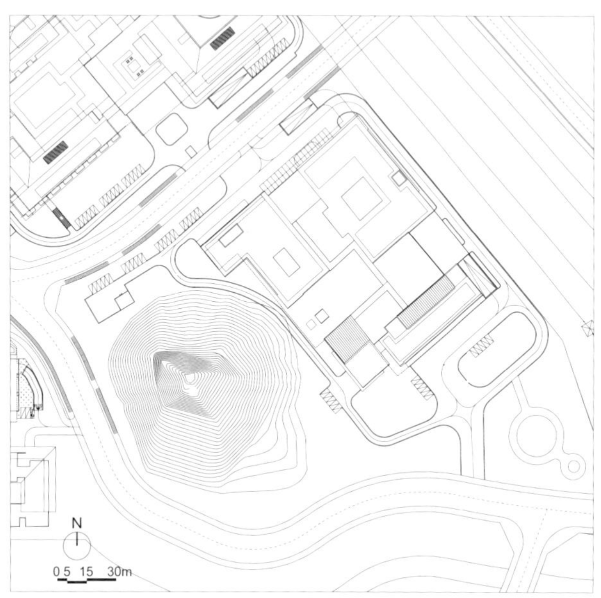

1. 总平面图
2. 局部透视图
3. 鸟瞰图

建设单位： 玉林市吉营房地产有限公司
建设地点： 广西壮族自治区玉林
用地面积： 71 456 平方米
总建筑面积： 113 654 平方米
建筑层数： 5~8 层
床位数： 住院床位为 20 床，母婴护理床位为 28 床，养老全护理床位为 360 床，养老介护床位为 660 床
设计时间： 2017 年
设计单位： 华建集团华东建筑设计研究总院
项目团队： 汪孝安、王馥、李晟、王婷婷、张珲

山水园林般的国际健康医院

国际健康医院位于基地的东南角，医院北侧为养老护理公寓，与国际健康医院之间保持一定的联系，实现医疗资源共享。国际健康医院以“健康”为功能定位，以“合院”为主题，引入当地特色的山水景观，同时结合医院功能需求及医患流线组织，形成依山傍水的园林医院。

保留地块西侧陡石山景观，建筑布局围绕石山展开，形成综合医疗区、体检中心区、康复中心区等功能区域，并通过连廊将各大功能区联系成为统一的整体，方便病人的使用。医院的环境营造着重突出中医养生特色，以传统园林设计手法，塑造医院的核心景观，为病人提供幽静雅致的景观环境。

“家”一般的养老护理公寓

养老护理公寓位于小镇地块东侧，其南侧与国际健康医院毗邻，由护理公寓和养老服务设施组成，护理公寓细分成介助公寓与介护公寓两种。基地北侧与南侧分别设置集中服务中心，包括养生区、餐

厅、茶室、理发店、健身房等，使住户足不出户也可以享受各类丰富多彩的娱乐活动。所有的公寓每15间左右形成一个组团，小规模的组团有利于形成“家”的感觉，并且便于管理，保证护理质量。

设计风格采用传统文化的古典中式元素，同时又有效融合了现代建筑元素。项目注重共享空间的设计，不仅体现在室内房型结构中，在室外、公共活动单元中也通过共享空间串联起各栋独立建筑。景观设计引入中国园林式的风雨连廊，将各栋建筑联系起来，其间穿插亭台楼榭，既方便出行又营造了一种人在画中游的空间效果。

4 5	6 7 8

4. 国际健康医院透视图
5. 养老护理公寓透视图
6. 养老护理公寓总平面图
7. 养老护理公寓一层平面图
8. 立面图

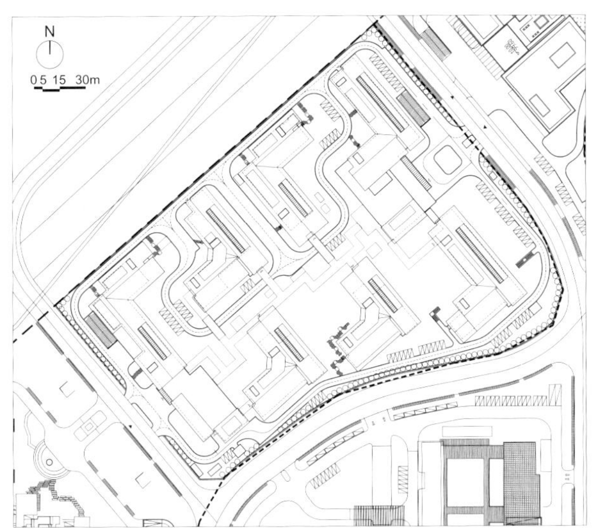

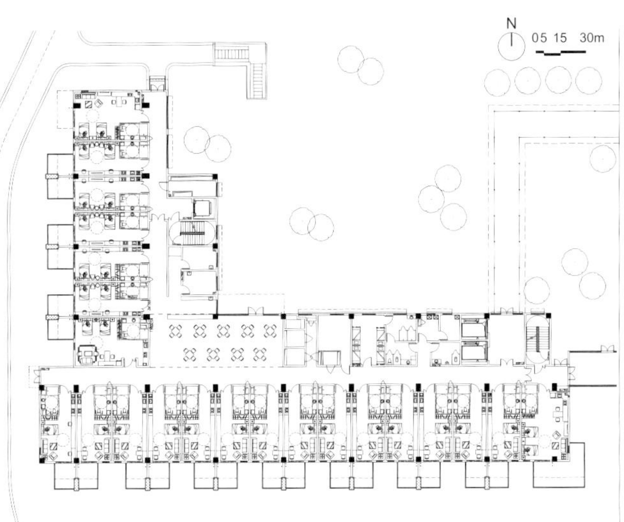

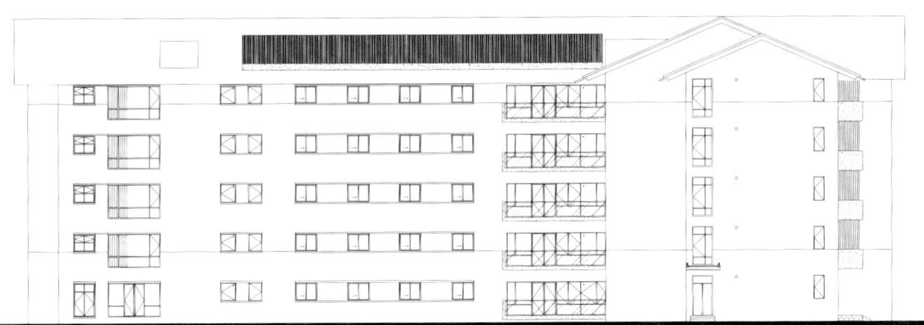

众仁乐园改、扩建二期工程项目

众仁乐园是由上海市慈善基金会与上海市民政局共同投资兴办的一家慈善养老机构，二期包括三栋相互错落、相对独立的老年人生活楼，功能包含老年人生活、保健康复、文化娱乐、照料服务、办公及后勤辅助等。

在总体设计、建筑风格、室内外环境等方面将项目打造为和谐的一体化园区。三栋老年人生活楼通过裙房及屋顶平台连为一体，其中 8 号楼二层庭院式裙房形成了园区内新的景观平台和活动中心。在趋于紧张的人均面积指标下，精心设计丰富、实用的空间，力求创造一个“以老为本，宜老居住”的建筑空间。设计注重将老年人生活楼的消防设计落到实处。

设计充分考虑老年人的安全性，从无障碍出入口、走道区域的双层安全扶手、浴室安全抓杆、墙地面防滑材料、浴室地面无高差等设计，再到紧急呼叫按钮及拉绳等“智能化呼叫系统”设置，周到细致。

1. 总平面图
2. 总体东南角小鸟瞰

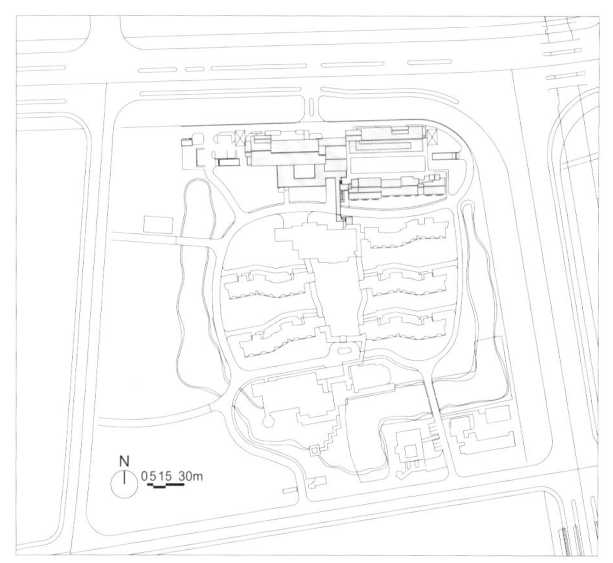

建设单位：上海市众仁慈善服务中心
建设地点：上海市嘉定区
总建筑面积：22 708 平方米
建筑高度 / 层数：23.50 米 / 6 层
床位数：450 床
设计时间：2011—2012 年
竣工时间：2015 年
设计单位：华建集团上海建筑设计研究院
项目团队：陈国亮、唐茜嵘、汪泠红、佘海峰、钱正云、周雪雁、李敏华、冯杰、陆振华、阮奕奕等
获奖情况：2015 年上海市建筑学会第六届建筑创作奖佳作奖

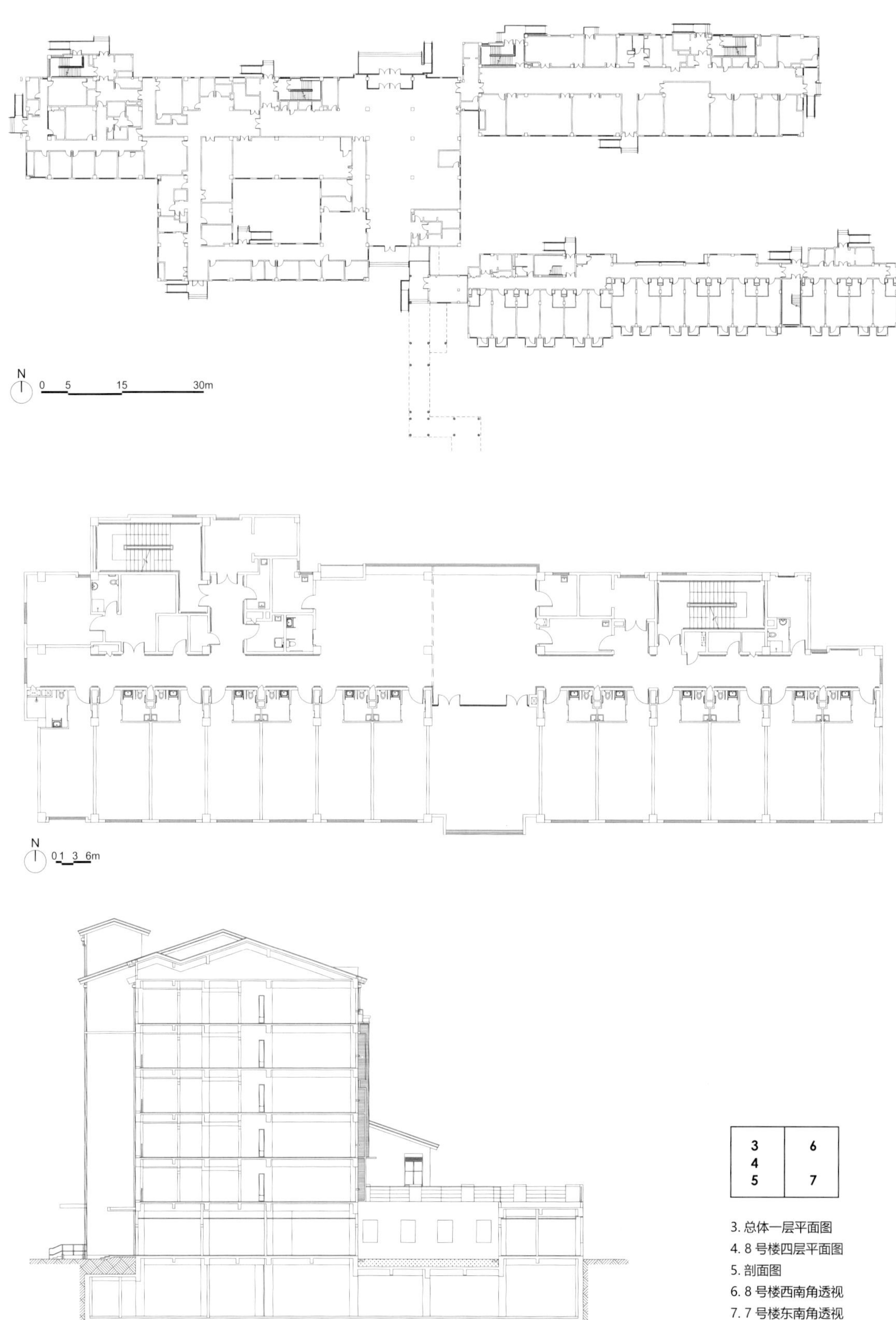

3 4 5	6 7

3. 总体一层平面图
4. 8 号楼四层平面图
5. 剖面图
6. 8 号楼西南角透视
7. 7 号楼东南角透视

中德富尔达康颐社区一期工程项目

德国富尔达大区在医疗养老方面有着丰富经验，康养产业已达国际领先水平。中德富尔达康颐社区一期工程项目将成为溧阳最大的养老项目，把德国最好的康养理念带到溧阳，面向长三角地区，提供优质的康养服务。

项目位于溧阳市天目湖大溪水库东岸沈家村地块，用地面积为 48 300 平方米，总建筑面积 65 794.73 平方米，建成后将是满足老年人颐养的新型康颐社区，共包含 8 栋楼及地下室，其中 1 号楼为医疗服务设施楼，8 号楼为生活服务设施楼，2~7 号楼为老年人照料设施，2 号楼为老年人照料设施中的照料单元，3~7 号楼为老年人照料设施中的生活单元。

打造宜人的“幸福天地”

项目将建设为满足老年人颐养的新型康颐社区，以生命康养为主导，将健康疗养与医养结合的森林康养社区融为一体。通过室内外空间的连接建立一幅和谐的全景，打造一个适于休闲居住和生活的“幸福天地”，让人们享受安心、美妙和充实的生活，在这里过上舒适、安全、身心充满活力的日子。利用先进

建设单位：苏皖合作示范区建设发展集团有限公司
建设地点：江苏 溧阳
总建筑面积：65 794.73 平方米
建筑高度 / 层数：23.20 米 /6 层
床位数：400 床
设计时间：2020 年
设计单位：华建集团华东建筑设计研究总院
合作设计单位：德国米勒 + 穆勒设计联合事务所有限责任公司
合作设计工作内容：方案设计
项目团队：张海燕、李晟、成立强、姜辰歆、于曦、张明辉、汪艳旻、陆琼文

的节能理念和技术措施，将各主题景观布置并环绕在社区之中，融入现有景观，并对这些主题在景观设计上进行创新，创造具有高辨识度的以未来为导向的整体社区风貌。

尽享独尊，关爱如家，修身养性

设计基于德国标准和在医疗护理领域长年积累的经验，建设全新、前瞻性概念的新类型建筑。老年人居住和生活的愿景通过空间形式在具体建筑设计中得以体现。

建筑环绕着中央区域丘陵公园外环路展开，通过采用特定的城市规划和建筑密度，达到以最短的距离通达各个设施的效果。建筑之间人来人往的主路，提供了人们遛弯、闲谈和交流可能。“城市化”的设计同时创造了一个显得格外轻松的、光线充足的建筑设施。

全生命周期的绿色节能设计

针对建筑全生命周期的耗能、耗材、耗资源情况，采用可重复、可再生的材料、设施、能源，减少碳排放，提升各种资源的使用效率。

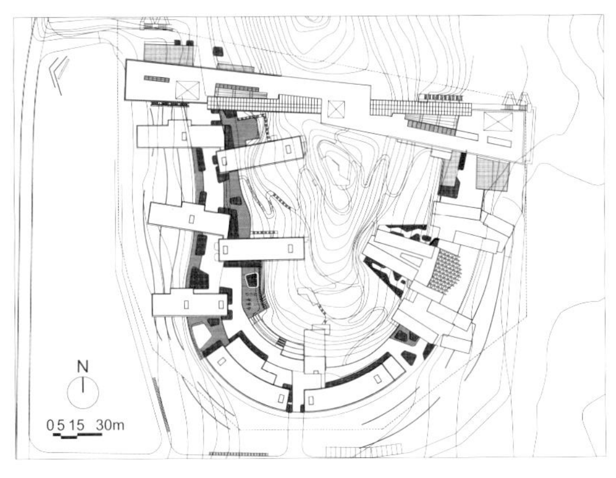

1 2 3

1. 鸟瞰图
2. 沿水景观效果
3. 总平面图

4 5	6 7 8

4. 一层平面图
5. 医疗中心设施入口透视
6. 健康照顾中心沿河透视
7. 立面图
8. 剖面图

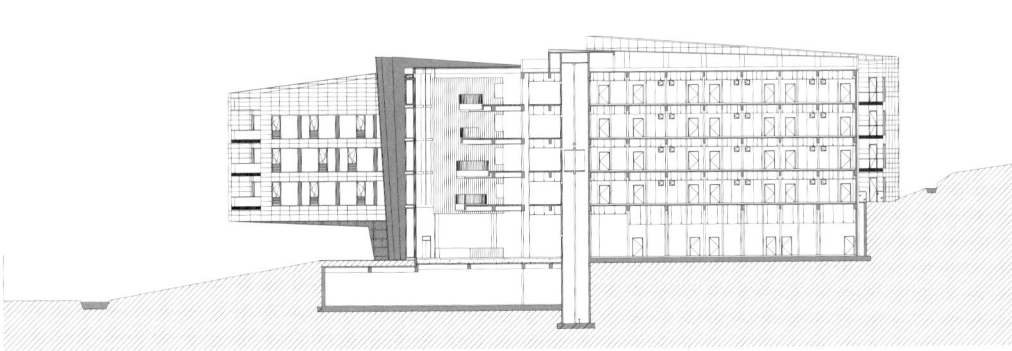

泰康之家·申园

泰康之家•申园位于上海市松江区松江广富林遗址的东面，包括 6 栋独立生活楼、1 栋康复医院以及由 12 栋低层建筑（社区中心和其他配套用房）构成的社区公共服务设施。社区中心位于基地的中心部位，是社区的社交中心，向居民提供完善的日常活动和服务。独立生活楼为健康活力老人提供居住和日常生活服务，房间均采用居家化设计风格。康复医院为二级，采用“大专科，小综合”的医疗模式，主要提供针对老年人的康复及相关综合医疗、住院服务。

人文关怀，去机构化

结合地形总体布局呈对称式。康复医院位于基地的最北侧居中布置，中间的 2 栋独立生活楼在基地中部呈对称式布置，南侧的 4 栋独立生活楼沿广轩路一字排开。社区中心沿南北向纵深展开，成为整个项目的中轴线，面对广轩路形成室外广场。

本项目所有建筑的体量和外立面采用公建化设计，强调与机构化养老社区的区别，为整个社区及周边道路带来简洁、精致的设计感。6 幢独立生活楼及康复医院立面以横向线条为主，社区中心采用石材幕墙及玻璃幕墙，整个外立面严格受模数控制，局部后退形成室外平台并沿平台设置屋顶绿化，带来变化丰富的立面效果。

建设单位： 广年（上海）投资有限公司
建设地点： 上海市松江区
总建筑面积： 162 758 平方米
建筑高度 / 层数： 79.80 米 /19 层
床位数： 医院 200 床，养老 656 户
设计时间： 2013—2014 年
竣工时间： 2016 年
设计单位： 华建集团华东建筑设计研究总院
合作设计单位： 美国约翰•波特曼建筑设计事务所
合作设计工作内容： 建筑方案及初步设计
项目团队： 荀巍、曹丹青、张春洋、王永佳、王怡斐、张洪源、陶湘华、刘剑
获奖情况： 2017 年度上海市优秀工程勘察设计项目三等奖

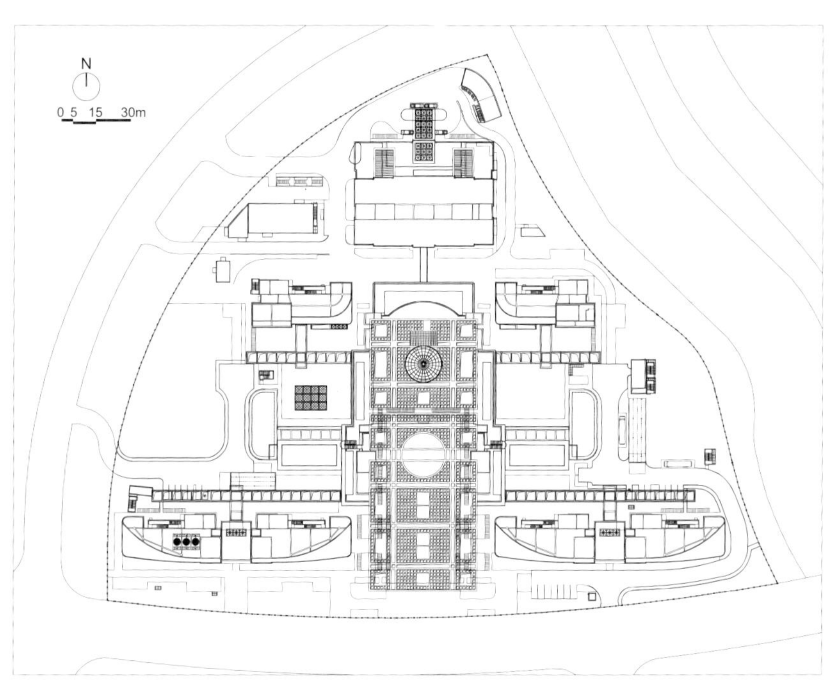

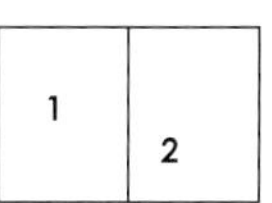

1. 独立生活楼南立面及社区中心屋顶平台
2. 总平面图

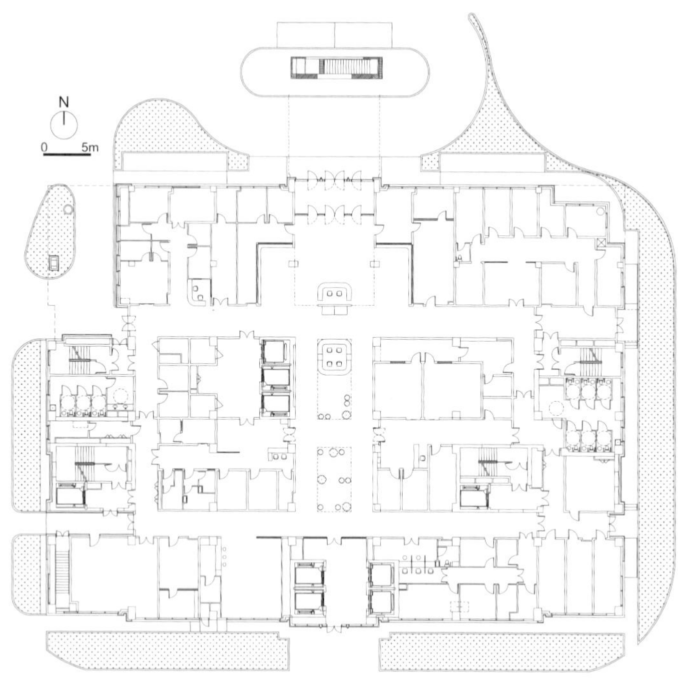
N
0
5m

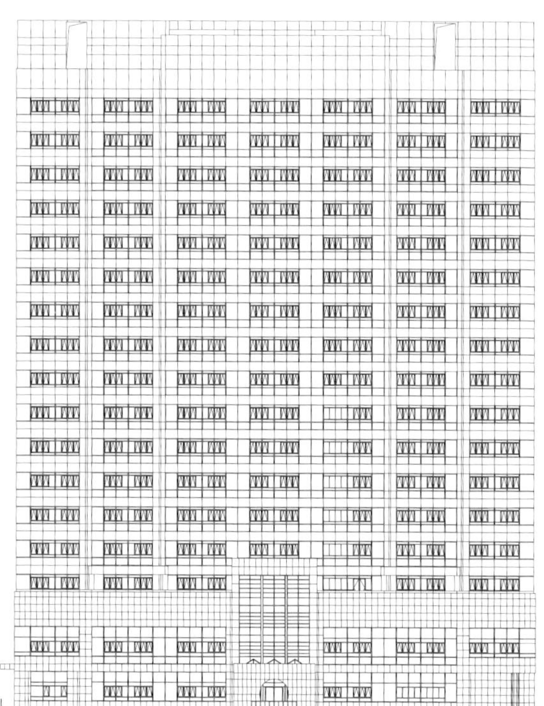

3. 一层平面图
4. 立面图
5. 养老社区主入口
6. 养老社区全貌

温馨家园，活力生活

社区中心及配套用房通过连廊与独立生活楼和康复医院联系，创造了风雨无阻的交通体系。南侧主入口及社区中心顶部设屋顶框架，将整个基地的建筑物在空间和形式上联系、统一起来，并且在下部形成舒适宜人的灰空间，为社区居民营造了一个休闲、交流、活动的场所。整体环境结合屋顶框架、下沉式花园及天井，营造出丰富、温馨的空间效果。

通用设计，技术先进

本项目采用标准化柱网，平面及立面设计均遵循模数设计，保证了功能的灵活性和项目的经济性。独立生活楼总单元数为 656 个，包括 45，60，80 和 120 平方米的模数居住单元，相互之间可以灵活组合、变换，每个单元都有一个南向阳台，通过阳台的变化，形成不同的建筑形态。

上海市老年医学中心

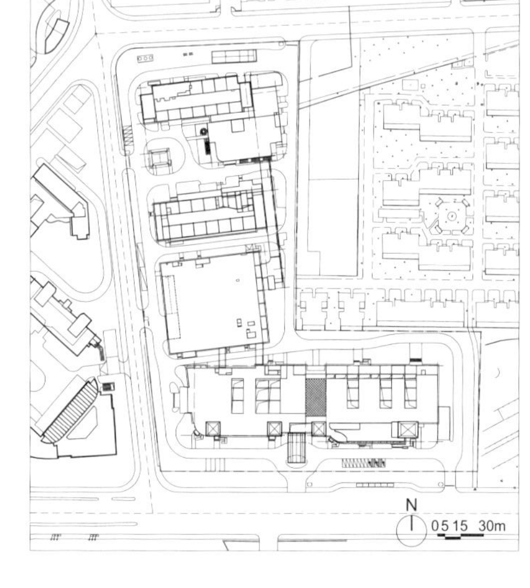

上海市老年医学中心是全国首个以满足老年人健康需求为目标的大型医学中心，是上海市第一家以老年病种为特色的三级综合医院。项目在上海市政府专题会议提出的改造在建的闵行“地区医疗护理康复中心”项目的基础上，建设一家集老年医学治疗、康复、护理、教学、科研、公共服务、行业指导等功能于一体的全国示范性老年医学中心。

建设单位：上海申康医院发展中心
建设地点：上海市闵行区
总建筑面积：130 000 平方米
建筑高度 / 层数：55.00 米 /17 层
床位数：1 000 床
设计时间：2016 年
竣工时间：2022 年（计划）
设计单位：华建集团华东都市建筑设计研究总院
项目团队：陈炜力、辜克威、徐晓旭、法振宇、曾丽华、田野、汪洁、杜坤、俞俊、胡迪科
获奖项目：第四届海尔磁悬浮杯绿色设计与节能运营大赛绿色设计组铜奖；第十七届 MDV 中央空调设计应用大赛 专业组银铅笔奖

1 2 3	4 5 6

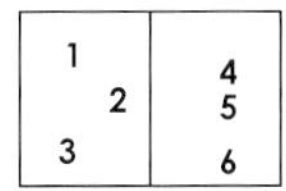

1. 沿街透视图
2. 一层平面图
3. 住院入口透视图
4. 立面图
5. 剖面图
6. 鸟瞰图

为了满足“七位一体”的医疗功能需求，设计通过整合现有的建筑空间，加以合理的改造利用，最大限度地扩大建筑面积，使之符合新的老年医学发展需求、新的规范规定，并与新建建筑有机融合，形成完整一体的现代化老年医疗综合体。设计回避当今流行的“冷酷”现代主义，建筑外观采用典雅的装饰主义，仿红砖三段式立面、线角细腻的竖线条、深邃的入口空间，无处不体现着古典均衡的秩序感，立面明亮的色彩给予老年人希望与安慰，营造沉稳温馨的老年医院氛围。

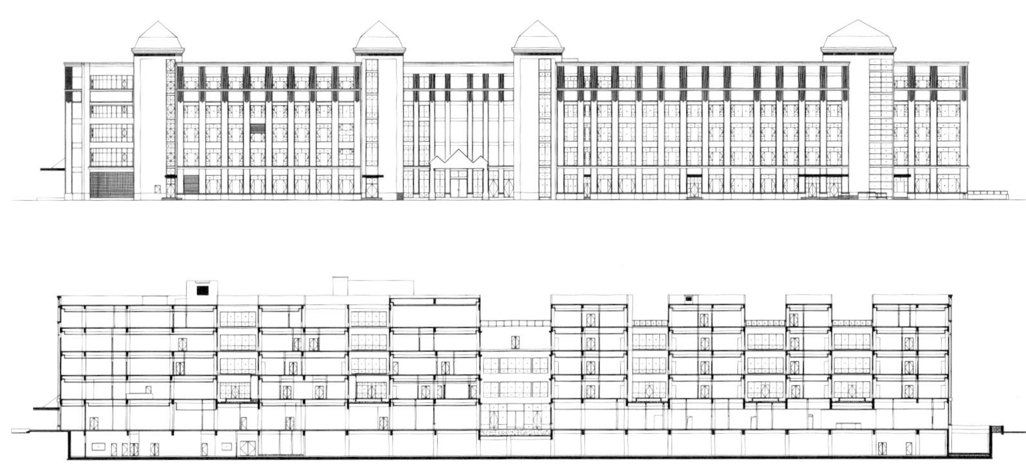

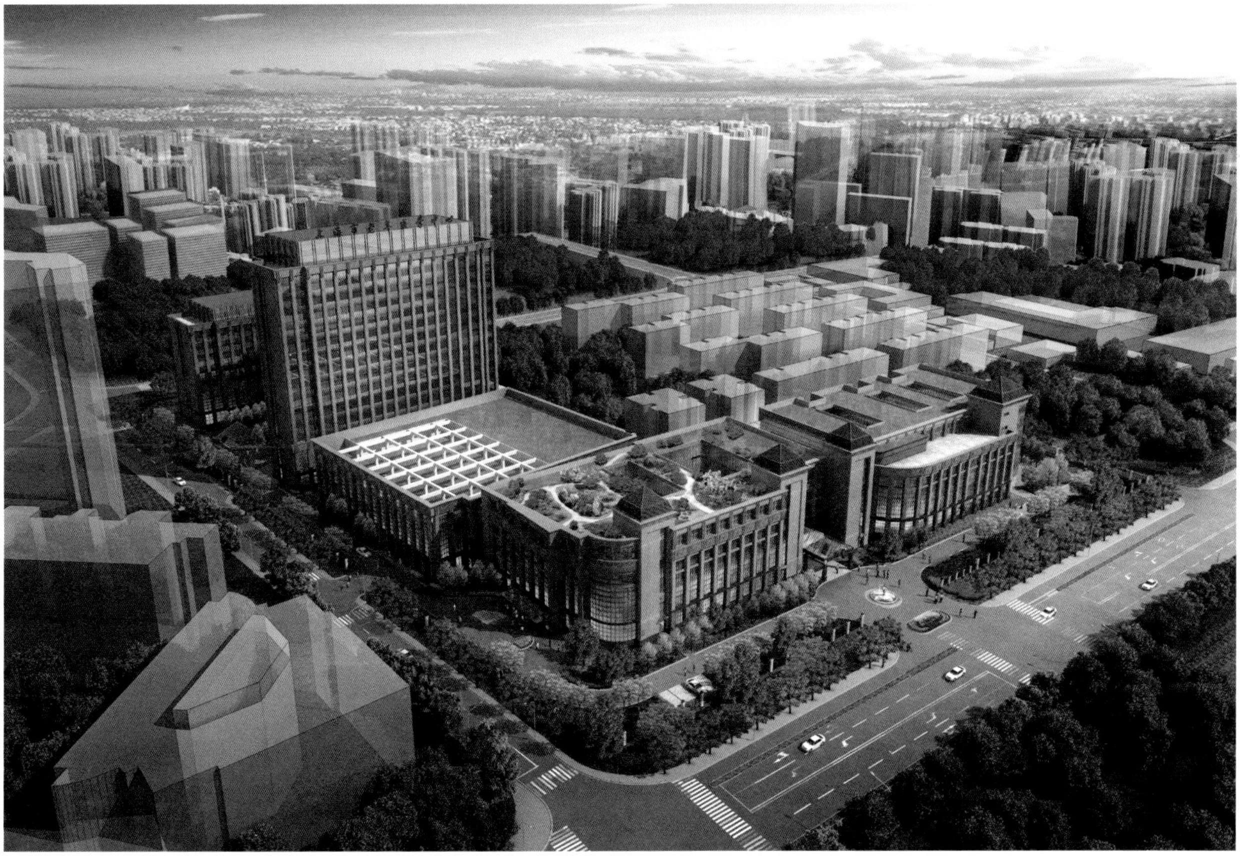

三亚海棠湾德中健康产业园

项目位于海南省三亚市海棠区龙海风情小镇西北侧，是一家集保健康复、医疗护理、教学科研于一体的现代化大健康产业园区，主要分为康复医院病房楼、康复医院专科楼、医学培训中心、月子中心、慢性病康复医疗中心五部分。园区汇聚了全球高水准医疗资源和跨国专家团队，引入来自德国、美国、中国台湾的先进诊疗技术，旨在打造“世界一流、亚洲领先”的公园化、高端化大健康产业园区。通过设立多样化的专科诊疗中心，建立诊前、诊中、诊后一体化的服务模式，形成国际化的健康产业集群。

建设单位：三亚石药德中健康产业园有限公司

建设地点：海南省三亚市海棠区

总建筑面积：153 022 平方米

建筑高度 / 层数：44.95 米 / 14 层

床位数：495 床

设计时间：2017—2020 年

竣工时间：一期 2021 年（预计）

设计单位：华建集团华东都市建筑设计研究总院

项目团队：任敏、李军、 沈克文、吕海英、 孔祥恒 、陆定祎、杜玉峰、沈淼、朱粟郁、肖至峰、李菊霜、尹忠珍、 王妍、 赵二磊、李新蕊、 于湾湾

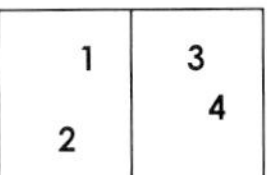

1. 总平面图
2. 鸟瞰图
3. 沿街建筑形象
4. 空间层次与建筑细部

通过立面线条及色彩的设计，抽象模拟海浪、沙滩等热带元素来展现整体建筑形象。此外，通过露台吊顶、墙面、墙体绿化等构件的材质变化，以白色调勾勒整体线条，以植物、陶土板、木材、 石材等丰富立面质感。为更加符合海棠湾当地建筑风貌，设计采用大挑檐、屋顶花园、空中退台等手法，使建筑融入环境。

常州茅山江南医院

常州茅山江南医院是极具特色的医养结合项目典范。医院地处风景优美的常州金坛茅山风景区，是茅山颐园——长三角地区顶级园林式医养小镇的重要组成部分，整个医养小镇占地 1500 亩（约 100 万平方米），医院占地 100 亩（约 66 667 平方米），和解放军 301 医院、北京协和医院、上海长海医院等全国知名医院建立战略合作，提供一站式“颐养 + 医养”服务，形成完整的健康医养小镇模式，赢得了由中国老龄产业协会和中国房地产业协会共同授予的国家级称号——中国老年宜居住区试点工程试点项目。

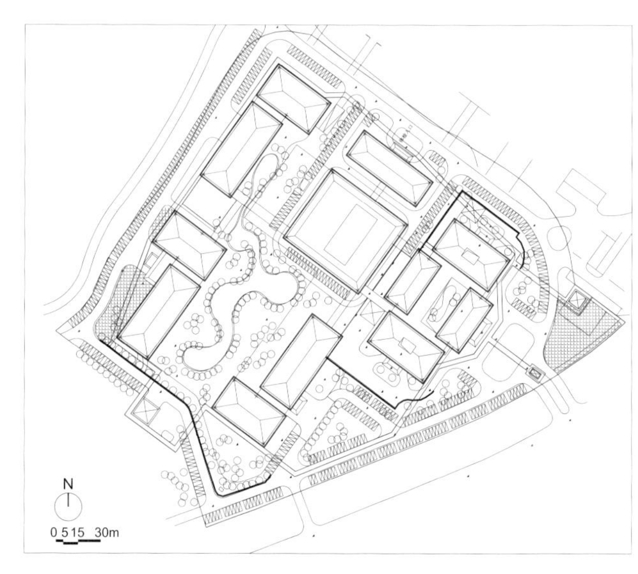

1. 鸟瞰图
2. 总平面图
3. 外立面图
4. 外立面图
5. 中央花园
6. 入口门诊中庭

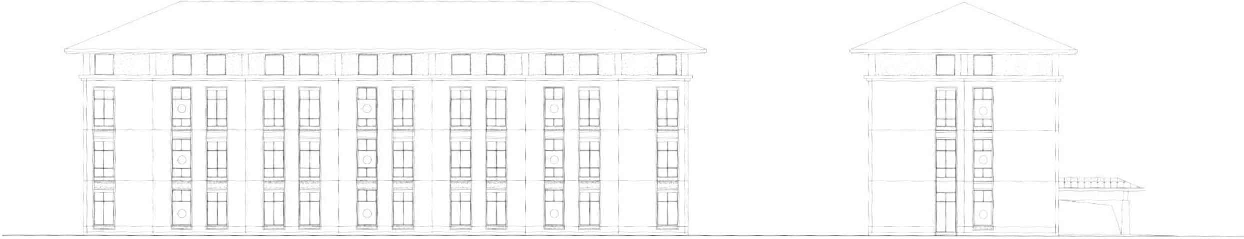

建设单位：常州江南茅山医院有限公司
建设地点：常州市金坛区茅山风景区
总建筑面积：82 332 平方米
建筑高度 / 层数：19.59 米 /4 层
床位数：600 床
设计时间：2016—2018 年
竣工时间：2019 年
设计单位：华建集团华东都市建筑设计研究总院
项目团队：李军、姚启远、李云波、宋方朴、陈佳、周利锋、刘赟治、赵莉萍、胡振青、陆小莺、徐伊浩、许东东、陈颖

建筑形式和茅山旅游风景区整体风格相一致，采用传统南方园林式建筑风格，结合现代建筑特点创造精致典雅的医疗建筑风格。外立面采用现代中式简约设计手法，运用现代建筑元素，结合古典比例关系，于典雅的风格中呈现出锐意的、极富特色的园林式医院造型。通过建筑体量围合出各种尺度的景观庭院，并赋予其不同的主题，通过水系将主要院落连接形成有机整体，同时利用渗透、借景、对景、框景等中式园林手法，打造园区的园林风格，形成良好的医疗绿化景观环境，充分发挥绿化景观空间对病人心理和疾病康复的治愈能力。

广西崇左市康养中心

建设单位： 广西崇左市城市建设投资发展集团有限公司
建设地点： 广西崇左市
总建筑面积： 400 526.63 平方米
床位数： 医院部分总计 1 000 床
建筑高度： 最高建筑 73.00 米
设计时间： 2019 年
竣工时间： 2021 年（预计）
设计单位： 华建集团华东都市建筑设计研究总院
项目团队： 李军、方艺佳、张韵彤、胡功臣、邹东升、刘博晗、汪泓江、经天、李道同、谢凯希、唐荣华、肖志峰、尹忠珍、王妍

1
2

1. 人视图
2. 鸟瞰图

新东苑华漕养老工程项目

建设单位：上海市新东苑实业有限公司
建设地点：上海市闵行区
总建筑面积：134 300 平方米
设计时间：2013 年
竣工时间：2016 年
设计单位：华建集团华东都市建筑设计研究总院
合作设计单位：大原建筑设计咨询（上海）有限公司
合作设计工作内容：项目工程建筑方案至初步设计
项目团队：李军、刘樯、韦建军、钱涛、白杨、陶冶、秦彦波、林俊武、王建明、宫旭东、吴玉梅

1
2

1. 庭院与养老公寓
2. 鸟瞰图

源恺康复医院新建工程项目

建设单位：上海源东房地产开发有限公司
建设地点：上海金高路、双桥路交叉口 D7-2 地块
总建筑面积：36 975 平方米
建筑高度：23.90 米
设计时间：2019
竣工时间：2022 年（预计）
设计单位：华建集团华东都市建筑设计研究总院
项目团队：李军、万程、方艺佳、林夏冰、石洛玮、唐朝、严圣贤、田晨

1. 主入口
2. 鸟瞰图

香河大爱医院

建设单位：大爱（香河）医疗中心有限公司
建设地点：河北廊坊
总建筑面积：102 674 平方米
建筑高度 / 层数：65.02 米 / 15 层
床位数：500 床
设计时间：2015 年
竣工时间：2021 年（预计）
设计单位：华建集团上海建筑设计研究院
项目团队：金峻、杨凯、包子翰、刘宾、冯献华、王桢、包菁芸、周雪雁、李敏华、王亦、祝凯、岑奕侃、戴鼎立、乐照林、陈杰甫、罗文林、高龙军、李佳

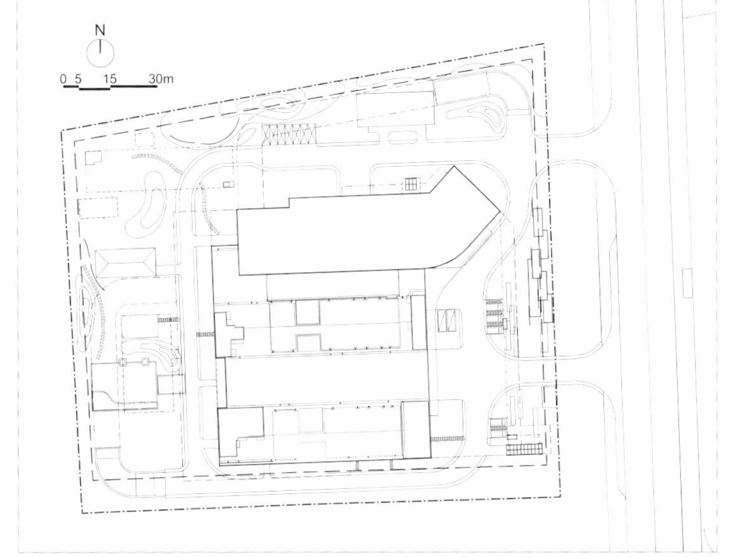

1 2

1. 鸟瞰图
2. 总平面图

医学园区
MEDICAL PARK

近年来，随着经济的发展和人们生活水平的提高，健康生活成为未来最大的需求，全国各地医学园区应运而生。这也得益于国家层面社会资本办医政策的支持，例如 2017 年《国务院办公厅关于支持社会力量提供多层次多样化医疗服务的意见》等中央政策及相关地方政策。医学园区的构建，可以将优质的医疗、研发及相关健康产业服务资源有效聚集起来，形成医学产业发展的规模效应，促进医学资源的优化配置，为人们提供高品质的全生命周期医疗健康服务。可以说，医学园区的诞生与发展是医疗产业发展的需求，也是市场对优质医疗资源集聚效应的需求。

关于医学园区的定义，我们理解为由不同的投资主体、运营方建设的功能互补、资源共享的医疗共同体。通常医学园区的组成部分包括综合医院、特色专科医院、医技共享中心、能源供应及相关商业配套服务设施。

综合近年来国内优秀医学园区的规划建设实例，总结出以下医学园区建设发展的趋势：

第一，医学园区的建设要发挥片区规划、产业资源集聚的优势

在前期片区规划层面，要以医学园区作为创新驱动，瞄准全球前沿医疗技术。面向未来医疗，与生物健康产业协同发展是关键。例如，由华建集团上海建筑设计研究院领衔规划的成都天府国际生物城国际医疗中心启动区位于天府国际生物城东南部，规划用地范围约 80 公顷，周边汇聚四川省妇幼保健院、P3 实验室、绿叶医疗、成都京东方医院、医美小镇等医疗健康资源。该项目发挥医疗片区联动效应，国际医疗中心结合信息医学、移动医学等先进医疗服务模式，打造集医、教、研于一体，以肿瘤、儿科、心血管、骨科为特色的三级综合旗舰医院。

第二，整合优势的“集约化”发展理念

医学园区的建设提倡社会办医与政府投资相结合，纳入学科错位的高水准医疗机构，以强强联手、优势互补来构建可持续健康发展的医联体。例如上海新虹桥国际医学中心，初期首先引进了以脑科为优势的复旦大学附属华山医院西院，该医院是园区唯一一家公立医疗机构，是驱动园区发挥集

1. 成都天府国际生物城国际医疗中心总体鸟瞰图
2. 成都天府国际生物城国际医疗中心功能分区

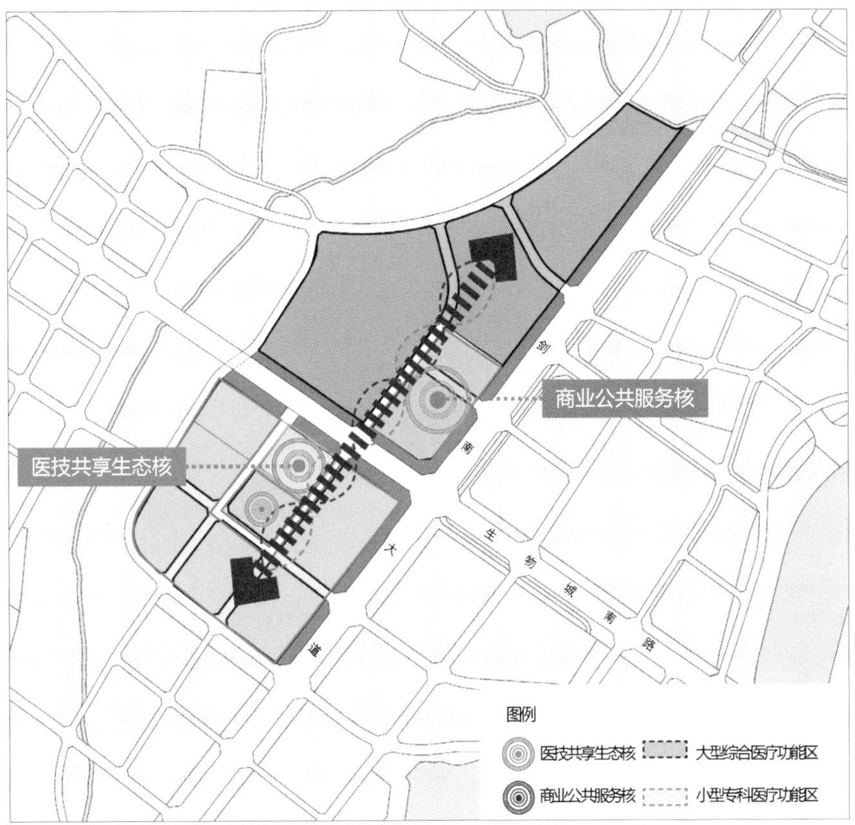

聚效应的引擎；之后园区先后吸引上海泰和诚肿瘤医院、上海百汇医院、上海万科儿童医院、览海骨科医院等优质国内外民营资本专科医院入驻，发挥各自专科诊疗的优势。华建集团上海建筑设计研究院参与编制了上海新虹桥国际医学中心入驻园区医疗机构建筑规划设计导则，并且承担了园区内包括保障中心在内的五所医疗机构的设计。

医院园区的建设目标在于打造国家一流医疗平台、全球生物产业平台、前沿医学创新平台以及国际医学教育平台，需要我们医疗设计及建设者的不懈探索和努力！

第三，资源共享——建立医院、园区双赢模式

能源共用：医医学园区区域内能源需求量大、种类多，热、电、冷负荷波动大，建议在园区规划初期，集中设置能源中心以及污水处理。例如新虹桥国际医学中心有针对性地建设天然气能源中心项目，来满足用户对热、电、冷负荷的部分需求，使得清洁能源和绿色建筑得到良好融合，不但有利于医学园区能源的综合利用，更能加快实现上海“国际性、低碳、环保”的建设进程。园区的能源中心采用冷热电三联供供能系统，为地块建筑提供空调冷水、空调热水、生活热水以及应急备用电源。此外污水处理系统也可实现共享，将各家医疗机构的污水通过统一的管网和处理系统进行处理，最终排向市政管网。

医疗共享：包括后勤服务的共享以及医疗服务的共享两个方面。后勤服务的共享主要体现在园区集中设置中央消毒供应、检验病理、药库等后勤支持，通过现代化的物流系统，包括气动物流、箱式物流、自走车等，串联全区的各个医疗机构，为园区内各家医疗机构日常运维提供服务与支持。

医疗服务的共享主要体现在直接服务于病患的诊疗资源，例如高尖端大型医技设备等的共享。园区内一些民营投资的小型专科医院将从中获益，得到高尖端医技诊疗设施强有力的支持。在上海建筑设计研究院参与的成都天府国际生物城国际医疗中心启动区的规划中，南片区中心位置设置医技共享生态核，除了为园区提供医技、能源、云数据等方面的共享支持，也为园区提供一处核心生态绿肺。医技共享生态核如同中心的心脏，尤其为南区的小型特色专科医院提供了高新医疗支持，发挥了医疗资源集约利用的优势。园区结合此处的生态景观配置一栋高端商住楼，使之成为一个集医疗功能、居住功能与生态景观于一体的复合中心。这也促使商业配套服务的共享成为医学园区规划功能混合及多元发展的趋势。

智慧共建，数字共享：医学园区的建设离不开智能化、信息化的手段。需要整体考虑、统一规划，为园区内不同使用部门、信息化建设部门及各大运营商提供足够的容量，避免重复建设。通过采用现代智能化集成管理技术，即互联网络技术、自动化控制技术、数字化技术，进行精密设计、优化组合，精心建设医疗中心信息化系统，提高中心高新技术的含量，满足园区行政办公、管理和服务的数字化技术应用要求。医学园区智能化系统设计应采用先进、适用、优化组合的成套技术体系，建立一个安全、舒适、通信高速便捷、数字化、网络化、智能化的管理、医疗、服务环境。

第四，构建立体化医学园区

医学园区作为聚集多家医疗机构的组群，需要系统、整体、合理的交通组织以及洁污流线规划。引入立体化分层的设计理念是大势所趋。分层组织市政交通、园区内部物资供应、污物回收、病患医护及公共活动等流线，在确保园区各医疗机构合理运作的同时，为病人塑造生态有机且个性化的公共活动空间，能够激发整个园区的健康与活力。

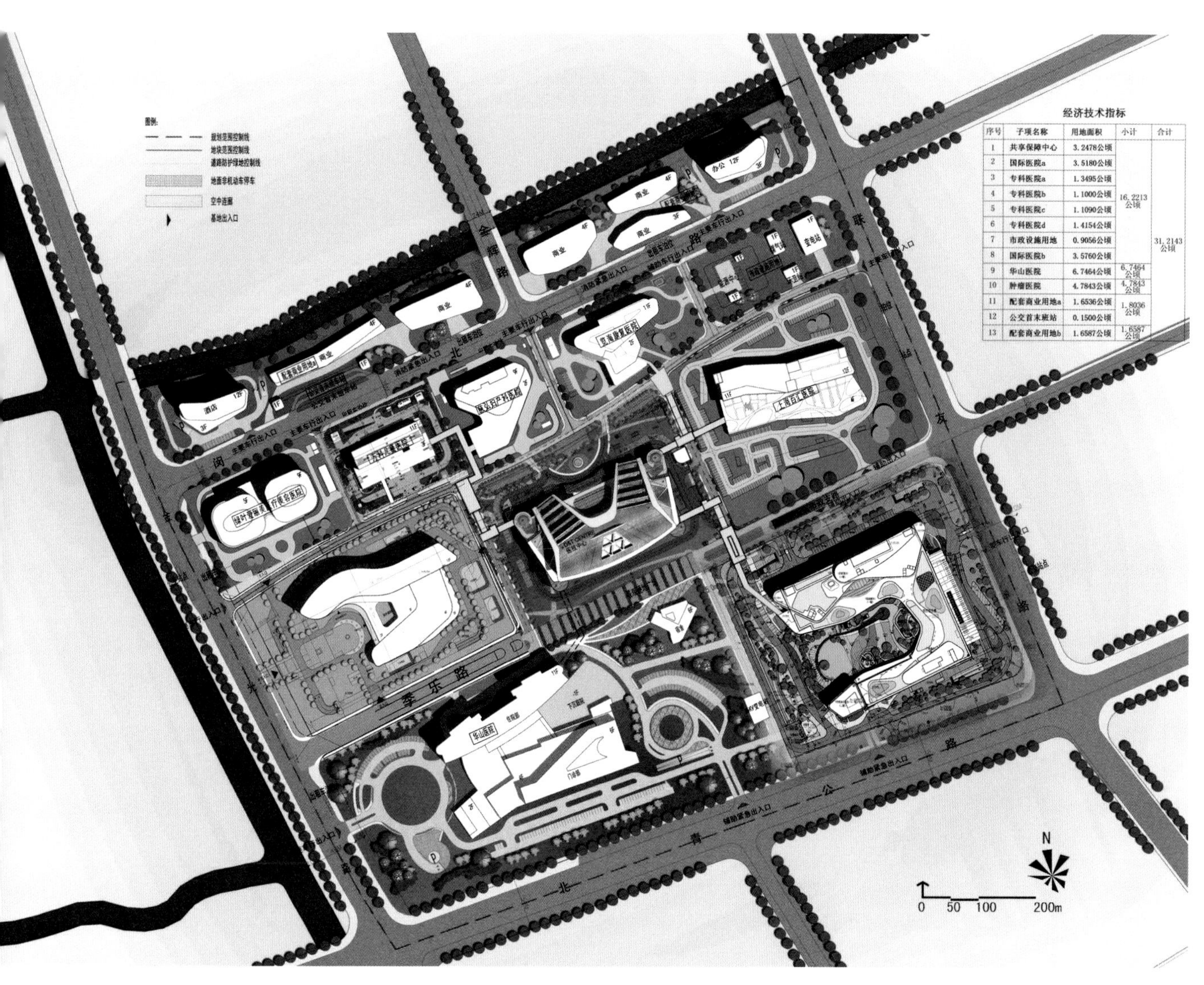

经济技术指标

序号	子项名称	用地面积	小计	合计
1	共享保障中心	3.2478公顷	16.2213公顷	31.2143公顷
2	国际医院a	3.5180公顷		
3	专科医院a	1.3495公顷		
4	专科医院b	1.1000公顷		
5	专科医院c	1.1090公顷		
6	专科医院d	1.4154公顷		
7	市政设施用地	0.9056公顷		
8	国际医院b	3.5760公顷		
9	华山医院	6.7464公顷	6.7464公顷	
10	肿瘤医院	4.7843公顷	4.7843公顷	
11	配套商业用地a	1.6536公顷	1.8036公顷	
12	公交首末班站	0.1500公顷		
13	配套商业用地b	1.6587公顷	1.6587公顷	

1. 上海虹桥国际医学中心总平面图

上海百汇医院新建工程项目

上海百汇医院位于上海市闵行区新虹桥国际医学中心，是百汇及其专业医疗合作伙伴在中国上海合力打造的国际级护理中心。建筑体量上采取北高南低的原则，将东西走向的住院塔楼配置在北边，让医技裙房的公共空间和主入口面向南方。四层的裙房是门诊医技区，五至十二层的塔楼为住院部，十二层为行政办公区，地下一层和地下二层布置后勤区、停车区和人防区。

大楼的南立面采用曲线造型，营造出灵动、柔和、优雅的氛围，中部曲线内凹并在两层的高度处设置大雨蓬，一层的落地窗为公共大厅带来开敞明亮的空间感受。裙房的屋顶位于住院塔楼的前方，精心设计成花园，为住院患者提供良好的视觉景观。建筑北面的所有病房都拥有相同数量的大型窗户，使病房的日照和景观最大化。

建设单位：上海百汇医院有限责任公司
建设地点：上海市闵行区新虹桥国际医学中心
总建筑面积：84 400 平方米
建筑高度 / 层数：59.60 米 /12 层
床位数：450 床
设计时间：2016—2018 年
设计单位：华建集团华东建筑设计研究总院（建筑设计）、华建集团建筑装饰环境设计研究院（室内设计）
合作设计单位：HKS
合作设计工作内容：建筑方案设计、初步设计
项目团队：荀巍、王馥、茅永敏、蔡漪雯、周晔、刘小音、陆琼文、殷鹏程（华东总院），吴伟亮（环境院）

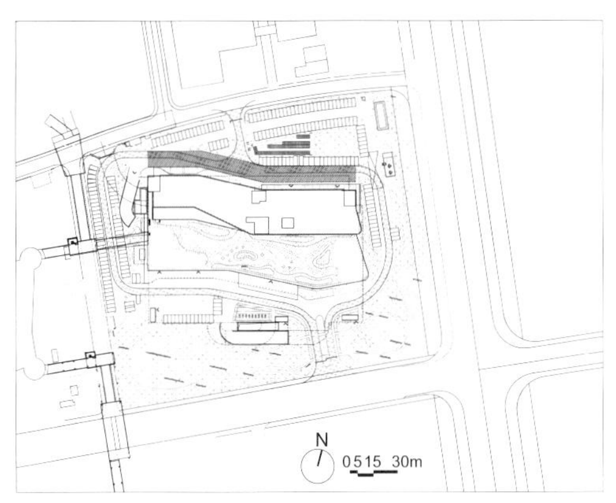

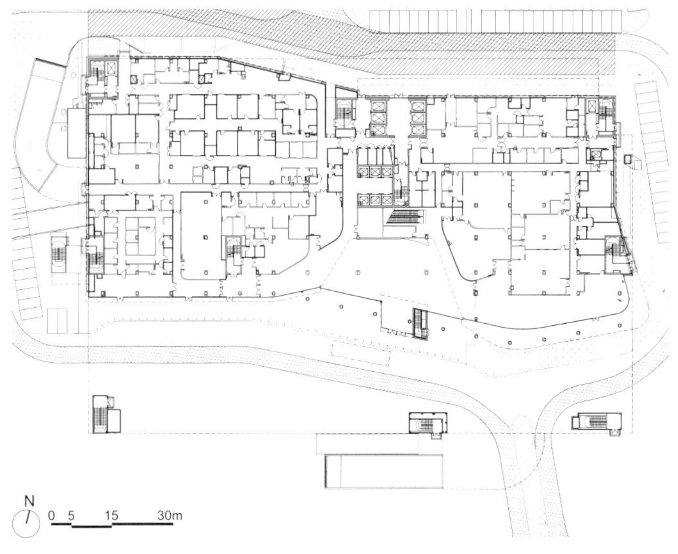

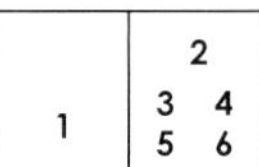

1. 鸟瞰图
2. 效果图
3. 总平面图
4. 一层平面图
5. 剖面图
6. 立面图

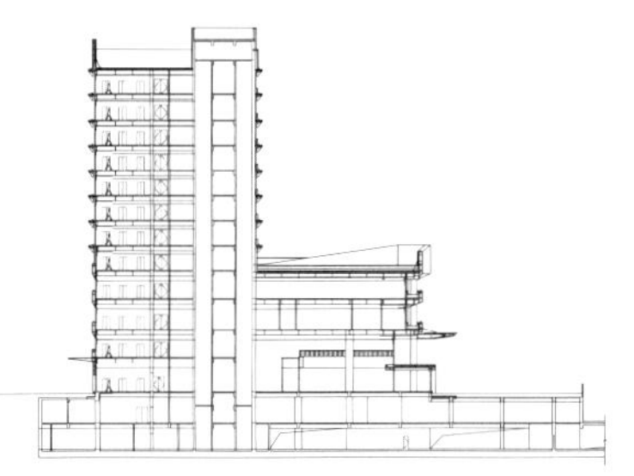

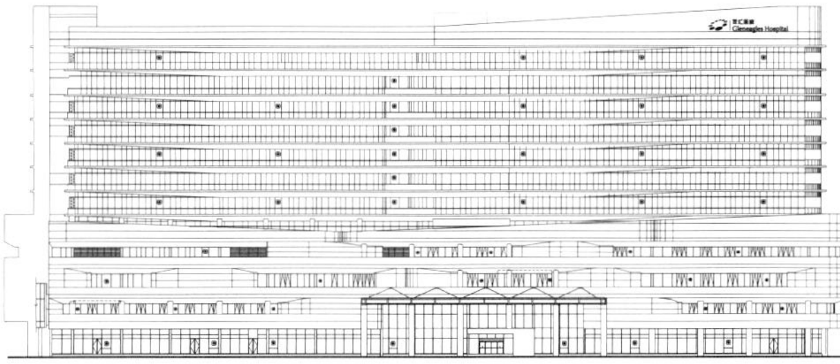

上海览海西南骨科医院

上海览海西南骨科医院是一家重点以骨科手术为主的医院，项目整体定位国际化、高端化，并与上海市第六人民医院战略合作，拟打造上海市公立医院与社会资本合作的示范项目。

建筑通过退台及形体的扭转，形成通透的公共区域，视线上内外贯通，将室外的阳光、空气、绿意引入室内，营造出通透明亮、舒适宜人的室内环境。诊疗空间设计一改传统公立医院集中候诊的模式，门诊空间形成多组小型门诊单元，为病患提供更贴近居家空间尺度的诊疗及等候空间，给病患带来如家般亲切温馨的诊疗体验。

建筑采用集约式功能布局，利用不同类型的电梯构建垂直交通系统，使得物流组织以及人流组织高效化，而明确的洁污限定有效避免了洁污流线的交叉。

建筑整体造型以柔和的曲线为主，流线形的住院塔楼与层层退台的裙房有机融合、相互呼应，犹如一只手捏合起建筑西侧的人行主入口广场，形成尺度宜人、富有场所感的建筑空间。

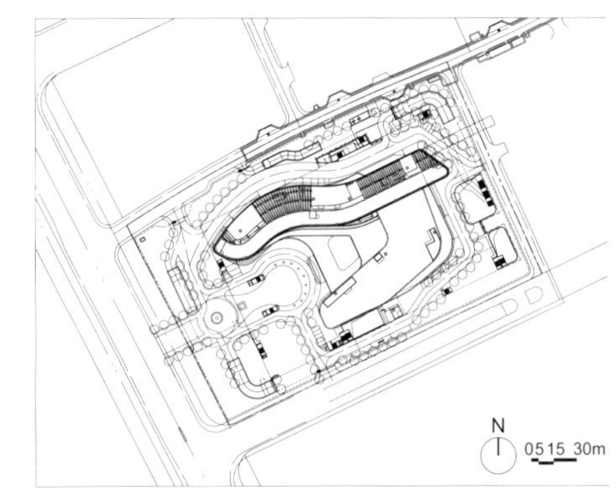

建设单位：上海览海西南骨科医院有限公司
建设地点：上海市闵行区华漕镇
总建筑面积：99 625 平方米
建筑高度 / 层数：60.00 米 /12 层
床位数：400 床
设计时间：2018 年
设计单位：华建集团上海建筑设计研究院（建筑设计）、华建集团建筑装饰环境设计研究院（室内设计、景观设计）
项目团队：陈国亮、陆行舟、严嘉伟、蒋媄璐、丁耀、糜建国、陈尹、吴建斌、徐杰等

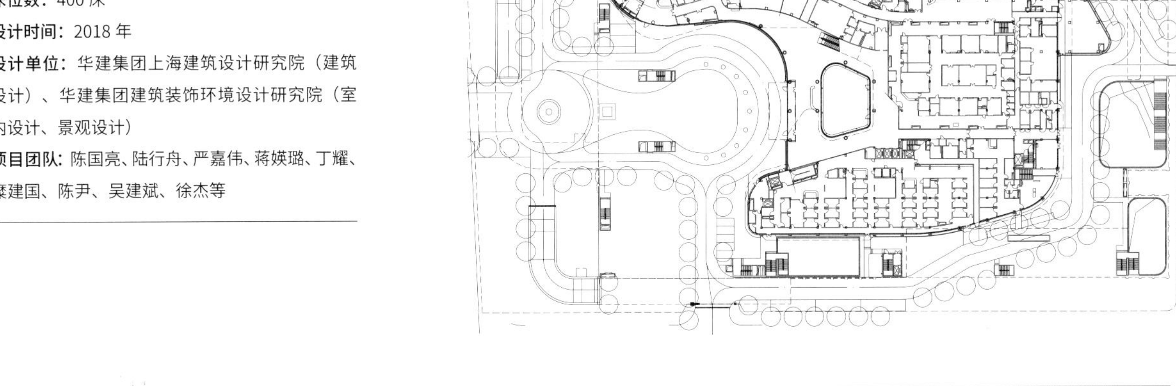

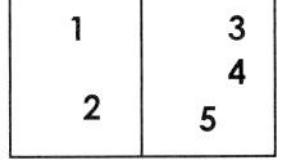

1. 主入口鸟瞰
2. 总平面图
3. 一层平面图
4. 立面图
5. 室内大厅透视图

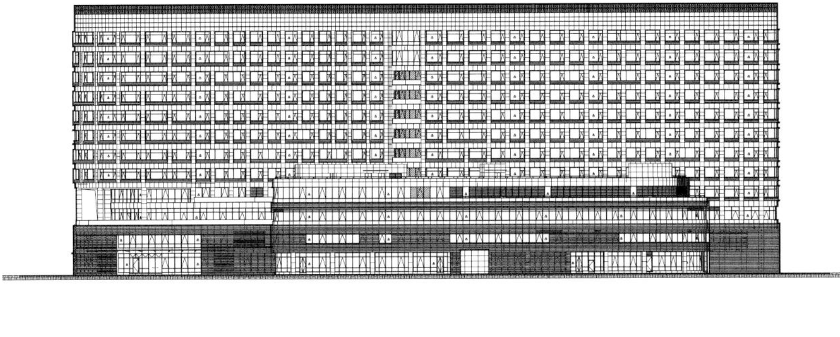

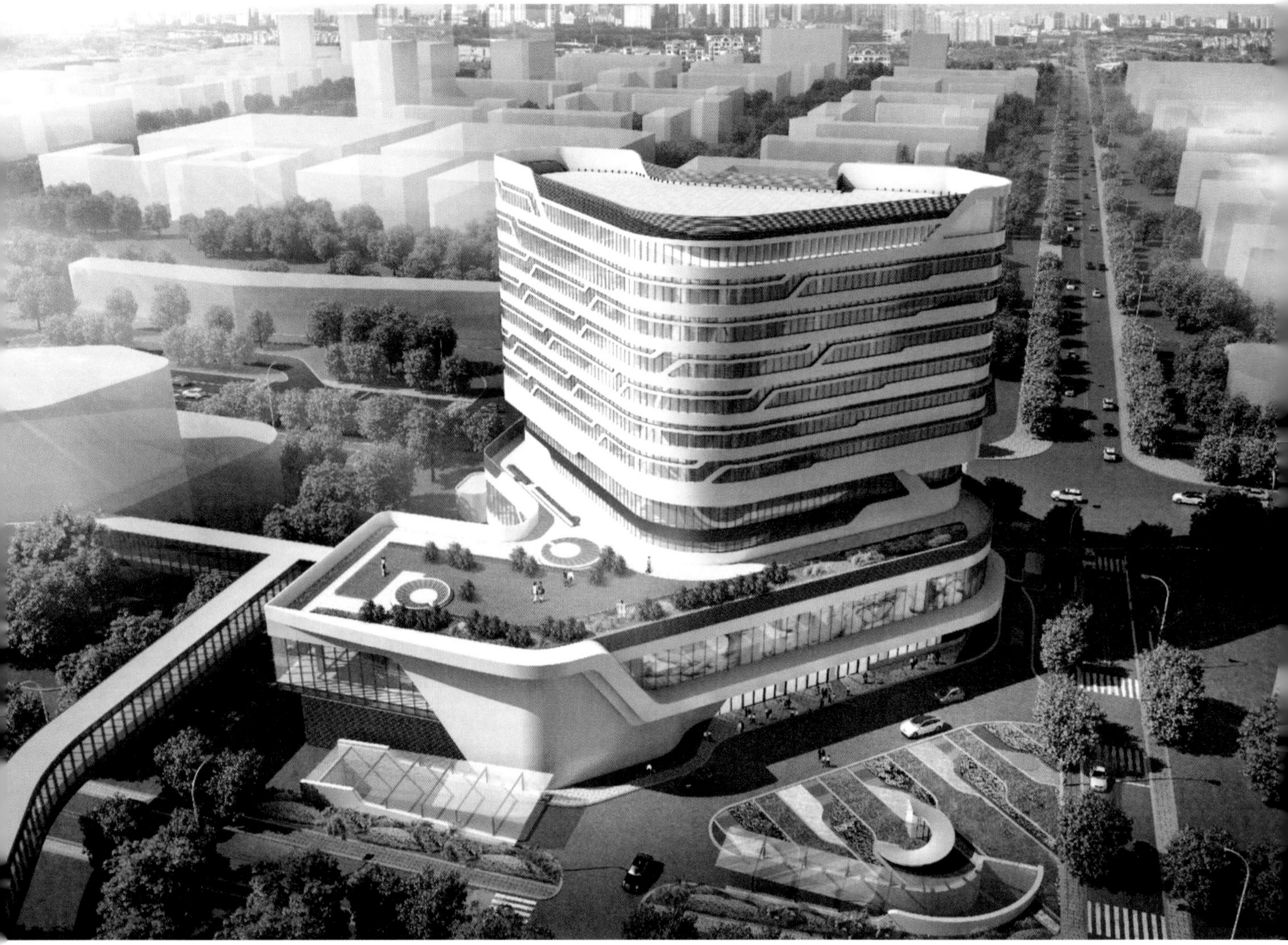

上海慈弘妇产科医院

1	3
2	4 5 6 7

1. 鸟瞰图
2. 总平面图
3. 一层平面图
4. 立面图
5. 立面图
6. 立面图
7. 剖面图

项目位于上海新虹桥国际医学中心 33-04 地块，总建筑面积 29 300 平方米。立面造型采用流畅的曲线，转角处进行圆弧处理，以体现女性柔美的感觉，契合妇产科医院的特征。总体布局结合环境，采用灵活的三角形构成，地下一层作为部分医疗用房，地下二层作为停车，地上一至三层为门诊、检查、手术、分娩等医疗用房，地上四至九

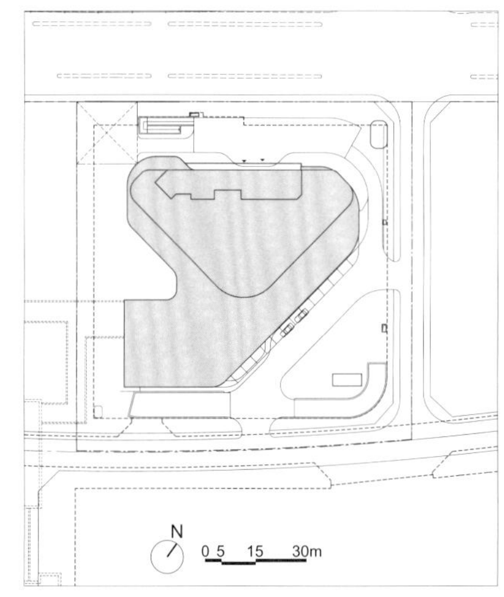

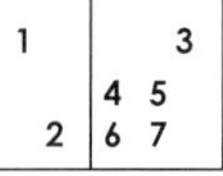

层为病房，较好地满足了高标准妇产科医院的使用功能要求。项目比例尺度适宜、流畅精致、特色鲜明的建筑形态，与整个医学园区非常协调。

在医疗流程规划上遵循以人为本的理念，融合多家美国医院的类似做法，注重患者、家属、医护人员的日常体验。通过特色艺术品的导入和精致的细节处理，形成如家庭般舒适温暖的氛围，营造非常舒适的就医环境。整体设计既具有鲜明的特色，同时又体现了国际先进的循证设计理念。

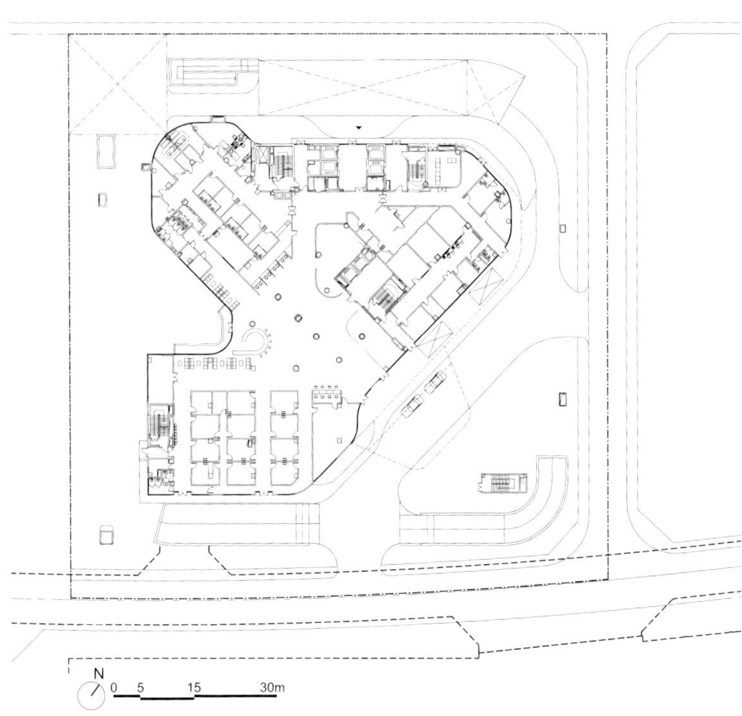

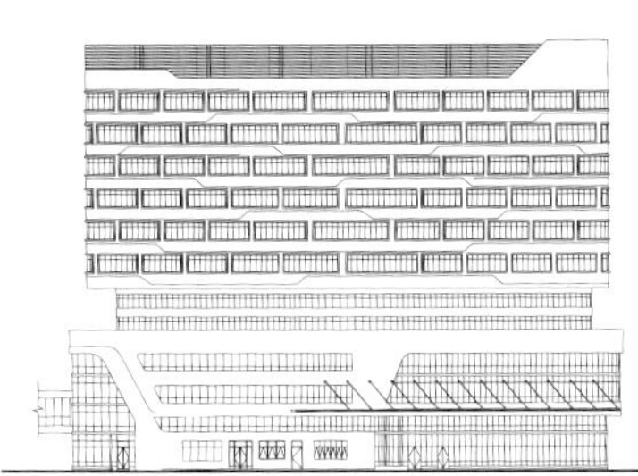

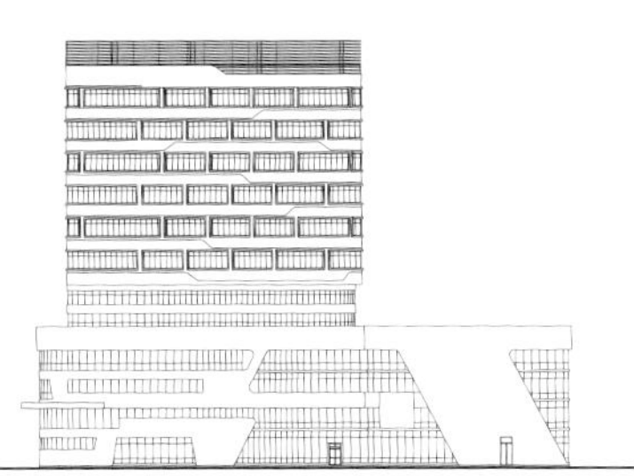

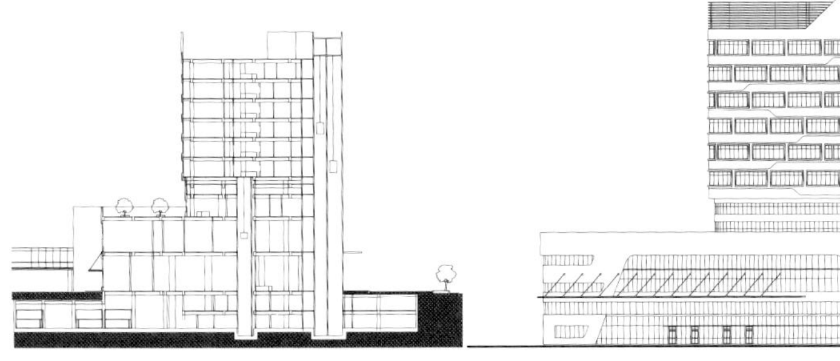

建设单位：上海慈弘妇产科医院
建设地点：上海市闵行区华漕镇
总建筑面积：27 700 平方米
建筑高度 / 层数：52.90 米 /11 层
床位数：166 床
设计时间：2015 年
竣工时间：2020 年（预计）
设计单位：华建集团华东都市建筑设计研究总院
合作设计单位：GSP 建筑设计事务所
合作设计工作内容：建筑方案设计、初步设计
项目团队：李军、宋方朴、刘海军、赵二磊、李菊霜、于湾湾、陆波

复旦大学附属华山医院临床医学中心

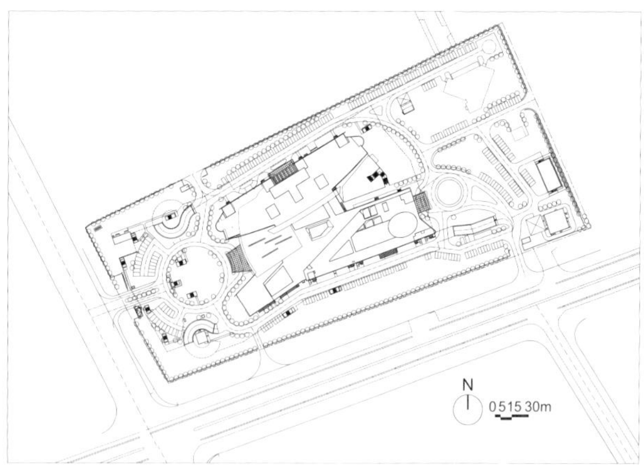

1. 总平面图
2. 人视图

建设单位：复旦大学附属华山医院
建设地点：上海市闵行区华漕镇
总建筑面积：128 920 平方米
建筑高度 / 层数：53.20 米 / 11 层
床位数：800 床
设计时间：2011—2014 年
竣工时间：2018 年
设计单位：华建集团上海建筑设计研究院
合作设计单位：美国 Gresham Smith&Partners 公司
合作设计工作内容：建筑设计顾问
获奖情况：2018 中国医疗建筑设计年度优秀项目（2018 年“中国医院建设匠心奖”评选）
项目团队：陈国亮、陆行舟、汪泠红、陈蓉蓉、周宇庆、陆维艳、朱文、陆文慷、朱学锦、朱喆等

上海泰和诚肿瘤医院新建工程项目

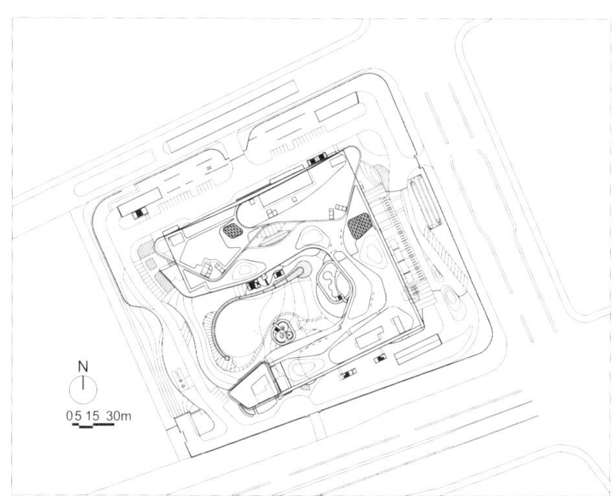

建设单位： 上海泰和诚肿瘤医院有限公司

建设地点： 上海新虹桥国际医学中心 40-02 片区

总建筑面积： 158 769 平方米

建筑高度 / 层数： 60.00 米 /12 层

床位数： 400 床

设计时间： 2014—2018 年

设计单位： 华建集团上海建筑设计研究院

合作设计单位： 美国 Henningson, Durham & Richardson International Inc.(“HDR”) 公司

合作设计工作内容： 建筑方案、初步设计

项目团队： 陈国亮、竺晨捷、陆行舟、张栩然、余力谨、贾水钟、张伟程、滕汜颖、钱锋、万洪等

1. 总平面图
2. 鸟瞰图

上海览海康复医院

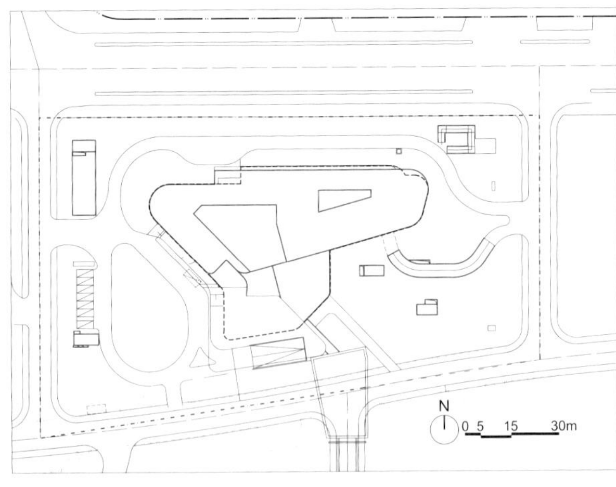

1. 总平面图
2. 人视图

建设单位： 上海览海康复医院
建设地点： 上海市闵行区华漕镇
总建筑面积： 43 800 平方米
建筑高度 / 层数： 49.70 米 /11 层
床位数： 200 床
设计时间： 2017 年
竣工时间： 2020 年（预计）
设计单位： 华建集团华东都市建筑设计研究总院
合作设计单位： 美国 GSP 设计咨询公司
合作设计工作内容： 建筑方案设计
项目团队： 鲍亚仙、姚启远、刘冰、宋方朴、胡振青、谢啸威、周利锋、王卫风、赵丽萍、刘赟治、许东东、陆小莺

上海绿叶爱丽美医疗美容医院

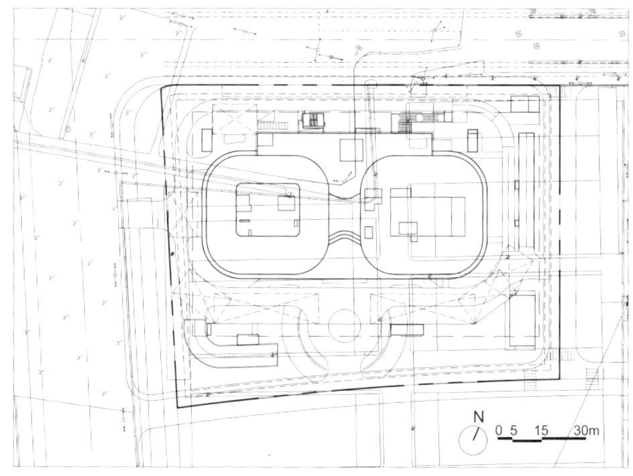

1. 总平面图
2. 人视图

建设单位： 上海绿叶爱丽美医疗美容医院有限公司
建设地点： 上海市闵行区华漕镇
总建筑面积： 42 413 平方米
建筑高度 / 层数： 53.00 米 /9 层
床位数： 115 床
设计时间： 2018—2020 年
竣工时间 : 2022 年（预计）
设计单位： 华建集团华东都市设计研究总院
合作设计单位： 韩国 CID 事务所
合作设计工作内容： 方案设计
项目团队： 鲍亚仙、姚启远、刘冰、陈佳、李时、谢啸威、周利锋、王卫风、徐伊浩、赵丽萍、刘赟治、薛晚葭

上海新虹桥国际医学中心保障中心建设工程项目

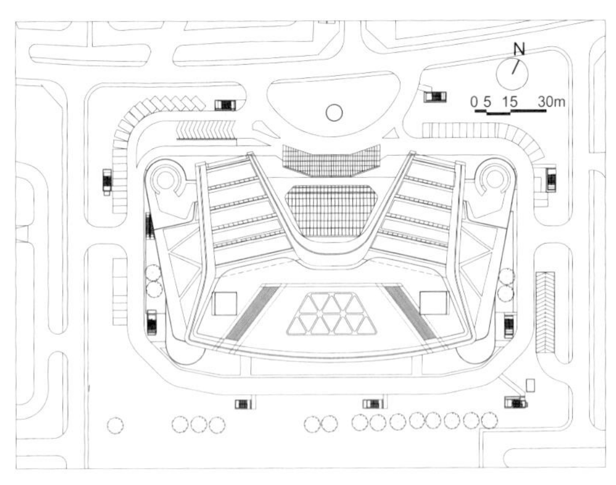

1
2

1. 总平面图
2. 鸟瞰图

建设单位：上海虹信医技中心有限责任公司
建设地点：上海市闵行区华漕镇
总建筑面积：88 400 平方米
建筑高度 / 层数：40.30 米 /8 层
设计时间：2013 年
竣工时间：2017 年
设计单位：华建集团上海建筑设计研究院（扩初设计）、华建集团华东都市建筑设计研究总院（施工图设计）、华建集团建筑装饰环境设计研究院（室内设计）
合作设计单位：集思霈建筑设计咨询（上海）有限公司
合作设计工作内容：方案设计
项目团队：陈国亮、成卓、钟璐、周雪雁、高志强、朱文、陆文慷（上海院），戎武杰、傅正伟、陈滢滢、刘成伟、施俊、姜新、周雪松、郑兵、吴怡雯、陈龙（都市总院），贺芳（环境院）

上海万科儿童医院

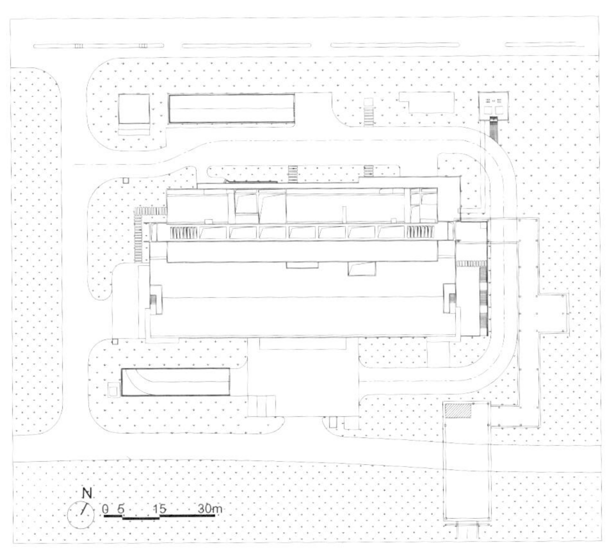

建设单位：上海万科儿童医院有限公司
建设地点：上海市闵行区华漕镇新虹桥国际医学中心
总建筑面积：34 990 平方米
建筑高度 / 层数：57.10 米 /11 层
床位数：150 床
设计时间：2016—2017 年
设计单位：华建集团上海建筑设计研究院
项目团队：陈国亮、黄慧、蒋姨璐、钟璐、王佳怡、縻建国、殷春蕾、陈艺通、胡洪

1. 南立面人视
2. 总平面图

南通市中央创新区医学综合体

南通市第十二次党代会首次提出了“中央创新区”的概念。南通市中央创新区医学综合体作为中央创新区一号工程，在南通市乃至苏南地区获得了极高的关注。医院将“立足南通，服务长三角，提供优质医疗资源”作为项目定位。作为一家疑难危重疾病诊治、承担基本医疗职能的三级综合性医院，建成后将成为集医疗、教学、科研、预防、保健、康复、急救于一体的功能化、智能化、人文化、园林化、现代化区域医疗卫生服务中心。

院区总体规划设计根据现代化医疗产业园区的设计理念，充分考虑多种功能的组合关系，采用先进合理的布局形式，充分考虑各功能部门之间的相互关系，强化教学医院科研与临床之间的紧密合作。结合现代医疗流程及不同人流、物流分流的要求，合理布局，精心组织，保证医院正常运转的经济性、高效性和合理性。

1	2 3 4

1. 特需门诊入口透视图
2. 总平面图
3. 一层平面图
4. 立面图

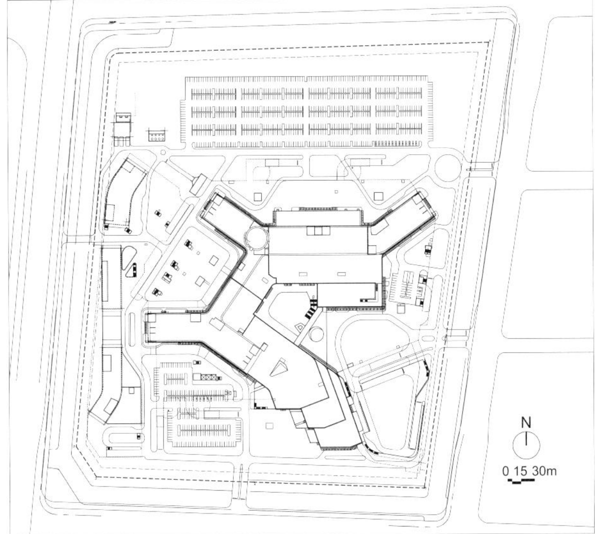

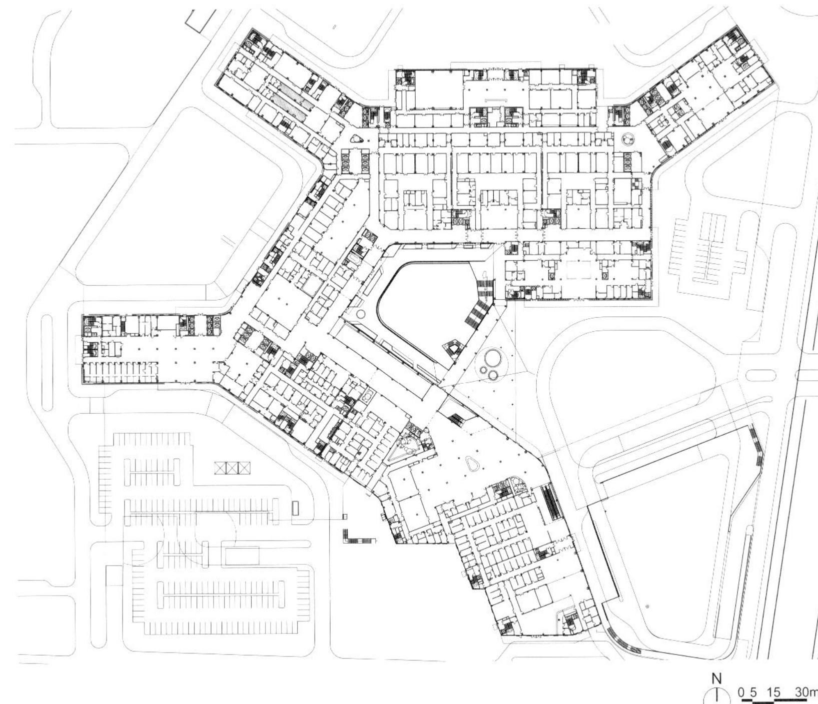

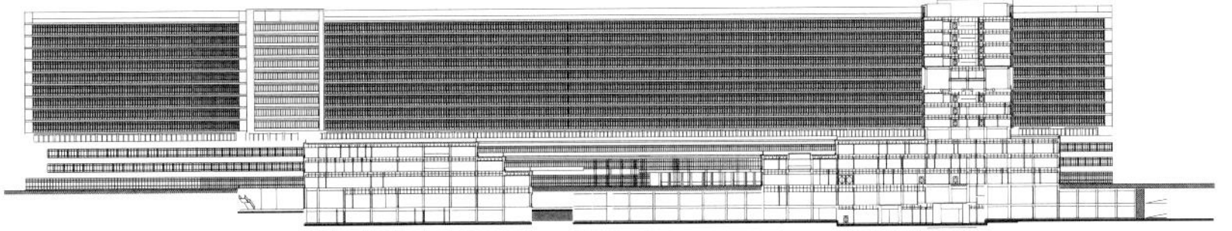

建设单位：南通市医学资产管理有限公司
建设地点：南通市
总建筑面积：414 190 平方米
建筑高度 / 层数：59.00 米 /13 层
床位数：2 600 床
设计时间：2017 年
竣工时间：2021 年
设计单位：华建集团华东建筑设计研究总院（建筑设计）、华建集团建筑装饰环境设计研究院（室内设计）
合作设计单位：GS&P
合作设计工作内容：方案设计
项目团队：荀巍、张海燕、魏飞、王骁夏、申于平、姜辰歆、王婷婷、李冲、盛峰、陆琼文（华东总院），马凌颖、曹兰（环境院）

分区明确，布局合理

整个园区沿外围设置车行环路，主要人行流线围绕中央广场，做到人车分流。各个部门分区明确，互不干扰，同时由一条开放式 U 形医疗街串联起来。整体布局以张开的双手呵护状作为设计灵感，三层高的门急诊裙房和十二层的住院综合大楼面向西南角主入口形成半围合状，象征着医院对病人的关爱与呵护。

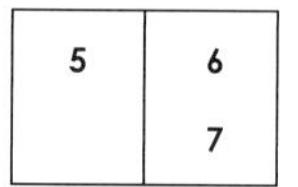

5. 鸟瞰图
6. 医疗街效果图
7. VIP 候诊区

绿色医院、园林医院

项目旨在打造绿色医院、园林医院，给病人、家属及员工营造一个利用康复及身心愉悦的就医与工作的环境。整个园区被景观绿化环绕，大量的屋顶绿化为门诊区域营造 360 度的景观视野。住院部结合空中康复花园、垂直绿化，为病人提供半室外康复空间，选用当地植物，打造富有南通当地特色的绿化景观环境，优化区域环境。

高效便捷的动线

医院的动线模式复杂但高效，为保护患者的隐私，病患动线和护理人员动线相互独立。建筑体块通向主入口，访客和患者能够清晰直观地辨识路线。公共设施位于地下，包括快餐厅、零售及药房等，围绕中央下沉庭院，可以享受到自然光线和景观。规划的地铁站可以直接通往医院的地下空间，提供更便捷的公共交通方式。

ENERAL OUTPATIENT 外科

既有医院改建、扩建工程项目

RENOVATION AND EXPANSION OF EXISTING HEALTHCARE BUILDING

综合医院的发展建设根据其建设条件可划分为异地新建和原址改、扩建两种方式。

异地新建项目较易通过总体规划，合理组织功能布局，形成较好的医疗环境。相比较而言，改、扩建项目需要更多地对医院原有的建筑条件进行深入的了解和分析，综合考虑现有建筑的合理利用，注意新建建筑与现有建筑的必要联系，同时还需要考虑医院在建设过程中的运营，在此基础上提出合理可行的建设方案。

目前医院建筑多存在以下问题：总体布局不尽合理，医疗用房标准较低，院区环境品质低下。

医院改、扩建项目的设计重点如下：

对医院现有资源和空间进行深入的评估
这是医院改、扩建设计的首要工作重点，分析医院现有设施的利用率和相关数据，提出完整的医院改、扩建总体构想。通过对院区建筑功能的统一布局，在医院现有功能布局的基础上，结合基地条件，适当采用集中式布局，垂直发展，降低建筑密度，提高各功能区之间的联系效率和环境质量。

制订合理的分期建设计划 改、扩建的基地往往受到现状条件限制，建设过程中医院又必须维持医疗功能的正常运转，因而需要在医院改、扩建规划中对拆建的顺序进行周密安排，提高设计方案的可操作性。在更新过程中应充分利用已有建筑过渡某些功能，通过新建筑建造与旧建筑拆除的交替进行，尽可能减少建设对医院正常业务工作的影响，实现医院的高效更新。

提高医院运营效率 医院内部各种流线既相对独立，又互有联系。除组织好新建建筑内部的各类流线以外，还需要结合周边现有建筑的出入口和功能布局，通过新建建筑的建设，完善、理顺医院的各种医疗流程。在合理规划的基础上，使新建建筑融入医院医疗功能布局中，整体提升院区的医疗服务能力。

提升医院整体环境质量 通过外部规划组织，创造便捷的外部交通和就医流线，改善病人入院就诊条件；改善院区内外部景观环境，给病人提供一个舒适放松的就医和康复环境，满足患者的精神需求。

结合城市空间设计，建立医院新形象
改、扩建的医疗项目往往位于城市建成区，改、扩建设计应该从城市发展的角度来确定医院在城市中的定位，通过改、扩建延续城市的肌理、舒缓城市交通，创造良好的城市空间环境，建立有秩序的城市风貌，树立医院在城市中的新形象。

项目：上海交通大学医学院附属仁济医院西院老病房楼修缮工程

百年老楼里的“大病房”

在本次老病房楼修缮设计过程中，设计师们为了泰山砖和水刷石外墙的修补方案以及钢门窗的矫正修缮方案更符合修旧如旧的原则，多次和历史保护中心的专家们、和有经验的老师傅们做了方案对比交流。经过多方努力，通过用更好的清洗方案和更好的修补方案，让老病房楼在保留原有建筑特色的同时也焕发出新的时代光彩。

项目更多信息请翻阅本书 **P388**

复旦大学附属华东医院南楼整体修缮改造工程项目

复旦大学附属华东医院南楼原名宏恩医院（Country Hospital），建于 1926 年，是著名建筑师拉斯洛·邬达克（L.E.Hudec）独立执业后的第一个作品，被列为上海市文物保护单位、上海市第一批优秀历史建筑，具有较高的历史价值、艺术价值、科学价值。根据医院十三五规划，要求对南楼进行整体修缮改造，从而保护文物本体安全，提高使用舒适度，适应功能发展需求。修缮改造内容主要有：结构加固、整体顶升、文物修缮、设备更新及室内装饰装修等。通过保护性修缮，延长文物的使用寿命、提高文物价值。

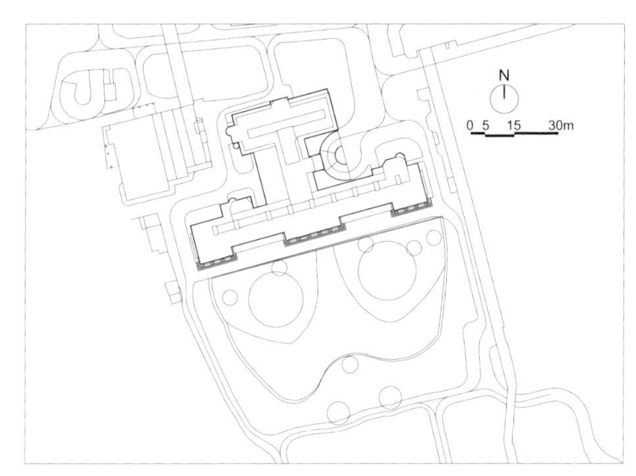

建设单位：复旦大学附属华东医院
建设地点：上海市静安区延安西路
总建筑面积：10 776.67 平方米
建筑高度 / 层数：22.17 米 /6 层
床位数：37 床
设计时间：2017 年
竣工时间：2025 年（计划）
设计单位：华建集团华东都市建筑设计研究总院
项目团队：姚激、花炳灿、陈炜力、王玮、刘蕾、王宇、余勇、于丹

1. 南立面效果图
2. 总平面图
3. 中央大厅效果图

恢复历史原貌，保护性修缮

医院南楼已经投入使用九十年余，1998—2000 年曾整体大修。建筑为古典复兴风格，以南立面最富特点，横三纵五，中心突出、主次分明。三角形山花、檐口装饰、石刻花瓶、女儿墙宝瓶栏杆、铸铁栏杆等古典装饰简洁克制，是上海近代医院的代表性作品。本次修缮遵循最小干预、原真性、可逆性等文物修缮原则，通过全面、认真及深入的调研，收集各阶段设计图纸及文献资料、照片，并通过现场实地勘察、拍照、测绘及访谈等手段，汇总分析，力求使修缮设计真实有据、切实可信，以历史为蓝本，恢复建筑应有风貌。

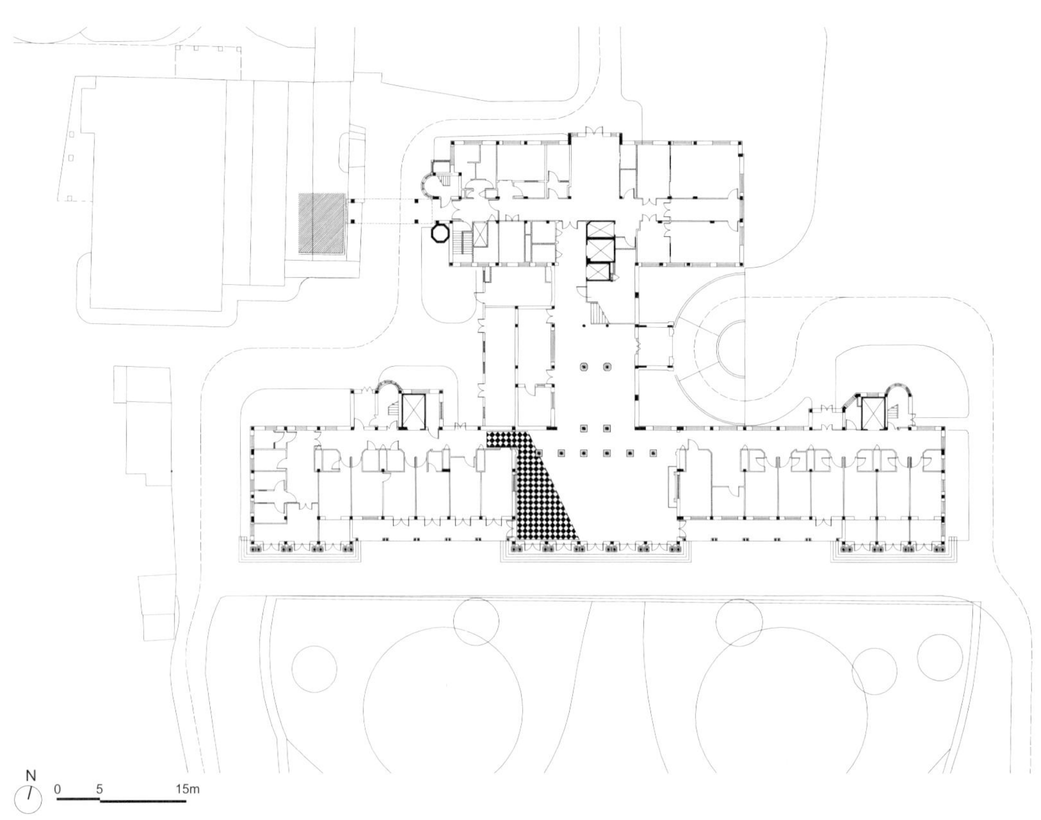

采用整体托换顶升工艺

南楼建成时南北均有花园环绕。视线从一层中央大厅向南穿过柱廊，放眼所及是绿茵葱葱的景观花园，这是一家环境优美的疗养型医院。随着周边城市道路路面不断提高，以及周边室外地坪的相应抬高，南楼室内外高差明显，一层室内比周边场地低约 50~60cm。低洼的地势影响了南楼历史形象的展现，影响了室内中央大厅的视线通透。基于上海软土地区桩基托换工程的成功经验，结合医院南楼的工程特点和保护要求，设计团队提出南楼建筑整体托换顶升的总体思路，提高文物的抗震性能，恢复其历史上应有的高度，提高文物的防汛和疏散安全。

结构加固，抗震提升

由于南楼建造年代久远，随着建筑功能的调整、医疗设备的更新，以及近代建造理念与当下的差别，部分结构构件达不到承载力要求。为了避免对具有重要价值的重点部位产生影响，需兼顾文物保护性修缮原则来选择合适的结构加固方式。设计结合建筑整体顶升的契机，增设隔震措施，采用滑板支座结合粘滞阻尼器，提高隔震层的阻尼，消耗地震能量，降低建筑结构的震动幅值。

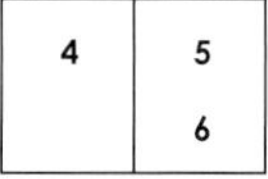

4. 一层平面图
5. 病房效果图
6. 立面图

上海交通大学医学院附属仁济医院西院老病房楼修缮工程项目

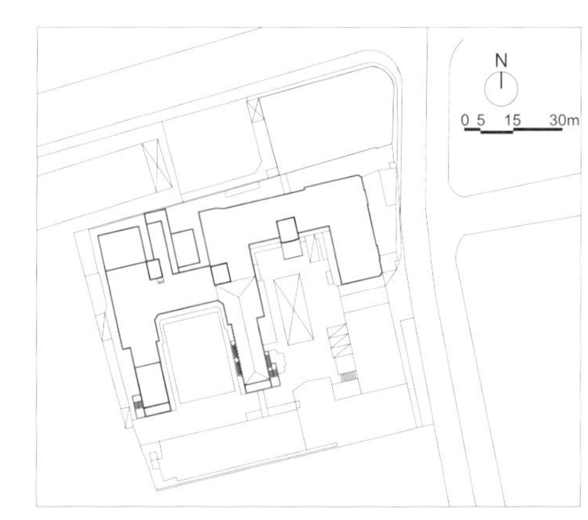

上海交通大学医学院附属仁济医院西院老病房楼位于山东中路 145 号，地处市中心繁华地段，于 1930 年设计、1932 年建成。新中国成立初期，该医院已是当时上海地区一家完整的综合性医院。老病房楼是该医院的主要建筑，历史悠久，饱经风霜，屹然矗立，至今还发挥着重要作用，作为一幢典型的综合性医院大楼，在建筑、结构上均有一定特色，是上海市的一幢优秀历史建筑。

百年老楼里的“大病房”

作为我国历史最悠久的综合性西医医院之一，该医院建筑立面采用简约装饰风格，外墙为水磨石墙面和泰山砖砌筑，配有装饰艺术风格的栏杆和窗框，特色的钢质门窗、铜质扳手和搭勾延用至今。老病房楼内部装饰采用简化的几何图案化的复古装饰，以表现材料本身质感和肌理为主，用色冷暖相间，朴实无华。室内楼梯的造型和材料基本保留完整，足以体现当时的装饰艺术品位。1994 年 2 月，该老病房楼被上海市人民政府公布为上海市第二批优秀近代保护建筑，三类保护大楼的东立面、南立面为外部重点保护部位。该建筑的原有门窗及其他原有特色装饰等为内部重点保护部位。

修旧如旧，重新划分医疗空间

改造总体上根据修旧如旧的原则，设计汲取了当代医疗卫生建筑的先进理念，遵照病区分明、洁污分流、医患分区的原则进行设计，并充分利用既有的楼电梯，重新划分内部空间、组织内部流线。旧有的室内楼梯四部，室外楼梯两部，均可自然采光和通风，基本可满足大楼的人员安全疏散。本次修缮工程将四部室内楼梯改造为封闭楼梯，加强其安全等级，又新增加了四部人员电梯，作为医患人员上下的主要通道。

1	
2	3

1. 实景照片
2. 总平面图
3. 楼梯实景照片

建设单位：上海交通大学医学院附属仁济医院
建设地点：上海市黄浦区
总建筑面积：18 000 平方米
建筑高度 / 层数：26.00 米 /7 层
设计时间：2011 年
竣工时间：2014 年
设计单位：华建集团华东都市建筑设计研究总院
项目团队：姚激、陈炜力、刘晓平、梁赛男、汪洁、蔡宇、俞俊、李捍原
获奖情况：2017 年全国优秀工程勘察设计行业奖之“华筑奖”工程项目类二等奖；2019 年度上海市优秀工程设计三等奖

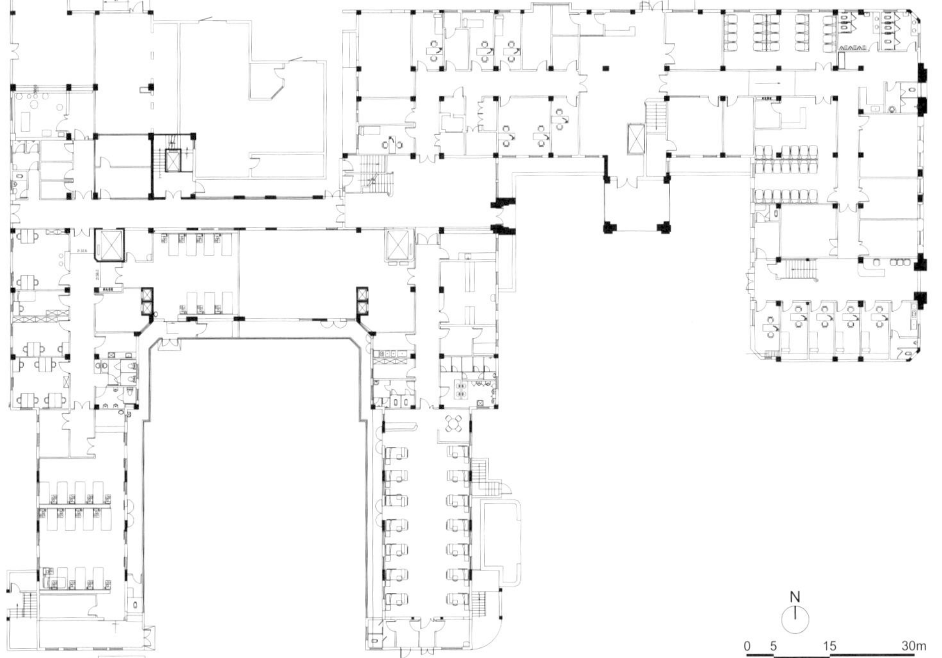

4 5	6 7 8

4. 大病房改造后实景
5. 一层平面图
6. 南立面图
7. 室内实景图
8. 室内实景图

老病房楼整体呈“山”字形平面布局，设计基本上尊重原有平面进行空间排布。病房安排在“山”字形的东西向三翼，每个病区相对独立、管理方便；护士休息、主任办公、医生卫浴等功能根据情况集中在“山”字形的北向布置；“山”字形南向则布置一些 A 类病房。清晰的分区设计和流线安排保证了医生和病人的良好环境条件。

修缮重点：外立面的保护修缮复原

原有立面以紫酱红的泰山砖和水刷石为主要材料，配有装饰艺术风格的栏杆和窗框，修缮以恢复原有风貌为主要基调。修缮后重新设计的就医标识位置，坚持以不影响建筑整体形象和不破坏建筑重点保护元素为基本前提，依据可逆性、可识别性原则，在 1~3 号楼入口门楣部位等处悬挂相适应的标识并重新设计有简约复古风格的大楼英文铭牌。老病房楼在保留原有建筑特色的同时也焕发出新的时代光彩。

复旦大学附属华山医院教堂体检中心改造工程项目

该教堂建于 1937 年，由法国某设计师设计，国民政府下某营造商承建。建筑周围未见“历史保护建筑”铭牌。迄今为止该建筑已有近 80 年历史，也经过历年修缮，现已面目全非。作为既有建筑改造项目，本着尊重历史建筑风貌的原则，立面修缮突出檐口、基座线脚、窗框形式、花窗等细节元素的设计，包括局部色彩的改变，通过以小见大的设计手法，尽可能体现教堂的风格面貌。

项目修缮后作为医院的健康体检中心使用，在满足院方对于体检中心用房数量及需求的基础上，对老建筑的结构进行鉴定和加固，重新设计及调整室内空间，力争将其打造成现代化、有着人文和历史地标性的健康体检中心，并成为医院一道亮丽的风景线。

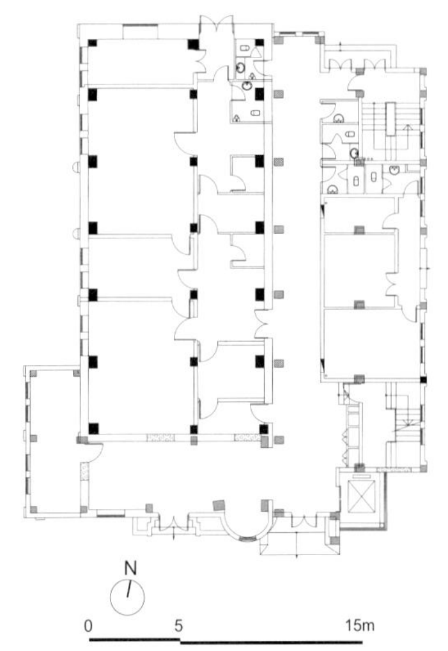

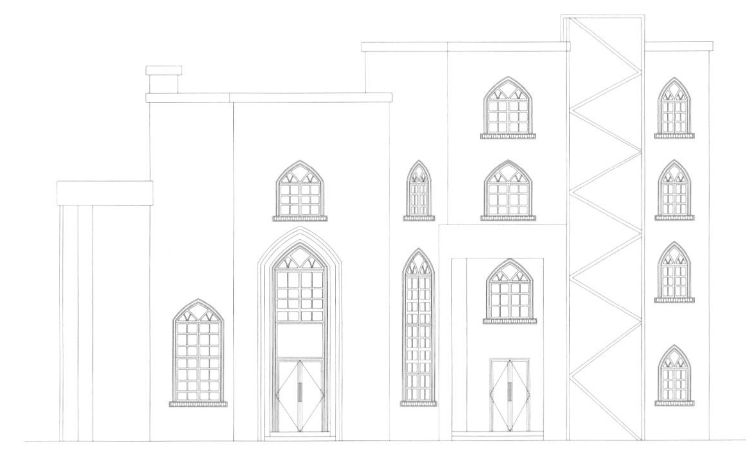

建设单位：复旦大学附属华山医院
建设地点：上海市静安区
总建筑面积：1 500 平方米
建筑高度 / 层数：12.80 米 /4 层
设计时间：2016 年
竣工时间：2017 年
设计单位：华建集团华东都市建筑设计研究总院（建筑设计）、华建集团建筑装饰环境设计研究院（室内设计）
项目团队：鲍亚仙、姚启远、曹贤林、周利锋、刘赟治、黄继春、赵莉萍、胡振青

1	4
2 3	5

1. 二层门厅
2. 一层平面图
3. 立面图
4. 建筑外立面
5. 贵宾厅

上海览海外滩医院

上海览海外滩医院位于原黄浦区中心医院旧址，位于四川中路和广东路交叉口，隶属于上海市黄浦区外滩风貌保护区。览海控股（集团）有限公司希望建设一家高端综合医疗机构，辐射外滩及陆家嘴片区的金融核心地带。医院将设置 188 间单人病房，12 张重症监护床位，总床位数达到 200 床。由于项目位于黄浦区 187 街坊，所以严格遵循风貌区对于规划和建筑的相关要求，审慎地对待历史地段的改造建筑，尊重历史街区的文脉，使项目能和谐地融入历史街区。

现状存在消防、交通、停车等诸多问题，依据现有建筑的不同情况，采取不同的建设措施。原 18 层住院楼保留住院功能，调整个别楼层层高。原 1 号楼和 2 号楼合并为门诊医技楼，保留原建筑外墙轮廓和建筑高度不变，调整建筑内部的层高和柱网布置，并在建筑下方建设三层地下室，满足医疗功能需求。原 3 号楼拆除，以改善项目总体消防条件。

建设单位：上海禾风医院有限公司
建设地点：上海黄浦区
总建筑面积：37 765 平方米
建筑高度 / 层数：77.65 米 /18 层
床位数：200 床
设计时间：2019 年 7 月
设计单位：华建集团华东建筑设计研究总院
合作设计单位：美国集思霈建筑设计咨询（上海）有限公司
合作设计工作内容：方案设计、初步设计
项目团队：荀巍、魏飞、蔡漪雯、周晔、王骁夏、韩倩雯、叶俊、陆琼文

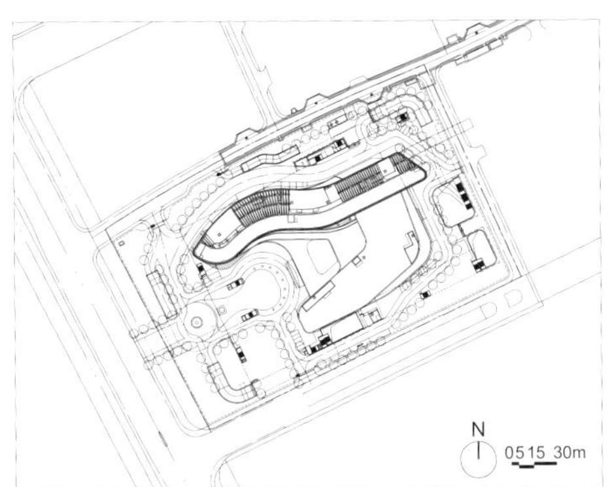

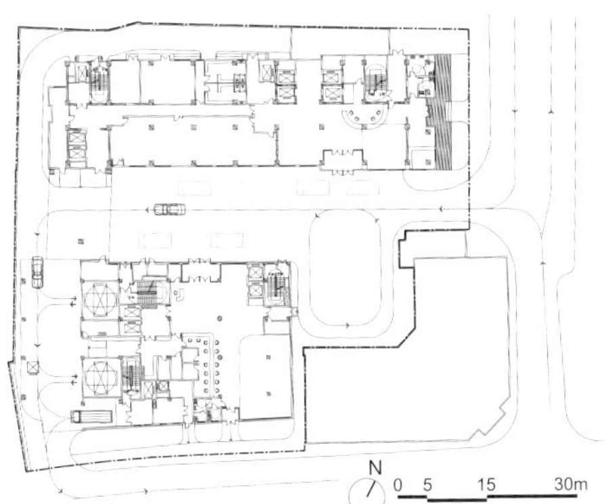

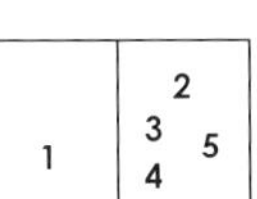

1. 东南鸟瞰
2. 街角人视
3. 总平面图
4. 一层平面图
5. 剖面图

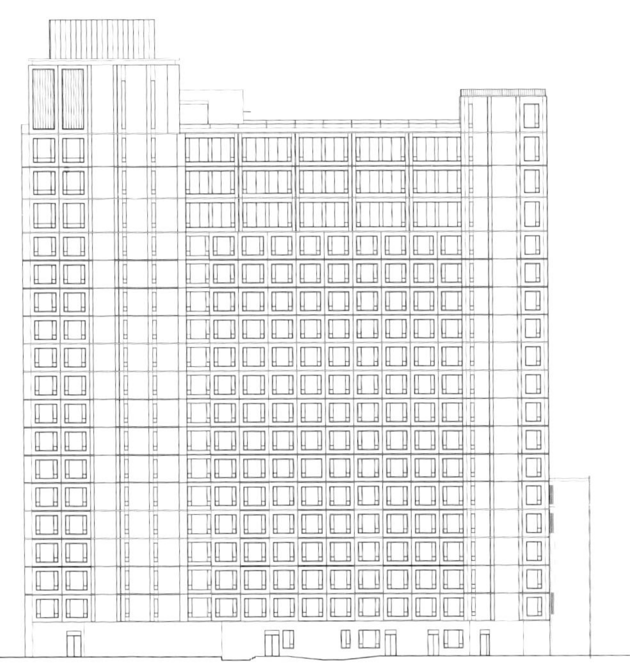

上海新瑞医疗中心搬迁工程项目

上海新瑞医疗中心新址位于上海市黄浦区西藏中路 336 号华旭国际大厦，地处人民广场市中心区域，九江路与西藏中路交叉口的东北角，在华旭国际大厦裙房部分的一至四楼层，由商业空间改建为医疗空间。项目定位为 23 床的一级综合医院，按照一级综合医院要求设置各科门诊、急诊、医技检查和手术、住院用房，其主要特色为儿科、妇产科，为高端人群提供国际标准的优质保健服务。

设计根据项目的自身特点，结合地理位置的优越性及特殊性、既有建筑改造的复杂性、高端医疗的高标准定位这三点进行设计。充分利用项目地理位置的优越性，在功能布局上因地制宜，充分运用既有建筑形态，在保证医疗流程流畅的基础上，尽可能提高空间的使用效率，做到设计精细化。项目同时关注到高端医疗项目与公立医院的差异性，加强对人性化设计及隐私保护的关注，提升从硬件到软件各方面的品质及细节。

建设单位： 百汇集团·上海新瑞医疗有限公司
建设地点： 上海市黄浦区
总建筑面积： 5 161.6 平方米
建筑层数： 4 层
床位数： 23 床
设计时间： 2018 年
竣工时间： 2019 年
设计单位： 华建集团华东建筑设计研究总院（建筑设计）、华建集团建筑装饰环境设计研究院（室内设计）
项目团队： 荀巍、魏飞、蔡漪雯、王婷婷、韩倩雯、李立树（华东总院），吴伟亮、朱伟（环境院）

1	2 3 4

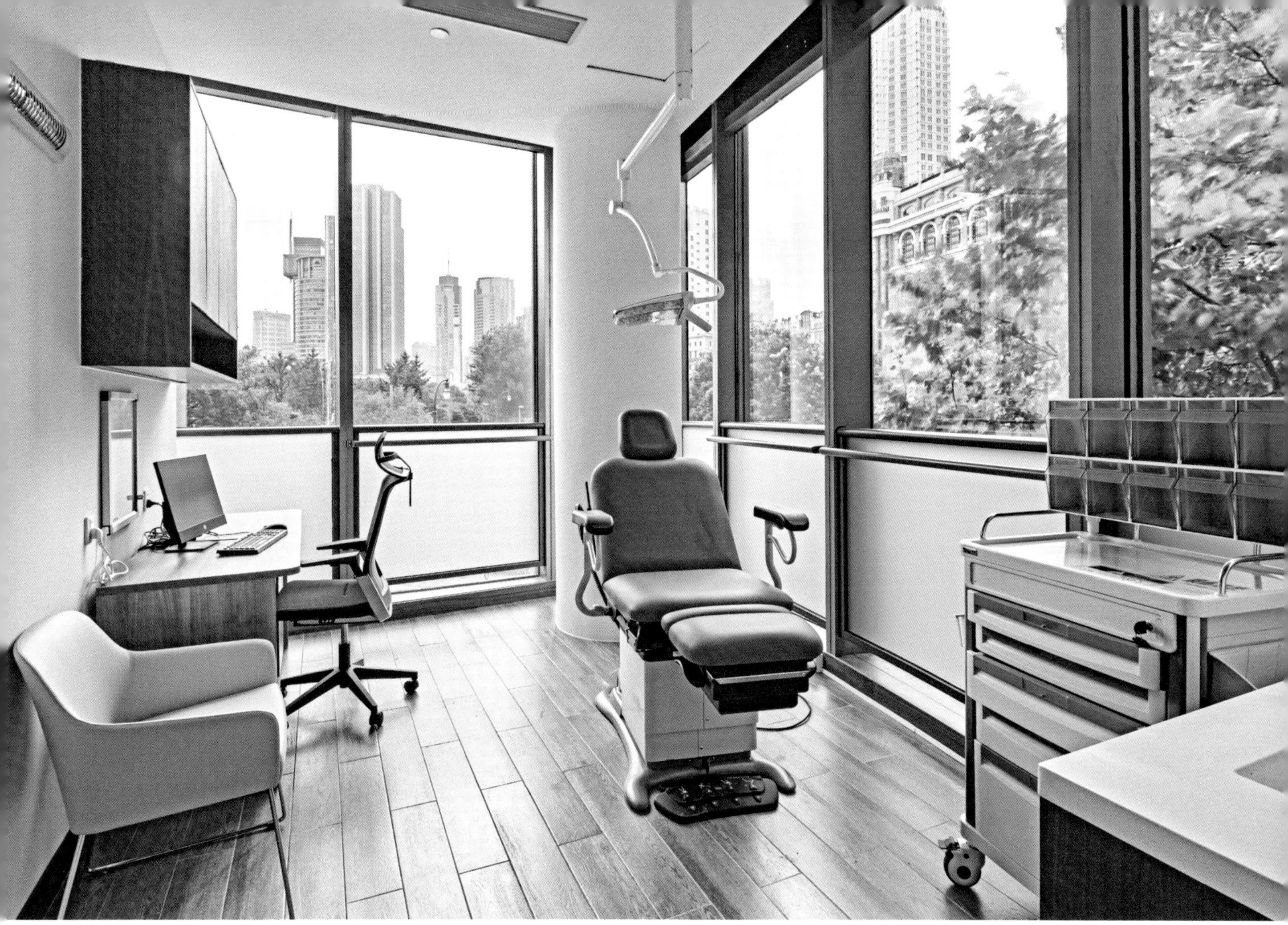

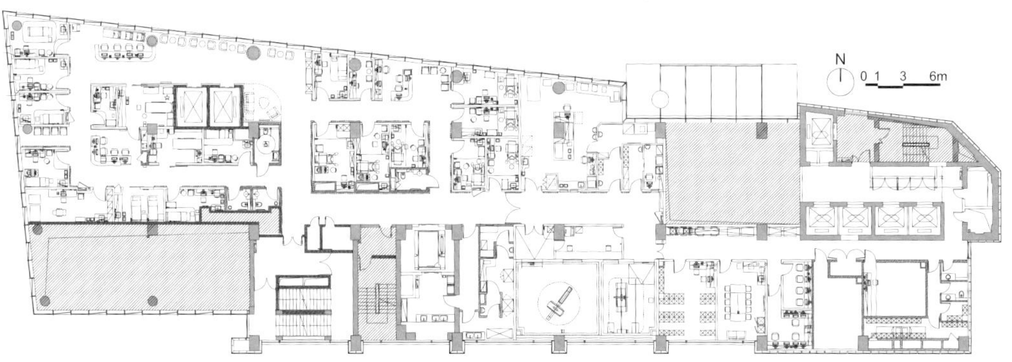

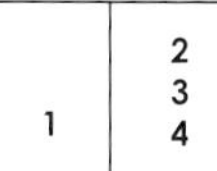

1. 室外夜间
2. 室内诊室
3. 二层平面图
4. 立面图

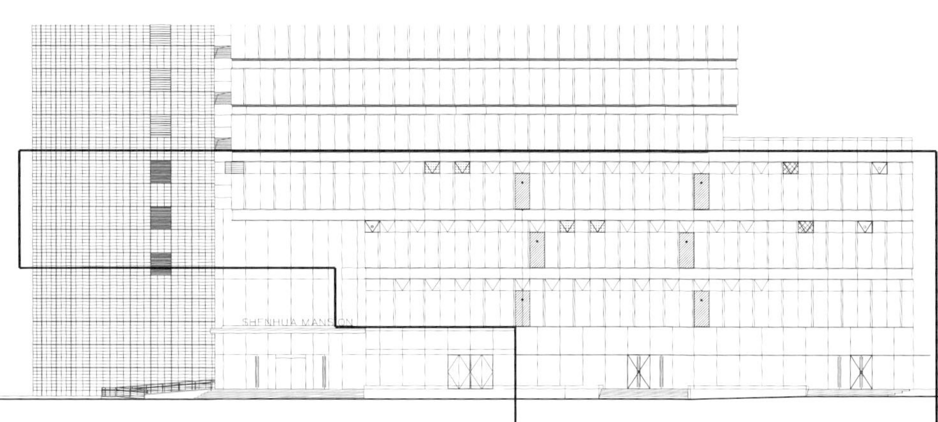

上海市胸科医院门急诊改造工程项目

项目位于淮海西路 241 号，其门急诊医技楼 2000 年竣工并投入使用。由于医院门急诊业务量不断攀升，业务用房明显不足，急需进行调整。本次工程性质为大修，大修面积约 10 458 平方米，其中地上七层，地下一层。设计充分尊重原建筑布局，力求体现现代化医院安全、简洁、高效的特质。室内设计根据建筑物的使用性质、所处环境和相应标准，运用物质技术手段和建筑美学原理，创造功能合理、舒适优美的室内环境。这一空间环境既具有使用价值，满足相应的功能要求，又反映了当前医院的室内风格、环境气氛等精神因素。

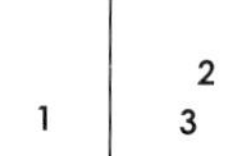

1. 沿街效果图
2. 室内效果图
3. 室内效果图

建设单位：上海市胸科医院
建设地点：上海市徐汇区
总建筑面积：10 458 平方米
建筑高度 / 层数：29.00 米 /7 层
床位数：350 床
设计时间：2014 年
竣工时间：2017 年
设计单位：华建集团华东都市建筑设计研究总院（建筑设计）、华建集团华东建筑设计研究总院（BIM）
项目团队：陈炜力、梁赛男、刘蕾、杨银、汪洁、俞俊、蒋勇、曾丽华（都市总院），李嘉军、刘翀、邹为、蒋琴华、施晨欢、汪浩、贡欣、王凯（华东总院）
获奖情况：上海市建筑信息模型技术应用试点项目

大楼整体呈“一”字形平面布局，设计基本上尊重原有平面进行空间排布。设计汲取了当代医疗卫生建筑的先进理念，充分利用既有的楼电梯，重新调整上、下空间的功能布局，合理组织内部流线。由于建筑总体上用地极为紧张，环境设计在尽可能的条件下，在建筑的主要入口、沿街等重点部位提供有效景观，同时利用屋面种植草皮和灌木，实现立体绿化，为医院营造花园式的康复和工作环境。

上海市肺科医院叶家花园保护建筑修缮工程项目

建设单位： 上海市肺科医院
建设地点： 上海市杨浦区
总建筑面积： 1 000 平方米
建筑高度 / 层数： 10.00 米 /2 层
设计时间： 2019 年
竣工时间： 2020 年
设计单位： 华建集团华东都市设计研究总院
项目团队： 刘冰、薛晚葭、胡振青、周利锋、徐伊浩、屠纯云、赵莉萍

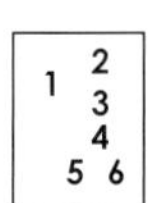

1.12 号桥实景图
2.11 号亭实景图
3.2 号桥实景图
4. 门楼立面图
5.12 号桥立面图
6.7 号亭立面图

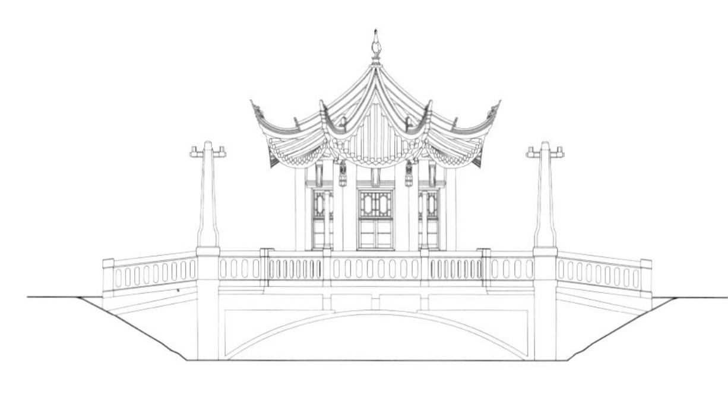

复旦大学附属华山医院临时病理办公楼

建设单位： 复旦大学附属华山医院
建设地点： 上海市静安区
总建筑面积： 457 平方米
建筑高度 / 层数： 12.70 米 /4 层
设计时间： 2016 年
竣工时间： 2017 年
设计单位： 华建集团华东都市建筑设计研究总院（建筑设计）、华建集团建筑装饰环境设计研究院（室内设计）
项目团队： 鲍亚仙、姚启远、曹贤林、李时、谢啸威、周利锋、黄继春

1. 西南角实景图
2. 病理楼花园
3. 东南角实景图

复旦大学附属中山医院青浦分院

总建筑面积 :115 000 平方米
设计时间： 2011 年
设计单位：华建集团华东都市建筑设计研究总院

上海电力医院原址改造工程项目

总建筑面积 :344 000 平方米
设计时间： 2010 年
设计单位：华建集团华东都市建筑设计研究总院

上海衡山医院二期工程项目

总建筑面积 :16 000 平方米
设计时间： 2018 年
设计单位：华建集团华东建筑设计研究总院

北京华信医院改、扩建工程项目（二期综合楼）

总建筑面积 :74 336 平方米
设计时间： 2015—2019 年
设计单位：华建集团上海建筑设计研究院

上海市胸科医院改、扩建及住院楼装饰装修

总建筑面积：90 000 平方米
设计时间：2018—2022 年
设计单位：华建集团上海建筑设计研究院

复旦大学附属眼耳鼻喉科医院宝庆路分部装修改造工程项目

总建筑面积：5 300 平方米
设计时间：2018—2020 年
设计单位：华建集团华东都市建筑设计研究总院

上海光华中西医结合医院行政楼修缮工程项目

总建筑面积：944 平方米
设计时间：2018—2019 年
设计单位：华建集团华东都市建筑设计研究总院

上海申德医院

总建筑面积：13 000 平方米
设计时间：2017 年
设计单位：华建集团华东都市建筑设计研究总院

上海览海陆家嘴门诊部

总建筑面积：7 940 平方米
设计时间：2016—2017 年
设计单位：华建集团华东都市建筑设计研究总院

海外医疗机构
OVERSEAS MEDICAL INSTITUTION

海外医疗机构是一个内涵较为宽泛的类型，不同国家由于发展水平、医疗现状的不同，会有类型各异、大小不一的医疗机构设计与建设需求。简单按照投资来源划分，海外医疗机构项目可以分为我国援建项目和国外资金投资建设项目。援建项目往往采用国内标准进行设计建造，而国外资金投资建设项目则一般采用欧美标准作为设计与建设依据，此类项目是我们走出国门，为中国设计制造打开蓝海市场、促进经济互通发展的最终目标。

此类项目最大的挑战在于语言交流障碍以及当地气候、人文、规范与国内的差异。另外，海外对中国设计的陌生与不信任，以及交通路途遥远也成为设计人员面临的挑战。语言成为众多挑战的核心。英语作为国际通行语言，流利掌握它是了解当地文化、规范和交流沟通的基础。而我们长期忙于国内的大量建设设计任务，既熟悉国际交往，又熟悉建筑设计，尤其复杂医疗专项设计的专业人才较为缺乏，这给海外医疗设计的拓展带来很大困难。

随着我国“一带一路”的战略布局和深入探索，中国设计和中国建造输出海外迎来了新的契机。近年来，在东南亚、中东、非洲以及大洋洲等地，我们的设计大院跟随央企建设军团，不断获得越来越多的建设设计订单。

海外医疗机构往往和其他大型工程一样，采用设计施工总承包模式。设计采购施工一体化（Engineering Procurement Construction，EPC）模式成为我们参与海外医疗机构设计与建设的重要模式。承包单位需要按照合同约定，承担医疗项目的设计、采购、施工、试运行等服务工作，最终提供满足医疗使用功能的医院项目。因此，也被称为“交钥匙”工程。承包单位不仅承担正常的设计深化，还要按合同要求采购医疗设备，配合各类医疗专项深化，优化最终设计，完成安装调试。

海外医疗机构设计的最佳选择是与有相关医疗类工程设计经验的建设单位组成 EPC 联合体，共同参与国际投标。设计需要充分了解标书中概念设计的理念，全方位汇集相关医疗专项资源，根据经验进行优化，限额设计。中标后严格规范相关流程，按照中标标书及合同要求，加强设计管理，谨慎修改。尽可能联合当地设计企业，协助设计审批，加快流程办理，避免审批风险。

项目：萨摩亚国家医院

营造富有地域特色的建筑

结合当地多雨的气候条件，同时借鉴了当地民居的特有建筑形式，本项目采用四坡顶作为屋面形式，有组织排水的坡屋顶利于雨水快速排出屋面，同时红色的坡屋顶也成为了建筑造型的重要元素，展现了医疗建筑的地域特色，为这座海边的医院增添了一抹亮色。

项目更多信息请翻阅本书 **P410**

科威特医保医院

科威特医保医院是由科威特卫生组织和民营公司合作投资开发的项目，主要服务对象为占科威特总人口 70% 的外籍人员，建成后将包括两座能提供世界级医疗服务的医院，它们分别位于科威特北部的 Jahra 和南部的 Ahmadi，每座医院由一栋主楼和一栋停车楼组成。为塑造品牌形象和节省工期，主楼采用同样的平面和造型。

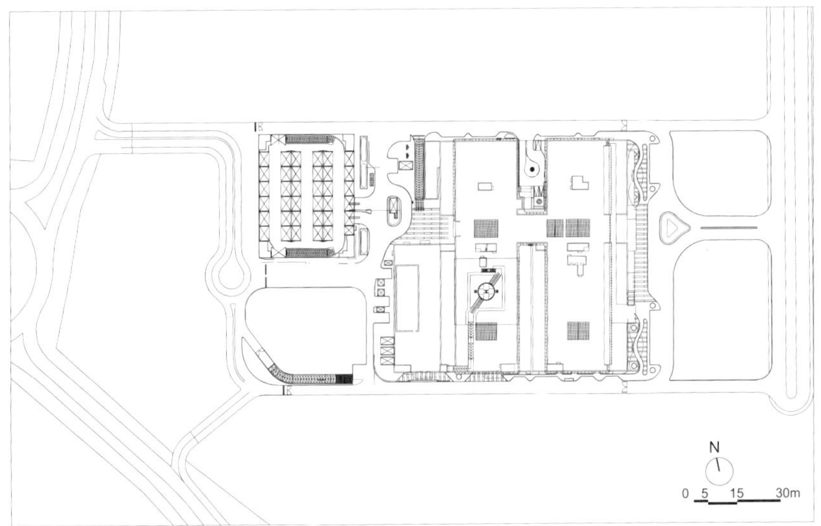

建设单位： 科威特 DAHMAN 集团
建设地点： 科威特 Ahmadi / Jahra
总建筑面积： 214 400 平方米（107 200 平方米 / 座，共 2 座）
建筑高度 / 层数： 27.70 米 /5 层
床位数： 600 床（300 床 / 座，共 2 座）
设计时间： 2017 年
竣工时间： 2021 年（计划）
设计单位： 华建集团华东都市建筑设计研究总院
项目团队： 刘晓平、高忠民、葛宁、张伟伟、蒋勇、余勇、汪洁、刘蕾、杜坤、俞俊、胡迪科、李玉劲

1 2	3

1. 夜景鸟瞰图
2. 总平面图
3. 日景人视图

依照国际标准设计，尊重当地人文和气候条件

医院设计需要按照欧美和国际标准设计，如建筑功能需满足美国设施导则协会（Facilities Guideline Institute，FGI）的医院设计标准；消防设计各专业需严格按照美国消防协会（National Fire Protection Association）所提出的标准设计，且同时满足科威特当地的消防规范；结构和机电设计也同时需要满足相关的欧美和国际规范标准。因各规范标准本身有冲突，需深入理解，同时寻求当地顾问，才能在二者之间找到平衡。

从地域上来讲，神秘的伊斯兰国家有着独特的生活习惯，宗教信仰尤其重要，建筑设计如何符合当地的文化习俗是前所未有的难题。在设计中，首层公共区除了门诊和导医功能，更多地引入了休闲和商业设施，同时结合当地阿拉伯文化和习俗，门诊等候区分男、女席位，病区分设男、女通道和男、女病区；每层设置祈祷室。医技检查采用预约制，并单独对外承接业务。急诊分男、女和儿童三区。

在科威特，每年的三月至十一月都极其炎热和干燥，夏季最高温度可达 50°C以上，十一月至次年二月较冷且多风，最低温度达 -6°C。在设计中，除业主要求的主立面采用玻璃幕墙，其他立面均采用小窗，同时主立面设置竖向遮阳卡片，建筑整体十分简洁。通过庭院产生自遮挡效果，利用种植屋面强化保温隔热效果，建筑外皮和屋顶采用浅白色反射材料，采用遮阳膜和光伏板做遮阳设施。

“医院街”模式，流线清晰，医患空间明确

设计方案采用 “医院街” 模式，以自然采光的中庭大街串联起各功能区，并组织垂直交通，塑造人性化的医院环境。门诊科室采用模块单元和庭院空间，提供了人性化、舒适明亮的候诊空间。 同时，在设计中强调导向性，对门诊、医技和住院的垂直交通做了视觉和行为的引导设计。虽采用同一医院平面，但对不同地块进行了适应性设计处理，使得医院街两端均发挥主出入口的作用。设计为患者、家属、医院工作人员和物资分别提供了清洁或脏污两条交通路线，实现高效的运输流线。

BIM 贯穿设计和施工全过程

医院建筑功能复杂，在该项目中，业主、设计方及施工方坚持应用 BIM 技术，同时在施工全程贯穿 BIM 先行理念，优化设计功能，提高设计成果质量。方案阶段运用 BIM 模拟分析内部环境，并用 BIM 进行汇报，让业主对设计方案有更深入的了解，避免由于概念模糊导致方案的多次修改；初步设计和施工图阶段利用 BIM 进行各专业全方位的及时整合纠错，让错综复杂的管线无所遁形，同时对节点进行适应性分析，大大减少错漏碰缺。

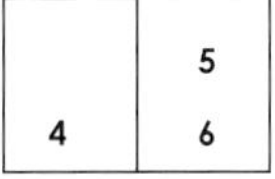

4. 主楼一层平面图
5. 主楼室内主入口效果图
6. 主楼剖面图

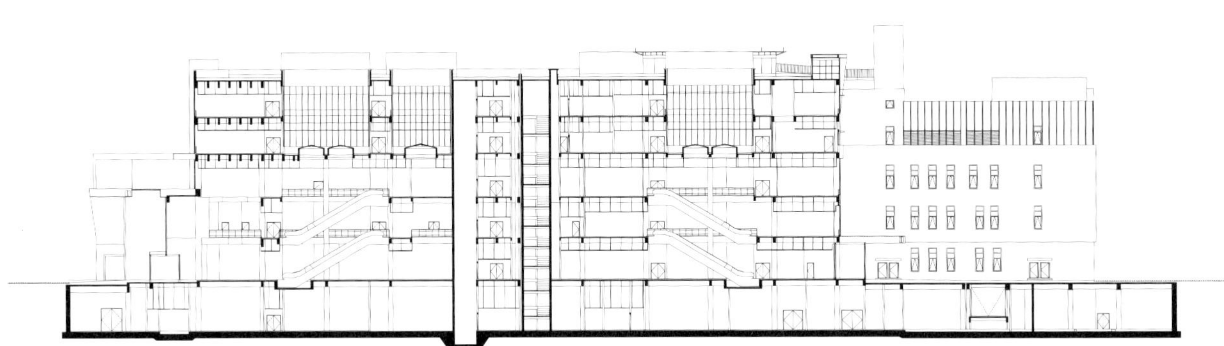

萨摩亚国家医院

萨摩亚国家医院位于萨摩亚独立国（SAMOA）的首都阿皮亚（Apia）市区东部，基地总用地面积为 40 403 平方米，总建筑面积为 24 865 平方米。本项目分为两期建设，其中一期基地用地面积为 21 780 平方米，建筑面积为 10 764 平方米，包括门诊楼、病房楼及设备楼；二期基地用地面积为 18 623 平方米，建筑面积为 14 101 平方米，包括医技楼、后勤楼、精神科及太平间。该医院设计床位数 200 床。该项目为中国政府向萨摩亚政府低息贷款筹建的国家级医院，华建集团华东建筑设计研究总院于 2009 年原创中标并开始设计，一期工程于 2012 年 2 月竣工，二期工程于 2015 年 1 月竣工。

项目亟待解决的特殊困难

由于本项目位于海外，国情、项目背景及使用习惯与国内差异非常大，对设计方提出了与国内不同的要求。项目基地位于海岛，属于典型的热带海洋性气候；场地内有较大的高差；作为萨摩亚国家

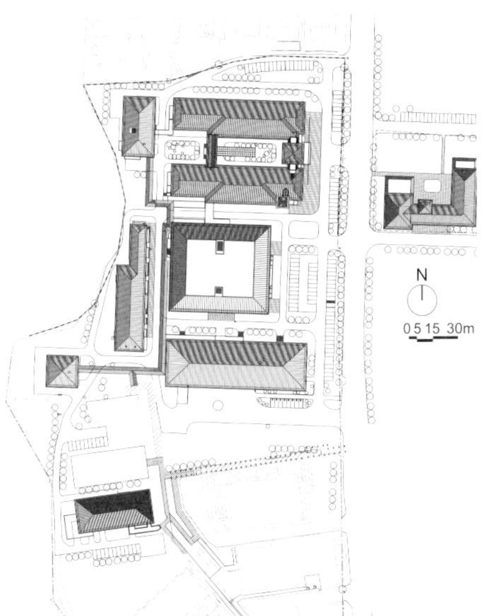

建设单位：萨摩亚卫生部
建设地点：萨摩亚阿皮亚
总建筑面积：24 865 平方米
建筑高度 / 层数：14.50 米 /3 层
床位数：200 床
设计时间：2009—2014 年
设计单位：华建集团华东建筑设计研究总院
项目团队：邱茂新、张海燕、徐续航、韩磊峰、庄晓芸、邵兵、何宏涛、王进军

医院的扩建工程，医院现有用房位于本项目南侧，现状较为杂乱。可见，中国设计走出海外确实面临着诸多困难。

项目应对策略

针对当地使用方提出的各种需求，积极回应、认真落实，反复多次与使用方沟通平面布局，甚至细化到用房家具布置方式。

对于海岛的地域特色，使各单体周边的标高尽量与场地现状标高接近，不同建筑单体之间通过有坡度的道路联系，同时适当约束道路坡度。

1. 主入口人视效果
2. 总平面图
3. 内庭院实景

由于该项目属于扩建工程，新老建筑通过连廊连接，使用人群可不受风雨的影响，通过连廊到达院区内每个单体建筑。

红色坡屋顶彰显地域特色

结合当地多雨的气候条件，同时借鉴了当地民居的特有建筑形式，本项目采用四坡顶作为屋面形式，有组织排水的坡屋顶利于雨水快速排出屋面，同时红色的坡屋顶也成为了建筑造型的重要元素，展现了医疗建筑的地域特色，为这座海边的医院增添了一抹亮色。

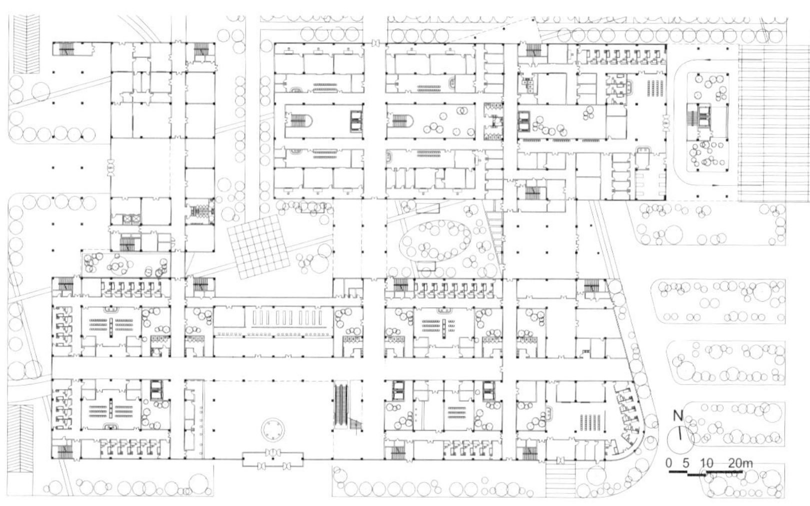

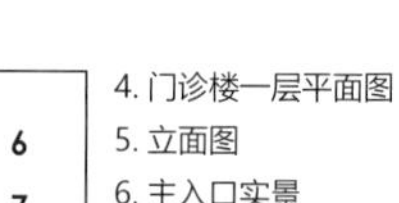

4. 门诊楼一层平面图
5. 立面图
6. 主入口实景
7. 剖面图

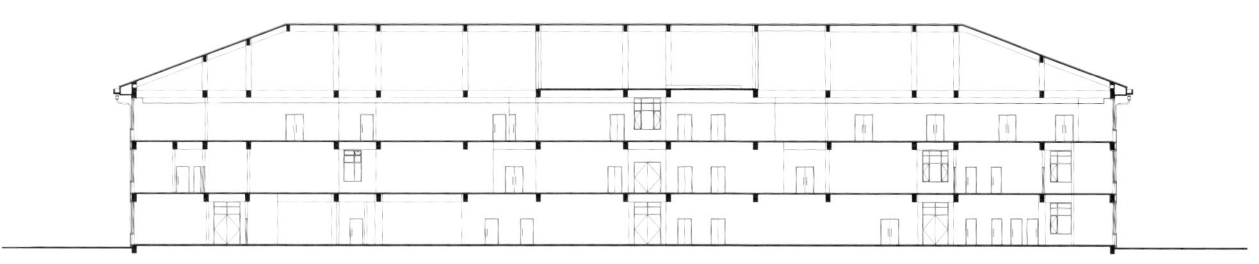

援缅甸国家疾控中心及国家医护培训中心

援建的缅甸国家疾控中心及国家医护培训中心项目位于缅甸内比都市西南方向。基地建设用地红线内总面积约 8 万平方米，本次建设范围为其中约 4.4 万平方米，西侧区块预留为未来发展用地。

项目包括国家疾控中心、行政办公楼、国家医护培训中心及相关总体配套用房。建筑造型采用中心对称的设计，体现庄重、严谨的建筑风格，同时充分考虑与缅甸当地建筑相协调，采用红瓦坡顶，将不同体量的建筑统一，形成自身建筑特点，并结合开敞阳台、外廊、门头以及休息平台等元素，既契合缅甸当地建筑风格，又呈现强烈的系统性和序列感。本项目配备的各类生物安全实验室中包含高规格的 P3 生物安全实验室，建成后将成为缅甸国内最高水平的疾控中心。

建设单位： 商务部国际经济合作事务局
建设地点： 缅甸内比都
总建筑面积： 18 142 平方米
建筑高度 / 层数： 19.48 米 / 3 层
设计时间： 2018—2020 年
设计单位： 华建集团上海建筑设计研究院
项目团队： 蔡淼、汪泠红、石厅、严赍赟、房亮、周海山、任家龙、汪海良

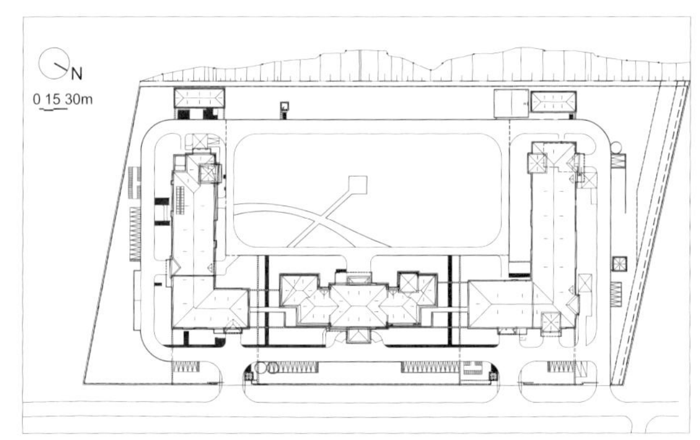

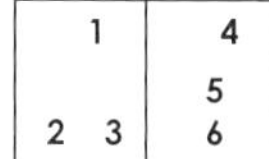

1. 总体鸟瞰图
2. 疾控中心实验室
3. 总平面图
4. 行政办公楼一层大厅
5. 一层平面图
6. 立面图

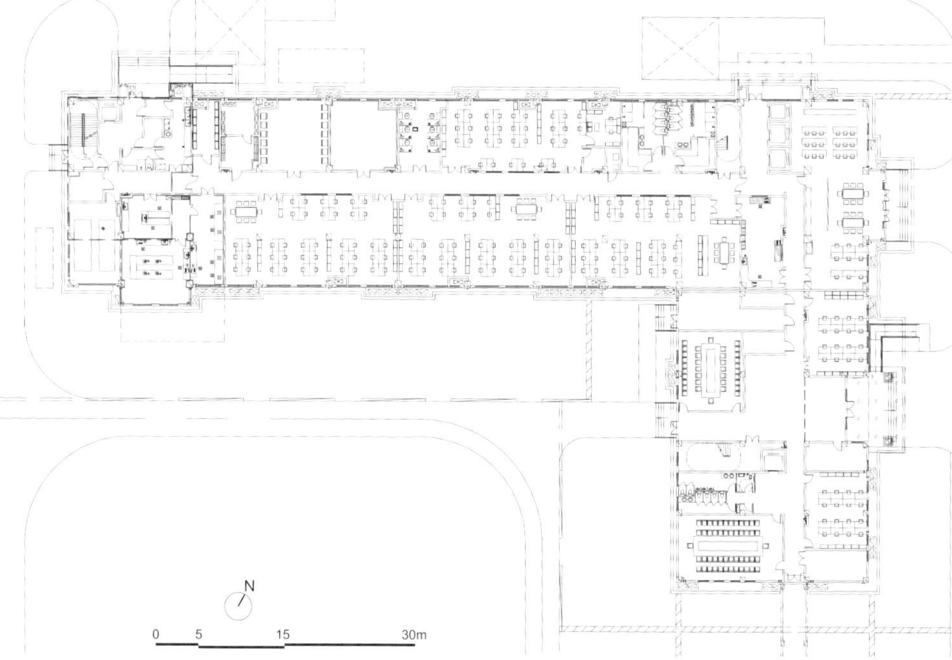

特立尼达和多巴哥共和国西班牙港医院

本项目位于加勒比地区特立尼达和多巴哥共和国首都西班牙港，为在现有院区内进行的扩建项目。项目总建筑面积为 33 408 平方米，地上共 13 层，裙房部分设置了影像检查、药房、检验、手术等医技用房，主楼设置各科护理单元，合计床位数 540 床。

主楼外墙采用带形窗设计，便于患者在康复过程中享受户外自然景观。外墙结合遮阳要求采用丰富多彩的竖向装饰铝板，与当地的岛国风光与热情洋溢的国民性格相匹配。

建设单位： 特立尼达和多巴哥工程部
建设地点： 特立尼达和多巴哥共和国西班牙港
总建筑面积： 33 408 平方米
建筑高度 / 层数： 59.20 米 /13 层
床位数： 540 床
设计时间： 2019 年
设计单位： 华建集团华东建筑设计研究总院
合作设计单位： HKS/BESTON/ ENCO
合作设计工作内容： HSK 建筑专业方案设计、初步设计，BESTON 结构专业初步设计、施工图设计，ENCO 机电专业初步设计、施工图设计
项目团队： 荀巍、魏飞、刘晓明、王骁夏、田宇、郑若

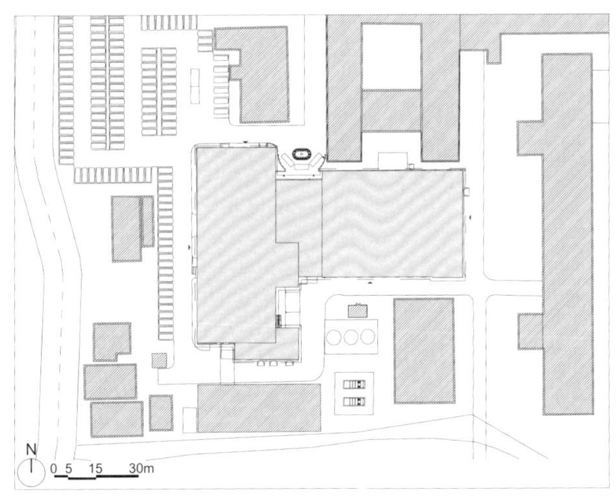

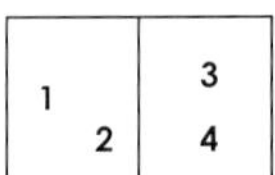

1. 总平面图
2. 鸟瞰效果
3. 入口人视
4. 病房楼人视

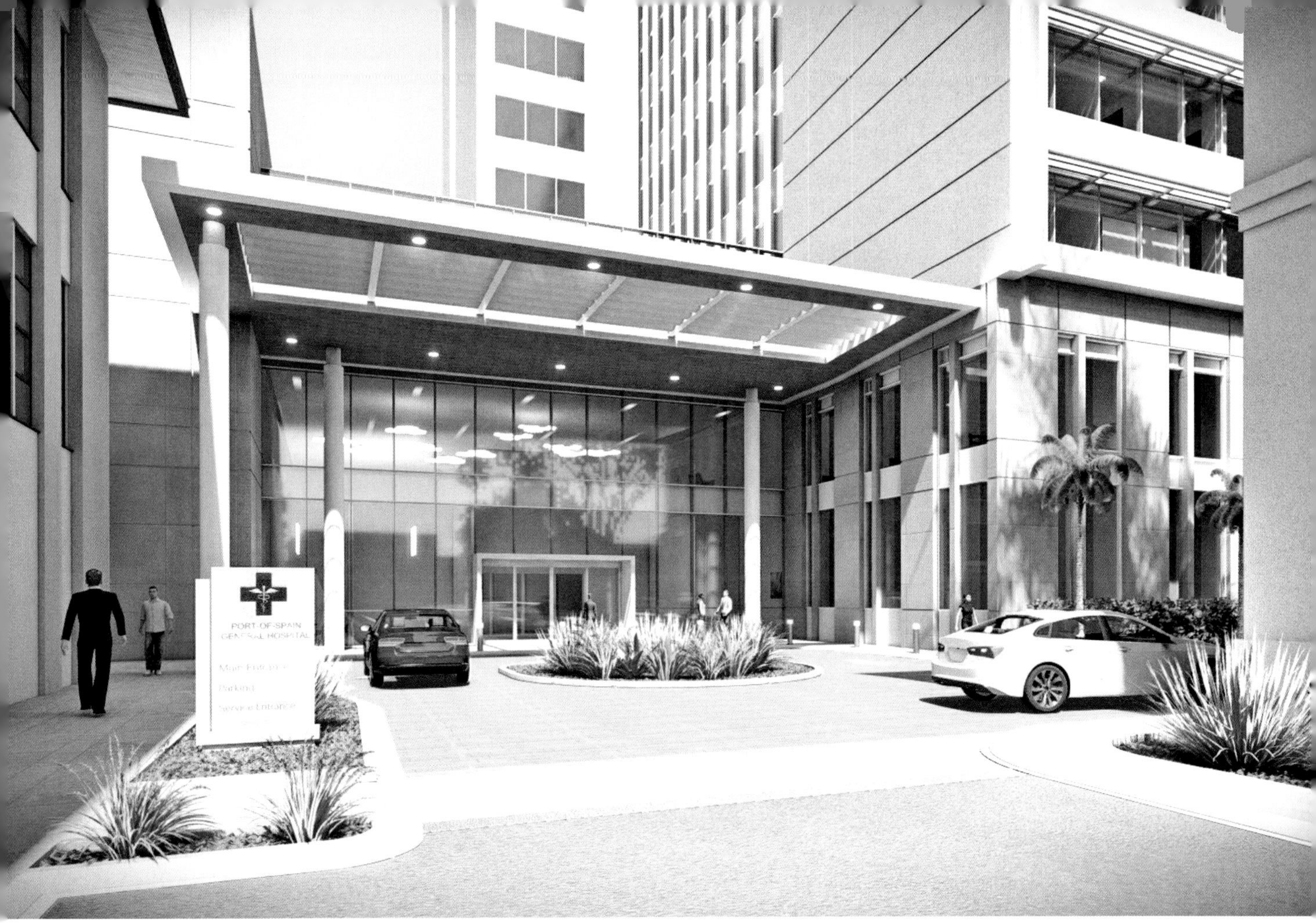

援毛里塔尼亚传染病专科门诊楼

建设单位： 商务部国际经济合作事务局
建设地点： 毛里塔尼亚伊斯兰共和国努瓦克肖特市
总建筑面积： 4 200 平方米
建筑高度 / 层数： 9.30 米 /2 层
床位数： 50 床
设计时间： 2017—2018 年
竣工时间： 2019 年
设计单位： 华建集团华东都市建筑设计总院
项目团队： 鲍亚仙、金鹏、赵博、吴延因、周利锋、徐伊浩、朱泓、黄继春、刘赟治

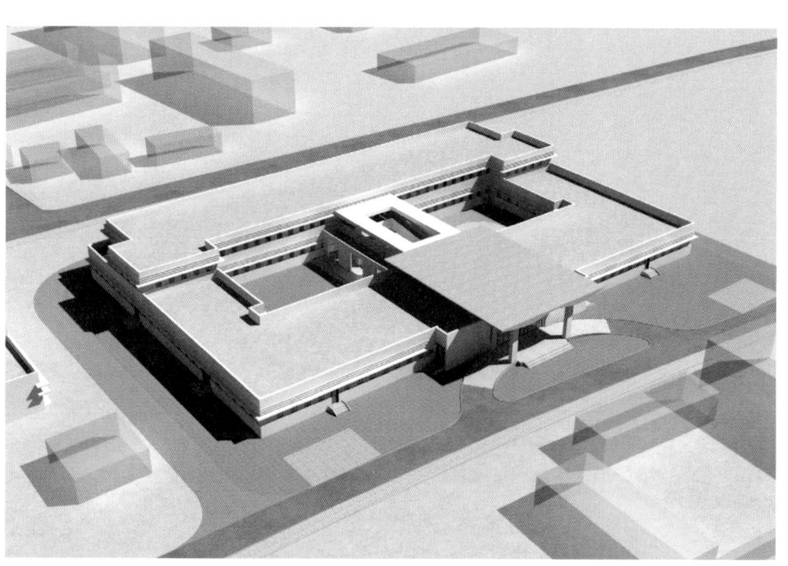

1. 鸟瞰图
2. 东南角实景图

哈萨克斯坦国奇姆肯特市医疗中心

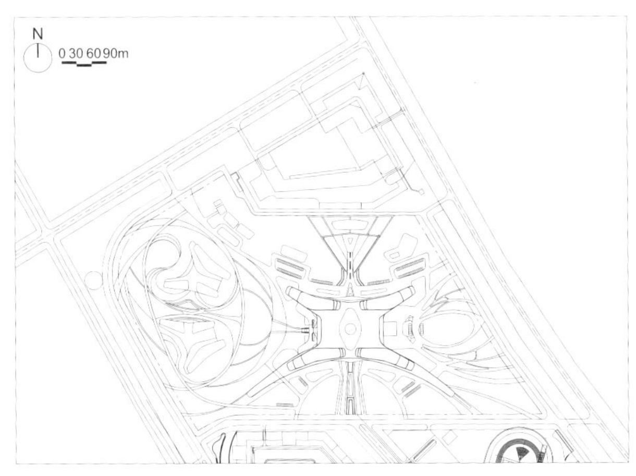

建设单位：哈萨克斯坦南方石油集团公司
建设地点：哈萨克斯坦国奇姆肯特市
总建筑面积：100 000 平方米
建筑高度 / 层数：53.45 米 / 9 层
床位数：1 000 床
设计时间：2019—2020 年
竣工时间：2022 年（预计）
设计单位：华建集团上海建筑设计研究院
施工总包单位：上海建工集团股份有限公司
项目团队：倪正颖、刘宾、徐涛、包菁芸、詹长浩、周宇庆、黄怡、万洪、乐照林、殷春蕾等

1. 鸟瞰图
2. 总平面图

对中国医疗建筑设计若干问题的思考

Thoughts on Chinese Medical Architecture Design

文 陈国亮 CHEN Guoliang

摘 要

面对中国医疗设施新一轮建设高潮，建设符合中国国情又独具特色的医疗建筑，已经成为建筑师和医院管理者共同关注的焦点。本文就中国医疗建筑规模的发展趋势、流程变化、总体规划等方面展开详细论述。

关键词

中国 医疗设施 发展趋势 流程变化 总体规划

20 世纪 90 年代至今，随着社会经济的持续高速增长，中国经历了一轮医疗设施建设的高潮。新建和改、扩建的医疗设施建设项目，无论规模还是数量都是中国历史上前所未有的。国人对社会医疗保障的需求越来越高，对就医环境的关注也越来越多，这些都成为当今中国医疗建筑快速发展的催化剂和助推剂。

如何建造既符合中国国情又实用美观，既符合现代医疗工艺流程高效安全的要求又体现独特建筑性格特征的医疗建筑，已经成为从事医院设计的建筑师和医院管理者共同关注的焦点。

1 建设规模的发展趋势

经过十多年的高速发展，医院建设规模的科学性、合理性日益受到广泛关注，规模更大、功能更综合的医院目前已成为发展主流，但同时也暴露出一些问题。

1.1 超大规模医疗中心

近年来，超大规模的医疗中心（面积 20 万平方米、床位 2 000 张）不断涌现，为现代高、精、尖医疗设备的共享以及高端专业人才资源的积聚和集成提供了可能，也满足了不断提高的医、教、研相互结合、相互支撑的要求。与传统综合性医院相比， 它的急救中心、功能检查中心、专科诊疗中心以及科研、教学等功能更具优势。

然而，由于医疗中心投资规模宏大，运营管理复杂，这类项目的投资建设应保持审慎的理性判断，对其医疗需求的估量、医疗水平的定位、医疗人力资源的储备、医疗设备配置的规划以及营运管理模式的计划等必须要有充分的前期论证和可行性研究。根据现有经验，超大规模医疗中心一般适合经济发达、医疗水平较高的特大型城市，或人口众多、辐射面广的地区，应有极强的研究团队作为支撑，以提高整个国家医疗科研水平为出发点，以解决、治疗疑难杂症为主要目的。同时对于超大规模医疗中心而言，合理的功能布局和简洁、顺畅的交通流线组织至关重要。

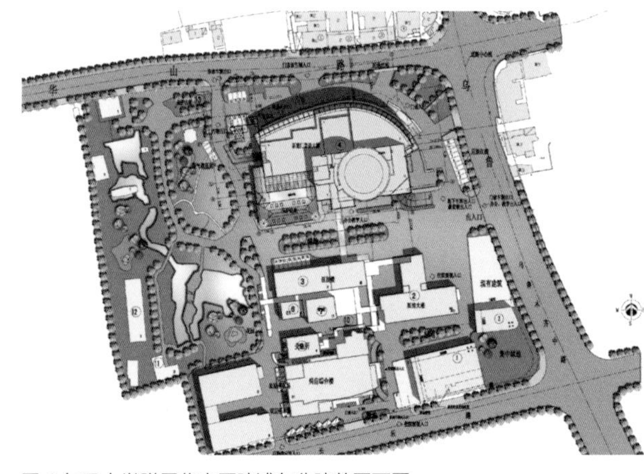

图 1 复旦大学附属华山医院浦东分院总平面图

1.2 大型综合性医院

当今，大型综合性医院（床位 1 000 张）的改建、扩建工程在中国医疗设施建设中占有极大比重。寻求合理的布局并为今后改变、发展提供可能，是这类项目建设的关键。在此基础上形成的建筑设计任务书才更为科学、合理，才能创造出优秀的单体建筑（图 1）。

由于受到用地条件的限制，可以将几个中小型医院合并组建医院集团，共享高端医疗设备，输出高水平的医疗技术和运营管理，这些都将对医院建筑设计产生影响。

1.3 专科医院

专科医院（床位 500 张）的建设正迅速崛起，妇幼保健医院、儿童医院、五官科医院、心血管专科医院、肿瘤医院、中医医院等专科医院以其专科特色和优势在竞争激烈的医疗市场中占有一席之地，而这些医院也大多面临着改造、扩建或异地新建的需求。我国针对专科医院的建设标准、设计规范尚不完备，如何凸显各专科医院的特色，满足其各自的治疗需求，是这类医院设计成败的关键（图 2）。

此外，外资及私人企业投资的介入，使中国医院建设投资渠道也显现出多元化趋势，对医院的定位、运营管理必然产生直接的影响，也是需要我们密切关注的一个新课题。

2 医院设计流程的变化

《综合医院设计规范（修订版送审稿）》将医疗工艺设计作为独立的章节进行专门论述，这足以反映出现代医院设计中医疗工艺规划的重要性。从事医院设计的建筑师不仅仅是传统地根据院方提供的设计任务书来完成方案、扩初、施工图三阶段的设计工作，还要越来越多地参与项目可行性研究、医疗工艺（包括医疗设备配置）规划、运营管理模式的建立、医院远期发展计划（包括各科室的发展趋势）等前期策划工作，协助制订更为科学、合理、详尽的设计任务书，并为后续的设计工作创造有利条件。

各设计阶段还要求建筑师引入价格、性能化评估手段，寻求最佳性价比，以确保有限的建设资金在工程各环节的合理分配。专业室内设计师、灯光设计顾问、标识系统设计师及专业承包商在医院建筑设计中发挥着越来越大的作用，也要求建筑师对此有全面的把握、控制和协调能力。

图 2 上海交通大学医学院苏州九龙医院

图 3 复旦大学附属华山医院浦东分院室内

3 医院的总体规划

3.1 布局特点

纵观中国医院建筑设计的历史，多数工程案例门急诊、医技、病房、后勤用房各自独立，通过连廊串联，形成整体院区。其最大特点是各单体建筑均有充足、良好的自然通风和采光，建造方便，投资经济。但对于大型或超大型规模医院而言，往往会带来流线过长、占地面积较大等缺点。

随着欧、美、日等国建筑师的进入，中国医院设计出现了不少集中布局的工厂化医院以及面积在 10 万平方米以上的超大规模医疗综合楼。其最大特点为布局紧凑、用地节约、流线短捷。这类建筑的 1~2 层地下空间为人、物及清、污流线的组织提供空间，为有效避免交叉感染提供了可能；规则的柱网、连续完整的空间，为适应医学科学发展带来的新功能布局和医疗设备的变化提供了极大的便利，也为气送管、自走车等物流运输系统的运用创造了条件。但由于平面布置高度集中，单层平面面积过大，会出现不少的黑房间，也很难仅利用自然通风来满足医院室内空间质量的要求。因此，建筑往往通过人工照明、中央空调来创造人工环境（图 3），同时需要提供充足的新风量和空气过滤设施，以避免由于长期使用集中空调可能带来的交叉感染。为避免运营成本较高的问题，建筑中往往适当引入内庭院来增加自然采光。

近年来，越来越多的医院采用分散、集中相结合的总体布局。由于需要大量人工照明、中央空调，医技部应与门急诊部门相对集中布置，以缩短病员的检查、诊疗路线，提高效率。而住院部可独立设置，通过连廊与医技部、门急诊部建立联系（部分大型综合医院也可在住院部单独配备基本的医技设备，为住院病人提供方便的检查服务）。在合适的季节，住院部可采用自然通风来提高环境舒适度，有效节约能源。

3.2 交通组织和科学评估

交通组织设计已经成为大型医院总体设计中非常重要的一个组成部分，它将直接影响医院正常医护工作的开展。

尤其在大型及超大型综合医院、医疗中心的日常运营中，病员、家属及医护人员交通流线巨大，往往会对城市周边道路交通产生极大的影响。因此，对其选址及规划设计应予以充分重视。建议在有条件的情况下，应进行相关区域专项交通规划设计，并对交通状况作出科学评估，以确保周边城市道路的通畅。

院区内部在保证安全的前提下，应通过车速限制的手段确保机动车方便到达各功能区域及各个不同出入口；还应设置合适的上下客区域和一定数量的临时停车位，以满足行动不便患者的出入。此外，大型地下车库应配套清晰的指引标识系统和空车位的告示、引导系统。

3.3 可持续发展的规划设计

可持续发展的总体规划布局，对医院延长自身生命周期、满足扩张和变更的要求至关重要。它既不是简单地预留空地，也不是仅仅设一些加层。而是有计划、科学地对医院未来发展规模进行预估，从而针对各个功能区域的发展需求进行规划布局。各个功能区域的相邻位置可以留有发展空间，以便日后的扩建或改建，也可以通过各功能区域的部分功能置换以扩大功能区域空间，同时新建置换出功能用房。此外，医院内部空间设计重视创造连续、规整、相对独立的医疗空间，也可为日后布局的改造、变化提供方便。当然在总体布局中为无法预见的发展需求适当留有余地也是非常必要的。

4 医院的平面功能布局

医院内部各功能区域的布局往往和医院的营运方式、各个科室的诊疗要求有着密切关系，它已成为医院平面布置不断变化的根本原因。

门诊部设计应考虑：挂号、收费的方式和预约的普及程度；候诊的形式（一次候诊或多次候诊）；保证医患分流的交通组织形式及诊室的自然采光和通风；特需门诊；专家会诊中心模式的选择。

急诊、急救中心设计应考虑二者功能的分离、绿色生命通道的设置以及急诊救治的未来发展模式。

住院部设计应考虑护理单元的合理床位数，单床间、双床间、多床间的设置比例，护士、医生工作站的位置、功能的确定，各功能流线的垂直交通组织方式，病患、家属的交流空间等。

手术中心设计应首先确定位置，其次要考虑手术室数量、规格、标准的选定，手术中心平面布置形式的选择（外周回收型、外周供应型、中央洁净型、中央供应型等），手术中心与日间手术、微创手术的区域整合，大型手术室与重要医技设备（MRI 等）的组合等。

医技中心的设计应考虑不断变化、升级的医技设备对建筑空间适应性的要求，以及医技设备的操作空间、内部工作区域、工作站空间以及患者和家属等候空间的各种要求。

中心供应系统设计应考虑医院各类物品的采购、运营管理系统的建立、一体化管理采购构想（SPD 构想）的实现程度，以及自动化物流系统的运用等。

这些因素都将直接影响各部门内部的平面布局和部门间的相互关系，同样也是我们在从事医院建筑设计中需要长期关注并与院方共同研究、探讨的重要课题。

一个优秀的医院设计项目也离不开科学、先进、安全可靠的各个机电设备系统的支持，这其中包含大量医院所独有的或要求更为严格的设备系统。所以，一个富有经验、高水平的机电设备设计团队是必不可少的。

5 结语

医院建筑是一项内容广泛、设计难度极高的系统工程，它需要我们从事医院建筑设计的每一位建筑师的倾心投入和辛勤耕耘，需要我们不断地探索、创新、反思和总结。

本文发表于《城市建筑》2008 年 07 期，P11—13.

医院建筑总体布局中的绿色理念

The Green Ideas in the Layouts of Healthcare Facilities

文 郑亚丰 JIA Yafeng

摘 要

医院建筑的总体布局种类较多、变化丰富，但同时很大程度受功能和用地条件的制约，较一般建筑更为复杂。在医院建筑总体布局中体现绿色建筑设计理念，是目前国内外医院建筑设计中的热点。本文试图通过对一些项目实例的研究剖析，得出一些关于绿色医院设计的有用结论。

关键词

总体布局 可持续发展 被动式节能 流线

绿色医院的设计理念首先体现在医院建筑发展的动态过程，要解决好医院的建设问题，就应遵循统一规划、分期实施的原则，从实际情况出发，充分考虑整个院区的合理性、科学性。在统一规划阶段就应该对医院的总体布局进行充分考虑，因为这不仅对医院的运营和功能延伸十分重要，而且对发展的适应性有决定性作用，同时总体布局还应充分考虑可持续发展的可能性。另外，在医院建筑设计时，被动式节能、建筑形态组合方式、功能区域流线布局模式、自然通风、采光与短捷医疗交通流线关系的考虑，都涉及医院建筑设计总体布局中的绿色理念。

1 延长生命周期、可持续发展

讨论医院建筑的总体布局，首先便是分期建设的问题。分期建设不仅是为未来发展留下可能，很多情况下也是对投资的有效使用。例如在新区建设医院时，短期之内医院的门诊和住院人数并不能达到远期规划的数值，为了节省投资和避免医疗资源浪费，经常采取分期建设的方式（表 1）。

以无锡市人民医院二期工程为例，医院位于无锡市新区，一期建设时新区发展刚起步，因此预留有大面积用地

表 1 案例医院总体布局

案例项目	新建 / 扩建	主要医疗功能分期模式	建筑形态组合方式	建筑流线布局方式
湖南中医药大学第一附属医院中医临床科研大楼（700 床）	扩建	原院区内扩建	集中式（高层）	垂直为主
上海长征医院浦东新院（2 000 床）	新建	一期 + 二期（规划）	门诊医技（裙房）+ 病房楼（高层）	医疗主街 + 垂直交通
定西市人民医院迁建工程（700 床）	新建	一期建成	门诊医技楼（多层）+ 独立病房楼（高层）	医疗主街 + 垂直交通
福建省福清市医院（800 床）	新建	一期 + 二期（规划）	门诊医技楼（多层）+ 独立病房楼（高层）	医疗主街 + 垂直交通
上海华山医院北院新建工程（600 床）	新建	一期建成	门诊医技楼（多层）+ 独立病房楼（高层）	医疗主街 + 垂直交通
上海市宝山区罗店医院扩建工程（400 床）	新建 + 扩建	一期建成 + 原院区内扩建	门诊医技楼（多层）+ 独立病房楼（多层）	医疗主街 + 垂直交通

续表 1 案例医院总体布局

案例项目	新建 / 扩建	主要医疗功能分期模式	建筑形态组合方式	建筑流线布局方式
上海市普陀区妇婴保健院迁建工程（180 床）	新建	一期建成	集中式（高层）	垂直为主
青岛阜外心血管病医院心脏中心大楼（400 床）	扩建	一期（已建）+ 二期	集中式（高层）	垂直为主
泉州市第一医院新院（1 000 床）	新建	一期（已建）+ 二期（规划）	门诊医技楼（多层）+ 独立病房楼（高层）	医疗主街 + 垂直交通
上海市儿童医院普陀新院（550 床）	新建	一期（已建）+ 二期（规划）	门诊医技（裙房）+ 病房楼（高层）	水平 + 垂直混合
无锡市人民医院二期工程（943 床）	扩建	一期（已建）+ 二期（规划）	（二期建筑）门诊医技（裙房）+ 病房楼（高层）	水平 + 垂直混合

供二期和远期发展。一期建设的是一座大型综合医院，总建筑面积约 22 万 平方米。随着新区的发展，医院门诊量日趋增加，二期工程应运而生。二期建设的是一个集合儿童医疗中心、心肺诊治中心、特需诊治中心的大型分诊中心，总建筑面积约 12 万 平方米。二期扩建充分考虑了与一期的衔接，保证自身在建筑形体、功能、物流等方面的完整性的同时，与一期建筑实现了较好的融合。同时，院区内二期项目的西侧，预留有医院的远期发展用地，为医院长远发展提供了可能性。因此，一个医院合理的总体规划，应同时考虑分期、发展问题。

医院的建设须采用可持续发展的策略，延长自身生命周期，不至于因无法适应未来发展的需要而被淘汰。表 2 将表 1 案例中含分期建设的 6 个案例作为研究对象，分析其发展过程中采用的可持续发展策略，主要包括四种：预留用地、形态生长、置换功能、增加功能。“统一规划、分期建设”是实施上述策略的基本原则。

表 2 中分期建设的 6 个案例中有 5 个在一期建成后预留了用地，未来医院发展将采用水平式的生长模式，即在总平面上增加建筑体量，以增加建筑覆盖率的方式来实现医院的生长发展。上海市儿童医院普陀新院工程由于用地比较紧张，因而未在地块内预留用地，所以其建筑形态的生长模式为垂直式，即在不改变建筑覆盖率的前提下，在原有建筑的屋面上增加层数，以适应医院功能需求的增长。上海市儿童医院普陀新院南侧的特需门诊部现 1 层，但预留了未来向上加建病房垂直生长的可能：第一，其上可以加建病房至 6 层，产生的阴影对北侧主体病房楼的病房日照不会产生影响，且该处位于基地最南侧，其南侧没有建筑对将来的病房产生遮挡；第二，其设计在土建上满足高层建筑的防火规范；第三，其结构设计已按照加建 6 层来考虑；第四，电梯及楼梯考虑其上加建病房层的需要，采用病床梯的形式。但需要注意的是，建筑形态的垂直生长模式相比于水平生长模式，存在一些缺点：第一，未来加建时会影响下部建筑的正常使用；第二，垂直加建部分结构变化不宜过大，这对未来功能发展形成制约；第三，加建后将大大增加垂直交通压力。因此在统一规划时，应尽量给医院的发展预留用地，以利水平式生长的发展模式。

医院总体功能的可持续发展，除了上文论述的体量增加，还包括功能的置换和增加。置换功能是指在扩建时改变原有建筑中的功能，而增加功能则是在扩建建筑中增加新的功能。

医院扩建时，原有建筑中的功能未必一定需要置换，表 2 所列的项目中 3 个在扩建时原有功能没有发生置换，主要由于原有建筑的功能比较完善，加建只是医疗区域“量”的增加，因此其他区域可以没有功能置换。但很多情况下，二期建设时，一期建筑的功能都会发生比较大的变化，例如青岛阜外心血管病医院、泉州市第一医院、无锡市人民医院在扩建时原有建筑都发生了功能置换，原因各有不同。泉州市第一医院的置换是因为一期投资有限，行政办公楼被安排在二期建造，一期建设时设在门诊医技楼顶层的行政办公功能在二期建设时进行了置换。青岛阜外心血管病医院一期建设中急诊、输液等区域已经不能满足实际需要，因此在二期建设的心脏中心大楼内安排了新的急诊及输液区，原有功能区域置换成门诊。无锡市人民医院的情况与之类似，一期建设的儿童门诊部已经不能满足需要，因此二期建设了专门的儿童医院，将原有的儿科置换成行政办公。

增加功能均采取增加建筑体量的方式，表 2 中的案例项目都涉及功能的增加，增加的功能一般以门诊、医技、住院三大部门为主。泉州市第一医院在医疗街的一侧预留了与一期模块化的门诊体块相似的空地，二期的门诊功能可以直接“生长”在医疗街边上（图 1 中红色部分），增加的这部分门诊功能和一期的门诊相同，也是横向两个柱跨的模块化门诊单元，同时与医技部及住院部也有便捷的联系。福清市医院的二期建筑是一个分诊中心，1~4 层为门诊医技功能，5~9 层为住院部，通过一期建设的医疗主街与一期建设的门诊、医技、住院部分相连，医疗流线便捷合理（图 2 中红色部分）。虽然上述两座医院的分诊中心均是独立设置，但交通流线保持与原有设施的便捷联系。

综上所述，医院总体布局阶段，统一规划时应充分考虑医院随医疗需求扩展及医疗技术发展产生的变化，预留足够的建设用地。总平面布局应优先采用水平生长模式及模块化的建筑功能。

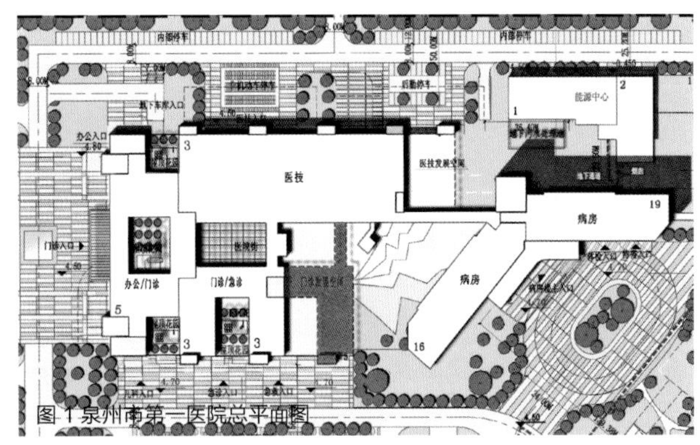

图 1 泉州市第一医院总平面图

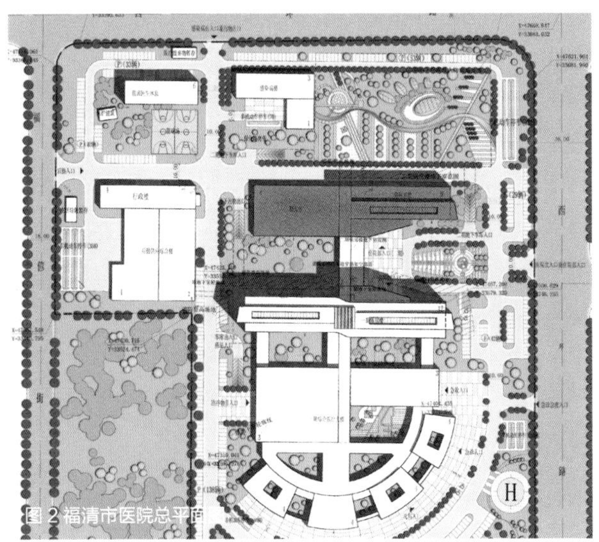
图 2 福清市医院总平面图

表 2 分期建设案例医院可持续发展策略

案例项目	预留用地	形态生长	置换功能	增加功能
上海长征医院浦东新院（2 000 床）	病房楼东侧	水平生长	功能延伸，不置换	住院
福建省福清市医院（800 床）	病房楼北侧	水平生长	功能延伸，不置换	分诊中心、感染门诊住院
青岛阜外心血管病医院心脏中心大楼（400 床）	病房楼北侧	水平生长	急诊、输液从一期工程置换到二期工程中，原用房改为门诊	分诊中心
泉州市第一医院新院（1 000 床）	医院街一侧	水平生长	行政办公在一期建设时设在门诊部，二期建设时置换到行政办公楼	门诊、分诊中心、科研、行政办公
上海市儿童医院普陀新院（550 床）	未预留	垂直生长	功能延伸，不置换	住院
无锡市人民医院二期（943 床）	一期主体建筑门诊部东南侧	水平生长	原一期儿科门诊置换至二期工程，二期建设成独立的儿童医院，一期工程中置换出的用房成为行政办公用房	分诊中心

2 形态组合与被动式节能

建筑形态组合方式是总体布局的重要方面。医院建筑的形态组合多受复杂功能及多种流线的约束，尤其是主要的三大医疗区域的设计往往以功能流线合理作为首要考虑因素。表 3 统计了 11 个案例医院的建筑总体布局方式，可以看出，形态组合方式并不多，主要有以下四种：集中式（高层）、门诊医技（裙房）+ 病房楼（高层）、门诊医技楼（多层）+ 独立病房楼（高层）、门诊医技楼（多层）+ 独立病房楼（多层）。

这四种形态组合方式均可以组织起医院内部的医疗功能并使流线合理化，造成它们形态各异的主要因素是用地条件。在用地极为紧张的情况下，尤其是在一些城市中心区，集中式的高层布局成为了唯一选择，如青岛阜外心血管病医院心脏中心大楼、湖南中医药大学第一附属医院中医临床科研大楼和普陀区妇幼保健院迁建工程（图 3）。而在用地转为宽裕时会出现其他三种形态布局，可以采用独立门诊医技楼加独立病房楼的总体布局方式。这种情况下，病房楼下部几层同样享有自然采光和通风，同时门诊

图 3 普陀区妇幼保健院迁建工程效果图

图 4 福清市医院鸟瞰效果图

表 3 案例医院总体布局分析

案例项目	工程建筑面积 / 平方米	基地面积 / 平方米	容积率	用地条件	主要总体布局方式
湖南中医药大学第一附属医院中医临床科研大楼（700 床）	83 082（不包括原医院建筑）	3.9	3.69（全院平衡）	极为紧张	集中式（高层）
上海长征医院浦东新院（2 000 床）	450 948	17.94	1.76	紧张	门诊医技（裙房）+ 病房楼（高层）
定西市人民医院迁建工程（700 床）	64 878	10.7	0.61	宽裕	门诊医技楼（多层）+ 独立病房楼（高层）
福建省福清市医院（800 床）	87 383	10	1.16	一般	门诊医技楼（多层）+ 独立病房楼（高层）
上海华山医院北院新建工程(600 床）	72 187	9.8	0.65	宽裕	门诊医技楼（多层）+ 独立病房楼（高层）
上海市宝山区罗店医院扩建工程（400 床）	32 149（不包括原医院建筑）	3.9	1.16，0.97（分东、西两个地块，全院平衡）	一般	门诊医技楼（多层）+ 独立病房楼（多层）
上海市普陀区妇婴保健院迁建工程（180 床）	21 280	0.6	2.39	极为紧张	集中式（高层）
青岛阜外心血管病医院心脏中心大楼（400 床）	70 491（不包括原医院建筑）	2.9	2.70（全院平衡）	极为紧张	集中式（高层）

续表 3 案例医院总体布局分析

案例项目	工程建筑面积 / 平方米	基地面积 / 平方米	容积率	用地条件	主要总体布局方式
泉州市第一医院新院（1 000 床）	99 986	7.4	1.16	一般	门诊医技楼（多层）+ 独立病房楼（高层）
上海市儿童医院普陀新院（550 床）	72 466	2.6	2.00	极为紧张	门诊医技（裙房）+ 病房楼（高层）
无锡市人民医院二期（943 床）	122 509	3.8	2.20	极为紧张	门诊医技（裙房）+ 病房楼（高层）

注：根据容积率，将用地条件分为四等：1.00 以下为“宽裕”，1.00~1.50 为“一般”，1.50~2.00 为“紧张”，2.00 以上为“极为紧张”。

楼和医技楼之间也可以通过布局处理（或脱开，或错位）增加外墙面来满足更多位置的自然采光、通风。例如福建省福清市医院用地并不紧张，因此病房楼和门诊医技楼脱开布局，并通过连廊连接，同时在门诊医技楼中设置多处内庭院，以改善室内环境，争取更多的自然采光、通风（图 4）。这种形态较为分散的建筑布局在夏热冬暖地区较为适用。

在具体项目中，容积率反映了总体布局设计对于绿色理念运用的余地：容积率越高，表明总体布局形态的变化余地较小；容积率越低，表明总体布局形态的变化余地较大，更容易采取被动式节能的绿色建筑设计理念。上述案例医院的容积率从 0.61 到 3.69 不等，而建筑总体布局也各不相同。在几类形态组合方式中，集中式高层的体形系数最小，因此可以争取到的自然采光、通风面积最为有限，所以只有在用地极为苛刻的情况下才使用；而门诊医技楼（裙房）+ 病房楼（高层）的布局，在病房主楼形态确定的情况下，可以对裙房做形态处理，使裙房中较多的门诊、医技功能享有更多的自然采光和通风。

3 功能流线布局

总体布局中建筑功能区域的流线布局方式是指将医院中各个功能串联起来的主要方式，既是体现医院运营效率的重要方面，也是贯彻绿色设计理念的重要组成部分，主要有垂直为主、水平 + 垂直混合、医疗主街 + 垂直交通等三种主要模式。从表 1 可知，以垂直为主的流线布局主要在集中式高层建筑布局中采用，水平 + 垂直混合的流线布局主要应用于门诊医技（裙房）+ 病房楼（高层）的布局，而医疗主街 + 垂直交通的模式主要应用于门诊医技楼 + 独立病房楼的布局。结合上文的分析，可以得出这样的结论：在用地较为紧张的情况下，医院内部的交通以垂直流线为主；在用地比较宽裕时，常采用医疗主街作为主要的交通载体，在其两侧布置垂直交通，形成医疗主街 + 垂直交通的模式；在用地条件介于二者之间时，多应用水平 + 垂直混合的流线布局。

从医院使用的角度来说，同层联系的流线比垂直联系更为高效，因此水平发展式的布局比垂直发展式的布局要好，多种建筑形态组合的方式比集中式更好，因此在没有外在条件约束的情况下，独立门诊医技楼 + 病房楼的建筑形态是比较理想的建筑布局。而且从以上案例可以看出，门诊医技功能在条件允许的情况下尽量不要放置到高层建筑部分，因为该部分的人流量非常大，最好以水平交通为主、垂直交通为辅的方式解决流线问题，当其位于高层建筑中时，大量的人流必然成为垂直交通的巨大负担。

4 自然通风、采光与短捷流线

如前文所述，要使尽量多的房间实现自然采光和通风，需要将建筑形体拉开并尽量分散，但这一要求显然与医疗流程的便捷性产生矛盾。设计需要将这一矛盾的影响降至最低。

首先要分析自然采光、通风的策略。本文采用案例分析的方法来进行归纳研究。分析对象主要是门诊部和医技部，住院部之所以不在研究范围内，是因为住院部病房的自然采光和通风是强制性要求，且住院部的形态变化较小，各个医院该区域的功能布局都较为类似，自然采光、通风策略相似，而门诊部、医技部却可以在这方面做很多文章。

根据对案例医院门诊部和医技部自然采光、通风策略的统计（表 4），当用地非常局限时，策略难以实施。以容积率 3.69 的湖南中医药大学第一附属医院中医临床科研大楼为例，用地非常紧张，形体的过多变化就会显得很不经济（图 5）。

而当用地稍宽裕时，可以采用一些通常不会占用较大用地的策略，如长征医院浦东新院在门诊楼和医技楼之间设置采光天窗，医院街则设置成中庭的形式，以扩大受光面积（图 6）。

而当用地非常充裕时，则可以采取效果更好的策略。如定西市人民医院的设计充分利用各种方式来增加自然采光和通风，大大降低了医院的整体能耗。首先是将多层的

图 5 湖南中医药大学第一附属医院中医临床科研大楼鸟瞰效果图

图 6 长征医院浦东新院鸟瞰效果图

表 4 案例医院门诊部和医技部自然采光、通风策略

案例项目	门诊部自然采光通风策略	医技部自然采光通风策略	容积率
湖南中医药大学第一附属医院中医临床科研大楼（700 床）	无	无	3.69
上海长征医院浦东新院（2 000 床）	医院街采光天窗	医院街采光天窗	1.76
定西市人民医院迁建工程（700 床）	与医技楼脱开，之间设置绿化庭院；门诊楼内部设置绿化内庭院	与门诊楼和病房楼脱开，之间设置绿化庭院；医技楼内部设置绿化庭院	0.61
福建省福清市医院（800 床）	与医技楼脱开，之间设置绿化庭院；门诊楼内部设置绿化内庭院；设计有开敞式连廊和医院街	与门诊楼、病房楼脱开，南、北两侧均设置绿化庭院；设计有开敞式连廊和医院街	1.16
上海华山医院北院新建工程（600 床）	门诊楼内部设置绿化内庭院；与医技楼之间设置采光中庭	与门诊楼之间设置采光中庭；与病房楼脱开，之间设置绿化庭院	0.65
上海市宝山区罗店医院扩建工程(400 床）	医院街采光天窗	医院街采光天窗	1.16，0.97
上海市普陀区妇婴保健院迁建工程（180 床）	形体内凹，增加外墙面	形体内凹，增加外墙面	2.39
青岛阜外心血管病医院心脏中心大楼（400 床）	无	无	2.70
泉州市第一医院新院（1 000 床）	门诊楼内部设置绿化内庭院；中庭设置采光天窗	与病房楼之间设置绿化庭院；设置具有采光天窗的中庭	1.16
上海市儿童医院普陀新院（550 床）	与病房楼之间设置绿化庭院	与病房楼之间设置绿化庭院	2.00
无锡市人民医院二期（943 床）	形体内凹，增加外墙面；设置具有采光天窗的中庭	拉长医技楼部分建筑形体，增加外墙面；设置具有采光天窗的中庭	2.20

表 5 自然采光、通风策略与短捷的医疗流程矛盾分析

策略	优势	劣势
医院街设置采光天窗	利于自然采光	医院街需设置中庭，拉长了医院街两侧的交通距离
门诊楼和医技楼脱开，设置绿化庭院	利于自然采光和自然通风	拉长门诊、医技之间的交通流线
医技楼和病房楼脱开，设置绿化庭院	利于自然采光和自然通风	拉长医技、住院之间的交通流线
门诊楼内部设置绿化庭院	利于自然采光和自然通风	拉长门诊各科室与交通核心之间的交通流线
医技楼内部设置绿化庭院	利于自然采光和自然通风	拉长门诊各科室与交通核心之间的交通流线
开敞式医院街	利于自然采光和自然通风	只适用于南方夏热冬暖地区
设置具有采光天窗的中庭	利于自然采光	对流线没有明显影响
形体内凹，增加外墙面	利于自然采光和自然通风	使各部门之间的交通流线加长
形体拉长，增加外墙面	利于自然采光和自然通风	使各部门之间的交通流线加长

门诊医技楼与和独立的高层病房楼脱开，其间设置绿化庭院；其次是将门诊和医技部在形体上适当脱开并作内凹处理，设置绿化庭院；再次是在门诊和医技部内设置绿化庭院。另外，拉长建筑形体、设置开敞式医院街等措施，也有利于自然采光、通风。

医疗建筑强调内部流程的便捷，然而上述这些改善通风、采光条件的策略，都或多或少影响了流线的便捷性。表 5 对上述策略加以归类，并分析了这些策略的优势及劣势。这些策略并非同时利于自然采光和通风，如“医院街设置采光天窗”和“设置具有采光天窗的中庭”两项仅增加自然采光而并不能增加自然通风，二者对医疗流程的影响也相对较小。其他策略既能增加采光又能增加通风，但对医疗流程的便捷性影响相对较大，例如门诊楼和医技楼脱开并设置庭院，加长了门诊和医技部门之间的流线，而医技和病房楼之间设置绿化庭院则加长了门诊医技与病房之间的流线，这是难以调和的矛盾。

既然难以避免这一矛盾，设计应该着力最小化这一矛盾，根据医院方面的具体要求、特色专长等，因地制宜地选用适当的策略实现节能环保和使用便捷。

另外，不同地区、不同气候条件下，建筑形态的控制也有较大的差异。在南方，建筑形体可以相对松散；在北方，建筑形体最好集中，这些都与被动式节能有关。

我国的《绿色医院评价标准》国标即将出台，未来绿色医院的建设目标将成为医院建筑发展的必然趋势，对于建筑师来说，总体布局中的绿色理念又是绿色医院设计中的核心价值。因此本文通过对以上一些案例的分析研究，总结了体现医院建筑总体布局中的绿色理念的几个方面。这几个方面或许也可以成为我们在医院建筑方案设计初期阶段需要考虑的问题，使我们在项目初始阶段就在设计思维中融入绿色医院的设计理念，为项目之后的良性发展做好铺垫。

本文发表于《城市建筑》2015 年 07 期，P113-115.

以患者体验为导向的医疗建筑设计要点探讨

General Points of Hospital Design Guided by Patient Satisfaction

文 陆行舟 LU Xingzhou

摘 要

经过医疗建筑设计与建设多年的发展，医疗理念逐步转变，当下医疗建筑的创作产生了“以人为本”的新内核。本文以多个实践项目为基础，通过对建筑室内、室外空间环境优化策略的梳理，探讨患者体验导向下的医疗建筑设计实践方法与要点，为现代医疗建筑的设计与营建提供有益的思路与参考。

关键词

医疗建筑 患者体验 室内、外空间环境

1 引言

随着现代医学的不断发展，当代医学经历着“生物医学”理念向“生物—心理—社会医学”理念的转变，而医院的经营与管理理念也由原先的以“治病”为中心，逐步转为以“患者”为中心。与之相应地，医疗建筑设计也不能停留于纯粹关注医疗功能需求的阶段，更需从患者的角度出发，创作出既具有实用性、功能性，又兼具个性特点和艺术美感的现代化医疗建筑。

2 医疗建筑建设发展下的新内核

在近现代中国医疗建筑建设发展的历程中，从混沌到成熟，其大致经历了三个发展阶段：

（1）混沌期。新中国成立初期，医院多由政府投资建设，限于当时的社会生产力，无论是总量还是单个建筑的规模，都和整个社会的医疗需求存在着较大的差距，而当时医疗建筑设计以“实用、经济，在可能的情况下兼顾美观”为方针，基本满足了当时的使用要求。

（2）探索期。进入 20 世纪 90 年代，随着中国建筑学会医疗建筑专业委员会和中国卫生经济学会医疗卫生建筑专业委员会的成立，以及一系列标准、规范的出台与实施，医疗建筑的设计逐步由以往的经验化向规范化、标准化演变。此时虽然医疗建筑的建设水平相较过去有了较大的提升，并能更好地满足医院功能的需求，但也逐渐形成了一种固定模式，同质化严重，失去了各个医院自身的个性魅力。

（3）成熟期。进入 21 世纪，建筑师对于医疗建筑的设计手法更为纯熟，并且借助绿色建筑和信息化等新技术的发展，使得医疗建筑的设计更加多元化、个性化。与此同时，伴随着医疗理念从“技术至上”向“人本主义”的转变[1]、医疗理念与医疗建筑设计契合度的不断提升，新时期下医疗建筑设计也产生了新的内核，即以人为本，多层次、全方位提升患者的就医体验。

3 患者体验的重要价值

对于患者体验的关注，不仅是医疗理念、医疗建筑建设发展的结果，也是患者自身对于就医体验品质提升的根本需要。

在心理学领域中，马斯洛需求层次理论将人的需求划分为五个层次，并提出人的需求有一个从低级向高级发展的过程，这在某种程度上是符合人类需求发展的一般规律的[2]。在经济不断发展，物质生活不断丰富的今天，人们对于生活品质的追求不断提升，对医院的要求也经历着由低层次向高层次需求的转变，由单纯的“看病”“治病”，转为在医疗服务、环境品质等方面有更好就医体验的要求。

根据美国《健康设施管理》杂志最新的“2016 年美国医院建设情况调查”，“超过 86%的调查受访者表示患者满意度在医疗设施和服务体系的设计中‘非常重要’；12%受访者认为‘比较重要’；认为患者满意度在设计中“一点都不重要”的比例为 0”[3]。由此可见，“患者体验”在新时期下的医院经营及设计中具有举足轻重的地位。

提升患者就医体验的途径，主要可分为软件与硬件两方面，即医疗服务品质的提升及空间环境品质的优化。这其中，空间环境品质的优化对于提升患者体验，甚至促进患者康复具有重要的作用。“罗杰 S. 伍尔瑞克对美国宾夕法尼亚的保里纪念医院 (Paoli Memorial Hospital) 的环境对病人的影响进行了长达 10 年的研究。他的研究结果表明: 如果病人可以从他们的窗户看到室外园林中的树木，比他们直接看到砖墙需要的药品减少 30%, 而康复速度提高 30%”[4]，可见室内外空间环境品质对于患者的体验与康复具有重要的价值。

4 内部空间环境的优化要点

4.1 医疗功能空间

医疗功能空间主要是指患者诊疗过程中，实际使用的医疗相关功能用房，诸如急救创伤中心、专科中心（多学科中心）、日间诊疗（放化疗、日间手术、日间病房）、病房等。

1）整体化

在医疗建筑一级流程的设计中，将同类型或是相关联的医疗功能区块组合或邻近布置，形成一个完整的整体。例如，在肿瘤治疗中心的设计上，以患者诊疗流程为主线，将诊疗过程中的“门诊、影像、放疗”三大主要功能同层布置以组织流线，此种方式在提升该学科中心整体认知度的同时，大大提高了患者就医的便捷性，减少患者因就医流线往复而产生的不悦感（图 1）。

2）特质化

在医疗建筑二级流程及三级流程的设计上，对于不同医疗功能的用房需根据其患者类型及使用方式进行特质化设计。不仅在面向老年人、儿童、残障人士等不同人群的医疗功能空间宜采用特质化的设计方式，在针对不同类型疾病的诊疗空间中也应考虑引入特质化的设计方式，以提升患者的使用体验。例如，在国外超重病人病房的设计中，病房的空间尺度根据患者的特质进行了特殊处理，不仅扩大了病房及病房卫生间的空间尺寸，还在病房顶部安设了吊载轨道，为患者的活动及康复提供了便利（图 2）。

3）亲切化

在室内空间氛围的营造上，利用明快温馨的色彩、舒适柔软的材质、温和可调的灯光（图 3）等，改善医疗器械带给人们的冰冷感，营造出亲切的、温暖的、家庭式的诊疗空间。例如，在病房的室内设计中，利用滑动的装饰

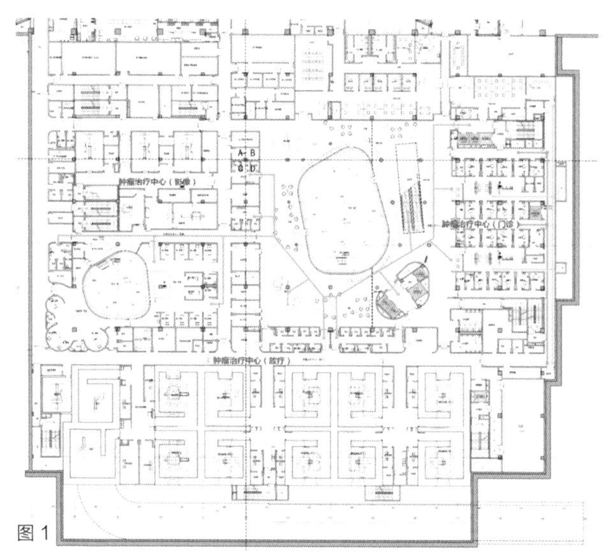

图 1

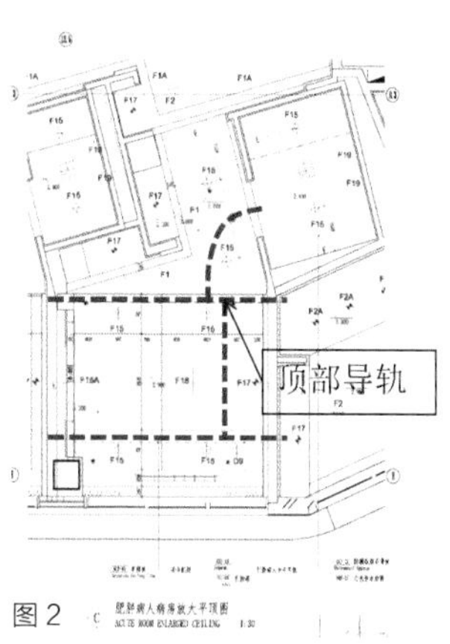

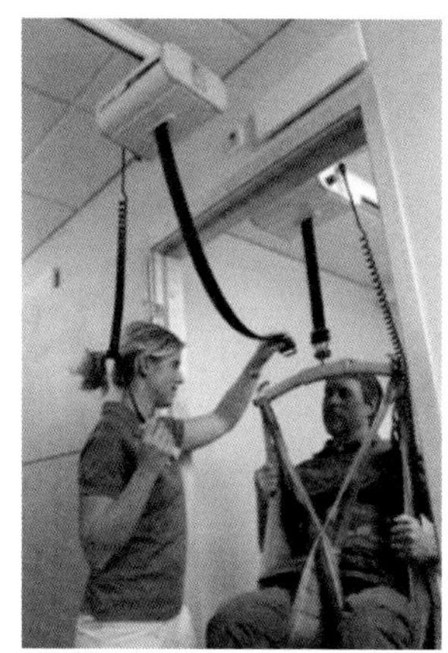
图 2

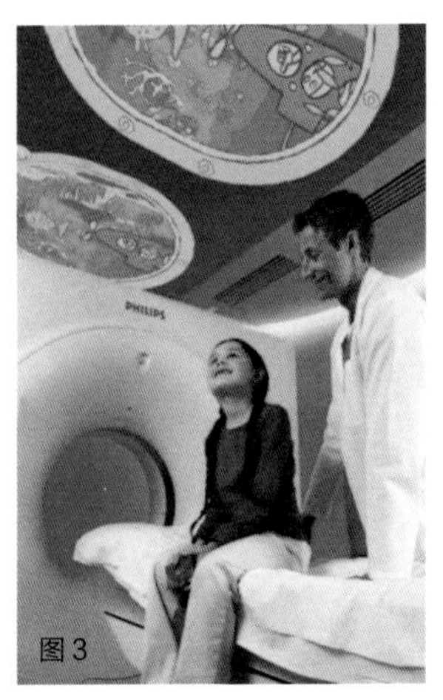
图 3

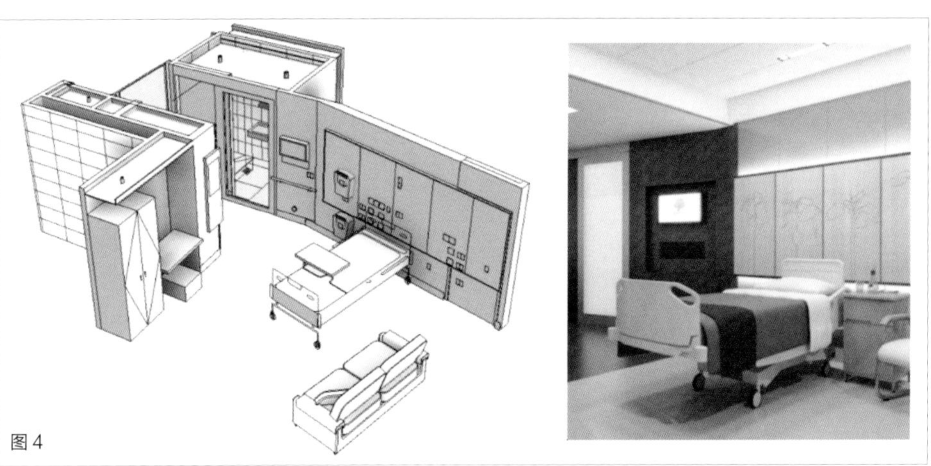
图 4

板，隐藏病床背后繁杂的医疗带，使病房不至于像手术台一般冰冷，整体风格向居家卧室靠拢，创造出温馨的室内环境，从而减轻患者的焦虑感（图 4）。

4.2 后台支持空间

后台支持空间主要是指为医疗功能空间服务的空间，诸如检验中心、静脉配置中心、物资支持中心等。

1）灵活

随着信息化和物流运输系统等高新技术的不断发展，在物流系统的帮助下，支持空间的布置可以更加灵活，丰富了医疗功能和公共服务服务空间设计的可能性。例如，在检验科的设计中，在不引入物流系统的情况下，其平面布置采样与检验中心仅能紧贴布置，而引入了气送管或轨道小车等物流传输系统后，平面空间被极大地解放，检验中心可以被布置于其他楼层相对次要的位置上，为营造更佳的室内空间效果提供了可能（图 5）。

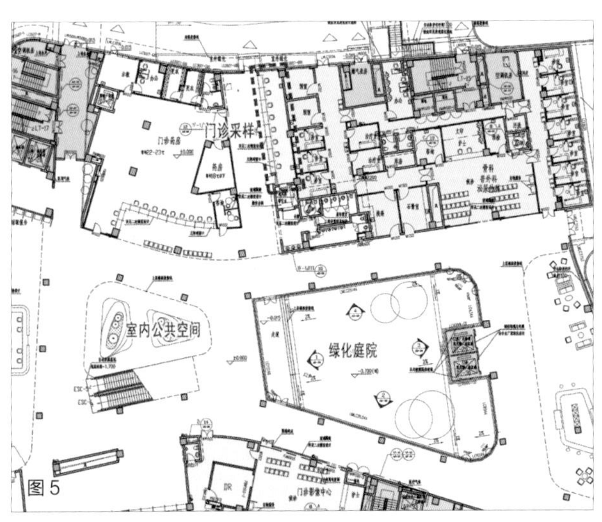

图 5

2）高效

通过智能信息系统和智能仓储系统的引入，可使医院储存空间进一步集约，为医院节省出了宝贵的使用空间。如手术中心的物品储存库房往往占用较多面积，并且存取效率较低，而在引入手供一体化垂直升降柜系统后，不但单位面积下存储物品的数量大幅提升，并且借由智能信息系统，可以实现快速存取、物品溯源、信息管理等工作，大幅提升了工作效率，减少了存储空间所占用的面积。

4.3 公共服务空间

1）便捷

通过对于患者流线的合理组织，尽可能使患者的就医流线便捷、顺畅，减少患者不必要的来回奔波，可以极大地减少患者的焦虑情绪，改善其就医体验。同时，由于医院服务人群的特殊性，应注重公共空间的无障碍设计。这里的无障碍设计不仅仅是对于残疾人而言，更多的是对于老年人及身患疾病体力不支、行动不变的患者，故公共空间中宜尽量避免高差的变化，并完善无障碍设施及设备的配置。

2）可识

医院由于其功能的复杂性，往往存在不同性质、种类繁多的科室。在公共空间的设计中，简明、连续、醒目、富有规律性的导向标识系统（图 6），能为患者迅速且有序地指明到目的地的行走路径，别致的室内标识也是提升室内空间品质的有效途径。

3）舒适

医院公共服务空间不仅仅承担了交通联系的功能，还需为患者提供舒适的等候停留空间。由于患者个体差异，有的乐于社会交往，有的则倾向安静地等候，故在等候空间的设计中，可考虑通过开放与私密有机结合的方式设置等候空间，满足不同人群的需求（图 7）。同时，由于信息化手段的不断丰富，医疗等候的模式也在发生着改变，通过电子叫号系统短信通知患者，使得等候不再局限于某个特定的区域，患者可自由选择停留的空间。

4）美观

医院公共空间除了其承载的实际功能外，给患者带来赏心悦目的视觉享受也是其重要的职能之一。在公共空间的整体组织上，通过不同尺度空间的有机组合，形成富有韵律的空间序列。同时，利用室内空间环境的色彩、质感、光线、材料等要素的有机组织，形成特有意境氛围及空间感受，或开敞明亮，或小巧温馨（图 8）。

5 外部空间环境的优化要点

5.1 建筑形态

1）鲜明的个性

在医疗建筑发展的进程中，曾因其功能的复杂性，而忽视了建筑的特征与个性，造型大同小异，缺乏差异性与多样性。但在当下医疗建筑设计中，也不应为了个性而追求夸张奇异从而矫枉过正，建筑形态设计只有立足于其所处地域，才真正具有生命力，才能为当地的患者带来领域感、归属感。在复旦大学附属中山医院厦门医院的设计中，基地位于风景秀丽的厦门海滨，结合对当地自然环境的分析及对海滨建筑风格的理解，建筑采用了流线型的形体造型，简洁明快的白色铝板与碧海蓝天相映成趣，在充分利用当地自然景观的同时，也成为了当地环境的景观标识（图 9）。

图 6

图 7

图 8

2）宜人的尺度

在大型综合性医院的设计中，建筑的规模往往十分巨大，若对建筑形体处理不当就可能产生尺度失真的问题，而超尺度的建筑形体往往给患者带来疏远感，不利于提升患者的就医体验。对于建筑形体尺度的把控，除了在设计之初进行体量的大小组合、建筑的虚实变化等，通过对建筑材料质感、细部构造的细节处理，同样能产生拉近建筑与人距离的效果（图 10）。

5.2 绿化环境

过往许多的研究表明，人们对于自然环境的向往是普遍存在的，优美的自然环境对于人的身心健康都具有积极的影响，而在医疗建筑中锲入绿化庭院对于就医体验的提升具有多方面的帮助 [5]。

1）多层次

在医疗建筑中营造优美的绿化环境应是多层次的，它既包括地面集中绿地、绿化庭院，也包括屋顶绿化、下沉庭院等多个标高上的绿化景观。于建筑体中嵌入不同标高、不同尺度的绿化庭院，不仅能为室内空间环境引入充足的阳光，更能将大自然更好地渗透入建筑环境之中，创造生态、绿色的康复环境。在复旦大学附属中山医院厦门医院的设计中，通过建筑退台和塔楼体型的扭转，形成了一系

图 9

图 10

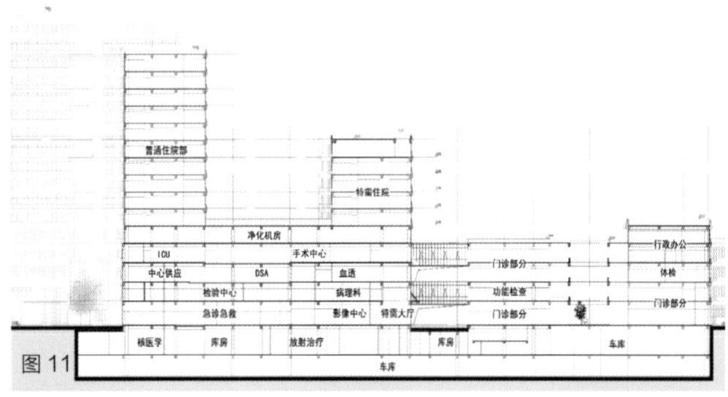

图 11

图 12

图 13

图 14

列的屋顶花园、下沉花园及绿化庭院（图 11），这些空间或用于休息观景，或用于竖向绿化，动静结合，模糊了建筑室内外的界限，为室内环境增添了别样的趣味。

2）多元化

在绿化环境的设置上，为其配置多元化的活动及功能，对于提升患者体验具有极为积极的作用，而那些仅作观赏、功能单一的绿化庭院则往往相对消极，因为此类绿化空间无法有效地与患者形成互动。在上海泰和诚肿瘤医院中心庭院的设计中，设计者引入了丰富的步行系统，或隐蔽私密，或围合开放，配合以休憩的座椅、景观绿化、雕塑小品等元素，为建筑营造出了丰富多元、活动丰富的“愈疗花园”（图 12）。

5.3 交通环境

1）立体交通系统

由于医疗建筑的特殊性，医疗园区内流线较为复杂，包括车流、人流、货物流线等。复杂的各类流线关系导致传统医院设计很难避免人车混行、流线交叉的问题。而通过借鉴机场的交通流线组织模式，利用立体交通的方式一定程度上缓解了交通组织问题。在复旦大学附属中山医院厦门医院的交通组织设计中，采用了立体交通的模式（图 13），将过境车流、入库车流等多类机动车流线引入地下，地面仅组织特殊车流（急救车流等），从而极大地减少了地面人车流线的交叉，为患者营造有序的、安全的就医出行体验。

2） 上、下客等候空间

在交通环境优化的过程中，除了对动态流线的组织与梳理，对于社会接送车辆及出租车上、下客等候空间的设置，也是医疗环境人性化设计中的重要一环（图 14）。一方面，对于接送车辆，需合理安排好其停靠位置，在保证不影响场地交通流线组织的同时，为上、下客区域提供良好的遮蔽，以应对不利的气候条件。另一方面，对于等候的患者，为其提供舒适的座椅及明确的标识指引，能够较大地提升其整个就医体验的满意程度。

6 结语

医院不应只是人们修理身体的“工厂”，更应是让每一位患者感受到被尊重、被关怀、被呵护，身心愉悦并重获健康的场所。随着理念、模式、技术、材料日新月异的发展，通过对医院内部与外部空间环境品质多方位的提升，为患者提供更为人性化的诊疗环境、更佳的就医体验，这才是当下医疗建筑设计创作的价值所在。

图片说明

图 1：肿瘤治疗中心各功能区组合布置（资料来源：上海泰和诚肿瘤医院项目）

图 2：超重患者病房的特殊化设计（资料来源：网络）

图 3：利用可调的灯光营造不同的室内氛围（资料来源：网络）

图 4：病房的室内环境亲切化（资料来源：网络）

图 5：引入物流系统后，门诊仅需布置采样空间，节约了一层宝贵的空间（资料来源：复旦大学附属中山医院厦门医院项目）

图 6：室内标识系统的设计（资料来源：网络）

图 7：温馨的私密化等候空间（资料来源：陈国亮 摄）

图 8：开敞明亮的室内空间（资料来源：上海青浦德达医院项目，邵峰 摄）

图 9：具有鲜明地域个性的建筑造型设计（资料来源：复旦大学附属中山医院厦门医院项目）

图 10：建筑细部及材质变化消解巨大的建筑体量（资料来源：上海东方肝胆外科医院，邵峰 摄）

图 11：多层次、多标高的绿环庭院布置（资料来源：复旦大学附属中山医院厦门医院项目）

图 12：多元化的愈疗花园（资料来源：上海泰和诚肿瘤医院项目）

图 13：交通流线的立体组织（资料来源：复旦大学附属中山医院厦门医院项目）

图 14：上、下客等候空间的设计（资料来源：陈国亮 摄）

注释

[1] 翟斌庆 . 医疗理念的演进与医疗建筑的发展 [J]. 建筑学报，2007(7):89-91.

[2] 马斯洛 . 马斯洛的人本哲学 [M]. 刘烨，编译 . 呼伦贝尔：内蒙古文化出版社，2008.

[3] 详见 https://www.sohu.com/a/123183615_456060.

[4] Eb.H.，蔡德勒，张神树 . 医疗科技的进步，医院的可变性和健康的环境 [J]. 世界建筑，2002(4):31-32.

[5] 马科斯，罗华，金荷仙 . 康复花园 [J]. 中国园林，2009(7):1-6.

本文发表于《城市建筑》2017 年 25 期，P40-43.

基于使用者需求的医疗建筑后评估应用实践

Application of Post-evaluation of User-oriented Medical Architecture

南通医学中心急诊中心设计

The Design of Emergency Center of Nantong Medical Center

文 荀巍 XUN Wei

摘 要

医疗建筑为人服务，使用者体验是评价医疗建筑优劣的重要标准。医疗建筑后评估可以让建筑师了解使用者的真实体验，总结设计的经验和教训，从而改进和创新建筑设计。本文以南通医学中心急诊中心的设计为例，介绍如何应用后评估成果改进和创新设计，改善使用者的体验，提升医疗建筑的品质。

关键词

以使用者需求为导向 立体抢救体系 效率优先 急缓分级

1 国内外医疗建筑后评估的研究现状

医疗建筑后评估的重要性不言而喻，医院服务于特定的使用人群。近20年来，中国医院的建设规模居全球之首，但整体品质与发达国家差距较大，医疗建筑后评估不仅是设计闭环的重要组成部分，其成果在设计中的应用还可以促进医疗建筑设计的创新和医院品质的提升。

国外开展使用后评估研究工作的时间较早，20世纪50~60年代，西方政府希望通过后评估来改善其投资的公共设施的质量。早在1963年，英国皇家建筑师协会就将后评估作为设计全过程的一个阶段，经过数十年的发展，英国、美国、澳大利亚对医疗建筑后评估形成了比较成熟的理论与实践体系。

英国卫生部（Department of Health, UK）与英国建筑及建成环境委员会联合推出基于使用者——患者和医护人员的医疗建筑后评估工具（A Staff and Patient Environment Calibration Tool，ASPECT），从8个角度评估医疗建筑的设计效果（图1）。

美国"通用设施管理机构FMI"[1]，立足于医疗建筑的性能，从医疗建筑对使用者健康、安全和心理影响的角度出发，提出循证设计的概念，为医疗建筑设计提供可测量的指标要求。

澳大利亚维多利亚州社会服务部（Department of Human Services, State Government of Victoria, Australia，DHS）推出了完整的后评估指南性文件[2]，侧重于对项目效益的评估，帮助公立医院的投资者和管理者更加有效地管理投资项目，特别是建设项目（图2）。

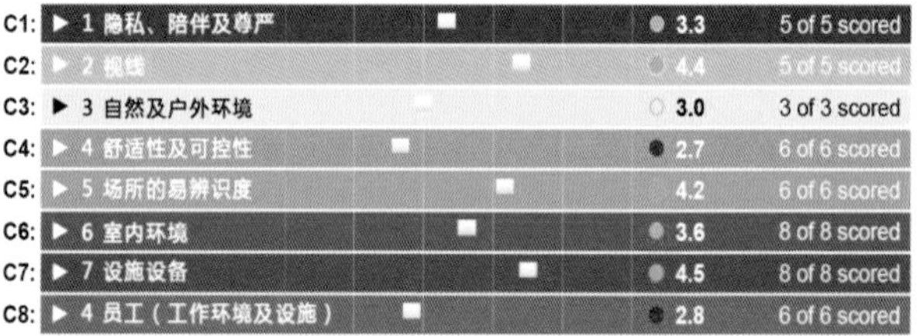

图1

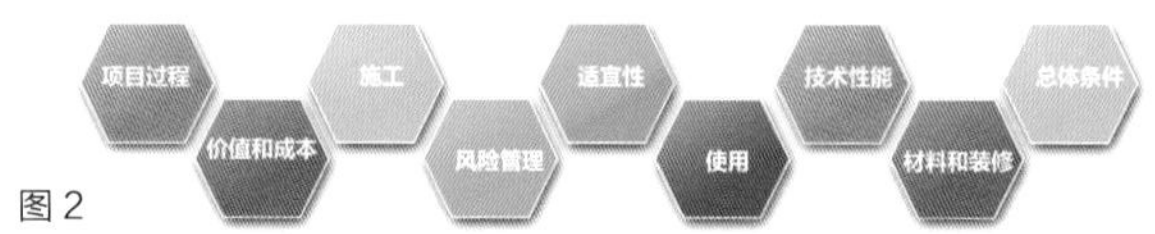

图2

我们国家从2009年开始启动后评估的研究工作，华南理工大学的吴硕贤院士在中国科学院学部咨询项目报告中提出"为建筑物的使用者着想，为他们设计良好适用的建筑空间"，首次提出后评估的概念。北京建筑大学的格伦教授则重点关注医疗建筑后评估，对其体系进行了深入的研究。医疗建筑后评估在实践推动下形成了一些理论体系和方式、方法，但是总体来看，后评估在我们国家尚处于起步阶段，尤其是后评估成果的应用几乎空白，这种现状与国家加大公共卫生事业投入的趋势形成反差。因此，加大医疗建筑后评估的推广，摸索后评估成果的应用路径迫在眉睫。

2 医疗建筑后评估实践中发现的典型问题

近年来，我们团队持续开展医疗建筑后评估工作，在实践中我们发现，新建医院的基本设计问题越来越少，比如医患分流、洁污分流等；医院设计出现了一些新问题，主要集中在建筑设计千篇一律、合理性不足等方面。

2.1 医疗流线问题

病人和医务人员流线与诊疗流程匹配度不高，流线长、流线迂回，导致医务人员和患者在医院中需要付出大量不必要的移动距离，患者治疗的及时性、家属情绪化等一系列问题也随之产生。虽然，对于医院的普通使用者来说，这类问题未必严重，但是对于病情危重、入院后需要紧急救治的急诊患者来说，这类问题不仅会给他们带来焦虑、不满的情绪，而且很可能会带来更加严重的后果。以抢救流线为例，需要抢救的患者本应在预检分诊后第一时间被送达抢救室，但某医院却因抢救室位置不合理，导致抢救患者在通过急诊门厅预检分诊后，需要经过 4 次转向才能进入抢救室，极易错过最佳抢救时间（图 3）。

2.2 用房配置问题

后勤库房、医务人员和工勤人员的休息、生活等辅助用房严重不足，导致医务人员没有获得感，工勤人员缺少应有的尊重，医院运营成本增加。

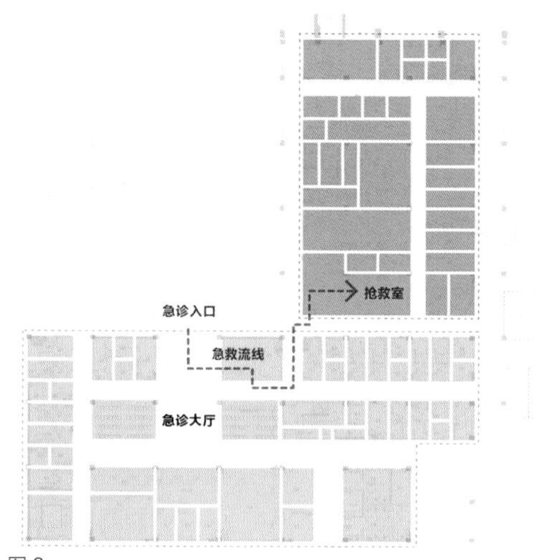

图 3

2.3 房间尺度问题

部分医疗用房面积不足，或者面积合适但房间的几何尺寸不合理，使医疗设备无法安装，或者医务人员在诊疗时操作姿势不舒服。

2.4 应对公共卫生突发事件的预案问题

医院应对公共卫生突发事件的应急预案缺失或不足，综合医院普遍存在感染性疾病科功能弱化，发热门诊面积不足、配置不全，缺少应急的空间和设施等问题，导致医院在遇到公共卫生突发事件时，救治能力受制于硬件配置的缺陷，没有条件充分承担其应有的社会责任。

2.5 运行成本问题

医院的服务支持系统，诸如药房、库房、设备用房、治疗处置用房等，布局分散，无法实现资源共享，导致人员增加，医院的运行成本居高不下。

3 以使用者需求为导向，创新医疗建筑后评估的应用实践

针对在后评估实践过程中出现的新问题，我们在南通医学中心急诊中心的设计中，进行了一次后评估成果应用的创新实践。

南通医学中心是一所在建的特大型三级甲等综合医院，是江苏省北部区域的医疗中心，可以提供2 600张床位，

图 4

总建筑面积达 392 713 平方米。其中，急诊中心的建筑面积为 9 100 平方米，设计日急诊量约 2 000 人次（图 4）。

3.1 使用者需求的两个维度

如何通过设计满足使用者需求是改善使用者体验的关键。在急诊中心设计中，我们针对后评估实践中发现的问题，深入研究各类人群的使用需求，包括不同使用者的需求和使用者不同层次的需求，通过对设计固有经验或习惯做法的改进，创新设计，最大限度地满足使用者需求，从而提升急诊中心的品质。

急诊是医院急症诊疗的首诊科室，也是医院唯一 24 小时运营、人流集中、不同病种患者汇聚的科室，其使用者主要分为 4 类：管理人员、医务人员、患者和陪护人员、工勤人员，我们分别从两个维度研究使用者的需求。

1）横向维度：研究不同类型使用者的需求

不同类型使用者在急诊诊疗活动中的角色不同，需求也存在较大差异。

管理人员重点关注急诊的效率和运行成本，包括如何确保救护车流线不受干扰，如何使不同急诊病情的患者得以快速分流，急诊内部流线是否通达，是否有患者抢救的绿色通道，如何使急诊科与相关科室的联系更便捷，不同分区如何合用人力资源，如何为突发事件预留条件等。管理者希望急诊功能完备，布局合理，具有可拓展性，既能快速应对各种突发事件，为不同危重程度的患者快速提供医疗救治，又能做到资源共享，减少人力和设备的重复投入。

医务人员重点关注工作环境，包括功能用房是否齐全，房间尺寸是否满足操作要求，房间是否有自然通风和采光，装修材料是否合理，是否有医生专用通道，如何缩短每天的步行距离等。

患者和陪护人员重点关注就医体验，包括诊疗流线是否简洁高效，标识系统是否清晰易懂，候诊空间是否宽敞明亮，诊疗空间的噪声是否最低，是否能保护病人隐私，室内色彩是否温馨，无障碍设施和便民服务设施是否好用等。

工勤人员重点关注基本功能配置，包括有没有单独的工勤用房，是否可以满足其基本的更衣、储物等要求。

2）纵向维度：研究使用者不同层次的需求

根据美国著名心理学家马斯洛的需求层次理论，急诊使用者的需求可以分为两个层次。

基本类需求——使用者希望急诊中心可以提供一个快速诊疗的安全环境，应该具有完整的功能、合理的布局、简洁的流线、舒适的空间、完善的设施和安全的材料。

提升类需求——使用者希望急诊中心能够提供最好的诊疗体验，因为急诊是医院最紧张且繁忙的部门，应具备高效的流线、紧凑的布局、应急的设施、清晰的标识、人文化的空间、人性化的细节、柔和的色彩。

基本类需求是满足急诊中心正常运营的必备条件，提升类需求则是急诊中心的设计目标，使得医院急诊中心的品质通过设计创新不断得以提升。

3.2 创新的医疗建筑后评估应用实践

基于对急诊中心使用者需求的充分研究，我们在南通医学中心急诊中心的设计中采取以下措施，实现“以使用者需求为导向”的创新设计。

1）建立四大功能区，打造“急缓分级”的闭环抢救体系

“急”是急诊病人的共同特点，但患者的病情各不相同。根据患者病情将急诊中心进行分区设计，急缓分流，可以有效缓解急诊的管理压力，使所有病人都能及时获得应有的治疗，危重病人则能得到最快的救治。

南通医学中心急诊中心在设计中建立了界面清晰的四大功能区，涵盖诊、查、治等完整的医疗功能。四大功能区呈三角形布局，通过急诊大厅内部连通，四通八达，各种类型的急诊病人可以通过急诊大厅分诊，快速到达与自己病情相对应的功能分区。

红区：抢救监护区，设置抢救室、急诊手术室、DSA 室、急诊重症监护室（Emergency Intensive Care Unit，EICU）、洗胃间及配套用房。

黄区：密切观察区，设置急诊病房、急诊留观、输液和配套用房。

绿区：普通诊查区，设置内科、外科、儿科、妇科、耳鼻喉科、眼科、口腔科诊室等。

蓝区：中心支持区，设置预检分诊、挂号药房、挂号收费、急诊医技、办公、值班、示教、生活用房等。

2）建立立体抢救体系，实现效率优先的设计原则

抢救监护区是急诊中心最紧急的核心功能区，其布局与功能配套对急诊危重病人的救治至关重要。按照急诊中心的常规设计，抢救监护区分为水平布局和垂直布局两种，病人通过公共通道实现在不同房间之间的转运。

为了尽可能降低病人在转运过程中的风险，我们在同层将急诊中心最紧急的功能用房集中起来，内部连通，并与相关功能建立便捷的联系，打造以抢救监护区为核心的立体抢救体系，这是南通医学中心急诊中心设计的最大亮点。

设计将抢救监护区的三大功能区——抢救区、抢救医技（急诊手术、DSA）、EICU 的所有用房集中起来，毗邻首层抢救大厅，形成医院的抢救中心。抢救中心通过绿色通道在水平和垂直两个方向与相关功能区联系：在水平方向上，通过专用通道连接救护车转运病人的专用入口、抢救大厅、急诊大厅（图 5）； 在垂直方向上，通过专用电梯与医院的手术中心、直升机停机坪连通，打造竖向绿色通道（图 6）。抢救中心引入一条病人转运的专用内部通道，打通三大功能区（图 7），使抢救中心彻底实现病人抢救流线的闭环。立体抢救体系是南通医学中心急诊中心设计的创新之处，为医院急危重症病人的抢救创造了最好的硬件条件，病人在入院后，不仅可以第一时间到达抢救区域，而且在抢救的全过程，几乎不会受到任何外部的干扰，最大限度为急症病人争取了宝贵的抢救时间，保护了病人的隐私。

3）创造人文化空间，为急诊中心 24 小时不间断运营提供最好的物理环境

急诊中心 24 小时不间断运营，不同疾病人群汇聚在一起，人多嘈杂，容易造成院内的交叉感染。因此，使用者对就医体验有更高的要求。设计立足于为急诊中心营造一个亲近自然、安全舒适的诊疗环境，在满足基本使用要求的基础上，缓解连续运营环境给医务人员、患者带来的紧张情绪。

公共空间和候诊、诊室等主要功能房间靠外墙布置，引入自然光线和通风，医务人员和患者都可以看到室外景色（图 8）。

候诊区结合功能多点布局，面积适当扩大，即使活动不方便的病人也能移动，同时降低因人员过于密集造成院内交叉感染的风险。

所有病人活动区域均设有无障碍设施，入口大厅设置轮椅、平车等便民服务设施，为急诊病人提供最大的便利。

医生生活区设置医务人员学习、休息等用房，医生在紧张的工作之余，可以在此休息、交流，提高医生的获得感。

一人一诊，公共服务区设置隔断，抢救监护区与外部建立区域管控，最大限度地保护病人隐私，提高患者和家属的满意度。

人员密集的候诊区采用吸声材料，抢救室设置心肺复苏间，降低环境噪声对患者的影响。

4）预留抢救空间和设施应对公共卫生突发事件

急诊是医院应对公共卫生突发事件的前沿阵地，独立运营和功能可拓展的属性对于医院最大限度发挥其承担的社会责任至关重要。

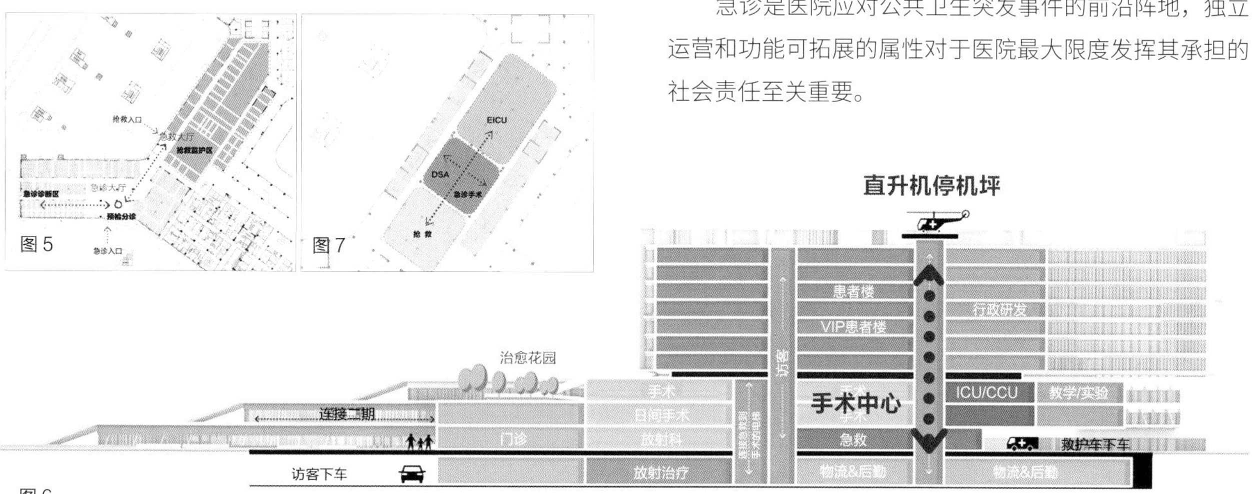

图 5

图 7

图 6

急诊中心设置独立的急救广场，布置绿化和停车区域，急诊大厅、抢救大厅、候诊空间均预留医用气体点位等抢救设施（图 9），一旦发生公共卫生突发事件，这些空间和设施可以快速转换为不同级别的抢救单元，为不同危重程度的病人服务，大大提升医院的救治能力。此外，急诊中心功能完整，与医院的其他功能区之间设有物理隔断，可以独立运营，发生公共卫生突发事件时，急诊中心可以实现封闭式管理，不影响医院其他功能区的运营。日常使用阶段，也可以大大降低医院的运行成本。

4 结语

南通医学中心急诊中心设计是一次后评估的应用实践，在这次实践中，我们深入挖掘使用者的需求，通过最贴近使用者需求的创新设计，提高特大型医院急诊中心的品质。

医疗建筑是功能性非常强的建筑类型，使用者体验优劣决定了医疗建筑的性能，也成为创新设计的动力。后评估可以帮助医疗建筑师及时了解使用者的反馈，站在使用者的角度创新医院设计，不仅可以解决医院运营过程中存在的问题，更重要的是可以推动医疗建筑品质的不断提升。

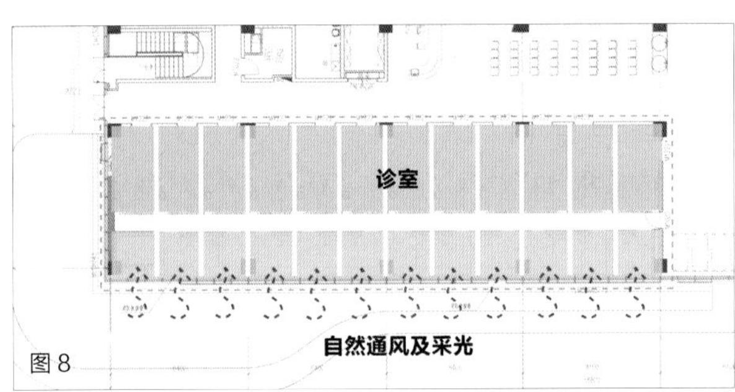

图 8

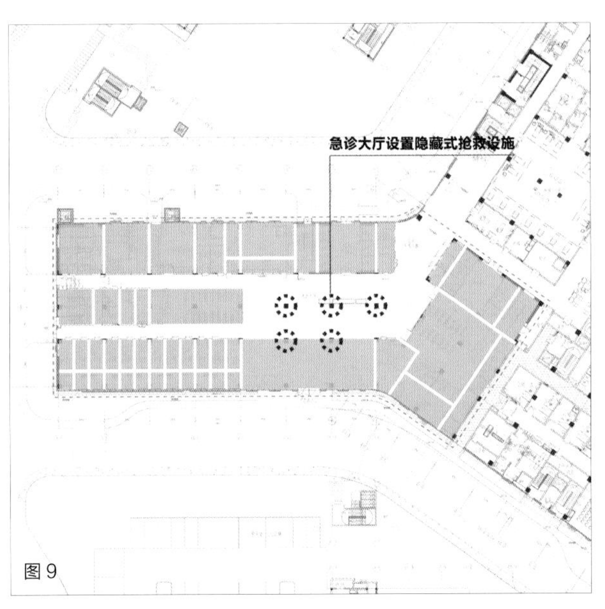

图 9

图片说明

图 1：英国 ASPECT 的 8 个评价板块（资料来源：作者自绘）
图 2：澳大利亚 DHS 推出后评估指南性文件（资料来源：作者自绘）
图 3：不合理的抢救流线（资料来源：作者自绘）
图 4：南通医学中心（资料来源：美国 Gresham Smith & Partners 公司）
图 5：急诊门厅与抢救门厅连通（资料来源：作者自绘）
图 6：连通抢救中心、手术中心和停机坪的竖向绿色通道（资料来源：作者自绘）
图 7：抢救中心内部供病人转运的通道（资料来源：作者自绘）
图 8：通过自然采光及通风营造良好环境（资料来源：作者自绘）
图 9：急救大厅设置抢救设施（资料来源：作者自绘）

注释

[1] 吴硕贤．建筑学的重要研究方向——使用后评价 [J]．南方建筑，2009（1）：4-7.
[2] 李郁葱，赫尔曼．医院建筑的用后评估和性能评估——品质、效率、反馈和参与 [J]．城市建筑，2009（7）：10-12.

本文发表于《当代建筑》2020 年 03 期，P35-37.

医疗功能模块化和医疗流程体系化

On the Healthcare Function Modularization and Medical Process Systematization

上海长海医院门急诊综合楼设计

Design of Integrated Out-patient and Emergency Building of Shanghai Changhai Hospital

文 邱茂新 黄新宇 QIU Maoxin HUANG Xinyu

摘 要

长海医院门急诊综合楼采用医疗功能模块化和医疗流程体系化的设计方法，实践了 2004 年提出的 EFFIC system 高效体系的设计主张，促进了医疗建筑设计专业化发展。

关键词

功能 模块化 流程 体系化

上海长海医院（第二军医大学第一附属医院）创建于 1949 年，是集医疗、教学、科研于一体的现代化大型综合性三级甲等医院。医院占地约 23.4 万平方米，建筑面积约 45.8 万平方米，以具有国际一流水平的门急诊综合楼为代表，形成了布局合理、设施先进的医疗建筑群，全院设有建制科室 50 个，展开床位 2 000 余张。

院方自 2005 年开始新建门急诊综合楼（表 1）。我们从 2004 年着手新门急诊综合楼功能的研究。根据服务人流量大、门诊科室多、急诊按照野战医院配置的要求，选择“医疗功能模块化”和“医疗流程体系化”的设计模式。同时为配合医院的建设，将门诊、急诊分阶段施工，在建设的同时，顺利地实现了功能的建设与转换，实现了策划高效、管理高效、设计高效、建设高效、运营高效的建设目标。

1 功能模块化

针对长海医院门急诊量大、集中的特点，我们将门急诊的主要功能以模块化的形式分单元布置，收到了很好的效果（图 1—图 5）。

1.1 稳定的区域

依照医院的常规需求，建立稳定的临床活动区域，为

图 1

图 2

图 3

图 4

图 5

临床诊断、检查、治疗等门急诊活动提供基础空间环境，是医院建筑设计的主要目的。区域的稳定性对临床医疗活动的秩序影响较大。在长海医院门急诊综合楼建筑设计中，体现稳定性的关键词是：部位、范围、界面。

1.2 为学科运作提供条件

临床学科的发展日益体现出专业化的趋势，专业细分的临床活动规律已成为大型综合医院功能设置的依据，引导着医院门急诊部功能布置的设计。临床学科活动之间的差异，对新的建筑环境和空间提出了模块化要求。

1.3 学科间会诊与支持

目前，我国大型综合医院功能设置以内、外科体系为

表 1 新建门急诊综合楼建设任务

序号	部位	层数	面积 / 平方米	设计服务量	备注
1	急诊	5	13 285	600 人次／日	峰值 1 300 人次／日
2	门诊	8	33 782	6 000 人次／日	峰值 11 000 人次／日
3	连接体	7	6 100		
4	地下车库	2	40 605	1 200 辆（车架）	
	总计		93 772		

主。也有医院依据“病种”为功能设置的基础，将同一类疾病内、外科毗邻而设或临近而设，这种设置的特点是在需要会诊时，医生可以移动为患者服务，方便就诊患者。模块化的功能区域较容易实现这一切。

1.4 为未来医学模式作准备

不断发展的国际医学、我国不断改进的医疗体制、社会福利的改善和医疗保险，引发了新的医疗活动形式，激发了新的医疗环境和建筑空间建设需求。模块化的医疗建筑模式，可以应对发展的要求，灵活地组建成新的空间。这种适应性强的设计模式正顺应了社会医疗体制不断变革的需求。

1.5 均质量化的空间

今天，大型、特大型医院面临的头等大事就是人流量的骤增。设计阶段关于人流量的计算依赖经验，建成的大型综合医院的门诊量几乎都翻番，医疗机构的运营压力不断加大。平均人流量自然成为新建大型医疗机构设计的必修课。长海医院门急诊综合楼的功能模块化设计充分研究了各个功能模块需求的量化基础，按照诊室、等候、交通、卫生等必备功能需求，制定功能配置准则，均匀地设置功能模块的建筑空间。

2 功能模块的布置原则和组织形式

模块的功能建立在服务能力的进一步完善、科学和稳定的基础上。功能模块在长海医院门急诊综合楼的位置、楼层以及功能之间的关系，是设计努力解决的重点。

2.1 地区疾病谱和常见疾病因素

常见疾病和医院所在地区的疾病谱会造成门急诊服务量的变化，也是体现医院服务能力的重要因素。门急诊诊室的布置首先要考虑到这一点，将量大面广的诊区安排好，然后以此为基础，兼顾相关临床科室的布置。

2.2 核心科室人才配备因素

社会需求推动医院技术能力的提高，但最关键的还是学科的人才配置。病人群的量化形态，既给医院的服务造成压力，也为医院科室和人才的配置带来发展和机遇。医院建筑设计既要研究人流量大所带来的压力，也要解决医院配置中诊室和医生、护士的工作需求，还要解决他们展开医疗活动所需的空间和建筑环境问题。

2.3 门急诊量化规模因素

受季节、疾病谱等影响，每天的门诊量具有一定量的动态性，其中最大门急诊量应当是建筑设计的基本依据，同时也必须为最小门诊量的使用做好分析和准备，合理采取功能模块的布置方法。

2.4 健康人群因素

在来院就诊或其他医疗活动的人员中，产科的产期检查、体检、五官科、美容、生殖助孕、健康咨询等人流可以归为“健康人群”，设计中将这部分人员分流，安排在竖向稳定的区域，并根据这些人流的活动规律和活动时间，提供稳定的区域和空间，极大地改善了其他区域功能的展开。

2.5 功能模块的组织形式

根据门急诊量选择功能所在楼层和平面部位，大流量的科室尽可能选择低区，平抑竖向流量的压力。根据临床学科功能之间的关联程度，选择水平布置或者垂直相近布置，建立起各学科的高效支持。

2.6 急诊部功能模块的组织

长海医院急诊部按照野战医院配置，内、外科系统的分类贯彻“模块跟着功能去，功能跟着专业走”的原则，具有科室细分，功能相通，技术支持接、转诊能力强的特点。急救、急诊作为前端、中端的应急检查治疗，与后端的观察、护理以及为前、中、后环节贯通提供支持的功能形成系统化的组织形式。急诊、急救部的功能布置和组织体现出定性、定量和动态变化的适应性，体现出医院和设计师极其认真的工作方法。

3 流程的体系化

在建立稳定的功能模块的技术环节中，建立体系化流程是长海医院门急诊综合楼设计工作的重点（图 6—图 11）。

3.1 内部流程的形式与属性

单向流程——受洁、污流线的限制，部分功能的流程只能单向的，这种流程对建筑环境的要求是封闭的或尽端型的；双向流程——在功能区域内部很常见，无论患者、医生、护士都执行这种形式的流程，它对建筑空间的要求是开放和适度的宽敞；循环流程——重复性活动常用的流程形式，它对于建筑环境的要求是便捷、安全、稳定。

3.2 功能模块之间的组织形式

水平流程和垂直流程是功能之间最常见的组织形式。水平流程的主要硬件介质是通道、连廊，其重点是拒绝不必要的交叉；垂直流程主要依赖楼梯和电梯，垂直交通体系除了分区域使用外，大多情况下承担量大、类别冗杂的功能。物流系统和网络系统也承担部分功能之间的关联，它们的介入使流程体系表现出更丰富的水平与垂直形态。

3.3 水平与垂直流程之间的关联

水平流程体系更多地实现了功能模块串联，形成区域或共享空间。垂直流程既能从竖向串联功能模块，也能串联若干水平功能流程，在实现水平与垂直流程形成体系的同时，承担着流程被执行、维护、破坏的巨大压力。

长海医院门急诊综合楼的流程体系设计做到了均匀配置、流量限定、内外有别、自成系统。原设计门诊量为

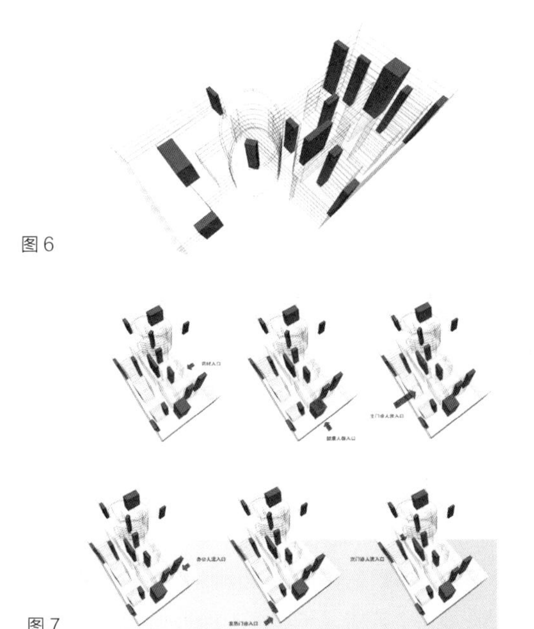

图 6

图 7

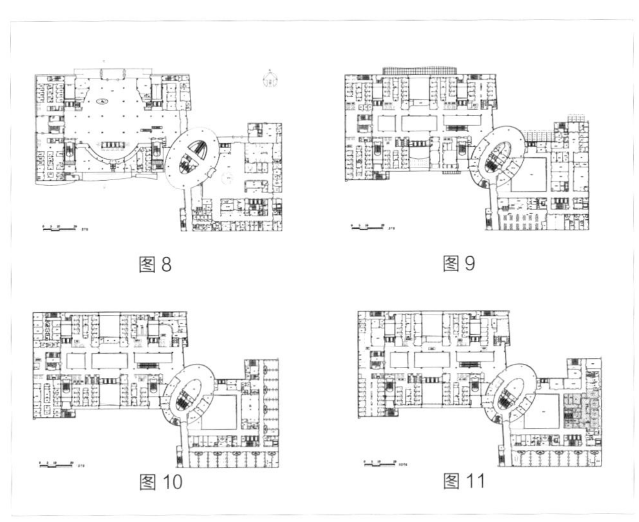

图 8

图 9

图 10

图 11

6 600 人次 / 日，而达到 11 000 人次 / 日时，依然很稳定，未见过度压力。

4 医院服务功能的人性化

建筑空间是为人服务的环境，医院尤其如此，除了满足一般公共建筑的空间界面条件，设计应充满人性化的服务意识（图 12—图 16）。

4.1 缩短医疗活动路线

根据科室的设置，将常规的医技检查随科而设，如心内、心外科的心电检查同层设置，减少患者去其他楼层给垂直交通带来的压力。每层设置挂号、收费窗口，既可分散集中人流的压力，又可按科室提供高效的专科化服务。

4.2 均匀配置公共设施

每一层功能单元到达卫生间、楼电梯的距离控制在 20m 以内，这种均匀配置设施的方法，在使用阶段是便捷，在维护保养环节是有利，在管理和疏散环节是安全，集中体现了高效。

4.3 等候空间

等候是大型医疗机构中患者最重要的活动之一，除了对空间的数量有严格要求，对质量的要求也在不断提高，包括座位、站立、视觉、光线、景观等的质量，空气质量也已成为现代化医疗建筑中研究和设计的重点。

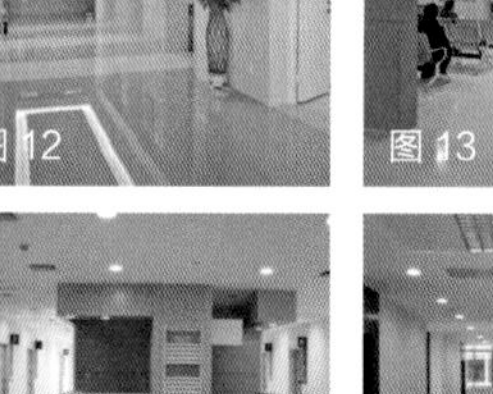

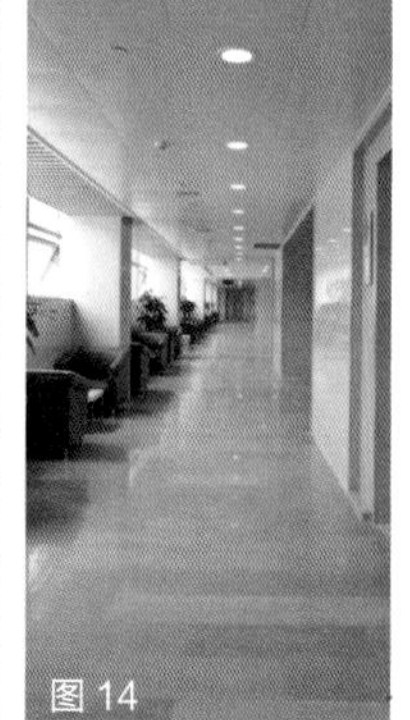

图 12 图 13 图 15 图 16 图 14

4.4 优质场所

医院是为患者提供服务的场所，提供服务的主体是医生、护士或其他工作人员。为这些主体工作人员提供优质的工作条件和场所，是长海医院门急诊综合楼设计的重点之一。这些场所包括诊室、检查室、工作室、储藏室，以及医生的更衣室、休息室等。优质场所是优质服务的前提，是人性化服务的具体体现，是特大型综合医院建筑环境设计的重要功课。

5 设计实践感悟

长海医院门急诊综合楼经历了较长时间的设计，这一过程中，一次次优化、一次次克服困难、解决矛盾的经历使我们感触颇深。

5.1 经验遭遇科学标准

在医院建设中，经验是先导，影响任务的提出和目标的设定。经验是双方的：医院的经验来自医院各个层面，汇集在一起，变成强大的推动力；设计的经验是一大堆规范、标准和曾经有过的设计经历，汇集在一起，变成在各种困难与矛盾面前忙于应对的能力。实践告诉我们，经验中有成熟的规律，也有矛盾；有发展的愿景，也有部门利益的纷争；有既定模式的延续，也有新标准的介入。

美国医疗机构评审国际联合委员会的《医院评审标准（第 3 版）》（简称《JCI 标准》），正在成为界定经验的有效信息。它从医院的各个功能环节对医院的功能管理、医疗活动、设施等提供了全面的规定和建议，但仅有医院方或设计方单方面的理解和工作是难以达到这个标准的。

5.2 体制改革遭遇技术发展

严格地说二者是相辅相成的，而当其中某一方面不确定时，功能模式、服务模式、管理模式会触动利益这根敏感的神经，致使设计工作难以兼顾，困难重重。如药房、输液、大型医技装备等用房的配置，直指社会医疗模式的变革。再如所有医院在为停车付出极大代价时，难以得到更充分的社会资源的支持。医疗资源、医疗环境、医疗功能是社会不可或缺但极其有限的，在制造和使用这种资源的过程中，要注入和提供更丰富的其他资源才能达到平衡。

5.3 绿色医疗建筑遭遇知识储备

全球都在倡导绿色建筑。从理论上说，绿色医疗建筑的建设意义更重大。医院是生命健康的绿色基地，但也是可能受到生物、化学、物理等环境影响的场所。在城市环境中，医院对环境的影响较大；在医院环境中，要将污染控制在建筑中，不但不能影响本建筑环境，还要在使用中保证不影响周围环境；要在医院的运营中，维护现有环境，提升环境的品质；在建筑全寿命历程中实现节地、节水、节能、节材等目标……任务极其艰巨。这就需要在医院的全生命周期中贯彻绿色主张。当前绿色建筑的知识储备、技术储备、资源储备和人才储备都十分有限，绿色医疗建筑之路任重而道远。

6 EFFIC system 高效体系

我们从 2004 年提出这一概念以来，经过近年的设计实践，完成了近 10 家医院的设计和建造。通过长海医院门急诊综合楼的设计实践，我们认为：EFFIC system 高效体系既是医院建筑设计的方法论，来自设计实践，又回到设计中去；也是医院建筑设计专业化发展的理性思考和研究，是为了建立关于医院建筑设计的工作体系、培训体系、评价体系，逐步摆脱这一领域既有评估体系的主观性和随意性。

6.1 E——Energy（能量）

就医院而言，最能体现其学科内在特点的莫过于它的能量。

能量的核心价值——服务与管理水平、专业技术、人才队伍、学科研究、医院级别、硬件设施构成能级优势；能量的规模——床位数、综合或专科科室设置、医技设备、用地面积、建筑面积构成医疗业务的能力；能量的辐射力——服务能力超出了所在地区、城市，辐射农村，甚至辐射全国，还具备辐射国际的能力，能量的辐射力将为医院建筑确立恰当的设计定位；能量的支撑——一方面是资源、能源的配置和其他城市资源等基本物质条件以及建设、运营规模的扩增，另一方面是科研发展、核心技术提升以及人才的培养、引进形成的新优势；能量的动态变化——促进能量构成的不断更新，促进医疗水平蒸蒸日上。

关注能量，更关注能量效率，认真分析、把握和解决好涉及医院建设的各个环节。研究规模与需求、规模与能量、规模与服务、规模与效率的合理平衡点，当规模超过极限或相应功能所占比例失衡，综合效率下降是必然的。医院规划的成功与否将为城市功能留下恒久的记忆，而能量效率是检验成功与否的标尺之一。

6.2 F——Function（功能）

功能是医院能量的表现形式，体现医院的核心技术特征。

功能的基本特性——目标、属性、适应、层次、程序、结构、关联、系统；功能的量化概念——是综合或专科医院的大功能框架之下，各相关细分科室的分布与组合的主要元素，是体现医院专业化特点的突出标志；功能组织的基本形式——串联、并联、毗邻、环绕、网格、线性、单元、综合、模块；功能的稳定性与可变性——能适应近期需求和远期发展；功能效率的体现——比例匹配、结构稳定、关联与支持、运行成本的控制。

分析综合或专科医院的功能异同，评估这些功能异同存在的效率价值，针对不同的医院功能，采取相应的设计策略，达到提升功能效率的目的。与功能效率密切相关，并衡量功能价值依据的是流程效率。宏观功能流程的体系化形式为线性、循环、系统、多系统组合；微观流程形式可以分为横向—竖向、单向—双向、循环—多单元流程。这些形式经常会综合在一起，体现出大型医院的功能优势。

习惯性与逻辑性对称，匀质的功能模块与合理的功能单元对称，清晰的流程通道与精致的流线布置对称，网格化的功能体系与建筑空间形式对称，对于提高功能流程的效率作用巨大。

由于功能流程的特征可表达为数据，因此，功能流程的效率可以用数学方法加以分析和评估，其中函数关系多为线性。

6.3 F——Facilities（设施）

完善的设施配备包括建筑基础设施、辅助医疗设施、后勤保障设施、服务性辅助设施、无障碍设施等。建筑基础设施的配置依据总体规划目标需求、实际使用需求、发展实施需求，配置的策略直接影响到设施的使用效率。静态设施与建设投资、动态与运营成本是评估设施效率的主要参数，量化的数据可计算得出设施效率。

设施的配置体现在面积与空间、标准与造价、使用与维修、更新与扩建方面，在设计阶段就应具备完善的实施条件。

数据和图表可以为设施效率评价提供形象的结论，在建设的前评估、实施评估之后，建立“后评估”是研究设施效率的手段。

6.4 I——Interspace（空间）

医院建筑空间有三个特性：几何——物理性，功能——实用性，人性化——艺术性。

为便于评价效率，医院建筑空间分为共享空间（大厅、挂号收费、登记取药、候诊、报告厅）、公共空间（走道、电梯厅）、技术空间（医技科室、实验室）、接触空间（诊断、检查、治疗、护理）、办公空间（管理、科研、教学）、设备空间（机电设备、电梯机房）、辅助空间（其他空间）。针对不同类型的空间采取不同的技术、材料、手段以达到使用目的，恰当地评估空间与人流的量化标准与比例，采取针对性措施，约束和控制空间资源的实效性与经济性。

医院建筑的空间类似于公共建筑，但限制条件多于公共建筑，设计难度大于公共建筑。因此，“制约”成为医院建筑空间使用功能、空间组织的重要参照，也成为评价空间效率的指标。

6.5 C——Construction（建造）

空间物质形态构成、尺度、界面、关联、材料、质感、性能、构造成为医院建筑特点的载体，建造过程成为建筑效率评价的基础。研究建设成本与运营成本的对应，是对建筑效率的关注。在分析必要的建造成本的同时，研究由环保、节能、生态化、艺术性等形成的技术成本投入，是对建筑效率的又一关注点。

通过空间的组织，形成新的体量和形象，会对自身环境以及城市产生巨大的作用和影响。

布局体系化——相互关联，实现功能区域紧密衔接，流线简捷；结构体系化——模数化构件、安全稳定的承载方式、便利的施工方案；空间体系化——空间相关联，采光、通风、照明、空调技术统筹，相互兼顾，降低运行成本；技术体系化——新技术密集，工业化生产加工模式、现代化运作与管理、市场竞争机制在加剧成本与成果摩擦的同时，为建筑创新和提高建筑效率带来机会；材料体系化——材料、构造方法更新，环保、节能、质感、性能综合而统一；施工体系化——基础、结构、建筑、安装、装修整体性与兼顾性强。

长海医院门急诊综合楼的设计成果，是医院管理、使用、建设人员与设计人员紧密合作的成果，是新时期条件下科学创新的成果，是满足社会日益增长的医疗需求、提高为人民健康服务质量和水平的成果，其运营成果正在接受社会的检验。

图片说明

图 1：长海医院主入口
图 2：中庭空间
图 3：充满艺术感的室内设计
图 4：自动扶梯入口
图 5：多种交通体系分化出清晰的人流动线
图 6：垂直交通体系
图 7：不同人流出入口及竖向交通布置
图 8：一层平面图
图 9：二层平面图
图 10：三层平面图
图 11：四层平面图
图 12：电梯厅
图 13：心血管内科候诊室
图 14：单元候诊区
图 15：中医科门诊候诊
图 16：特需门诊候诊区

本文发表于《城市建筑》2011 年 06 期，P22-26.

浅谈康复医院医疗空间人性化设计

Discussion on Humanized Design of Medical Space in Rehabilitation Hospital

以上海览海康复医院为例

A Case Study of Shanghai Lanhai Rehabilitation Hospital

文 鲍亚仙 BAO Yaxian

摘 要

随着医疗科技水平不断提高，人类疾病谱逐步向高龄化、退行化、慢性化的方向转变；相对应地，医疗措施也从单一的以恢复功能为主要目的的治病救人渐渐转化为减轻社会负担、提高国民生活质量的有机医疗方式——康复医疗。本文探讨了康复医院的空间特征和设计原则。

现代医学模式已经从传统的机械化模式转变为“生物—心理—社会”的医学模式。医学研究的主体自始至终都是围绕“人”来展开的，人性化的建筑空间和外部环境是医疗服务人性化的重要组成部分。本文结合上海览海康复医院设计，介绍了康复医院人性化设计的主要设计手法及领域，是对康复医院设计的工程总结。

关键词

康复医院 诊疗空间 人性化空间 环境设计

1 康复医院的空间特征

现代医疗体系不断完善，相配套的康复医疗建筑空间设计逐渐成为国内外医疗建筑界的关注重点。而对于康复医疗建筑空间及外部环境的探讨是在医院建筑设计的基础上延伸出来的，相比于普通综合医院，其对于建筑空间人性化处理需要更为缜密和理性化的研究。

我国将康复医疗作为重要组成部分纳入医疗服务体系，不仅仅是卫生部 2011 年 8 月颁发的《关于开展建立完善康复医疗服务体系试点工作的通知》（卫办医政函 [2011] 777 号）的重要指示，更是一种社会需求。

2012 年卫生部颁发《“十二五”时期康复医疗工作指导意见》（卫医政发 [2012] 13 号）[1]，要求多部门共同协作，重组区域内康复医疗软、硬资源，逐步实现“分层

表 1 一般综合医院与康复医院设施比较

项目	一般医院	康复设施
治疗对象	疾病	功能障碍
治疗目标	解除病症	恢复身体功能，减轻后遗症，重返社会
诊断 / 评定	依据检查结果诊断	功能评定
治疗方法	药物、手术等	物理疗法、作业疗法等
患者受疗方式	被动	主动
治疗人员	临床医护人员	康复师、家庭与社会参与

资料来源：http://www.nhqimc.com/index/yqgl#tag01。

级治疗、分阶段康复”的目标，建立三级康复医疗服务网（综合医院—康复医院—社区卫生服务机构）。

1.1 康复医疗治疗阶段

康复医疗强调积极的功能训练，改善身体功能障碍；在不能恢复生理功能的情况下，重点在于使用补偿或替代手段来增强患者的适应能力并逐渐恢复实际的运动能力和生活活动能力（表 1）。

康复医疗对象为受各类先天或后天因素（这些因素包括先天生理缺陷、后天疾病、事故以及老龄化等）影响，生理、心理存在障碍的亚健康患者。泛指对其进行治疗后的一系列综合辅助治疗以及生理、心理诊疗，以保证患者最大可能维持其自身的最佳状态，目标是帮助患者实现自我照顾并提高其融入家庭和社会的能力 [2]。

目前我国已在脑卒中的康复医疗中率先成功实现了“三级康复”的形式，它可分为三个阶段：急性期康复、恢复期康复及维持期康复。

急性期康复的主要目标是急性疾病患者，包括事故中受伤的患者和接受过手术的患者。临床实践证明，急性期康复在临床治疗初期介入，能够有效提升康复效率、减少后遗症、并发症的发生率和相关理疗费用，同时也可以大大缩短住院时间，保证治疗效率。

恢复期康复以病情相对稳定、正处于恢复期的患者为主，目的是通过恢复病患的日常行为能力及生活自理能力来提高患者治愈的效率，帮助其早日回归社会与家庭。

维持期康复的服务主体主要是家庭生活或长期生活在各类养老设施中的老年人和慢性病患者，目标是维持这类患者的身心健康与自理能力，通过各类康复性设施提供各种形式的在家或康复医疗院区内的康复诊疗服务。

1.2 康复医院的空间特征

康复医院与一般的综合类医院最大的不同之处就在于其诊疗服务的多样性和舒适性，因此康复医院的建筑空间及外部环境具有特殊性，不仅要满足一般医院建筑空间设计的基本原则，还需要更加关注患者的行动能力和康复训练空间设置的合理性等。

以康复医院的重要组成部分——康复训练空间为例。室内康复训练空间包括一些项目部门，如运营治疗部、运动治疗部、中医康复部、文化和身体康复部、物理治疗部、水疗部和康复中心。由于咨询人数的差异和康复治疗计划的差异，各康复治疗部门所需面积也有所差异，各部门总体布局及各部门之间动线也需要进行合理安排，以提高病患以及医护人员的流线效率。因为人们在不同空间环境中会产生相应的应激反应，人性化的舒适空间会降低由于陌生环境所带来的心理负面反应，特别是医院环境中，人们心理上受到环境影响的情绪变化更显著。

康复医院由于其接诊人群特殊性及长期性，对康复训练诊疗设施有使用需求的人群不仅包括住院部患者，还包括恢复期康复甚至是维持期康复的患者。人性化的空间不仅表现在院区总体布局、整体动线流向等整体设计上，也体现在绿地可视度、色彩效果、无障碍设计等建筑细节处理上。同时，康复医疗空间作为医院治疗阶段与社会生活阶段衔接的诊疗阶段空间载体，需要在环境空间内设置生活化、社区化设施，这不仅对康复诊疗极为有利，也是患者更好适应家庭和社会生活的良好过渡。

现代健康理念下的康复医院不仅仅像综合医院一样满足患者生理、心理方面的需求，还协助患者在生理与心理趋于健康状态的同时，真正实现健康生活的模式，并能够在回归家庭、社会之后继续维持这种健康状态。

2 康复医院设计原则

康复医院作为综合医院与家庭生活之间的纽带，在空间设置及处理手法上都应考虑到总体布局的合理性：保证既有诊疗空间的特征，同时又能满足患者对家庭化空间的需求。从空间设计的维度出发，其设计基础是围绕康复医院使用者的生活起居模式以及行为方式产生的，不仅可以充分满足患者的日常康复诊疗与生活起居，同时对于医护人员来说，可以有效提升康复医疗的效率及安全性。

2.1 空间布局的合理性、交通便捷性

现代健康理念下康复医院的患者对于空间的使用方式有了多元化发展趋势，势必带来对空间属性的多样化需求。特别是私密空间的设置远超以往，对于康复医院这种集诊疗与家庭化生活于一体的空间来说更是极为重要。但私密性绝不代表远离人群的独居生活，而是对其自身的交往模

式及生活模式有选择和控制权。对于康复医院的患者来说，患者个人有权力和能力选择是否与他人交流信息，并且对自身选择共处交流空间或单独相处有主观控制权。例如现代康复医院的病房通常带有起居室空间，起居室的存在不仅为患者会客提供了相对的公共性空间，同时保证了病房内的私密性，以这种空间布局形式为患者及家属提供了可控性空间环境，充分考虑患者的私密性需求，这是提高患者及家属空间舒适性的重要组成部分。

实现康复医院的交通便捷性需要对患者的日常康复诊疗和生活化起居的行为模式进行分析，交通流线的合理安排设置是该行为模式的基础，并形成自然性的利导。交通便捷性是建立在空间总体布局的基础之上的，而对空间使用者动态流线进行合理分析是总体布局设计的先决条件。

2.2 康复治疗空间的安全性、识别性

康复治疗空间的目标人群主要是由于残疾、慢性病导致的功能障碍者及老年病患者，这部分人群多行动不便，更有甚者个人正常生活都难以自理。无障碍设计是保证康复空间安全性的重要组成部分，也是康复空间人性化设计的重要指标。康复空间安全性从受众人群角度来看，最直观的莫过于无障碍系统，由于人群的特殊性，其行动的便捷度及空间中细节处理往往直接受到空间条件限制的影响，对于该影响最具可操作性的方法就是在建筑空间设计之初就充分考虑研究，确保患者诊疗起居各方面细节能够得到有效设计，所需的无障碍系统需要严格做到无死角设计，提高康复治疗效率及舒适度，充分体现人性化设计。

康复治疗空间涉及科室众多，仅室内康复部门就包含作业疗法部、运动疗法部、中医康复治疗部、文体康复部、理疗部、水疗部、康复评定等。科室众多且门类繁杂，如果没有清晰且条理清楚的系统标识，对于康复医院的患者来说无疑是事倍功半的，尤其是行动不方便的初访患者。条理清晰且模块化的康复医院标志系统也是优化患者使用感受、提高诊疗效率、提升康复医院整体品质的重要指标之一。

2.3 康复治疗空间的感官体验优化

环境心理学研究表明，人们已经广泛认可不同色彩空间环境可以对人的心理应激反应起到不同的效果，甚至会直接影响环境使用主体对环境所产生的情绪及行为反应。色彩的心理调节功能在康复治疗空间的氛围创造中起着重要作用，是优化室内空间属性的重要设计手段。根据色彩心理学研究，暖色调具有更高的亮度和更低的纯度，可以让人感到放松和愉快。特别是在医疗类建筑空间中，能够很好地抵消空间属性带来的精神紧张与压迫感，所以在康复治疗空间中大量使用这种色彩能够使患者处于放松状态，更有利于病情的恢复与好转。同时，色彩不仅在舒缓精神压力方面表现突出，同时也带有极强的区域标识作用，用于标识区域内重点空间，在康复医院中经常作为护士站的色彩。

在心理学的众多理论中都可以看到光环境对于人们生理、心理、行为表现的重要作用，在康复诊疗空间中，也是如此。人类的心理本能就具有趋光性，光线对于人们生理、心理方面都有着极为重要的作用，并且不同的光源带来的心理感受也是有很大差异的。在康复诊疗环境中，充足的光源能够给人们带来原始的心理安全感，不充足的光源会给人带来极强的焦虑感。优质的光环境除了可以满足人们使用的基本需求之外，还可以烘托氛围，给康复空间的患者带来积极的视觉心理感受。

绿地可视度作为对康复医疗建筑的重要指标，是人性化设计的重要方向。众所周知，绿色景观对于舒缓空间环境带来的压迫感与紧张感都有很好的作用。对于康复诊疗空间来说，良好的绿地亲近度在舒缓患者紧张感的同时，对于患者病情的好转也有着极大优势。美国建筑师曾就此做过近十余年的研究，该研究将两组患者分别置于具有较高绿地可视度和无绿地可视度的诊疗空间中，对比研究两组患者的用药情况及康复效率。研究结果表明，可观赏到绿地景观的患者相对面对乏味病房的患者来说，康复效率可提升 30%[3]。由此可知，绿地可视度直接影响患者的康复速度，提升康复医院的诊疗效率；同时对患者来说，不仅可减少病痛时间也可减轻经济压力。

3 上海览海康复医院人性化设计

3.1 项目背景

上海新虹桥国际医学中心（图 1）的核心定位是打造全区域高端医疗服务，将医疗多元化服务区域化，以“部

市合作”为定位高度，是国家新医改的综合试验平台。目标定位为“高端医疗服务机构集聚的现代化医学中心，重点发展先进专科医疗服务，打造医疗服务贸易平台，培育医疗服务产业链”[4]。上海新虹桥国际医学中心规划总面积约 100 公顷。其中，一期规划用地面积约 42 公顷，建筑面积约 70 万平方米，规划总投资约 100 亿元。于 2010 年 3 月正式启动建设，预计于 2020 年基本完成开发建设[5]。

上海览海康复医院属于新虹桥国际医学中心一期规划项目之一，位于上海闵行区华漕镇的新虹桥国际医学中心一期用地的东北区位（33-05 地块），距离虹桥交通枢纽约 8 千米，车行 20 分钟，交通便捷。新虹桥国际医学中心医技中心位于本项目南侧，通过过街连廊与其直接相连。该项目属于高层医疗建筑，塔楼 11 层，裙房 1~3 层，建筑高度 49.7 米 (室外地坪至屋面)。总建筑面积 43 838 平方米，其中地上建筑面积 25 418 平方米，地下建筑面积 18 420 平方米。地下一、二层是设备用房、车库及部分医院业务功能房间；地上一层至十一层为门诊、医技、病房空间。床位数 200 张，ICU 床位 2 张。

该项目北侧为城市道路闵北路，其余均为园区内部道路，整个院区共有 3 个出入口，两个汽车坡道，其中一个为专用污物通道（图 2—图 4）。考虑主要人流来自北向闵北路方向及出入口避开繁忙的城市道路，因此在基地东、西两侧分别设置住院入口及污物出口和访客、门诊主入口，在基地南侧设置门诊病人次入口。

3.2 人性化的服务流程

上海览海康复医院是医学中心内高端康复医院，以病人为中心为设计理念，服务贴近病人，各科室门诊有序分设，病人和医生亲密交流。简洁的门诊大厅布局及合理的动态流线（图 5—图 8）都将缓解门诊病患及家属焦虑感和困惑，使其能够在进入门诊部后迅速找到问诊诊疗部门。其中，住院病人的流线布置相对独立，以此最大限度地保护病患的私密性和领域感。庭院及屋顶花园的绿地可视化设计将增加来院患者与自然的接触机会，从而为患者创造舒适、人性化的康复环境。病房区护士站可同时面向访客和病人，随时给予照顾和服务。

图1

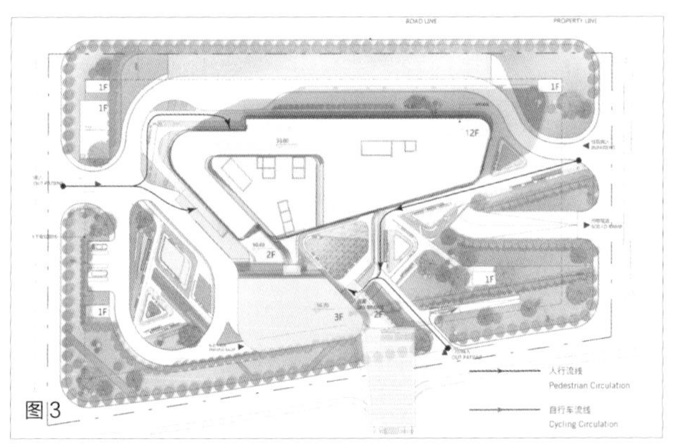

图3

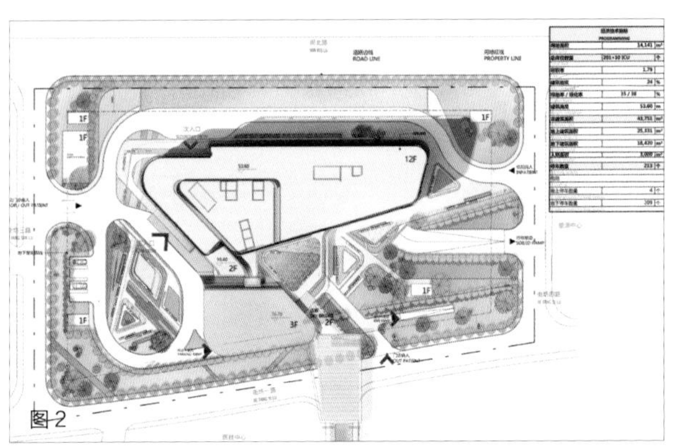

图2

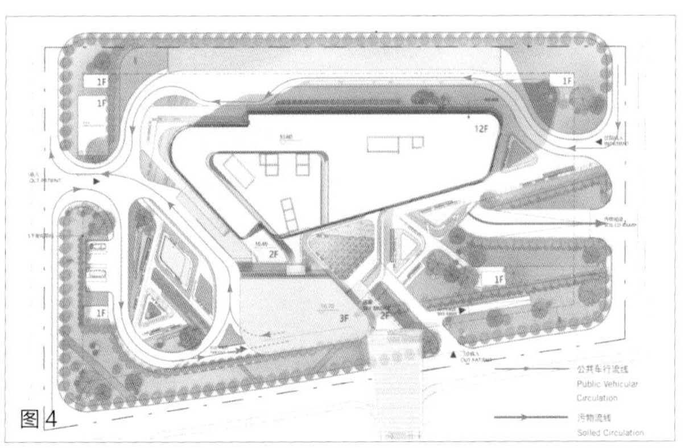

图4

3.3 人性化的空间与环境设计

整体建筑布局注重内外空间的序列和环境设计。考虑上海的气候特征，充分利用自然通风与采光，体现生态和节能观念，在分析周边环境的基础上，合理组织总平面功能，妥善处理各功能间的关系。建筑突出形态的整体性，内部功能明确，交通清晰便捷。公共空间尺度紧凑，气氛温馨，垂直交通位于各层中心，十分便利。病房设计采用曲面设计，符合人体工效学原理，也符合康复病人无障碍设计需要。切实突出人性化服务的特点，满足多层次就医需求，具有最大的适应性和必要的灵活性，也具备可实施性和可持续发展性。既符合医院一定时期内的要求，也为将来预留一定的发展空间。

合理分配院区功能，并使院区与周边环境及道路相协调是主要的设计目标，在以功能大于形式这一原则的指导下，着眼于医院的可持续发展，我们使各功能紧密联系。突破传统的医疗流程，缩短医疗流线，避免了人流的交叉，为患者提供了舒适的医疗体验。由于本项目仅北侧与城市道路相连，因此医院的主要人流与车流均只能通过北侧引入与疏导。医院的主入口位于西侧街坊 3 路，避让开繁忙的城市干道。

区别于传统的医院大楼，内部空间及室内环境的营造亦是本项目设计的重点。漫步建筑中，精心设计的内部空间，给人以变化丰富、意趣盎然的空间感受，打破了传统医院空间给人平淡乏味的印象。整体建筑入口空间开敞明亮，营造轻松舒适、枝叶扶疏的公共康复休闲空间，注重创造惬意的具有私密性质的小范围空间。积极围绕“以病人为中心”的核心原则，在传统医院设计模式的基础上力求创新，真正实现康复医院设计的核心原则。

本项目裙房门诊区环绕绿化庭园，为医院这一大体量提供自然采光与通风，为病患提供花园式的就医环境（图 9）。为了充分利用有限的用地，除了在入口广场和主道路沿路布置适量的绿化景观，还在裙房屋面布置屋顶绿化的户外休憩空间，创造了立体、舒适的医院绿化环境（图 10）。建筑周边的公共绿化设计，减少周边交通噪声对室内的干扰，并与城市绿带、入口广场绿化、街道转角绿化等协调呼应。

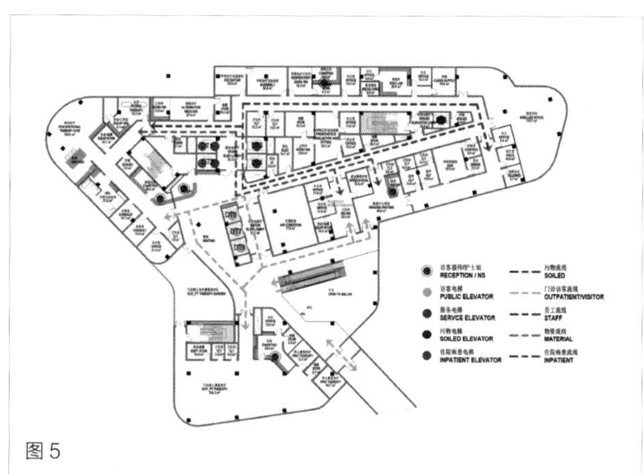

图 5

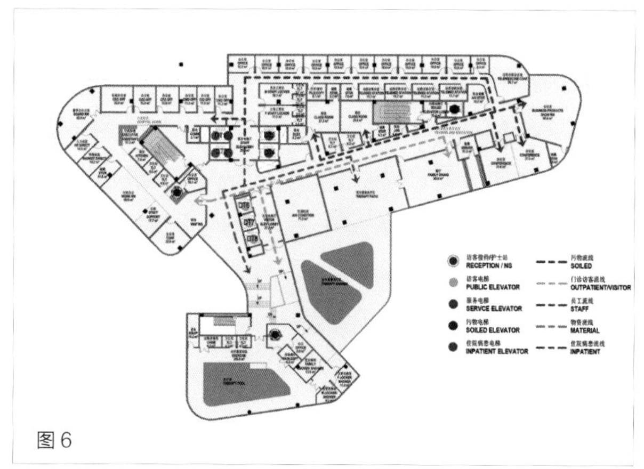

图 6

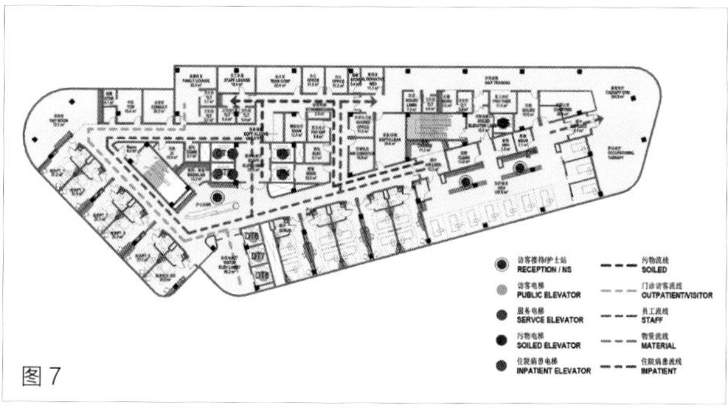

图 7

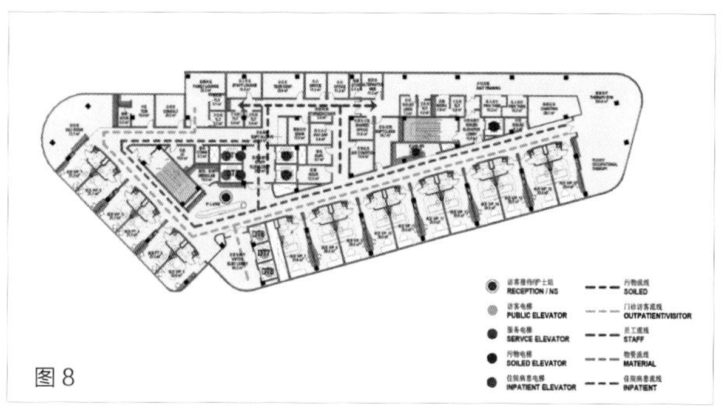

图 8

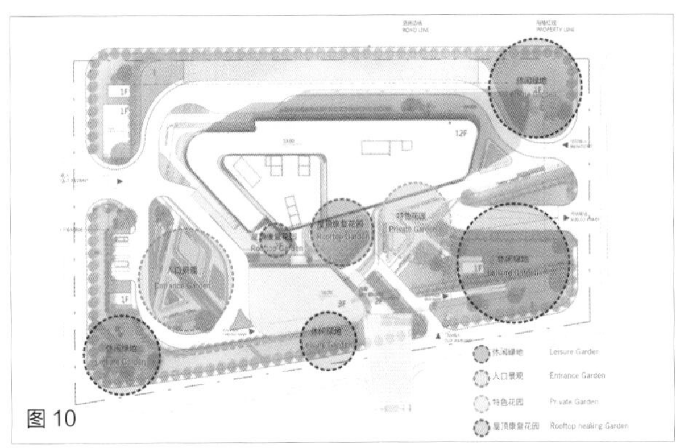

图 10

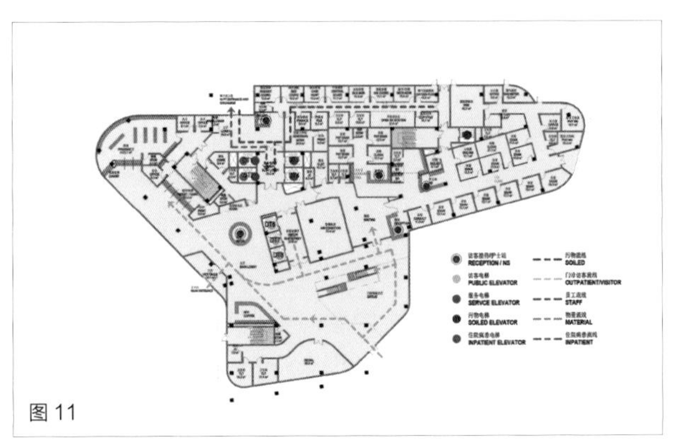

图 11

图 12

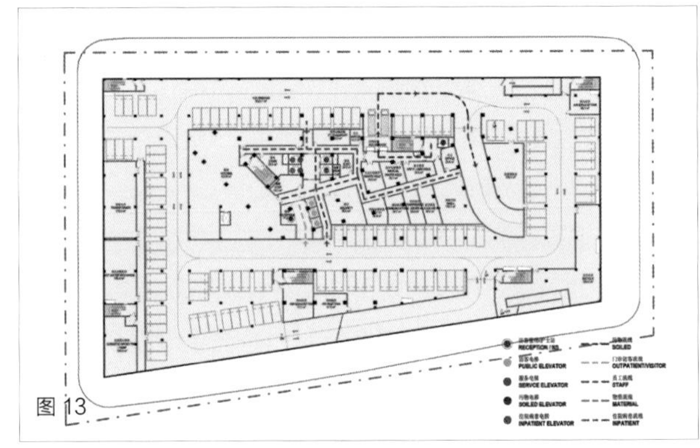
图 13

图 9

3.4 人性化的标识导向设计

为空间使用者提供便利，将室内服务的标识设计与建筑设计相结合，成为建筑的有机组成部分。精心设计的室内标识一方面为患者提供了清晰明确的导向服务，另一方面也成为室内装饰的一个亮点。

3.5 人性化的装饰处理

在诊疗空间公共空区域内主要以自然采光为主，不会带来传统医院采光不佳带来的紧张、压迫感；室内绿色植物与室外景观庭院形成呼应，增强绿色可视度向外延伸张力。

在病房层，考虑到其作用是医疗空间与家庭生活空间的衔接与过渡，在空间设计上采用了酒店式、家庭化的手法，以纯度较低的暖色调为基础色调，加以符合人们趋向自然心理的布艺、木等材质，打造温馨、舒适的康复环境，处处体现人性化细节。

3.6 人性化的内部交通和动线设计

该医院具有清晰合理、立体有序的顺畅交通组织——人车分流、医患分流、洁污分流（图 11—图 13）。不同功能入口分开设置，保证就诊医护人流、后勤人流以及病患和访客人流互不交叉。考虑到大量门诊和住院人员的实际需求以及入口广场相对狭小的实际状况，设计将医院主要车流布置于地下，门诊主入口为单向设计，车辆进入放客下车后可快速驶离或者通过下行坡道直接进入地下车库，病人可通过地下门厅进入门诊大厅。门诊及访客车辆由西侧街坊3路入口进入基地后可选择直接进入地库或进入门诊入口前的下客区，放客后沿入口花园驶离或驶入地库。住院病人车辆由基地东侧入口进入基地，沿病房楼北侧道路行驶至住院入口前下客区放客后经西侧出口驶出。清洁物品货运车辆通过与地下二层直接相连的园区下穿隧道进入，到达各竖向货梯邻近的卸货车位装卸作业再驶出。污物暂存于地下一层，紧邻污物电梯，以最短距离装卸上车，由基地东侧专用污物出口快速驶离基地。在门诊入口和住院部入口以坡道解决室内外高差，有效提高了非常情况下的处理灵活度，方便人员出入。

以打造“绿色医院”为目标，尽量减少集中地面停车，仅在门诊及住院入口处设临时车位，将大部分用地作为绿化景观用地。在地下两层空间内均设有地下车库，车库出入口位于靠近门诊主入口的位置，车行坡道宽度为7.0米，为双向双车道。污物出口位于基地东侧，车行坡道宽度为4.0米，为单向车道。项目建设完成后，地下机动停车共196辆，地上机动停车7辆，总计203辆。

4 结语

康复医疗空间作为医院空间与家庭社会生活环境的过渡诊疗恢复空间，在空间整体布局与环境设计中，充分考虑到治疗空间与起居化生活模式的协调转化。本文从康复空间的需求特征探讨到上海览海康复医院的设计实践，就是从空间使用者的需求出发，充分考虑患者的生理与心理因疾病和空间变化所带来的不同行为模式，演化为空间环境设计的循证设计过程，其目标是做到真正的“以人为本”。

图片说明（资料来源：作者根据项目自绘）

图1：上海新虹桥国际医学中心一期规划鸟瞰图

图2：览海康复医院总平面图

图3：览海康复医院人行流线分析

图4：览海康复医院车行流线分析

图5：览海康复医院二层平面流线分析

图6：览海康复医院三层平面流线分析

图7：览海康复医院四层ICU平面流线分析

图8： 览海康复医院十一层VIP病房层流线分析

图9：览海康复医院公共休闲空间

图10：览海康复医院景观分析

图11：览海康复医院一层平面流线分析

图12：览海康复医院病房标准层流线分析

图13：览海康复医院B1地下停车流线分析

注释

1. 中华人民共和国卫生部．“十二五”时期康复医疗工作指导意见[S]. 2012-02-29.

2. 励建安．康复医疗价值观[J]. 中国康复医学杂志,2001(02):34-36.

3.B. Petterson B.Haglund, D. Finer, P. Tillgren. Creating Supportive Environments for Health. Third International Conference on Health Promotion.Sundsvall, Sweden, 1996.

4. 市府专题会议纪要《关于推进新虹桥国际医学中心建设工作》.2012-01.

5. 上海新虹桥国际医学中心 http://www.nhqimc.com/index/yqgl#tag01.

参考文献

[1] B. Petterson B.Haglund, D. Finer, P. Tillgren. Creating Supportive Environments for Health. Third International Conference on Health Promotion.Sundsvall,Sweden,1996.

[2] 中华人民共和国卫生部．“十二五”时期康复医疗工作指导意见[S].2012-02-29.

[3] 郑洁皎，俞卓伟，张炜，等．上海市康复医疗资源调查报告[J]. 中国康复医学杂志,2013,28(02).

[4] 励建安．康复医疗价值观[J]. 中国康复医学杂志,2001(02).

[5] 陈立典．康复医学概论[M]. 北京：人民卫生出版社,2012.

[6] 科布斯，斯卡格斯，博布罗．医疗建筑[M]. 北京：中国工业建筑出版社,2005.

[7] 周颖，孙耀南．基于治疗阶段的康复设施设计理念[J]. 城市建筑,2014(22).

本文发表于《中国医院建筑与装备》2018年08期，P74-78.

历年发表技术论文一览表

编号	论文名称	作者	发表时间	发表刊物	刊内页码
1	现代医院的手术中心——上海华山医院手术中心设计回顾	陈国亮、邢同和	2003 年 7 月	《建筑学报》2003（7）	P32-34
2	术中核磁共振手术室的净化空调设计	陈尹、朱竑锦	2012 年 8 月	《建筑科学》2012，28（zl2）	P122—127
3	对中国医疗建筑设计若干问题的思考	陈国亮	2008 年 7 月	《城市建筑》 2008（7）	P11-13
4	医院建筑创作浅析	陈国亮、郑亚丰	2009 年 7 月	《城市建筑》2009 年（7）	P29-30
5	精神卫生中心建筑设计浅谈——都江堰精神卫生中心设计心得	付晓群	2010 年 7 月	《城市建筑》2010（7）	P29-31
6	他山之石 可以攻玉：《医疗保健设施设计与建设指南》翻译体会	付晓群	2011 年 3 月	《建筑创作》2011（3）	P29-31
7	肥胖症护理单元设计探讨	付晓群	2011 年 6 月	《城市建筑》2011（6）	P27-29
8	无锡市人民医院二期	陈国亮，郑亚丰	2011 年 6 月	《城市建筑》 2011（6）	P56-60
9	如切如磋，如琢如磨——与医院业主在设计理念上的互动	郑亚丰	2012 年 5 月	《城市建筑》 2012（5）	P48-50
10	手术室净化设计探讨	陈尹	2004 年 8 月	《建筑科学》 2004，20（zl）	P70-74
11	上海“5+3+1”医院——以人为本，新时期经济性基础医疗项目	陈国亮，唐茜嵘	2013 年 6 月	《城市建筑》2013（11）	P32-33
12	疗愈环境在美国医院设计中的应用	唐茜嵘，成卓	2013 年 6 月	《城市建筑》2013（11）	P20-23
13	医院建筑总体布局中的绿色理念	郑亚丰	2015 年 3 月	《城市建筑》2015（7）	P113-115
14	助推中国绿色医院建设的发展	陈国亮	2014 年 9 月	《城市建筑》2014（25）	P3
15	上海市儿童医院普陀新院	周涛	2014 年 9 月	《城市建筑》2014（25）	P80-85
16	新建综合医院住院部分期发展的空间模式及设计策略研究	成卓	2014 年 9 月	《城市建筑》2014（25）	P32-34
17	高层“点式”病房楼标准护理单元设计初探——以濮阳市人民医院新建病房楼为例	佘海峰	2014 年 12 月	《城市建设理论研究》2014（12）	—
18	以患者体验为导向的医疗建筑设计要点探讨	陆行舟	2017 年 9 月	《城市建筑》 2017（25）	P40-43
19	上海德达医院	邵宇卓	2016 年 7 月	《城市建筑》 2016（19）	P48-55
20	高密度城市中心区的高层医疗建筑综合体设计——以上海市第六人民医院骨科临床诊疗中心为例	张荩予	2020 年 7 月	《建筑与文化》2020（7）	P114-115
21	医疗建筑设计“三原色”：湖北新华医院脑科综合楼设计谈	王馥	2011 年 3 月	《建筑创作》2011（3）	P90-99
22	上海华山医院传染科门、急诊病房楼改扩建工程	王馥	2011 年 6 月	《城市建筑》2011（6）	P61-64
23	复旦大学附属金山医院整体迁建工程	王馥	2013 年 6 月	《城市建筑》2013（11）	P72-79

编号	论文名称	作者	发表时间	发表刊物	刊内页码
24	基于使用者需求的医疗建筑后评估应用实践——南通医学中心急诊中心设计	荀巍	2020 年 3 月	《当代建筑》2020（3）	P35-37
25	溧阳市人民医院规划及建筑设计工程	张海燕，陆琼文	2017 年 9 月	《城市建筑》2017（25）	P96-103
26	上海市第一妇婴保健院浦东新院	张海燕	2015 年 7 月	《城市建筑》2015（19）	P78-85
27	太仓市第一人民医院迁建工程	张海燕	2016 年 7 月	《城市建筑》2016（19）	P80-87
28	浅析热管热回收技术在医疗建筑空调系统中的应用	陆琼文	2018 年 1 月	《上海节能》2018（1）	P30-34
29	热管换热器在洁净手术室空调系统中的应用	张淇淇，陆琼文，马伟骏	2018 年 1 月	《暖通空调》2018，48（1）	P109-112
30	精益设计——城市中心区医院更新策略	荀巍	2016 年 7 月	《城市建筑》2016（19）	P23-26
31	现代医院建筑功能设计的备忘——天津泰达医院设计回顾	荀巍，邱茂新	2008 年 7 月	《城市建筑》2008（7）	P56-59
32	效率 ,21 世纪最伟大的“世界函数”	邱茂新	2015 年 7 月	《城市建筑》2015（19）	P3
33	医疗功能模块化和医疗流程体系化——上海长海医院门急诊综合楼设计	邱茂新，黄新宇	2011 年 6 月	《城市建筑》2011（6）	P22-26
34	事于效率 功于发展——从效率研究探索现代化医疗环境可持续发展的若干思考	邱茂新	2009 年 7 月	《城市建筑》2009（7）	P20-22
35	结构化的医疗功能体系—医院建筑功能适应性设计探讨	邱茂新	2006 年 6 月	《城市建筑》2006（6）	P10-14
36	建筑形象的创作与功能结构的再创作：复旦大学附属中山医院门急诊医疗综合楼设计回顾	邱茂新	2005 年 12 月	《建筑创作》2005（12）	P64-71
37	医院——新型城市综合体	邱茂新	2004 年 8 月	《新建筑》2004（4）	P14-17
38	理性框架中的不懈追求——医院建筑专业化方向发展探究	邱茂新，苏元颖，魏飞	2004 年 1 月	《时代建筑》2004（1）	P64-67
39	医院建筑形态与医疗功能形态同步演变——复旦大学附属中山医院门急诊医疗综合楼设计谈	邱茂新，苏元颖	2002 年 1 月	《新建筑》2002（1）	P20-24
40	复旦大学附属妇产科医院杨浦新院	茅永敏	2010 年 7 月	《城市建筑》2010（7）	P57-61
41	基于环境行为学理论的医院建筑改扩建初探——以复旦大学附属华山医院病房综合楼改扩建项目为例	鲍亚仙	2018 年 8 月	《建筑技艺》2018（8）	P110-112
42	浅谈康复医院医疗空间人性化设计——以上海览海康复医院为例	鲍亚仙	2018 年 8 月	《中国医院建筑与装备》2018（8）	P74-78
43	浅析在医院环境下与古典园林衔接的下沉式庭院景观设计——以复旦大学附属华山医院病房综合楼改扩建项目为例	鲍亚仙	2018 年 6 月	《建筑知识》2018（6）	P92-95
44	新形势下的商改医项目探析——以上海览海陆家嘴门诊部为例	鲍亚仙	2018 年 7 月	《城市建筑》2018（21）	P121-125
45	医养联动，共享医技——常州江南茅山医院设计探讨	鲍亚仙	2018 年 8 月	《中国医院建筑与装备》2018（8）	P62-65

附录 1

历年医疗项目获奖情况
List of Awarded Healthcare Projects

项目名称	建筑面积 / 平方米	建成时间 / 年	设计单位	奖项	本书页码
复旦大学附属中山医院厦门医院	170 267	2016	上海院	2018—2019 年国家优质工程奖	P082
复旦大学附属中山医院厦门医院	170 267	2016	上海院	2019 年全国优秀工程勘察设计行业建筑工程一等奖	P082
复旦大学附属中山医院厦门医院	170 267	2016	上海院	2019 年上海市优秀工程设计一等奖（上海市勘察设计行业协会）	P082
复旦大学附属中山医院厦门医院	170 267	2016	上海院	2017 年上海市建筑学会建筑创作奖佳作奖	P082
复旦大学附属中山医院厦门医院	170 267	2016	上海院	2016 年“十二五”全国十佳医院建筑设计方案·群体	P082
中国人民解放军第二军医大学第三附属医院（上海东方肝胆医院）安亭院区	180 576	2015	上海院	2017 年全国优秀工程勘察设计行业建筑工程一等奖（中国勘察设计协会）	P090
中国人民解放军第二军医大学第三附属医院（上海东方肝胆医院）安亭院区	180 576	2015	上海院	2017 年上海市优秀工程设计一等奖（上海市勘察设计行业协会）	P090
中国人民解放军第二军医大学第三附属医院（上海东方肝胆医院）安亭院区	180 576	2015	上海院	上海绿色建筑贡献奖（上海市绿色建筑协会）	P090
合肥离子医学中心	33 300	2019	上海院	第十届“创新杯”建筑信息模型（BIM）应用大赛——医疗类 BIM 应用第二名	P220
合肥离子医学中心	33 300	2019	上海院	2016 年上海市优秀工程咨询成果一等奖	P220
上海德达医院	55 656	2015	上海院	2017 年全国优秀工程勘察设计行业建筑工程一等奖（中国勘察设计协会）	P094
上海德达医院	55 656	2015	上海院	2017 年上海市优秀工程设计一等奖（上海市勘察设计行业协会）	P094
上海市质子重离子医院	52 857	2013	上海院	纪念改革开放 40 周年上海市勘察设计行业杰出工程勘察设计项目奖	P216
上海市质子重离子医院	52 857	2013	上海院	2013 年全国优秀工程勘察设计行业奖一等奖（中国勘察设计协会）	P216
上海市质子重离子医院	52 857	2013	上海院	2013 年上海市优秀工程设计一等奖（上海市勘察设计行业协会）	P216
上海市质子重离子医院	52 857	2013	上海院	2013 年上海市建筑学会建筑创作奖佳作奖（上海市建筑学会）	P216
复旦大学附属华山医院门急诊楼	34 700	2004	上海院	国家优秀设计铜奖	P154
复旦大学附属华山医院门急诊楼	34 700	2004	上海院	2005 年建设部部级城乡优秀勘察设计二等奖（中华人民共和国建设部）	P154
复旦大学附属华山医院门急诊楼	34 700	2004	上海院	2005 年上海市优秀工程设计一等奖（上海市勘察设计行业协会）	P154
复旦大学附属华山医院门急诊楼	34 700	2004	上海院	第一届上海市建筑学会建筑创作奖（上海市建筑学会）	P154

项目名称	建筑面积 / 平方米	建成时间 / 年	设计单位	奖项	本书页码
慈林医院	81 747	2014	上海院	2019 年全国优秀工程勘察设计行业建筑工程二等奖 2017 年上海市优秀工程设计一等奖（上海市勘察设计行业协会）	P102
复旦大学附属华山医院北院新建工程项目	72 200	2012	上海院	2017 年全国优秀工程勘察设计行业建筑工程二等奖（中国勘察设计协会） 2013 年上海市优秀勘察奖一等奖（上海市勘察设计行业协会）	P126
上海市儿童医院普陀新院	72 500	2013	上海院	2014 年国家优质工程奖 2013 年上海市白玉兰奖	P283
厦门长庚医院一期工程项目	225 467	2010	上海院	2011 年上海市优秀设计一等奖（上海市勘察设计行业协会）	P202
复旦大学附属儿科医院迁建工程项目	82 000	2007	上海院	2009 年上海市优秀工程设计一等奖（上海市勘察设计行业协会） 2009 年全国优秀工程勘察设计行业奖建筑工程二等奖（中国勘察设计协会）	—
上海交通大学医学院附属瑞金医院门诊医技楼改、扩建工程项目	72 738	2007	上海院	2008 年全国医院建筑优秀设计一等奖（中国医院协会、中国勘察设计协会）	P138
上海交通大学医学院附属苏州九龙医院	103 687	2005	上海院	2008 年全国医院建筑优秀设计二等奖（中国医院协会、中国勘察设计协会） 2008 年全国优秀工程勘察设计行业建筑工程三等奖（中国勘察设计协会）	P206
无锡市人民医院一期工程项目	221 000	2007	上海院	2008 年全国医院建筑优秀设计三等奖（中国医院协会、中国勘察设计协会） 2009 年上海市优秀工程设计二等奖（上海市勘察设计行业协会） 2009 年全国优秀工程勘察设计行业建筑工程二等奖（中国勘察设计协会）	P158
无锡市人民医院二期工程项目	120 000	2011	上海院	2013 年上海市优秀工程设计二等奖（上海市勘察设计行业协会）	P158
上海市第六人民医院临港新院	89 500	2012	上海院	2013 年上海市优秀工程设计三等奖（上海市勘察设计行业协会）	—
上海市公共卫生中心	89 000	2004	上海院	2005 年上海市优秀工程设计一等奖 第一届上海市建筑学会建筑创作奖佳作奖（上海市建筑学会） 首届全国医院建筑设计评选活动十佳奖	P240
众仁乐园改、扩建二期工程项目	22 708	2015	上海院	上海市建筑学会第六届建筑创作奖佳作奖（上海市建筑学会）	P340

项目名称	建筑面积 / 平方米	建成时间 / 年	设计单位	奖项	本书页码
都江堰精神卫生中心	11 986	2010	华东总院	2010 年上海市援建都江堰工程优秀设计专项评选一等奖 2010 年上海市优秀勘察设计一等奖 2010 年四川省工程勘察设计“四优”评选一等奖	P329
复旦大学附属妇产科医院杨浦新院	61 624	2009	华东总院	2015 年度上海市优秀工程设计二等奖 2015 年度全国优秀工程勘察设计建筑工程三等奖	P276
复旦大学附属金山医院整体迁建工程项目	84 324	2011	华东总院	2013 年全国优秀勘察设计三等奖 2013 年上海市优秀勘察设计二等奖	P168
湖北省中西医结合医院脑科中心综合楼	47 680	2015	华东总院	2015 年度上海市优秀勘察设计三等奖 2014—2015 年国家优质工程奖获奖工程银奖	P176
复旦大学附属金山医院直线加速器机房	931	2003	华东总院	2003 年上海市优秀勘察设计三等奖	—
溧阳市人民医院规划及建筑设计工程项目	191 500	2016	华东总院	2017 年度上海市优秀勘察设计一等奖 2017 年上海建筑学会建筑创作奖	P146
上海市南汇区医疗卫生中心	46 140	2008	华东总院	2009 年度上海市优秀工程设计二等奖 2009 年度国家优质工程银奖	P166
南京市南部新城医疗中心（南京市中医院）	308 622	2018	华东总院	2019 年上海市建筑学会第八届建筑创作奖佳作奖 2013—2019 年中国专科医院建筑优秀设计作品奖	P288
山东省立医院东院区一期修建性详细规划和单体建筑设计	168 799	2010	华东总院	2013 年度上海市优秀工程设计二等奖 2013 年全国优秀工程勘察设计行业奖建筑工程设计项目二等奖 2012 年度济南市优秀工程勘察设计一等奖	P110
上海市胸科医院肺部肿瘤临床医学中心病房楼	25 197	2013	华东总院	2017 年上海市优秀工程勘察设计项目三等奖	P186
上海市松江区妇婴保健院迁建工程项目	20 566	2010	华东总院	2011 年上海市优秀勘察设计三等奖	P285
上海市胸科医院新建住院楼	26 293	2007	华东总院	2007 年上海市优秀勘察设计二等奖	—
太仓市第一人民医院迁建工程项目	128 094	2011	华东总院	2017 年上海市优秀工程勘察设计项目三等奖	P178
泰康之家·申园	162 758	2016	华东总院	2017 年度上海市优秀工程勘察设计项目三等奖	P348

项目名称	建筑面积 / 平方米	建成时间 / 年	设计单位	奖项	本书页码
天津医科大学泰达中心医院	60 980	2009	华东总院	2009 年度上海市优秀勘察设计一等奖 2009 年度上海市建筑学会建筑创作奖佳作奖	P207
第二军医大学附属长海医院胸心疾病诊治中心楼	28 145	2004	华东总院	2005 年度上海市优秀勘察设计三等奖	—
复旦大学附属中山医院门急诊医疗综合楼	82 738	2004	华东总院	2005 年度上海市优秀勘察设计一等奖	P098
上海交通大学医学院附属瑞金医院肿瘤（质子）中心及配套住院楼	26 370（质子中心）	2018（质子中心）	都市总院	2015 年中华人民共和国住房和城乡建设部建筑节能与科技司 国家绿色建筑评价设计三星标识（质子中心） 2016 年度上海市绿色建筑协会上海绿色建筑贡献奖（质子中心） 2017 年第七届上海市建筑学会建筑创作奖提名奖（质子中心） 2017 年上海市勘察设计行业协会上海市优秀工程勘察三等奖（质子中心） 2017 年第六届龙图杯全国 BIM 大赛综合组三等奖（质子中心） 2019 年上海市首届 BIM 技术应用创新大赛最佳项目奖（质子中心） 2020 年度上海市优秀勘察设计项目二等奖（质子中心）	P228
复旦大学附属儿科医院科研楼	15 150	2016	都市总院	第七届上海市建筑学会建筑创作奖提名奖	P280
上海市胸科医院科教综合楼	24 000	2017	都市总院	2019 年上海市首届 BIM 技术应用创新大赛最佳项目奖 上海市建筑信息模型技术应用试点项目	P326
上海市老年医学中心	130 000	2022 年（计划）	都市总院	第四届海尔磁悬浮杯绿色设计与节能运营大赛 绿色设计组铜奖 第十七届 MDV 中央空调设计应用大赛 专业组银铅笔奖	P352
上海市第六人民医院东院传染楼改、扩建工程项目应急留观病房	663	2020	都市总院	抗疫情·医疗建筑电气设计竞赛优秀奖	P250
上海市青浦中山医院应急发热门诊综合楼	1 890	2020	都市总院	抗疫情·医疗建筑电气设计竞赛三等奖	P252
上海交通大学医学院附属仁济医院西院老病房楼修缮工程项目	18 000	2014	都市总院	2017 年全国优秀工程勘察设计行业奖之“华筑奖”工程项目类二等奖 2019 年度上海市优秀工程设计三等奖	P388
上海市胸科医院门急诊改造工程项目	10 458	2017	都市总院	上海市建筑信息模型技术应用试点项目	P398
复旦大学附属华山医院病房综合楼改、扩建工程项目	31 209	2018	都市总院	上海市勘察设计学会佳作奖	P164

附录 2

历年出版书籍
List of Publications

书名：《综合医院绿色设计》
作者：陈国亮
出版社：同济大学出版社
出版时间：2018 年 8 月

内容提要：

本书是国内第一部较为全面介绍绿色设计理念在综合医院建筑设计中运用的著作。
基于华建集团多年医院建筑设计经验和大量技术积累，全书围绕“安全”“高效”“节能”三大主题，从建筑设计全工种各方面做出系统的梳理和总结。同时，本书收集了作者参与设计的较有代表性的三个综合医院项目案例，对项目绿色设计的具体实践进行了剖析和总结。
本书可供医院建筑领域的管理者、研究者、参建者以及高校师生学习参考。

书名：质子治疗中心工程策划、设计与施工管理
作者：姚激，张建忠，乐云，周涛，陈海涛，马进，杨凤鹤
出版社：同济大学出版社
出版时间：2018 年 12 月

内容提要：

本书是“复杂工程管理书系·医院建设项目管理丛书”之一，从前期策划、设计、施工与工程管理四个维度，详细记述了质子治疗中心的建设过程，为未来新的质子治疗中心的建设提供参考。质子治疗是当前先进的肿瘤治疗技术，质子治疗中心的建设不仅仅是建设独立的质子治疗区域，往往还需要有科研、培训、医疗配套及后勤服务等多种功能，对项目设计、施工与管理等方面都提出了新的要求。质子治疗设备的特殊性也给项目建设带来了新的难点。
本书详细介绍了上海交通大学医学院附属瑞金医院肿瘤质子中心项目建设全过程，包括项目前期策划、各专业工种设计、各阶段施工难点及措施、工程监理、财务监理以及甲方管理等。围绕质子治疗中心项目的方方面面，全面进行经验梳理和总结，还原项目建设过程中遇到的各种困难及解决途径。
本书所面向的是医院基本建设管理者，政府工程建设部门的管理者，专业管理咨询机构，相关设计、施工、监理、供货等参建单位，以及工程管理的研究者。

附录 3

历年完成设计规范及标准

List of Compiled Design Codes and Regulations

	规范名称	实施日期	负责人
●	急救中心建筑设计规范（GB/T 50939—2013）	2014-06-01	陈国亮
●	综合医院建筑设计规范（GB 51039—2014）	2015-08-01	陈国亮
●	精神专科医院建筑设计规范（GB 51058—2014）	2015-08-01	付晓群
●	绿色医院建筑评价标准（GB/T 51153—2015）	2016-08-01	陈国亮
○	专业公共卫生机构建筑术语标准	编制中	陈国亮
○	装配式医院建筑设计标准	编制中	陈国亮
○	装配整体式混凝土医疗建筑（病房楼）设计图集	编制中	陈国亮
○	急救中心建筑设计规范修编	编制中	陈国亮
○	养老设施建筑设计标准	编制中	陈国亮
○	综合医院建筑设计规范修编	送审中	陈国亮

图书在版编目（CIP）数据

疗愈空间营造：华建集团医疗工程研究与设计实践 / 周静瑜等编著 . — 上海：同济大学出版社，2020.10
ISBN 978-7-5608-9479-9

Ⅰ . ①疗… Ⅱ . ①周… Ⅲ . ①医院－建筑设计 Ⅳ . ① TU246.1

中国版本图书馆 CIP 数据核字 (2020) 第 170966 号

疗愈空间营造——华建集团医疗工程研究与设计实践

责任编辑：吕炜 | 助理编辑：吴世强 | 装帧排版：完颖 | 责任校对：徐春莲

出版发行：同济大学出版社 www.tongjipress.com.cn
（地址：上海市四平路 1239 号 邮编：200092 电话：021-65985622）
经　销：全国各地新华书店、建筑书店、网络书店
印　刷：上海安枫印务有限公司
开　本：889mm×1194mm 1/16
印　张：29
字　数：928 000
版　次：2020 年 10 月第 1 版 2020 年 10 月第 1 次印刷
书　号：ISBN 978-7-5608-9479-9
定　价：380.00 元